T0074211

Zukunftsfähige Energietechnologien für die Industrie

Springer

Berlin
Heidelberg
New York
Barcelona
Budapest
Hong Kong
London
Mailand
Paris
Singapur
Tokio

M. Mohr A. Ziolek D. Gernhardt M. Skiba
H. Unger A. Ziegelmann

Zukunftsfähige Energietechnologien für die Industrie

Technische Grundlagen, Ökonomie, Perspektiven

Mit 104 Abbildungen und 91 Tabellen

 Springer

MARKUS MOHR
ANDREAS ZIOLEK
DIRK GERNHARDT
MARTIN SKIBA
HERMANN UNGER
ARKO ZIEGELMANN

Ruhr-Universität Bochum
Universitätsstraße 150
D-44801 Bochum

Redaktionelle Bearbeitung: Yvonne Thalheim, Köln

ISBN 3-540-63840-7 Springer-Verlag Berlin Heidelberg New York

Die Deutsche Bibliothek - CIP-Einheitsaufnahme

Zukunftsfähige Energietechnologien für die Industrie: Technische Grundlagen, Ökonomie, Perspektiven / von Markus Mohr ... - Berlin; Heidelberg; New York; Barcelona; Budapest; Hong Kong; London; Mailand; Paris; Singapur; Tokio: Springer, 1998
ISBN 3-540-63840-7

Umschlaggestaltung: de'blik, Berlin
Satz: Reproduktionsfertige Vorlage von Harald Nadolny, Herne

SPIN: 10566456   30/3136   - 5 4 3 2 1 0 - Gedruckt auf säurefreiem Papier

Vorwort

Am 20. Juni 1996 einigte sich der Energieministerrat der Europäischen Union auf eine Richtlinie zur Liberalisierung der Strommärkte, d.h. auf eine schrittweise Öffnung des Energie-Binnenmarktes zunächst für den leitungsgebundenen Energieträger „Strom". Diese Richtlinie wird 1999 europaweit in nationales Recht umzusetzen sein. Bestehende Demarkationsgebiete sollen abgebaut und damit die Monopolstellung der großen Energieversorgungsunternehmen aufgehoben werden. Das bedeutet, daß insbesondere die Stellung der Energieabnehmer gestärkt wird, die sich nach Inkrafttreten der Richtlinie sowohl über das vorhandene Netz als auch über Durchleitungen von Dritten versorgen lassen können. Darüber hinaus werden z.B. auch Industriebetriebe als Energieversorger zugelassen, die als Energielieferanten am Markt agieren können. Für den leitungsgebundenen Energieträger „Gas" strebt die Europäische Union ein Äquivalent zur Liberalisierung des Strommarktes an. Einen entsprechenden Vorschlag zur Gas-Richtlinie beziehungsweise einen gemeinsamen Standpunkt sucht der EU-Ministerrat zu erreichen.

Im Vorfeld der gemeinsamen EU-Richtlinie wurde am 20. Oktober 1996 vom Bundestag die Novellierung des Gesetzes über die Elektrizitäts- und Gasversorgung (Energiewirtschaftsgesetz EnWG) verabschiedet. *Der Gesetzentwurf* wurde am 28. November 1997 mit den Stimmen der Koalition im Bundestag beschlossen. Die Oppositionsparteien, die einstimmig gegen die Energienovelle votierten, sind jedoch der Auffassung, daß der SPD-dominierte Bundesrat zustimmungspflichtig sei und kündigten eine entsprechende Klage vor dem Bundesverfassungsgericht in Karlsruhe an. Das neue EnWG begrenzt die besondere staatliche Aufsicht über den Energiemarkt (Strom und Gas), wobei jedoch der notwendige Staatseinfluß zur Gewährleistung insbesondere der Ziele „Sicherheit" und – neu im EnWG etabliert – „Umweltverträglichkeit" aufrechterhalten wird. Für die ebenfalls im Gesetzentwurf verankerte Preisgünstigkeit der Energie ist speziell für kleine Verbraucher – meist private Haushalte – eine Schutzklausel vorgesehen, die der künftig immer noch sehr starken Stellung der Energieversorgungsunternehmen entgegenwirken soll.

Die neue, wettbewerbliche Ausrichtung des Ordnungsrahmens in Verbindung mit dem Wegfall der §§ 103 und 103a GWB[1] ermöglicht der Industrie unterneh-

---

[1] Das Gesetz gegen Wettbewerbsbeschränkungen (GWB) in der Fassung der Bekanntmachung vom 20. Februar 1990 (BGBl. I S. 235) wird durch den § 103b ergänzt: „Die §§ 103 und 103a sind auf die Versorgung mit Elektrizität und Gas nicht mehr anzuwenden (für die Versorgung mit Wasser gelten sie bis zur Aufhebung durch Bundesgesetz fort).

merischen Handlungsspielraum im Hinblick auf die eigene oder auch fremde Energieversorgung. Freier Leitungsbau ist dabei – soweit ökologisch vertretbar – uneingeschränkt möglich. Darüber hinaus wird auch das Wegerecht liberalisiert, indem der Zugang zum Versorgungsnetz auch Dritten gegenüber juristisch unter Berufung auf das allgemeine Mißbrauchs- und Behinderungsverbot nach § 22 Abs. 4 und § 26 Abs. 2 GWB gewährt werden muß. So müssen beispielsweise Gemeinden ihre Wege für die Verlegung und den Betrieb von Leitungen diskriminierungsfrei zur Verfügung stellen.

Für die Industrie stellt sowohl die Richtlinie der EU als auch das neue EnWG in Verbindung mit der Änderung des GWB eine Chance dar, ihre Energie mit hohem Wirkungsgrad preisgünstig und umweltgerecht zu gestehen, da leitungsgebundene Energie den Gesetzen des Wettbewerbs unterliegen wird. Einzelne Industriebetriebe können ihre Energieversorgungsanlagen optimieren, indem auch größere Anlagen dauerhaft betrieben werden, da die Betriebsweise vom eigentlichen Produktionsprozeß entkoppelt ist. Die Überschußenergie kann veräußert werden, wobei jedoch darauf geachtet werden muß, daß die Übertragung des Anwendungsbereiches des EnWG und GWB vorerst nicht auf andere Energieträger (insbesondere Fernwärme) vorgesehen ist. Das heißt, daß die Einspeisung thermischer Energie in Fernwärmenetze nur bedingt möglich sein wird.

Fortschrittliche Energietechnologien wie Kraft-Wärme-Kopplungsanlagen können unter den veränderten Rahmenbedingungen leichter als bisher in die Industrie eingebracht werden. Auch für die kleine und mittelständische Industrie, die vorerst (mind. bis zum Jahr 2003) nicht von der Liberalisierung des ausländischen Strombezugs profitieren kann[2], bietet das neue EnWG die Möglichkeit, ihre Energieversorgung auch unter ökonomischen Gesichtspunkten zu optimieren.

Das vorliegende Buch bietet hierzu seine Hilfe an, indem es die zahlreichen Möglichkeiten zur Optimierung der betrieblichen Energieversorgung unter individuellen Randbedingungen übersichtlich darstellt sowie betriebswirtschaftlich, energetisch und ökologisch einordnet.

Zunächst werden die Grundlagen des industriellen Energieeinsatzes diskutiert, um das notwendige Problembewußtsein beim betrieblichen Umgang mit Energie zu schärfen. Informationen zu verschiedenen Energieträgern (von Kohle bis zur Windenergie) und detaillierte Beschreibungen moderner Energieumwandlungstechnologien unterstützen die Konzeptionierung möglicher betrieblicher Energieversorgungsstrukturen. Ausgeführte Anlagenbeispiele und Kontaktadressen runden das Informationsangebot ab. Eine Betrachtung der Kernenergie, die auch bei der Versorgung der Industrie eine erhebliche Rolle spielt (ca. 30 % des elektrischen Stroms werden über Kernreaktoren erzeugt), wird nicht vorgenommen, da

---

[2] Die Liberalisierung erfolgt in 3 Stufen. Zunächst sollen ab Anfang 1997 industrielle Großkunden mit einem jährlichen Energieverbrauch von 40 Millionen kWh ihren Strom auch außerhalb Deutschlands einkaufen dürfen, bevor im Jahr 2000 der Mindestverbrauchswert um die Hälfte auf 20 Million kWh/a gesenkt wird. Eine weitere Reduktion des Schwellenwertes auf 9 Million kWh ist 2003 vorgesehen, so daß – heutigen Stand vorausgesetzt – ca. 2.800 Betriebe ihre elektrische Energieversorgung über internationale Märkte sicherstellen können.

vor allem dezentrale Energiesysteme diskutiert werden. Stromzukauf aus dem öffentlichen Versorgungsnetz ist zwar für Industriebetriebe oftmals interessant (z.B. Wärmeführung von KWK-Anlagen), die 'vorgelagerten' Energieprozesse sind für die Betriebe jedoch nur vor dem Hintergrund des Kostenniveaus relevant.

Insgesamt gesehen stellt der neue Ordnungsrahmen eine richtige und für alle Beteiligten sicherlich vorteilhafte Option dar. Die einzelnen Verbände reagieren zwar sehr unterschiedlich auf das Regelwerk, im Kern jedoch ist man sich einig. Die Änderung des EnWG, welches 1935 als „Gesetz zur Wehrhaftmachung der deutschen Energiewirtschaft" verabschiedet wurde, ist überholt. Einig ist man sich auch über die Verankerung des Ziels „Umweltverträglichkeit", welches gleichberechtigt in den Zielkatalog aufgenommen worden ist. Für die Industrie hat sich energiepolitisch eine Chance entwickelt, die sie konsequent nutzen sollte.

Die Inhalte des Buches sind am Institut für Energietechnik der Ruhr-Universität Bochum (RUB) unter anderem in Forschung und Lehre, wie z.B. in der Vorlesung "Erneuerbare und Nukleare Energiesysteme I-III" von Herrn Prof. Dr.-Ing. H. Unger, langjährig vertreten. Dem Manuskript liegen die Erfahrungen und Ergebnisse verschiedener F&E-Aktivitäten des o.g. Institutes zugrunde. Die Autoren bedanken sich recht herzlich bei Herrn Prof. Dr.-Ing. Heiner Pfost, der mit seinem Fachwissen insbesondere die Kapitel über Gas- und Dampfanlagen (GuD) bereicherte. Weiterhin bedanken wir uns bei Stephan Becker, Christian Münch, Udo Reckels und Roland Schmied, welche durch ihren hohen Einsatz zum Gelingen des Buches beigetragen haben. Ebenfalls gilt unser Dank Frau Yvonne Thalheim, die die gesamtredaktionelle Bearbeitung des Manuskriptes übernommen hat.

Die Autoren

Inhaltsverzeichnis

1 Einleitung

Im Vorfeld der UN-Vertragsstaatenkonferenz zur Klimarahmenkonvention in Berlin 1995 hat neben den Elektrizitäts- und Gasversorgungsunternehmen auch die deutsche Wirtschaft am 10. März 1995 eine Selbstverpflichtungserklärung zur Kohlendioxidminderung abgegeben. Diese besagt, daß die Industrieunternehmen als Gesamtheit ihre spezifischen Kohlendioxidemissionen bis zum Jahr 2005 um ca. 20 % gegenüber dem Referenzjahr 1990 reduzieren werden. Der Bundesverband der Deutschen Gas- und Wasserwirtschaft (BGW) strebt eine 25 %ige Verringerung der Kohlendioxidemission in den alten Ländern, in den neuen Bundesländern eine 50 %ige Reduktion gegenüber dem Basisjahr 1989 für das Gasfach an.

1992 entfiel auf die klein- und mittelständischen Industrieunternehmen (KMU), d.h. Betriebe mit weniger als 500 Mitarbeitern, etwa die Hälfte des industriellen Energieverbrauches. Diese Unternehmen sind somit für die erwähnte Selbstverpflichtung der deutschen Wirtschaft von beachtlicher Bedeutung, zumal ihr Endenergieverbrauch und damit die Emission von Kohlendioxid einerseits aufgrund von einfachen Energieeinsparmaßnahmen wie Wärmedämmaßnahmen und andererseits durch den Einsatz effizienterer und fortschrittlicher Energietechniken (z.B. Einsatz von Blockheizkraftwerken) deutlich gesenkt werden kann. Während die Großindustrie oftmals über ausgereifte und moderne Energieversorgungskonzepte verfügt, weisen die KMU häufig unzureichende Energieversorgungsstrukturen auf. Eine wesentliche Ursache für den im Vergleich zur Großindustrie unzureichenden Standard der Energieversorgung ist der in vielen Fällen niedrige Kostenanteil der Energiegestehung am gesamten zum Produktionsprozeß. So werden bspw. in der Nahrungs-und Genußmittelindustrie durchschnittlich nur 2–3 % vom Jahresumsatz zur Energiegestehung verwendet, so daß trotz signifikanter absoluter Kosteneinsparungen der Energieversorgung wenig Beachtung geschenkt wird. Daraus resultiert das Fehlen von Fachpersonal für Energiefragen bzw. von Know-how im Energiemanagement sowie mangelnde Unterstützung oder Anforderung von externem Sachverstand. Daneben spielen auch die teilweise hohen Investitionskosten für Neuanlagen eine erhebliche Rolle, die – weil für den Produktionsprozeß nicht notwendig – von den KMU gescheut werden, obwohl sich – in vielen Fällen – Amortisationszeiten von 2 Jahren realisieren lassen.

Um die Schieflage bei der Energieversorgung bei den KMU abzubauen, hat das Land Nordrhein-Westfalen über das Landesumweltamt NRW, dem wir hier ganz herzlich danken möchten, die Studie „Einsatzmöglichkeiten alternativer und primärenergiesparender Energieerzeugungssysteme in der Industrie" in Auftrag gegeben. Dabei sollten zunächst für die nordrhein-westfälische Industrie sowohl fortschrittliche Energieumwandlungssysteme auf Basis fossiler Energieträger (z.B. Kraft-Wärme-Technologie, Gas- und Dampfturbinenprozesse [GuD] usw.), als auch Energiesysteme, die sich auf die Nutzung erneuerbarer Energien stützen (Sonnen-, Wind- und Wasserenergie), dargestellt und beurteilt werden. Das langfristige Ziel des Umweltamts ist es, exemplarisch an einigen Industrieunternehmen zu zeigen, daß sich eine Primärenergieeinsparung auch ökonomisch realisieren lassen könnte, um so einen Multiplikatoreffekt zu erzielen. Die Untersuchungen wurden in einem zweiten Schritt auf die Bundesrepublik Deutschland ausgeweitet und aktualisiert.

Das hier vorliegende Buch dokumentiert die wesentlichen Ergebnisse der Studie. Es soll den Betrieben verdeutlichen, wie und mit welchen Energieversorgungssystemen sie ihre Energienachfrage kostengünstig und umweltgerecht befriedigen können. Dabei werden die Unternehmen in das Grundstoff- und Produktionsgütergewerbe (aufgeteilt in Holzverarbeitung, Papier- und Zellstoffindustrie, chemische Industrie, Gummi- und Mineralölverarbeitung, Gewinnung von Steinen und Erden, Eisenschaffende Industrie sowie Nicht-Eisen-Metallerzeugung und -verarbeitung), Investitions- und Vebrauchsgüter produzierendes Gewerbe (Herstellung und Verarbeitung von Glas und Keramik und von Leder-, Textil- und Bekleidungsstücken) sowie in die Nahrungs- und Genußmittelindustrie eingeteilt (vgl. Kapitel 2). Für diese Industriezweige wird insbesondere der Prozeßwärmebedarf für verschiedene Temperaturbereiche dargestellt, weiterhin wird aber auch der Brauchwarmwasser- und Raumwärmebedarf diskutiert. Neben den Wärmeanwendungen wird für die genannten Industriezweige der Bedarf an elektrischer Energie, getrennt nach Licht und Kraft, aufgezeigt und erörtert.

Weiterhin werden die wesentlichen Umweltschutzauflagen zum Betrieb von Energieerzeugungsanlagen kurz aufgearbeitet und anschaulich dargestellt. Hierbei werden z.B. Auszüge aus der Technischen Anleitung (TA) Luft kommentiert und die wichtigsten Anforderungen für den Betrieb von energietechnischen Anlagen des Bundesimmissionsschutzgesetzes (BImschG) diskutiert. Darüber hinaus wird auch das Kreislaufwirtschaftsgestz vom Okt.1996 hinsichtlich der Rückführung und energetischen Nutzung von Abfällen erörtert (Kapitel 3).

Die Energieträger, die für den Betrieb einer Energieerzeugungsanlage notwendig sind, werden ebenfalls dargestellt und diskutiert. Dabei werden einerseits fossile Brennstoffe und leitungsgebundene Energieträger und andererseits erneuerbare Energieträger dargestellt und typische Merkmale sowie ggf. ihre Preise und Kostenstrukturen beschrieben. In diesem Zusammenhang wird auch der Einsatz der konventionellen Energieträger in der nordrhein-westfälischen und zum Vergleich in der deutschen Industrie erörtert. Biogene Energieträger werden gesondert behandelt, da sie vor einer energetischen Nutzung aufbereitet werden müssen. Die Prozeßschritte zur Gewinnung dieser Energieträger werden aufgezeigt und die wichtigsten Methoden erläutert.

Den Hauptteil des als Nachschlagewerk konzipierten Buches bildet das fünfte Kapitel. Hier werden sowohl die fortschrittlichen konventionellen Energietechniken und -systeme, wie Blockheizkraftwerke, Gasturbinenanlagen, Heizkraftwerke,

GuD-Anlagen, als auch Biomasseheizwerke erläutert. Als weitere primärenergie-sparende, vergleichsweise junge Energiesysteme werden die Wärmepumpe (Elektro-, Kompressions- und Absorptionswärmepumpe) sowie die Brennstoffzelle beleuchtet. Die Energieumwandlungssysteme auf Basis erneuerbarer Energiequellen werden in solarthermische und photovoltaische Anlagen, Wind- und Wasserkraftkonverter aufgeteilt. Für alle Technologien werden die theoretischen Grundlagen anhand von Blockschaltbildern erläutert, die Einsatzmöglichkeiten in der Industrie diskutiert, Wirkungs- und Nutzungsgrade und Schadstoffemissionen aufgezeigt sowie insbesondere auch die Wirtschaftlichkeit und Optimierungspotentiale ausführlich behandelt.

Des weiteren werden die Marktchancen, Hemmnisse und Verfügbarkeiten der Energieumwandlungssysteme dargestellt. Dabei werden anhand verschiedener Randbedingungen die für die Industrie beschränkenden Parameter bei der Installation und beim Betrieb einzelner Techniken verdeutlicht.

In Kapitel 7 werden die wichtigsten Ergebnisse miteinander verglichen und bewertet. Zur besseren Anschauung wurde eine Übersichtstabelle beigelegt, die einen Vergleich aller Techniken, ihrer Vor- und Nachteile, Kennzahlen usw. auf einen Blick gestattet.

Ergänzt wird die Studie durch praktisch ausgeführte Beispiele und deren Randbedingungen für die verschiedenen diskutierten Energieumwandlungssysteme (s. Anhang), wobei sich die Unterteilung der Abbildungen an der Gliederung in Kapitel 5 orientiert.

2 Energieverbrauchsstrukturen in der Industrie

Der jährliche Endenergieverbrauch der Bundesrepublik Deutschland betrug 1993 rund 2.548 Mrd. kWh [1]. Diese Endenergienachfrage wurde überwiegend durch fossile Energieträger gedeckt, wobei etwa 79 % der Energieversorgung auf den Brennstoffen Kohle, Öl und Gas basierten. Strom trug mit ca. 17 % zur Endenergieversorgung bei. Auf die Fernwärme entfielen rund 4 % der Endenergienachfrage, auf den Bereich „sonstige Energieträger" etwa 0,6 % [1] (vgl. Abbildung 2.1).

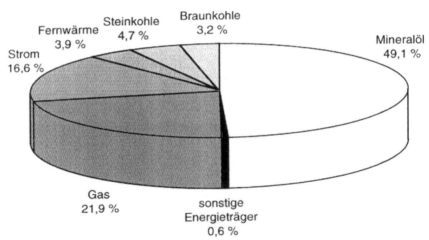

Abb. 2.1. Endenergieverbrauch der Bundesrepublik Deutschland nach Energieträgern (1993) [1, 2]

Der in Abbildung 2.1 aufgeschlüsselte Endenergieverbrauch wurde dabei zu rund 26,5 % bzw. 45,2 % in den Sektoren „Übriger Bergbau[1] und Verarbeitendes Gewerbe[2]" bzw. „Haushalte und Kleinverbraucher" getätigt. Der Endenergieeinsatz im Verbrauchssektor „Haushalte und Kleinverbraucher" verteilt sich ferner zu etwa

---

[1] Nicht-Kohle-Bergbau (z.B. Kali- und Steinsalzbergbau, vgl. Kapitel 2.5).

[2] Das Verarbeitende Gewerbe umfaßt die 4 Hauptgruppen Grundstoff- und Produktionsgütergewerbe, Investitionsgüter produzierendes Gewerbe, Verbrauchsgüter produzierendes Gewerbe sowie die Nahrungs- und Genußmittelindustrie. Das Verarbeitende Gewerbe wird in diesem Kapitel detailliert vorgestellt.

29 % auf die „Privaten Haushalte" bzw. zu 16,2 % auf den Bereich der „Klein-verbraucher". Der Sektor „Verkehr" beanspruchte dagegen 28,3 % der Endenergie. Abbildung 2.2 zeigt diese Struktur.

Der Endenergieverbrauch des Sektors „Übriger Bergbau und Verarbeitendes Gewerbe" betrug demnach 1993 rund 676 Mrd. kWh [1]. Bei der statistischen Beschreibung des Energieverbrauchs werden der Übrige Bergbau und das Verar-beitende Gewerbe i.d.R. mit der Industrie gleichgesetzt (vgl. z.B. [2]), obwohl der Kohlebergbau, die Energie- und Wasserversorgung sowie das Baugewerbe for-mal ebenfalls zur Industrie zählen.

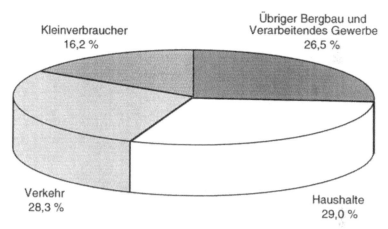

Abb. 2.2. Endenergieverbrauch der Bundesrepublik Deutschland nach Sektoren (1993) [1, 2]

Bei der Erfassung des Endenergiebedarfs in der Statistik wird jedoch zwischen den obengenannten Industriezweigen und dem Produzierenden Gewerbe differen-ziert, da unterschiedliche Strukturen im Energieeinsatz zu berücksichtigen sind. Der Kohlebergbau und die Betriebe der Energie- und Wasserversorgung werden in der Umwandlungsbilanz erfaßt, da die hier verwendeten Energieträger einer Umwandlung unterzogen und – anders als im Verarbeitenden Gewerbe – nicht „verbraucht" werden (vgl. z.B. [1]), während das Baugewerbe aufgrund seines hohen mobilen Energieverbrauchs (z.B. für Bau- und Transportmaschinen) und der damit verbundenen Überschneidung mit dem Sektor „Verkehr" eine Sonder-stellung einnimmt. Der Energieverbrauch des Baugewerbes, der nicht auf die im Baugewerbe verwendeten Verkehrsmittel zurückzuführen ist, wird im Sektor „Kleinverbraucher" erfaßt [4].

In der vorliegenden Studie werden Möglichkeiten einer primärenergieschon-enden Energieversorgung sowie der Anwendung regenerativer Energieträger auf der Basis heutiger Energieverbräuche und -anwendungsstrukturen im „Übrigen Bergbau und Verarbeitenden Gewerbe" diskutiert. Grundlage der Bewertung ver-schiedener Technologien und Versorgungskonzeptionen bildet die nachfolgende disaggregierte Beschreibung der industriellen Energieverbrauchs- und -anwendungsstrukturen. Der Verbrauchssektor „Übriger Bergbau und Verarbeitendes Gewerbe" wird hierzu in die 5 Hauptgruppen

1. Grundstoff- und Produktionsgütergewerbe,
2. Investitionsgüter produzierendes Gewerbe,
3. Verbrauchsgüter produzierendes Gewerbe,
4. Nahrungs- und Genußmittelindustrie und
5. Übriger Bergbau

gegliedert. In solchen Hauptgruppen, in denen eine zusammenfassende Beschreibung untergeordneter Wirtschaftszweige – bedingt durch unterschiedliche Strukturen – nicht möglich bzw. mit großen Fehlabschätzungen behaftet ist, erfolgt eine weitere Differenzierung der Hauptgruppen in einzelne Wirtschaftszweige. In den nachfolgenden Kapiteln werden daher insgesamt 30 verschiedene Teilbereiche des Produzierenden Gewerbes diskutiert.

Die Darstellung des Endenergieverbrauchs im übrigen Bergbau und Verarbeitenden Gewerbe sowie dessen Aufteilung nach verwendeten Energieträgern – berücksichtigt werden Gas, Mineralöl, Braun- und Steinkohle sowie Strom – erfolgt auf der Grundlage statistischer Erhebungen der Arbeitsgemeinschaft Energiebilanzen, wobei in erster Linie die Energiebilanz der Bundesrepublik Deutschland für das Basisjahr 1993 (vgl. hierzu [1]) und das Energieflußbild der Bundesrepublik Deutschland (vgl. hierzu [2]) ausgewertet werden.

Um die Einsatzmöglichkeiten verschiedener Energietechniken innerhalb einzelner Wirtschaftszweige beurteilen zu können, wird der ausgewiesene Endenergieverbrauch in einer zweiten Aufteilung verschiedenen Anwendungsbereichen zugeordnet. Diese bezeichnen den Einsatz von Energie zur Gestehung von

1. Raumwärme und Brauchwarmwasser (RW/WW),
2. Beleuchtung (Licht),
3. Kraft,
4. Prozeßwärme (PW) und
5. sonstigen Anwendungen (z.B. Elektrolyse).

Im Anwendungsbereich „Prozeßwärme" erfolgt ferner eine Aufschlüsselung der Endenergienachfrage nach dem erforderlichen Temperaturniveau. Diese Aufteilung erfolgt dabei schrittweise in Temperaturintervallen von 100 °C [3] . Im Rahmen der Detailuntersuchung einzelner Wirtschaftszweige werden lediglich 4 Temperaturintervalle diskutiert, während Tabelle 7.1 im Anhang eine detailliertere Aufteilung wiedergibt. Die Ausweisung der verschiedenen Energieanwendungen basiert auf der Auswertung der zu diesem Thema verfügbaren Literatur [3–8].

Analog zur Temperaturverteilung der Prozeßwärmeanwendungen faßt Kapitel 2.6 die aus den Detailuntersuchungen resultierenden Ergebnisse zusammen. Die Zusammenfassung erfolgt dabei durch eine graphische Aufbereitung der ausgewiesenen Endenergienachfrage, differenziert nach Anwendungs- und Wirtschaftsbereichen (vgl. Abbildungen 2.31-2.34).

2.1
Grundstoff- und Produktionsgütergewerbe

Innerhalb des Verbrauchssektors „Übriger Bergbau und Verarbeitendes Gewerbe"
zeigt sich eine Konzentration des Endenergieverbrauchs auf das Grundstoff- und
Produktionsgütergewerbe. 1993 entfielen auf diesen Teil der Industrie mit ca. 446
Mrd. kWh rund 66 % des Endenergieverbrauchs im Übrigen Bergbau und Verarbeitenden Gewerbe [1]. Das Investitionsgüter produzierende Gewerbe bildete mit
einer Endenergienachfrage von ca. 98 Mrd. kWh die zweitgrößte industrielle Ver-
brauchergruppe. Ihr Anteil am Endenergieverbrauch der Industrie betrug 1993
allerdings nur noch rund 14,5 %. Das Verbrauchsgüter produzierende Gewerbe
mit einem Endenergieverbrauch von ca. 73 Mrd. kWh und die Nahrungs- und Genußmittelindustrie mit einer Endenergienachfrage von ca. 54 Mrd. kWh bedingten
dagegen 10,8 % bzw. 8,0% des Gesamtenergiebedarfs. Der Endenergieverbrauch
des Übrigen Bergbaus von 5,3 Mrd. kWh ist dagegen marginal (ca. 0,8 %) [1].
Abbildung 2.3 gibt die Struktur des Endenergieverbrauchs im Übrigen Bergbau
und Verarbeitenden Gewerbe wieder.

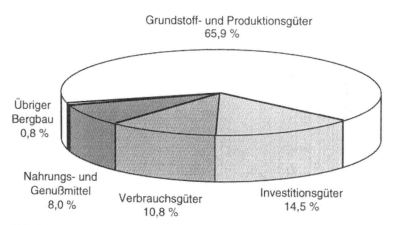

Abb. 2.3. Aufteilung des Endenergieverbrauchs im Übrigen Bergbau und Verarbeitenden Gewerbe nach Hauptgruppen (1993) [1]

Das Grundstoff- und Produktionsgütergewerbe beschreibt einen inhomogenen
Teilbereich der Industrie mit verschiedenen Produkten, Fertigungs- und Betriebsstrukturen sowie deutlich differierenden Energieverbräuchen in den verschiedenen Wirtschaftszweigen. Eine pauschale Abhandlung der insgesamt 13 Wirtschaftszweige (vgl. z.B. [9]) würde daher keiner der verschiedenen Branchen gerecht. In
der vorliegenden Untersuchung werden somit – aufgrund ihrer Bedeutung für den
Endenergiebedarf des Grundstoff- und Produktionsgütergewerbes – folgende 8
Wirtschaftszweige näher betrachtet:
  1. Eisenschaffende Industrie,
  2. Chemische Industrie,

3. Gewinnung und Verarbeitung von Steinen und Erden,
4. Zellstoff-, Holzschliff-, Papier- und Pappeerzeugung,
5. NE-Metallerzeugung, -halbzeugwerke und -gießereien[3],
6. Eisen-, Stahl- und Tempergießereien,
7. Gummiverarbeitung und
8. Ziehereien und Kaltwalzwerke.

Die verbleibenden 5 Branchen des Grundstoff- und Produktionsgütergewerbes (Herstellung von Spalt- und Brutstoffen, Holzbearbeitung, Mineralölverarbeitung, Drahtziehereien und die Mechanik) faßt der Bereich „übriges Grundstoff- und Produktionsgütergewerbe" zusammen.

Vier Branchen des Grundstoff- und Produktionsgütergewerbes verbrauchen zusammen fast 90 % der Endenergie [1]. Die eisenschaffende Industrie trägt hierzu mit 33,8 % bei, es folgt die chemische Industrie mit 32,9 %, während die Gewinnung und Verarbeitung von Steinen und Erden mit 14,3 % bzw. die Zellstoff-, Holzschliff-, Papier- und Pappeerzeugung mit 8,4 % des Gesamtendenergieverbrauchs des Grundstoff- und Produktionsgütergewerbes bereits deutlich weniger Energie nachfragen [1]. Abbildung 2.4 zeigt die Aufteilung des Endenergiebedarfs im Grundstoff- und Produktionsgütergewerbe.

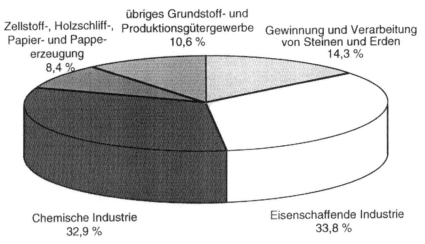

Abb. 2.4. Aufteilung des Endenergiebedarfs im Grundstoff- und Produktionsgütergewerbe (1993) [1]

---

[3] NE-Metalle: Nichteisenmetalle,

2.1.1
Eisenschaffende Industrie

Die eisenschaffende Industrie umfaßt die
1. Hochofen-, Stahl- und Warmwalzwerke,
2. Schmiede-, Preß- und Hammerwerke sowie die
3. Herstellung von Stahl- und Präzisionsstahlrohren [5].
Der Endenergieverbrauch der eisenschaffenden Industrie betrug 1993 in der
Bundesrepublik Deutschland etwa 150,7 Mrd. kWh, wobei 170 Betriebe mit etwa
154.700 Beschäftigten in diesem Wirtschaftszweig tätig waren [1, 9]. Bezogen
auf die Beschäftigtenzahl errechnet sich ein spezifischer Energieverbrauch von
rund 974.300 kWh pro Beschäftigtem und Jahr. Abbildung 2.5 zeigt qualitativ die
Größenstruktur sowie die Aufteilung des Endenergieverbrauchs in der eisenschaffenden Industrie, wie sie sich aus dem spezifischen Energieverbrauch und
der Verteilung der Beschäftigtenzahlen errechnet [9].
Mit ca. 113 Mrd. kWh entfielen 1993 rund drei Viertel des Endenergieverbrauchs

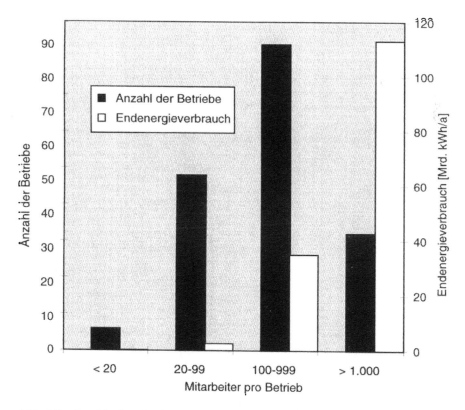

Abb. 2.5. Anzahl der Betriebe nach Betriebsgrößenklassen (vgl. [9]) und deren
kumulierter, geschätzter Endenergieverbrauch in der eisenschaffenden Industrie der
Bundesrepublik Deutschland (1993)

der eisenschaffenden Industrie auf 32 Großbetriebe mit mehr als 1.000 Beschäftigten pro Betrieb. Des weiteren war mit mehr als 116.000 Mitarbeitern ein ebenso großer Prozentsatz der Beschäftigten in den Großunternehmen tätig. 84 Betriebe mit 100–999 Mitarbeitern beschäftigten rund 23 % der Belegschaft [9]. Bei den Großbetrieben handelt es sich überwiegend um Betriebe der Eisen- und Stahlerzeugung. Roheisen und -stahl wird noch weitgehend durch die Erzbearbeitung in Hochöfen mit anschließender Oxygenstahlproduktion in Sauerstoffblasstahlwerken hergestellt. Daneben gewinnt die Elektrostahlerzeugung, d.h. die Stahlerzeugung durch Einschmelzen von Schrott, zunehmend an Bedeutung. Bei der Elektrostahlerzeugung wird das Grundmaterial durch den Einsatz elektrischer Energie in Hochtemperaturlichtbogenöfen (UHP-Stahlwerken) geschmolzen. Gekennzeichnet ist die Eisen- und Stahlproduktion durch den beachtlichen Hochtemperaturprozeßwärmebedarf bei Temperaturen über 1.000 °C sowie einen Kraftbedarf zur Formgebung des Rohmaterials [5].

Die technologische Entwicklung zur Reduktion des Primärenergieverbrauchs sowie der Energiekosten bei der Stahlerzeugung verfolgt das Ziel, den Einsatz des relativ teuren Brennstoffs „Koks" z.B. durch Kohleeinblastechniken in den Hochofen zu reduzieren. Auf diese Weise könnte der derzeitige Brennstoffbedarf um bis zu 200 kg je Tonne Rohstahl reduziert werden [10]. Dagegen konzentriert sich die Entwicklung bei den Walzprodukten zunehmend auf die sog. „Dünnbrammentechnologie", wobei sich ebenfalls aus energetischen Gründen die Warmwalzwerke direkt an die Sekundärmetallurgie (Frischen oder Vakuumbehandlungen des Rohstahls) anschließen und nach dem Stranggußß die noch warmen Brammen oder Knüppel einer ersten mechanischen Formgebung (Warmwalzen bzw. Dünnbrammenwalzen) unterziehen und somit den Energiebedarf zum erneuten Erwärmen des Materials vor dem Walzen erheblich reduzieren [5, 10].

Hinsichtlich der zeitlichen Struktur des Energiebedarfs in den Großbetrieben ist zu vermuten, daß aufgrund der langen Aufheizzeiten großer Werkstoffchargen sowie der mit der Erwärmung und Abkühlung der Schmelzanlagen und -werkstoffe verbundenen Energieverluste ein kontinuierlicher Betrieb dieser Anlagen angestrebt wird und daher ein Dreischichtsystem vorliegt. Ferner läßt der geringe Anteil der Anwendungsbereiche Raumwärme, Brauchwarmwasser und Beleuchtung am Gesamtenergieverbrauch der eisenschaffenden Industrie eine Unabhängigkeit des Energiebedarfs von jahreszeitlichen Einflüssen vermuten [6].

54 Betriebe der eisenschaffenden Industrie beschäftigten 1993 weniger als 100 Mitarbeiter [9]. Diese kleinen und mittelständischen Unternehmen der eisenschaffenden Industrie sind mit rund 2.600 Mitarbeitern und einem Endenergieverbrauch von ca. 2,5 Mrd. kWh hinsichtlich des Gesamtenergieverbrauchs der eisenschaffenden Industrie von untergeordneter Bedeutung. Aufgrund der Betriebsgröße und der häufig anzutreffenden Spezialisierung kleinerer Betriebe auf Individualprodukte ist davon auszugehen, daß die Betriebe dieser Größenklassen überwiegend in der Weiterverarbeitung der Eisen- und Stahlprodukte (z.B. Stahlrohrherstellung) tätig sind. Demnach sind hier die Schmieden, Preß- und Hammerwerke sowie sonstige weiterverarbeitenden Betriebe anzusiedeln. Die zeitlichen Energiebedarfsstrukturen der kleinen und mittelständischen Betriebe innerhalb

der eisenschaffenden Industrie sind nur schwer zu pauschalisieren. Während hinsichtlich der Produktionsorganisation analoge Bestrebungen zur möglichst weitgehenden und kontinuierlichen Auslastung der Schmelzanlagen wie in den Großbetrieben zu erwarten sind, beeinflussen innerbetriebliche Strukturen (z.B. Auftragslage, spezielle Anforderungen an den Werkstoff und seine Verarbeitung, Umfang einzelner Aufträge und deren Reihenfolge etc.) den Produktionsablauf maßgeblich. Eine Aussage zu typischen zeitlichen Strukturen der Energienachfrage ist daher kaum möglich und bedarf individueller Untersuchungen einzelner Betriebe.

Die nachgefragte Endenergie wird in der eisenschaffenden Industrie zu 85,7 % zur Erzeugung von Prozeßwärme und zu 11,0 % zur Kraftgestehung eingesetzt [5, 11]. Dies gilt sowohl für die Großbetriebe der Eisen- und Stahlerzeugung als auch für die kleineren Betriebe, die das Rohmaterial vor der Weiterverarbeitung meist wie der erwärmen [5]. Während die Hochtemperaturprozeßwärme (i.d.R. über 1.000 °C) zur Schmelze bzw. Erwärmung der Eisen- und Stahlwerkstoffe eingesetzt wird, dient der Kraftbedarf dem Antrieb formgebender Maschinen wie Pressen, Schmiedehämmer oder Walzen. Die übrigen Anwendungsbereiche wie bspw. Raumwärme, Brauchwarmwasser oder Beleuchtung sind – wie bereits erwähnt – lediglich von untergeordneter Bedeutung [5]. Tabelle 2.1 gibt die Anwendungsstruktur der Endenergie in der eisenschaffenden Industrie wieder.

Tabelle 2.1. Struktur des Endenergieeinsatzes von 150,7 Mrd. kWh nach Energieträgern und Anwendungsbereichen in der eisenschaffenden Industrie der Bundesrepublik Deutschland (1993) [1,3,5,11]

Energieträger	Anteil in [%]	Anwendung	Anteil in [%]
Strom	12,1	Raumwärme	3,0
Brennstoffe ges.	87,9	Warmwasser	
Gase	35,4	Licht	0,3
Mineralöl	9,5	Kraft	11,0
Braunkohle	0,1	Prozeßwärme	85,7
Steinkohle	41,1	unter 100 °C	0,9
Sonstige	1,8	100 - 500 °C	1,0
Summe:	100,0	500 -1.000 °C	9,3
		über 1.000 °C	74,5
		Summe:	100,0

Die in der eisenschaffenden Industrie eingesetzten Energieträger weist die Energiebilanz der Bundesrepublik Deutschland aus [1]. Steinkohle war 1992 demnach mit 41,1 % die wichtigste Energiequelle der eisenschaffenden Industrie. Gasförmige Brennstoffe (neben Erdgas wird vor allem Gichtgas eingesetzt) trugen mit 35,4 % zur Endenergieversorgung bei. Strom und Mineralöle decken 12,1 % bzw. 9,5 % des Endenergiebedarfs. Der Anteil der Braunkohle war 1992 mit 0,1 % dagegen gering. Der Anteil sonstiger Energieträger (in erster Linie Müll, Klärschlämme und Fernwärme) tragen mit etwa 1,8 % zur Energieversorgung der eisenschaffenden Industrie bei.

Hinsichtlich der Abwärmenutzung bzw. der Wärmerückgewinnung zeigt sich in der eisenschaffenden Industrie – bedingt durch den großen Anteil und die hohen Prozeßtemperaturen der Wärmeanwendungen – ein beachtliches Potential [5]. Insbesondere die Wärmerückgewinnung im Sinterkühler, aus Winderhitzerabgasen und der Hochofen- bzw. Stahlwerksschlacke bietet entsprechende Möglichkeiten der Abwärmenutzung [5]. Aufgrund hoher Energiekosten (ca. 13,1 % der Produktionskosten [5]) ist allerdings davon auszugehen, daß die wirtschaftlichen Maßnahmen zur Abwärmenutzung bzw. der Wärmerückgewinnung bereits weitgehend ausgeschöpft sind [5]. So wird die Restwärme bspw. zur Schrott- oder Luftvorwärmung oder aber zur Dampferzeugung (Turbinenbetrieb) innerbetrieblich genutzt.

1990 fielen in der bundesdeutschen eisenschaffenden Industrie Produktionsreststoffe bzw. Abfälle von rund 16 Mio. t weitgehend in Form von Schlacke aus der Eisen- und Stahlgewinnung an [12]. Energetisch verwertbare Reststoffe sind nicht zu erwarten. Stofflich jedoch wurde ein Großteil der Reststoffe verwertet. So wurden 11,5 Mio. t der Reststoffe von weiterverarbeitenden Betrieben des Altstoffhandels bearbeitet (z.B. Gewinnung von Baumaterialien).

2.1.2
Chemische Industrie

Die chemische Industrie wies 1993 einen Endenergieverbrauch von 146,6 Mrd. kWh auf [1]. Dabei waren 1.836 Betriebe mit rund 602.500 Beschäftigten in der chemischen Industrie tätig [9]. Anhand dieser Zahlen errechnet sich ein beschäftigtenspezifischer Energiebedarf von rund 243.200 kWh, der deutlich unter dem der eisenschaffenden Industrie liegt. Einen prinzipiell ähnlichen Verlauf dagegen zeigt die qualitative Verteilung des Endenergieverbrauchs auf die verschiedenen Betriebsgrößenklassen, wie sie in Abbildung 2.6 dargestellt ist.

Analog zur eisenschaffenden Industrie überwiegen auch in der Chemie zahlenmäßig die kleinen und mittelständischen Betriebe. 1993 beschäftigten 1.061 der insgesamt 1.836 chemischen Betriebe weniger als 100 Mitarbeiter, insgesamt jedoch nur rund 7,7 % aller Beschäftigten in der chemischen Industrie [9]. Ferner zeigen sich Parallelen in der Produktionsstruktur von eisenschaffender und chemischer Industrie. Ebenso wie die Kleinbetriebe der eisenschaffenden Industrie ist zu vermuten, daß die kleinen und mittelständischen Betriebe der chemischen Industrie weitgehend in der Weiterverarbeitung von Primärchemikalien zu speziellen Produkten tätig sind. Sie decken den Bereich der Pharmazie, der Reinigungsmittelherstellung sowie der Produktion photochemischer und sonstiger Chemieprodukte ab. Teilweise sind auch Großbetriebe in diesem Bereich zu erwarten, die jedoch eine breite und weniger spezialisierte Produktpalette aufweisen. Die Produktionsstruktur innerhalb der mittelständischen Chemieindustrie ist stark produktspezifisch und aufgrund ihrer Vielfalt im Rahmen dieser Untersuchung nicht zu analysieren. Hinsichtlich der zeitlichen Bedarfsstrukturen gelten die gleichen Aussagen wie in der eisenschaffenden Industrie. Innerbetriebliche Faktoren bestimmen maßgeblich die Betriebsabläufe und damit die Endenergienachfrage. Pauschale Aussagen werden den realen Gegebenheiten nicht gerecht. Die Annahme, daß die Grundstoffchemie (d.h. die Gewinnung von Primärchemikalien) auf Großbetriebe beschränkt bleibt, basiert auf der Tatsache, daß die Gewinnung von Primärchemikalien mit einem erheblichen technischen Aufwand, einem hohen Energieverbrauch und beachtlichen Investitionen einhergeht [5]. Ca. 60 % des Endenergieverbrauchs der bundesdeutschen Chemieindustrie entfielen 1993 auf ca. 100 Großbetriebe mit mehr als 1.000 Beschäftigten pro Betrieb. Die durchschnittliche Zahl der Beschäftigten in dieser Größenklasse lag 1990 bei rund 3.500 Mitarbeitern [9]. Im Bereich der Grundstoffchemie liegen die Produktionsschwerpunkte auf der Gewinnung von Chlor, Soda, Calciumcarbid, Aluminiumoxid (Grundstoff der Reinaluminiumgewinnung in der NE-Metallindustrie), Wasserstoff, Ammoniak, Methanol und Olefinen [11]. Die Grundstoffchemie war in der jüngsten Vergangenheit, bedingt durch zunehmenden Konkurrenzdruck, starken Veränderungen in der Betriebs- und Produktionsstruktur ausgesetzt. Insbesondere sind hier der Rückgang bzw. der Ausbaustop der energieintensiven Chlor-Alkali-Elektrolyse (Amalganverfahren) oder der Soda- und Acetylenherstellung an verschiedenen Standorten der Grundstoffchemie zu nennen [10].

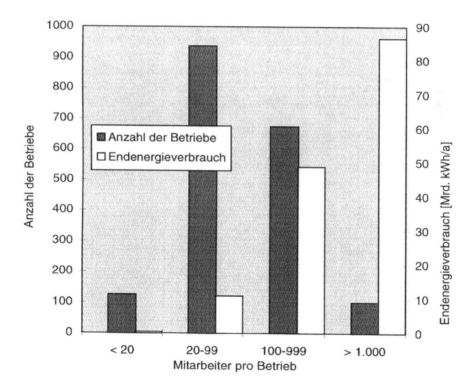

Abb. 2.6. Anzahl der Betriebe nach Betriebsgrößenklassen (vgl. [9]) und deren kumulierter, geschätzter Endenergieverbrauch in der chemischen Industrie der Bundesrepublik Deutschland (1993)

Eine Beschreibung typischer Prozesse innerhalb der chemischen Großindustrie scheitert ebenso wie zuvor bei den kleinen und mittelständischen Unternehmen an der Vielfalt der Produkte und ihrer Herstellungsverfahren. Zu erwähnen ist, daß in der chemischen Industrie ein Anwendungsbereich auftritt, der nicht in die „klassischen" Bereiche Raumwärme, Brauchwarmwasser, Prozeßwärme, Licht oder Kraft zu integrieren ist. Dabei handelt es sich um einen Energiebedarf zur Elektrolyse, der anders als bspw. der Energieverbrauch zur Schmelzflußelektrolyse bei der Reinaluminiumherstellung nicht den Wärmeanwendungen zuzuordnen ist. Dieser Energieverbrauch wird in Tabelle 2.2 gesondert ausgewiesen. Die zeitlichen Produktionsabläufe unterliegen auch in den chemischen Großbetrieben breiten Schwankungen. Analog zu den Großbetrieben der eisenschaffenden Industrie ist jedoch auch in der Chemie ein Mehrschichtsystem zu erwarten, da die Auslastung der Produktionsanlagen ein maßgebliches Kriterium der Wettbewerbsfähigkeit darstellt.

Die vielfältigen Produktionsprozesse innerhalb der chemischen Industrie zeigen dennoch eine relativ einheitliche Struktur hinsichtlich der Energieanwendung. Tabelle 2.2 gibt die Aufschlüsselung des Endenergieverbrauchs der chemischen Industrie nach Anwendungsbereichen wieder.

Mit 66,3 % wird ein Großteil der Endenergie zur Prozeßwärmegestehung aufgewendet. Den Schwerpunkt bilden die Hochtemperaturwärmeanwendungen [11]. Weitere 18,5 % der Endenergie dienen der Kraftgestehung bspw. zum Betrieb von Pumpen oder Verdichtern. 8,6 % der Endenergie werden für elektrolytische Produktionsstufen aufgewendet, während der Energiebedarf für Raumwärme, Brauchwarmwasser und Beleuchtung relativ gering ist.

1993 deckten Brennstoffe in der chemischen Industrie insgesamt rund 70 % der Endenergienachfrage [1]. Mit 41,8 % waren Gase die wichtigsten Energieträger der chemischen Industrie. Strom folgte auf Rang 2 mit einem Anteil von ca. 30 %. Mineralöl und Steinkohle mit 10,5 % bzw. 8 % trugen bereits deutlich weniger zur Energieversorgung der chemischen Industrie bei. Die Braunkohle

Tabelle 2.2. Struktur des Endenergieeinsatzes von 146,6 Mrd. kWh nach Energieträgern und Anwendungsbereichen in der chemischen Industrie der Bundesrepublik Deutschland (1993) [1,3,5,11]

Energieträger	Anteil in [%]	Anwendung	Anteil in [%]
Strom	30,0	Raumwärme	5,7
Brennstoffe ges.	70,0	Warmwasser	
Gase	41,8	Elektrolyse	8,6
Mineralöl	10,5	Licht	0,9
Braunkohle	6,2	Kraft	18,5
Steinkohle	7,9	Prozeßwärme	66,3
Sonstige	3,7	unter 100 °C	13,5
Summe:	100,0	100 - 500 °C	20,5
		500 -1.000 °C	25,9
		über 1.000 °C	6,4
		Summe:	100,0

deckte etwa 6 % der Endenergienachfrage. Der Anteil der Fernwärme an der Energieversorgung der chemischen Industrie lag 1993 mit etwa 3,7 % vergleichsweise hoch [1].

Das Abwärmepotential innerhalb der chemischen Industrie ist analog zur eisenschaffenden Industrie beachtlich, seine Nutzung dagegen deutlich schwieriger, da zu erwarten ist, daß sich das Gesamtpotential auf eine Vielzahl einzelner Prozesse aufteilt. Diese sind i.d.R. baulich und räumlich voneinander getrennt. Die Nutzung der Abwärme erfordert in der chemischen Industrie daher einen erheblichen technischen Aufwand. Die Bemühungen der Betriebe liegen daher auf der Abwärmevermeidung durch Prozeßoptimierung [11].

1990 fielen in der bundesdeutschen Chemieindustrie 11,3 Mio. t Rest- und Abfallstoffe an [9]. 5,5 Mio. t dieser Reststoffe wurden durch innerbetriebliche Abfallbehandlungsanlagen entsorgt oder weiterverarbeitet, ca. 2 Mio. t an den Altstoffhandel übergeben. Der verbleibende Anteil wurde öffentlichen Entsorgungsanlagen zugeführt. Der Hauptteil der zu entsorgenden Reststoffe bestand 1990 aus Rückständen der chemischen Produktion. Energetisch nutzbare Reststoffe sind kaum vorhanden.

2.1.3
Gewinnung und Verarbeitung von Steinen und Erden

Der Endenergieverbrauch des Industriezweigs „Gewinnung und Verarbeitung von Steinen und Erden" betrug 1993 etwa 63,9 Mrd. kWh, wobei rund 4.100 Betriebe mit insgesamt etwa 196.500 Beschäftigten in dieser Branche tätig waren [1, 9]. Damit errechnet sich ein spezifischer Endenergieverbrauch von rund 325.000 kWh pro Beschäftigtem und Jahr. Im Gegensatz zu den bislang diskutierten Branchen zeigt sich in der Gewinnung und Verarbeitung von Steinen und Erden eine Konzentration der Betriebe und Beschäftigten auf kleine und mittelständische Unternehmen. Abbildung 2.7 faßt die Größenstruktur sowie die qualitative Verteilung des Energiebedarfs in diesem Industriezweig zusammen.

Aus Gründen des Datenschutzes liegt für rund 440 Betriebe mit mehr als 100 Beschäftigten keine Zuordnung zu den Größenklassen vor [9]. Dies betraf somit rund 100.000 Beschäftigte, d.h. ca. 50 % aller Beschäftigten. 42 % der Mitarbeiter waren in Unternehmen mit 20–99 Beschäftigten, weitere 8 % in Kleinbetrieben beschäftigt [9].

In der Gewinnung und Verarbeitung von Steinen und Erden sind 22 Wirtschaftszweige zusammengefaßt [5]. Mit Ausnahme der Kalksandsteinproduktion und der Herstellung von Betonprodukten zeigt sich eine gleichmäßige Verteilung der Industriebetriebe über das gesamte Produktspektrum [9]. Die Herstellung von Betonprodukten liegt sowohl hinsichtlich der Zahl der Betriebe als auch der Beschäftigtenzahlen etwa um den Faktor 2 über dem Durchschnitt. Die Kalksandsteinproduktion dagegen ist unterdurchschnittlich vertreten [9]. Hinsichtlich der Energieanwendungen lassen sich 3 unterschiedliche Bereiche der Gewinnung und Verarbeitung von Steinen und Erden unterscheiden.

Die Gewinnung von Steinen und Erden umfaßt die Sand- und Kiesgruben sowie die Natursteinwerke. Dieser Teil der Industrie weist analog zum Baugewerbe einen überwiegend mobilen Kraftbedarf für Bau- und Transportmaschinen auf. Der Anteil am Gesamtenergiebedarf der Gewinnung und Verarbeitung von Steinen und Erden ist gering [5].

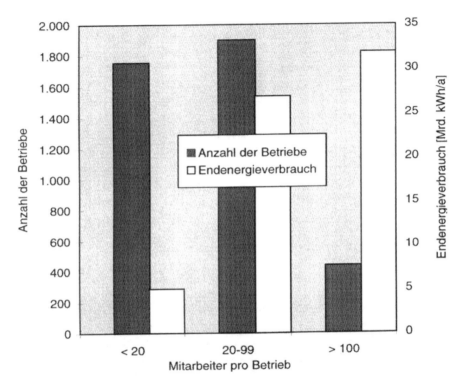

Abb. 2.7. Anzahl der Betriebe nach Betriebsgrößenklassen (vgl. [9]) und deren kumulierter, geschätzter Endenergieverbrauch in der Gewinnung von Steinen und Erden in der Bundesrepublik Deutschland (1993)

Die Verarbeitung von Steinen und Erden dagegen beschreibt einerseits die Erzeugung von Rohstoffen (Kalk, Zement etc.) und andererseits die Bereitstellung von Baumaterialien wie bspw. Betonwaren, Grobkeramik und Steinen. Gekennzeichnet ist die Verarbeitung von Steinen und Erden durch einen Kraftbedarf zur Aufbereitung und Homogenisierung der Rohstoffe (z.B. Mahlen oder Sieben), einen Niedertemperaturprozeßwärmebedarf zur Trocknung verschiedener Produkte sowie einen Hochtemperaturprozeßwärmebedarf zum Brennen von Kalk, Zement oder Steinen [5]. Trocknungsprozesse sind im Bereich der Herstellung von Betonfertigteilen und sonstigen Bauelementen (Ziegel, Kalksandsteine oder Keramik) nach der Formgebung des Grundmaterials angesiedelt. Das Brennen der Produkte erfolgt i.d.R. im Anschluß an deren Trocknung.

Die Prozeßwärmegestehung beansprucht in der Gewinnung und Verarbeitung von Steinen und Erden ca. 83 % der Endenergienachfrage [5]. Der überwiegende

Teil der Prozeßwärme wird für die Brennprozesse aufgewendet. Die Trocknungsprozesse erfordern rund 6 % der Endenergie, wobei sie sich gleichmäßig auf die
Temperaturbereiche bis 100 °C und 100–500 °C verteilen [11]. 12,4 % der Endenergie dient der stationären Kraftgestehung. Der Energiebedarf im Anwendungsbereich „Beleuchtung" kann unter der Voraussetzung errechnet werden, daß die
nicht zur Prozeßwärmegestehung verwendeten Brennstoffe der Raumwärme- und
Brauchwarmwassergestehung sowie der nicht zur Kraftgestehung verwendete Strom
der Beleuchtung zugeführt werden. Die zeitliche Struktur des Energieverbrauchs
in der Gewinnung und Verarbeitung von Steinen und Erden wird maßgeblich durch
die Betriebsstruktur geprägt. Literaturangaben liegen hierzu nicht vor. Anzunehmen ist jedoch, daß aufgrund der Vielzahl kleinerer Betriebe der Einschichtbetrieb
diese Branche charakterisiert.

Die Aufteilung des Endenergieverbrauchs nach Energieträgern kann der Energiebilanz der Bundesrepublik Deutschland entnommen werden [1]. Der wichtigste Energieträger war 1993 demnach mit 25,9 % das Gas, gefolgt von Steinkohle
und Braunkohle, die mit 20,9 % bzw. 19,5 % nahezu gleiche Anteile zur Energieversorgung des Wirtschaftszweiges „Gewinnung und Verarbeitung von Steinen
und Erden" beitrugen. Auch auf das Mineralöl entfielen mit 18,9 % etwa gleich
große Anteile der Endenergienachfrage, während etwa 14 % des Endenergiebedarfs
in Form von Strom bereitgestellt wurden. Die Ergebnisse sind in Tabelle 2.3 zusammengestellt.

Tabelle 2.3. Struktur des Endenergieeinsatzes von 63,9 Mrd. kWh nach Energieträgern
und Anwendungsbereichen in der Gewinnung und Verarbeitung von Steinen und Erden der
Bundesrepublik Deutschland (1993) [1,3,5,11]

Energieträger	Anteil in [%]	Anwendung	Anteil in [%]
Strom	14,1	Raumwärme	4,4
Brennstoffe ges.	85,9	Warmwasser	
Gase	25,9	Licht	0,6
Mineralöl	18,9	Kraft	12,4
Braunkohle	19,5	Prozeßwärme	82,6
Steinkohle	20,9	unter 100 °C	2,6
Sonstige	0,8	100 - 500 °C	3,1
Summe:	100,0	500 -1.000 °C	33,1
		über 1.000 °C	43,8
		Summe:	100,0

Möglichkeiten der Abwärmenutzung ergeben sich im Bereich der Gewinnung
und Verarbeitung von Steinen und Erden durch die Hochtemperaturanwendungen
zum Brennen verschiedener Produkte. Die Rahmenbedingungen zur innerbetrieblichen Verwendung der Abwärme sind dabei günstig, da häufig Niedertemperaturprozesse wie bspw. Trocknungsprozesse mit Brennprozessen gekoppelt sind. Durch
eine zeitliche Anpassung beider Produktionsstufen kann die Abwärme der Brenn-
öfen über Wärmetauscher den Trocknungsanlagen zugeführt werden. Trotz gün-

stiger Rahmenbedingungen wird das Abwärmepotential nur teilweise genutzt [11]. Hemmend auf den Ausbau der Abwärmenutzung wirken sich dabei die erforderlichen Investitionen aus, die angesichts der geringen Betriebsgrößen nicht immer zu realisieren sind.

Das Reststoffaufkommen der Gewinnung und Verarbeitung von Steinen und Erden zeigt – bedingt durch Rohstoffeinsatz und Produktstruktur – keine energetisch verwertbaren Anteile. 1990 fielen rund 9,5 Mio. t Reststoffe an [9]. Davon entfielen große Teile auf Bauschutt, Straßenaufbruch und Bodenaushub. 1,6 Mio. t Reststoffe konnten dem Altstoffhandel zur Weiterverarbeitung übergeben werden, während ca. 2,4 Mio. t der öffentlichen und etwa 6 Mio. t der innerbetrieblichen Entsorgung zugeführt wurden.

2.1.4
Zellstoff-, Holzschliff-, Papier- und Pappeerzeugung

Die Zellstoff-, Holzschliff-, Papier- und Pappeerzeugung beschreibt die Herstellung von Papier- und Pappeerzeugnissen, wobei Holzschliff und Zellstoff lediglich ein Zwischenprodukt der Papier- und Pappeerzeugung darstellen. Der Endener-

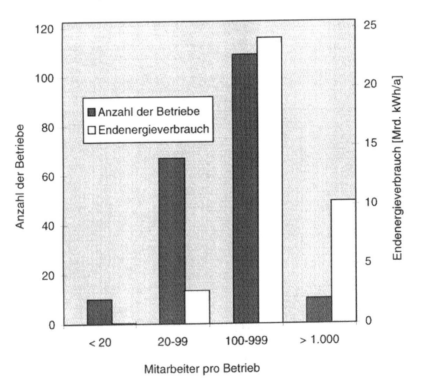

Abb. 2.8. Anzahl der Betriebe nach Betriebsgrößenklassen (vgl.[9]) und deren kumulierter, geschätzter Endenergieverbrauch in der Zellstoff-, Holzschliff-, Papier- und Pappeerzeugung in der Bundesrepublik Deutschland (1993)

gieverbrauch der Zellstoff-, Holzschliff-, Papier- und Pappeerzeugung betrug 1993 rund 37,2 Mrd. kWh. Mit etwa 50.500 Mitarbeitern in der Zellstoff-, Holzschliff-, Papier- und Pappeerzeugung errechnet sich ein beschäftigtenspezifischer Energiebedarf von rund 736.100 kWh pro Beschäftigtem und Jahr. Die Größenstruktur der in dieser Branche tätigen Betriebe sowie die qualitative Verteilung des Endenergiebedarfs zeigt Abbildung 2.8.

Insgesamt wurden 1993 in der Bundesrepublik Deutschland 196 Betriebe der Zellstoff-, Holzschliff-, Papier- und Pappeerzeugung registriert [9]. 10 Betriebe wiesen mehr als 1.000 Beschäftigte auf. In diesen Großbetrieben waren etwa 28 % der Mitarbeiter beschäftigt. Mit ca. 65 % aller Beschäftigten waren in den mittelständischen Unternehmen, d.h. Betrieben mit 100–999 Mitarbeitern der Großteil aller Mitarbeiter dieser Branche tätig. Ferner beschäftigten 77 Betriebe weniger als 100 Mitarbeiter. Die Zellstoff-, Holzschliff-, Papier- und Pappeerzeugung zeigt 1993 somit eine eher mittelständische Struktur.

Der Produktionsablauf der Zellstoff-, Holzschliff-, Papier- und Pappeerzeugung läßt sich in 4 Teilbereiche gliedern [11]. In einer ersten Stufe wird das Ausgangsmaterial der Papier- bzw. Pappeherstellung, nämlich Zellstoff, gewonnen. Neben bereits aufbereiteten Holzstoffen (Hackschnitzel, Späne) werden auch beachtliche Mengen an Rohholz eingesetzt. Zur Zellstoffgewinnung aus Holz sind 3 verschiedene Verfahrensweisen möglich. Neben einem mechanischen Aufschluß des Rohstoffs (Holzschliffverfahren) finden thermische Zellstoffkochung sowie chemische Aufschlußverfahren (Lösungsmittel) Anwendung [8, 11]. Das gebräuchlichste Verfahren ist eine Kombination aus chemischem und thermischem Aufschluß. Der Rohstoff wird unter Zusatz von Säuren oder Laugen – diese beschleunigen die Trennung klebender Bestandteile wie Lignin oder Harz von der Zellulose – der Zellstoffkochung zugeführt. Die Zellstoffkochung erfolgt dabei zunehmend kontinuierlich in dampfbeheizten Kochern [8]. Je nach Art und Aufbereitung des Rohstoffs sowie verwendetem Lösungsmittel erfolgt die Zellstoffkochung unter Druck bei Temperaturen zwischen 100 und 200 °C [8]. Am Ende des Kochvorgangs stellt sich ein Gemisch aus Zellstoff, Ablauge und Wasser ein. Nach der Trennung des Zellstoffs von den flüssigen Bestandteilen wird dieser vorgetrocknet und der Bleichstufe zugeführt. Der Bleichvorgang erfolgt dabei ebenfalls unter Zusatz chemischer Hilfsmittel (Deinking) [8]. Der gebleichte Zellstoff wird anschließend getrocknet und der Papier- oder Pappeerzeugung zugeführt. Dabei wird der Zellstoff über die Siebpartie sortiert und anschließend i.d.R. mehrstufig gepreßt [8]. Abschließend erfolgt das Zuschneiden und die eventuelle Veredelung (z.B. Färben) des Produktes. Innerhalb der Zellstoff-, Holzschliff-, Papier- und Pappeerzeugung dominieren diejenigen Betriebe, die das gesamte Produktionsspektrum abdecken, d.h. alle Prozeßstufen von der Rohstoffaufbereitung bis zum Endprodukt durchführen [8]. Nur vereinzelt konzentrieren sich Betriebe auf Teilprozesse wie bspw. die Holzschifferzeugung [11].

Wie oben erläutert, ist die Zellstoff-, Holzschliff-, Papier- und Pappeerzeugung mittelständisch geprägt. Die nachgefragte Endenergie wird zu etwa 64 % den Prozeßwärmeanwendungen der Zellstoffkochung und -trocknung zugeführt. Beide Prozesse erfolgen weitgehend kontinuierlich. Hinsichtlich des zeitlichen Verlaufs der Energienachfrage ist daher davon auszugehen, daß die Betriebe der Zellstoff-, Holzschliff-, Papier- und Pappeerzeugung im Mehrschichtsystem arbeiten [6]. Der Anteil der Raumwärme- und Brauchwarmwassergestehung am Endenergieeinsatz ist mit 7,1 % ebenso gering wie der der Beleuchtung (etwa 1,4 %) [11]. Eine weitgehende Unabhängigkeit der Energienachfrage von meteorologischen Einflüssen ist daher anzunehmen. Der mit 27,1 % nach der Prozeßwärme zweitwichtigste Anwendungsbereich der Kraftgestehung ist ebenfalls durch einen kontinuierlichen zeitlichen Verlauf gekennzeichnet, da die Aufbereitung des Rohstoffs, die mechanische Vortrocknung und der Pressenbetrieb i.d.R. parallel zur Zellstoffaufbereitung läuft.

Die Aufteilung der Endenergienachfrage nach verwendeten Energieträgern in der Zellstoff-, Holzschliff-, Papier- und Pappeerzeugung gibt deren statistische Erfassung wieder [1]. Dabei zeigt sich, daß 1993 gasförmige Brennstoffe mit 36,7 % der wichtigste Energieträger der Zellstoff-, Holzschliff-, Papier- und Pappeerzeugung waren. Zu vermuten ist, daß diese – neben Kohle und Öl, die etwa 15,8 % bzw. 10,5 % der Energienachfrage deckten – hauptsächlich in den Dampferzeugerfeuerungen zur Gestehung von Heizdampf, Raumwärme und Brauchwarmwasser eingesetzt wurden. Strom dagegen deckte 1994 etwa 33,1 % der Endenergienachfrage. Zur Deckung des Kraftbedarfs in der Zellstoff-, Holzschliff-, Papier- und Pappeerzeugung sind vielfach Kraft-Wärme-Kopplungsanlagen in Betrieb, die angesichts des kontinuierlich und parallel anfallenden Strom- und Wärmebedarfs überaus günstige Einsatzbedingungen vorfinden [6]. Tabelle 2.4 faßt die Ergebnisse noch einmal zusammen.

Tabelle 2.4. Struktur des Endenergieeinsatzes von rund 37,2 Mrd. kWh nach Energieträgern und Anwendungsbereichen in der Zellstoff-, Holzschliff-, Papier- und Pappeerzeugung der Bundesrepublik Deutschland (1993) [1,3,5,11]

Energieträger	Anteil in [%]	Anwendung	Anteil in [%]
Strom	33,1	Raumwärme	7,1
Brennstoffe ges.	66,9	Warmwasser	
Gase	36,7	Licht	1,4
Mineralöl	10,5	Kraft	27,1
Braunkohle	4,0	Prozeßwärme	64,4
Steinkohle	11,2	unter 100 °C	13,3
Sonstige	4,6	100 - 500 °C	51,1
Summe:	100,0	500 -1.000 °C	0,0
		über 1.000 °C	0,0
		Summe:	100,0

Hinsichtlich der Abwärmenutzung in der Zellstoff-, Holzschliff-, Papier- und Pappeerzeugung zeigt sich ein Abwärmepotential im Bereich der Zellstoffkochung. Allerdings steht die relativ geringe Abwärmetemperatur einer Nutzung der Abwärme entgegen. Ferner ist zu beachten, daß die Ablauge der Zellstoffkochung mit chemischen Zusätzen versehen ist, die hinsichtlich der Materialbeschaffenheit und damit der Investitionskosten eventueller Abwärmenutzungskonzepte erhöhte Anforderungen stellt. Des weiteren überschneiden sich die Bemühungen der Abwärmenutzung mit dem in der Zellstoff-, Holzschliff-, Papier- und Pappeerzeugung vielfach praktizierten Verfahren der Ablaugeverbrennung zur Reduktion des Abfall- bzw. Reststoffaufkommens [8].

1990 fielen in der Zellstoff-, Holzschliff-, Papier- und Pappeerzeugung rund 3,2 Mio. t Reststoffe an. Etwa 1,5 Mio. t wurden innerbetrieblich entsorgt sowie 0,6 Mio. t dem Altstoffhandel zugeführt. 0,8 Mio. t wurden in öffentlichen Abfallbeseitigungsanlagen entsorgt [9].

2.1.5
NE-Metallerzeugung, -halbzeugwerke und -gießereien

Die NE-Metallerzeugung, -halbzeugwerke und -gießereien umfassen die Wirtschaftszweige der
1. Reinaluminiumherstellung (Leichtmetallhütten),
2. Umschmelzwerke (Sekundärmetalle),
3. Schwermetallhütten und
4. NE-Gießereien.

Der Endenergieverbrauch der NE-Metallerzeugung, -halbzeugwerke und -gießereien betrug 1993 rund 26,7 Mrd. kWh [1]. Die Zahl der Beschäftigten dieses Wirtschaftszweiges wird in einer statistischen Gliederung ausgewiesen, die deren Umrechnung erfordert. Die Beschäftigten der NE-Metallerzeugung und -halbzeugwerke werden getrennt von denen der NE-Gießereien erhoben [9]. Letztere werden den Gießereien zugeordnet, wobei hier neben den Leichtmetallgießereien auch die Eisen-, Stahl- und Tempergießereien eingegliedert sind. Eine Aufschlüsselung der Beschäftigtenzahlen in der Rubrik „Gießerei" kann näherungsweise unter der Annahme erfolgen, daß etwa 56 % der Gießereibetriebe mit NE-Werkstoffen arbeiten und etwa drei Viertel des Personals beschäftigen [11]. Die entsprechenden Betriebs- und Personalanteile (ca. 330 Betriebe und etwa 70.000 Mitarbeiter) werden bei den nachfolgenden Auswertungen der NE-Industrie zugewiesen. Mit einer so ermittelten Beschäftigtenzahl von ca. 141.000 Mitarbeitern errechnet sich ein spezifischer Endenergieverbrauch von rund 190.000 kWh pro Beschäftigten und Jahr. Analog zu den übrigen Branchen gibt Abbildung 2.9 die Aufschlüsselung der NE-Metallerzeugung, -halbzeugwerke und -gießereien nach Betriebsgrößenklassen wieder.

Der Energieverbrauch der bundesdeutschen NE-Metallerzeugung, -halbzeugwerke und -gießereien wurde 1993 durch Betriebe mit 100–999 Mitarbeitern geprägt [9]. Auf die Betriebe dieser Größenklasse (40 % aller Unternehmen) entfielen rund 55 % des Endenergieverbrauchs. Etwa 32 % des Energieverbrauchs enfielen auf 35 Großbetriebe mit mehr als 1.000 Beschäftigten. Kleinbetriebe mit weniger als 100 Mitarbeitern bedingten 1993 dagegen lediglich ca. 10 % des Endenergieverbrauchs in der NE-Industrie.

Die Zuordnung einzelner Produktionsstrukturen zu bestimmten Betriebsgrößen ist aufgrund der mittelständischen Struktur der NE-Industrie nicht sinnvoll.

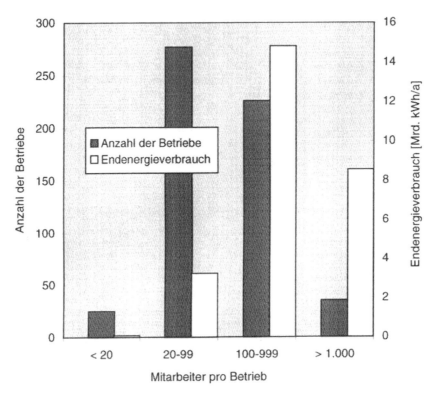

Abb. 2.9. Anzahl der Betriebe nach Betriebsgrößenklassen (vgl. [9]) und deren kumulierter, geschätzter Endenergieverbrauch im Wirtschaftszweig "NE-Metallerzeugung, -halbzeugwerke und -gießereien" in der Bundesrepublik Deutschland (1993)

Der Energieverbrauch der NE-Metallerzeugung, -halbzeugwerke und -gießereien wird durch die Erzeugung von Reinaluminium in den NE-Leichtmetallhütten bestimmt [11]. Die Reinaluminiumherstellung basiert auf der Elektrolyse von Aluminiumoxid. Bei der Schmelzflußelektrolyse (Hall-Heroult-Verfahren) wird das Aluminiumoxid zu Aluminium reduziert. Hierzu ist ein Stromeinsatz zwischen 13.000 und 16.000 kWh Strom pro Tonne Aluminium erforderlich [5]. Die Gewinnung von Reinaluminium erfordert rund 74 % des Gesamtstromverbrauchs der NE-Industrie [5]. Die Erzeugung von Sekundärmetallen in Umschmelzwerken erfolgt durch Einschmelzen von Produktionsresten oder rückgeführtem Material. Durch Verunreinigungen des Einsatzstoffes liegt der Reinheitsgrad des Sekundärmetalls i.d.R. unter dem des Primärprodukts. Schwermetallhütten dienen der Herstellung verschiedener Schwermetalle wie Kupfer, Blei oder Zink. Dabei erfolgt deren Gewinnung entweder analog zur Aluminiumgewinnung durch Elektrolyse oder aber durch Schmelzprozesse wie z.B. beim Blei. Leichtmetallgießereien verarbeiten Rohstoffe zu Nichteisenhalbzeugen bzw. -werkstücken. Dabei unterscheiden sie sich hinsichtlich ihrer Organisation kaum von den Eisen-, Stahl- und Tempergießereien [11].

Die in der NE-Metallerzeugung, -halbzeugwerke und -gießereien eingesetzte Endenergie dient zu mehr als 87 % der Prozeßwärmegestehung. Dabei werden rund 41 % der Endenergie für die Schmelzflußelektrolyse des Aluminiums aufgewendet, deren Anteil zur Prozeßwärme gezählt wird [11]. Tabelle 2.5 weist diesen Anteil der Prozeßwärme gesondert aus, da er nicht durch andere Versorgungstechniken ersetzt werden kann. Mit 7,6 % wird der zweitgrößte Anteil der Endenergie für die Bereitstellung von Kraft aufgewendet. Der Anteil der Gebäudeversorgung mit Licht, Raumwärme und Brauchwarmwasser ist dagegen gering.

Die Größen- und Produktionsstruktur der NE-Metallerzeugung, -halbzeugwerke und -gießereien läßt vermuten, daß in der Mehrzahl der Betriebe im Mehrschichtbetrieb gearbeitet wird. So ist davon auszugehen, daß zur Vermeidung unnötiger Energieverluste in der Aufheiz- und Abkühlphase die Prozeßwärmeanwendungen kontinuierlich betrieben werden. Analog zur eisenschaffenden und chemischen Industrie ist aufgrund der geringen Anteile der Beleuchtung und der Raumwärme- und Brauchwarmwassergestehung eine jahreszeitliche Unabhängigkeit der Endenergienachfrage zu erwarten.

Tabelle 2.5. Struktur des Endenergieeinsatzes von 26,7 Mrd. kWh nach Energieträgern und Anwendungsbereichen im Industriezweig "NE-Metallerzeugung, -halbzeugwerke und -gießereien" in der Bundesrepublik Deutschland (1993) [1,3,5,11]

Energieträger	Anteil in [%]	Anwendung	Anteil in [%]
Strom	56,8	Raumwärme	4,1
Brennstoffe ges.	43,2	Warmwasser	
Gase	27,5	Elektrolyse (PW)	40,7
Mineralöl	6,0	Licht	0,5
Braunkohle	1,3	Kraft	7,6
Steinkohle	7,8	Prozeßwärme	47,1
Sonstige	0,6	unter 100 °C	0,0
Summe:	100,0	100 - 500 °C	2,9
		500 -1.000 °C	32,8
		über 1.000 °C	11,4
		Summe:	100,0

Strom war 1993 mit 56,8 % der wichtigste Energieträger der NE-Metallerzeugung, -halbzeugwerke und -gießereien. Brennstoffe trugen demnach zu 43,2 % zur Endenergieversorgung bei, wobei 27,5 % auf das Gas entfielen [1]. Steinkohle deckte 1993 7,8 %, Öl und Braunkohle 6,0 % bzw. 1,3 % des Energiebedarfs. Auf die Fernwärme entfielen weitere 0,6 % der Endenergiebedarfs.

Potentiale der Abwärmenutzung bestehen in der NE-Metallerzeugung, in NE-halbzeugwerken und -gießereien analog zur eisenschaffenden Industrie aufgrund der Prozeßwärmeanwendungen bei hohen Temperaturen in beachtlichem Umfang. Prinzipiell gelten daher vergleichbare Aussagen, wenn auch das Gesamtpotential aufgrund eines niedrigeren Gesamtenergiebedarfs der NE-Metallerzeugung-, -halbzeugwerke und -gießereien deutlich geringer ist. Die Abwärme der Schmelz- und

Urformprozesse kann zur Vorwärmung des Rohstoffs oder zur Dampferzeugung eingesetzt werden (vgl. Kapitel 2.1.1).

Energetisch nutzbare Abfälle bzw. Reststoffe sind in der NE-Metallerzeugung, in NE-halbzeugwerken und -gießereien nicht zu erwarten. 1990 fielen rund 1,4 Mio. t Reststoffe an [9]. 0,6 Mio.t wurden der öffentlichen Entsorgung zugeführt sowie jeweils 0,4 Mio. t innerbetrieblich entsorgt und dem Altstoffhandel übergeben.

2.1.6
Eisen-, Stahl- und Tempergießereien

Unter dem Begriff Eisen-, Stahl- und Tempergießereien werden Eisenwerkstoffgießereien verstanden, während die NE-Gießereien in Anlehnung an[11] der NE-Metallerzeugung und -verarbeitung zugewiesen werden (vgl. Kapitel 2.1.5). 1993 betrug der Endenergieverbrauch der bundesdeutschen EST-Gießereien rund 7,3 Mrd. kWh, womit sich ein spezifischer Endenergiebedarf von etwa 310.000 kWh pro Jahr und Beschäftigtem errechnet [1, 9]. Das Produktionsspektrum der Eisen-, Stahl- und Tempergießereien wird durch den Lamellengraphitguß bestimmt. Die

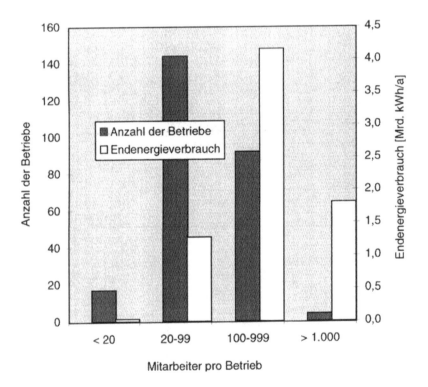

Abb. 2.10. Anzahl der Betriebe nach Betriebsgrößenklassen (vgl. [9]) und deren kumulierter, geschätzter Endenergieverbrauch im Wirtschaftszweig "Eisen-, Stahl- und Tempergießereien" in der Bundesrepublik Deutschland (1993)

statistische Erfassung der Eisen-, Stahl- und Tempergießereien erfolgt gemeinsam mit den NE-Gießereien, so daß genaue Angaben zur Zahl der Betriebe und
deren Personal nicht vorliegen. Allerdings kann diese Struktur anhand der vorliegenden statistischen Zahlenwerte für die Gießereien (vgl. hierzu [9]) und Angaben
zur Aufschlüsselung der Branche in z.B. [11] abgeschätzt werden. Abbildung 2.10
zeigt die geschätzte Größenstruktur der bundesdeutschen Eisen-, Stahl- und Tempergießereien.

1993 wurden in der Bundesrepublik noch etwa 260 Eisen-, Stahl- und
Tempergießereien mit rund 23.000 Beschäftigten gezählt [9]. Die Zahl der Betriebe hat sich somit seit 1970 auf etwa ein Drittel reduziert [11]. Die EST-Gießerei-
en sind i.d.R. kleinere bzw. mittelständische Unternehmen, kleine oder aber große Betriebe bilden somit eine Ausnahme. So werden allein 57 % des Endenergiebedarfs von den 92 Betrieben in der Größenklasse „100–999 Beschäftigte"
nachgefragt.

Ebenso wie in den NE-Gießereien wird der Energiebedarf der Gießereien durch
die Hochtemperaturprozeßwärmeanwendungen zur Schmelze des Werkstoffes
bestimmt. Diese erfolgt sowohl in elektrisch betriebenen Induktionsöfen als auch
in direktgefeuerten Verbrennungsanlagen. Etwa 86 % des Endenergieeinsatzes finden zur Bereitstellung von Prozeßwärme Verwendung, wobei mit rund 60 % der
Großteil auf den Temperaturbereich 500–1.000 °C entfällt. Der Verbrauchsanteil
der Raumwärme- und Brachwarmwassergestehung liegt mit 7,3 % an zweiter Stelle,
ist insgesamt jedoch nur noch von untergeordneter Bedeutung. Gleiches gilt auch
für die verbleibenden Anwendungsbereiche „Kraft" (ca. 4 %) und „Beleuchtung"
(ca. 3 %). Tabelle 2.6 zeigt die Struktur des Endenergieeinsatzes [5].

Tabelle 2.6. Struktur des Endenergieeinsatzes von 7,3 Mrd. kWh nach Energieträgern und
Anwendungsbereichen im Industriezweig "Eisen-, Stahl- und Tempergießereien" in der
Bundesrepublik Deutschland (1993) [1,3,5,11]

Energieträger	Anteil in [%]	Anwendung	Anteil in [%]
Strom	34,1	Raumwärme	7,3
Brennstoffe ges.	65,9	Warmwasser	
Gase	26,0	Licht	2,6
Mineralöl	5,2	Kraft	4,2
Braunkohle	1,3	Prozeßwärme	85,9
Steinkohle	32,0	unter 100 °C	0,0
Sonstige	1,5	100 - 500 °C	5,3
Summe:	100,0	500 -1.000 °C	59,8
		über 1.000 °C	20,8
		Summe:	100,0

Bezüglich der Abwärmenutzung gelten prinzipiell gleiche Aussagen wie in der
eisenschaffenden Industrie. Die Abwärme der Schmelzöfen bietet die Möglichkeit einer Vorwärmung der Rohstoffe oder der Dampferzeugung durch Abhitzekessel. Allerdings wird dies durch den periodischen Betrieb der Schmelzöfen erschwert.

Das Reststoffaufkommen der Gießereien betrug 1990 rund 3,2 Mio. t [9], wobei überwiegend metallische Reststoffe bzw. Schlacke und Formmaterialien (z.B. Formsand) dem Altstoffhandel zugeführt wurden. Energetisch nutzbare Reststoffe sind nicht zu erwarten.

2.1.7
Gummiverarbeitung

Der Energieverbrauch der Gummiverarbeitung in der Bundesrepublik Deutschland betrug 1993 rund 5,5 Mrd. kWh. Dabei waren 332 Betriebe mit insgesamt rund 90.000 Beschäftigten in der Gummiverarbeitung tätig [9], so daß sich ein spezifischer Endenergieverbrauch von ca. 61.500 kWh pro Beschäftigtem und Jahr errechnet. Abbildung 2.11 zeigt die Größenstruktur und die qualitative Aufteilung des Endenergieverbrauchs in der Gummiverarbeitung nach Betriebsgrößenklassen.

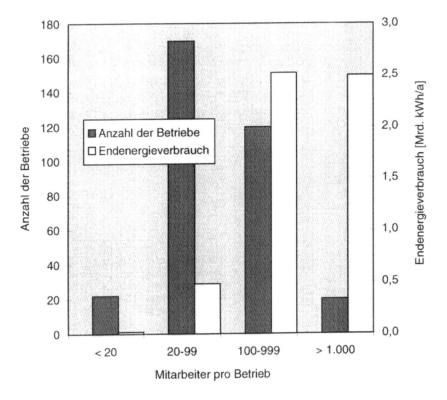

Abb. 2.11. Anzahl der Betriebe nach Betriebsgrößenklassen (vgl. [9]) und deren kumulierter, geschätzter Endenergieverbrauch in der Gummiverarbeitung der Bundesrepublik Deutschland (1993)

1993 beschäftigten 192 der insgesamt 332 Betriebe der Gummiverarbeitung weniger als 100 Mitarbeiter. 120 Betriebe waren der Größenklasse 100–999 und 20 der Kategorie über 1.000 Beschäftigte zugeordnet [9]. Etwa 45 % des Endenergieverbrauchs entfielen dabei auf die 20 Großbetriebe, während die klein- und mittelständischen Unternehmen, d.h. die Betriebe mit weniger als 100 Mitarbeitern, lediglich etwa 9 % der Endenergie nachfragten.

Eine Verknüpfung der Betriebsgrößenklassen mit verschiedenen Produkten bzw. Produktionsbereichen ist in der Gummiverarbeitung nicht erkennbar, so daß lediglich zusammenfassende Aussagen möglich sind. In der bundesdeutschen Gummiverarbeitung entfallen etwa 65 % der Produkte auf die Herstellung von Fahrzeugbereifungen [11]. Weitere Produkte sind Hart- und Weichgummiwaren, technische Gummiprodukte oder Klebstoffe [11].

Die Aufschlüsselung des Endenergieverbrauchs der Gummiverarbeitung zeigt, daß ca. 84 % der Brennstoffe für die Prozeßwärmeversorgung der verschiedenen Vulkanisationsprozesse aufgewendet werden [3, 5, 11]. Dabei wird der Rohstoff Kautschuk i.d.R. unter Druck und dem Zusatz von Schwefel bei Prozeßtemperaturen von ca. 140 °C einer Umwandlung unterzogen. Die Beheizung der Vulkanisationseinrichtungen erfolgt dabei weitgehend mit Heizdampf [11]. Der Rest der Brennstoffe dient der Raumwärme- und Brauchwarmwassergestehung. Der in der Gummiverarbeitung eingesetzte Strom dient zu 77 % der Kraftgestehung, während der verbleibende Anteil der Beleuchtung und der Elektroprozeßwärmegestehung zugeführt wird [11]. Unter der Voraussetzung, daß der Endenergiebedarf zur Beleuchtung dem vergleichbarer Wirtschaftszweige entspricht (z.B. der Lederverarbeitung), errechnet sich die in Tabelle 2.7 dargestellte Anwendungsstruktur.

Die Aufteilung der Endenergienachfrage nach Energieträgern zeigt, daß 1993 ca. 42 % der Endenergienachfrage auf den Energieträger Gas entfielen [1]. 35 % der Endenergie wurden durch den Einsatz elektrischer Energie, jeweils 14 % durch Öl und Kohlebrennstoffe bereitgestellt (vgl. Tabelle 2.7).

Tabelle 2.7. Struktur des Endenergieeinsatzes von ca. 5,5 Mrd. kWh nach Energieträgern und Anwendungsbereichen in der Gummiverarbeitung der Bundesrepublik Deutschland (1993) [1,3,5,11]

Energieträger	Anteil in [%]	Anwendung	Anteil in [%]
Strom	34,7	Raumwärme	10,5
Brennstoffe ges.	65,3	Warmwasser	
Gase	42,2	Licht	4,0
Mineralöl	14,0	Kraft	26,7
Braunkohle	1,5	Prozeßwärme	58,9
Steinkohle	2,7	unter 100 °C	
Sonstige	5,0	100 - 500 °C	
Summe:	100,0	500 -1.000 °C	keine Angaben
		über 1.000 °C	
		Summe:	100,0

Ein nennenswertes Abwärmepotential ist in der Gummiverarbeitung nicht zu erwarten, obwohl über die Hälfte der Endenergie der Prozeßwärmegestehung dient. Ursache ist dabei die geringe Prozeßtemperatur der Vulkanisierung. Aussagen über realisierte Konzepte zur Abwärmenutzung in der Gummiverarbeitung sind nicht bekannt.

Auch das Reststoffaufkommen der Gummiverarbeitung läßt – bedingt durch den verwendeten Rohstoff – kein energetisch nutzbares Potential erkennen. 1990 fielen in der gummiverarbeitenden Industrie 600.000 t Reststoffe an. Etwa 360.000 t wurden den öffentlichen Entsorgungsanlagen zugeführt [9]. 161.000 t konnten dem Altstoffhandel zur weiteren Bearbeitung übergeben werden.

2.1.8
Ziehereien und Kaltwalzwerke

1993 wurden in der Bundesrepublik Deutschland 625 Betriebe dieser Branche mit etwa 51.000 Mitarbeitern gezählt [9]. Darin enthalten sind einige wenige Betriebe bzw. Mitarbeiter des Wirtschaftszweiges „Mechanik", die jedoch zahlenmäßig nicht ins Gewicht fallen. Der betrachtete Industriezweig umfaßt neben den Kalt-

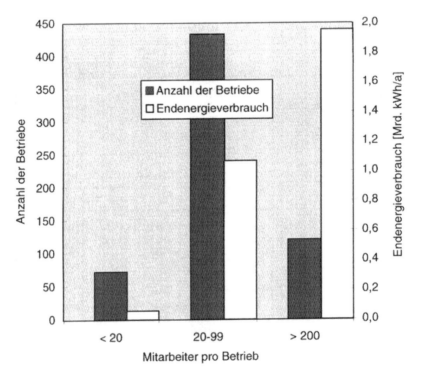

Abb. 2.12. Anzahl der Betriebe nach Betriebsgrößenklassen (vgl. [9]) und deren kumulierter, geschätzter Endenergieverbrauch von Ziehereien und Kaltwalzwerken in der Bundesrepublik Deutschland (1993)

walzwerke die beiden Teilbereiche „Stabziehereien" und „Drahtziehereien". Der Endenergieverbrauch der Ziehereien und Kaltwalzwerke wird in der Energiebilanz der Bundesrepublik Deutschland (vgl. [1]) mit rund 3,1 Mrd. kWh beziffert. Der beschäftigtenspezifische Energiebedarf errechnet sich zu rund 60.000 kWh pro Beschäftigtem und Jahr. Abbildung 2.12 zeigt die Größenstruktur und die qualitative Verteilung des Endenergiebedarfs der Ziehereien und Kaltwalzwerke.

Der betrachtete Industriezweig wird durch eine Vielzahl kleiner Betriebe geprägt. Nur wenige Betriebe beschäftigen mehr als 1.000 Mitarbeiter, wobei deren Zahl aus Gründen der statistischen Geheimhaltung nicht vorliegt. 120 der insgesamt 625 Betriebe (ca. 19 %) wiesen mehr als 200 Mitarbeiter auf, während 433 Unternehmen, d.h. mit einem Anteil von rund 70 % der überwiegende Teil der Betriebe, der Größenklasse „20–99 Mitarbeiter" zuzuordnen ist.

Hauptenergieträger der Ziehereien und Kaltwalzwerke waren 1993 Gas (ca. 49 % der Gesamtnachfrage) und Strom (ca. 40 %). Neben Heizölen (ca. 7 %) wurde ein weiterer Teil der Endenergienachfrage durch Fernwärme versorgt. Kohle wurde 1993 nicht eingesetzt. Hinsichtlich der Energieanwendungen dominieren in den Ziehereien und Kaltwalzwerken die Prozeßwärme- und Kraftanwendungen. So werden bspw. abgekühlte Halbzeuge der eisenschaffenden Industrie (Brammen und Knüppel) erwärmt und zu entsprechenden Produkten geformt. Unter der Annahme, daß die Brennstoffe sowie die Fernwärme den Wärmebedarf sowie der Strom den Energiebedarf zur Kraftgestehung und Beleuchtung abdeckt, kann die Struktur der Energieanwendungen in den betrachteten Unternehmen abgeschätzt werden. Tabelle 2.8 stellt die Ergebnisse zusammen.

Tabelle 2.8. Struktur des Endenergieeinsatzes von ca. 3 Mrd. kWh nach Energieträgern und Anwendungsbereichen in Ziehereien und Kaltwalzwerken in der Bundesrepublik Deutschland (1993) [1,3,5,11]

Energieträger	Anteil in [%]	Anwendung	Anteil in [%]
Strom	40,5	Raumwärme	11,0
Brennstoffe ges.	59,5	Warmwasser	
Gase	48,7	Licht	1,3
Mineralöl	6,9	Kraft	39,0
Braunkohle	0,0	Prozeßwärme	48,7
Steinkohle	0,0	unter 100 °C	0,0
Sonstige	4,0	100 - 500 °C	24,4
Summe:	100,0	500 -1.000 °C	24,3
		über 1.000 °C	0,0
		Summe:	100,0

Das Reststoffaufkommen der Ziehereien und Kaltwalzwerke wird mit dem der Drahtziehereien und Mechanik gemeinsam ausgewiesen [12]. 1990 waren dies rund 0,9 Mio. t. Analog zu den Gießereien handelt es sich dabei um energetisch nicht zu verwertende Produktionsrückstände.

2.1.9
Übriges Grundstoff- und Produktionsgütergewerbe

In den Energiebilanzen der Bundesrepublik Deutschland wird unter dem Begriff des „übrigen Grundstoff- und Produktionsgütergewerbes" ein Endenergiebedarf von etwa 4,7 Mrd. kWh ausgewiesen [1], der die 4 Branchen der

1. Herstellung und Verarbeitung von Spalt- und Brutstoffen,
2. Mineralölverarbeitung,
3. Holzbearbeitung und
4. die Mechanik

umfaßt.

Herstellung und Verarbeitung von Spalt- und Brutstoffen

Die Herstellung und Verarbeitung von Spalt- und Brutstoffen ist in der industriellen Struktur der Bundesrepublik Deutschland bedeutungslos [9]. 1993 waren 4 Betriebe mit insgesamt 2.136 Beschäftigten in dieser Branche tätig. Angaben über Energieverbrauch, Struktur oder Beschäftigtenzahlen liegen aufgrund der geringen Anzahl der Betriebe nicht vor.

Mineralölverarbeitung

Die Mineralölverarbeitung grenzt sich hinsichtlich ihrer Produktion deutlich von der Rohölverarbeitung ab. So finden sich die Raffinerien in der Energiebilanz im Sektor „Umwandlung" wieder [1]. Die Mineralölindustrie dagegen verarbeitet Fraktionen der Rohölverarbeitung zu Endprodukten (bspw. Schmierstoffe). Die Darstellung einzelner Produktionsabläufe sowie eine Beschreibung der Energieanwendungen fehlt in der Literatur ebenso, wie Aussagen zur Aufteilung der Endenergie und deren Anwendung. 1993 waren in der Bundesrepublik Deutschland 92 Betriebe mit insgesamt rund 30.000 Mitarbeitern in der Mineralölverarbeitung tätig, wobei die Struktur dieser Branche 1993 durch etwa 10 Großbetriebe mit mehr als 1.000 Beschäftigten pro Betrieb und etwa 50 mittelständische Unternehmen mit 100–999 Mitarbeitern, die jeweils knapp die Hälfte aller Mitarbeiter beschäftigten [93], gekennzeichnet wurde. Kleinbetriebe sind somit innerhalb der Mineralölverarbeitung die Ausnahme.

Holzbearbeitung

Die Holzbearbeitung umfaßt Säge- und Hobelwerke und bezeichnet die Herstellung von Holzhalbzeugen (bspw. Schnittholz) aus Stammholz [13]. Der Endenergieverbrauch der Holzbearbeitung kann näherungsweise bestimmt werden, indem angenommen wird, daß ca. 50 % des Brennstoff- sowie etwa 60 % des Stromverbrauchs des übrigen Grundstoff- und Produktionsgütergewerbes auf die Holzbearbeitung entfallen [5]. Anhand der Zahlenangaben in den Energiebilanzen errechnet sich daraus ein Endenergiebedarf der bundesdeutschen Holzbearbeitung im

Jahr 1993 von rund 2,7 Mrd. kWh [1]. In der Bundesrepublik Deutschland waren 1993 etwa 44.400 Personen in der Holzbearbeitung tätig. Daraus errechnet sich ein beschäftigtenspezifischer Endenergiebedarf von rund 61.000 kWh pro Beschäftigtem und Jahr. Abbildung 2.13 gibt die Größenverteilung der Betriebe auf die Betriebsgrößenklassen sowie deren Energieverbrauch wieder.

Die etwa 44.000 Beschäftigten waren 1993 in rund 1.100 holzbearbeitenden Betrieben tätig [9]. Geprägt wurde dieser Industriezweig von den ca. 640 Kleinbetrieben mit weniger als 20 Mitarbeitern. Obwohl diese Betriebe mit etwa 58 % mehr als die Hälfte aller Betriebe darstellen, entfallen nur rund 15 % des Energiebedarfs auf diese Größenklasse. Lediglich 89 Großbetriebe mit mehr als 100 Beschäftigten bedingen rund die Hälfte der Energienachfrage.

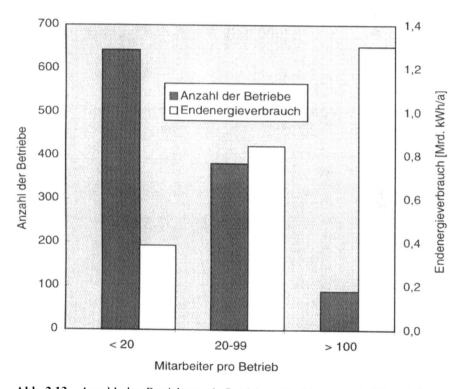

Abb. 2.13. Anzahl der Betriebe nach Betriebsgrößenklassen (vgl. [9]) und deren kumulierter, geschätzter Endenergieverbrauch in der Holzbearbeitung der Bundesrepublik Deutschland (1993)

In der Holzbearbeitung zeigen sich 2 wesentliche Anwendungsbereiche der Energie. Der überwiegende Teil wird für die Kraftgestehung aufgewendet, wobei der Betrieb der Sägen und der innerbetriebliche Transport des Holzes im Mittelpunkt stehen. Ferner wird ein Teil der Endenergie für die Trocknung der Hölzer nach dem Schneideprozeß aufgewendet. Des weiteren ist aufgrund des insgesamt

geringen Energieverbrauchs ein signifikanter Bedarf an Raumwärme und Brauchwarmwasser zu erwarten. Literaturangaben zur detaillierten Aufschlüsselung einzelner Bedarfsanteile sind nicht verfügbar. Eine Abschätzung dieser Anteile erlaubt jedoch der Ansatz, daß der verwendete Strom überwiegend zur Kraftgestehung, die Brennstoffe dagegen der Wärmeerzeugung dienen. Die in Tabelle 2.9
dargestellten Zahlenwerte sind somit als Richtgrößen zu verstehen.

Die Holzbearbeitung sowie die Zellstoff-, Holzschliff-, Papier- und Pappeerzeugung beschreiben einen Industriezweig, der aus dem Rohstoff Holz Halbzeuge und
Grundprodukte herstellt. Beide Branchen sind dabei z.T. miteinander verknüpft.
So gelangen bspw. Reststoffe der Holzbearbeitung in die Zellstoff-, Holzschliff-,
Papier- und Pappeerzeugung. Überraschend ist, daß in der statistischen Beschreibung der Energieträger keine Angaben über sonstige Brennstoffe vorhanden sind,
da gerade in der Holzbearbeitung mit dem Einsatz von Holzbrennstoffen zu rechnen ist [14]. So zeigen die Ergebnisse einer Umfrage in einem Teil der nordrhein-

Tabelle 2.9. Struktur des Endenergieeinsatzes von ca. 4 Mrd. kWh nach Energieträgern
und Anwendungsbereichen in der Holzbearbeitung der Bundesrepublik Deutschland (1993)
[1-4]

Energieträger	Anteil in [%]	Anwendung	Anteil in [%]
Strom	44,8	Raumwärme	9,0
Brennstoffe ges.	55,2	Warmwasser	
Gase	18,9	Licht	3,0
Mineralöl	33,2	Kraft	67,0
Braunkohle	0,0	Prozeßwärme	21,0
Steinkohle	3,1	unter 100 °C	21,0
Sonstige	0,0	100 - 500 °C	
Summe:	100,0	500 -1.000 °C	0,0
		über 1.000 °C	
		Summe:	100,0

westfälischen Holzbe- und -verarbeitung, daß vor allem „minderwertige", d.h.
nicht kostendeckend zu vermarktende Rückstände wie Rinde oder Sägemehl, häufig
einer innerbetrieblichen Verbrennung zugeführt werden [13]. Die Energiebilanz
weist diesbezüglich für 1993 einen Einsatz von Holzbrennstoffen von rund 0,97
Mrd. kWh aus, ohne jedoch eine Zuweisung zu einer Branche darzustellen. Allerdings ist zu vermuten, daß erhebliche Anteile auf den Bereich der Holzbearbeitung entfallen [13]. Die in Tabelle 2.9 dargestellte Aufschlüsselung der Energieträger ist daher nur eingeschränkt zu akzeptieren.

Nennenswerte Abwärmepotentiale sind in der Holzbearbeitung aufgrund der
geringen Wärmeanwendungen nicht zu erwarten. Im Gegensatz dazu sind – wie
bereits angedeutet – beachtliche energetisch nutzbare Reststoffe vorhanden [13].
1990 fielen in der Holzbearbeitung rund 5,1 Mio. t Reststoffe an [9]. Davon wurden 0,6 Mio. t innerbetrieblich verwendet und 4,3 Mio. t dem Altstoffhandel zugeführt. Die Ergebnisse der obengenannten Studie erlauben eine nähere Betrach-

tung des Reststoffaufkommens. Bei innerbetrieblich genutzten Reststoffen handelt es sich überwiegend um Rinde, Sägemehl oder Stückholz, die keiner stofflichen Verwertung zugeführt werden können. Hier bietet die thermische Verwertung die Möglichkeit eine i.d.R. teuere Entsorgung zu umgehen [13]. Die dem Altstoffhandel zugeführten Reststoffe bilden z.T. einen begehrten Rohstoff weiterverarbeitender Betriebe. So können bspw. entrindete Hackschnitzel aus der Holzbearbeitung in der Spanplattenherstellung oder der Papier- und Pappeerzeugung eingesetzt werden [13]. Dabei erzielen die Hackschnitzel beachtliche Preise auf dem Reststoffmarkt. Die holzbearbeitenden Betriebe sehen daher vor dem Sägeprozeß häufig eine Entrindung vor. Abbildung 2.14 zeigt die Struktur der Reststoffe, wie sie in der Umfrage ermittelt werden konnte [13].

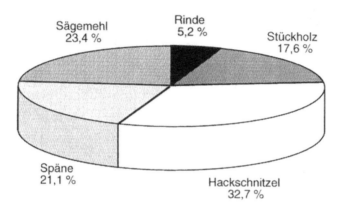

Abb. 2.14. Struktur des Reststoffaufkommens der Holzbearbeitung

Mechanik

Die Mechanik ist in der industriellen Struktur der Bundesrepublik Deutschland ebenso bedeutungslos wie die eingangs genannte Herstellung und Verarbeitung von Spalt- und Brutstoffen [1, 9]. Angaben zu Energieverbrauch, Struktur oder Beschäftigtenzahlen liegen nicht vor.

2.2
Investitionsgüter produzierendes Gewerbe

Das Investitionsgüter produzierende Gewerbe bildet die zweite Hauptgruppe des Verarbeitenden Gewerbes. Sie ist durch eine breite Produktpalette gekennzeichnet, die von Werkzeugteilen und -maschinen, Fahrzeugen, Flugzeugen oder elektronischen Geräten bis hin zu Eisen-, Blech- und Metallwaren reicht [11]. Trotz dieser Produktvielfalt zeichnet sich das Investitionsgüter produzierende Gewerbe durch eine sehr einheitliche Struktur aus, die sich sowohl in der Produktion, in der Betriebsgrößenstruktur als auch im Energieverbrauch und dessen Anwendung wiederfindet [11]. Bei der Beschreibung dieses Industriezweiges, dem die 10 Wirtschaftszweige

1. Herstellung von Gesenk- und leichten Freiformschmiedestücken, schweren Preß-, Zieh- und Stanzteilen,
2. Stahlverformung, Oberflächenveredelung, Härtung,
3. Stahl- und Leichtmetallbau,
4. Maschinenbau,
5. Straßenfahrzeugbau, Reparatur von Kraftfahrzeugen usw.,
6. Schiffbau,
7. Luft- und Raumfahrzeugbau,
8. Elektrotechnik, Reparatur von elektrischen Geräten für den Haushalt,
9. Feinmechanik, Optik, Herstellung von Uhren,
10. Herstellung von Eisen-, Blech- und Metallwaren und
11. Herstellung von Büromaschinen, Datenverarbeitungsgeräten und -einrichtungen

zugeordnet sind, ist daher keine weitere Differenzierung erforderlich.

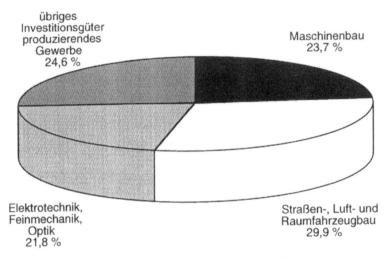

Abb. 2.15. Aufteilung des Endenergieverbrauchs im Investitionsgüter produzierenden Gewerbe in der Bundesrepublik Deutschland (1993) [1]

Obwohl der für 1993 ausgewiesene Endenergieverbrauch des Investitionsgüter produzierenden Gewerbes mit 97,7 Mrd. kWh nur etwa 22 % des Endenergieverbrauchs des Grundstoff- und Produktionsgütergewerbes betrug [1], stellt das Investitionsgüter produzierende Gewerbe hinsichtlich der Betriebs- und Beschäftigtenzahlen den größten Industriezweig dar [4]. Die Aufteilung des Endenergieverbrauchs der Hauptgruppe „Investitionsgüter produzierendes Gewerbe" auf einzelne Wirtschaftszweige zeigt die vorangehende Abbildung 2.15.

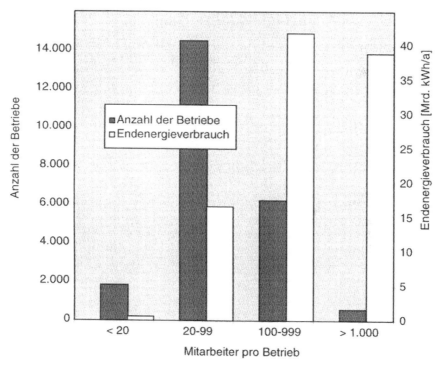

Abb. 2.16. Anzahl der Betriebe nach Betriebsgrößenklassen (vgl. [9]) und deren kumulierter, geschätzter Endenergieverbrauch im Investitionsgüter produzierenden Gewerbe der Bundesrepublik Deutschland (1993)

1993 zählten 23.157 Betriebe mit insgesamt 3,9 Mio. Beschäftigten zu diesem Industriezweig [9]. Anhand dieser Zahlen errechnet sich ein spezifischer Endenergieverbrauch von etwa 25.000 kWh pro Mitarbeiter und Jahr, gegenüber 322.000 kWh pro Mitarbeiter und Jahr im Grundstoff- und Produktionsgütergewerbe. Die Größenstruktur der Betriebe im Investitionsgüter produzierenden Gewerbe sowie die qualitative Aufteilung des Endenergieverbrauchs auf die einzelnen Größenklassen zeigt Abbildung 2.16.

Etwa 70 % aller Betriebe im Investitionsgüter produzierenden Gewerbe beschäftigten 1993 weniger als 100 Mitarbeiter. Allerdings entfielen auf diesen Be-

reich nur rund 18 % der Mitarbeiter sowie ein vergleichbarer Anteil des Endenergieverbrauchs. 97 % der im Investitionsgüter produzierenden Gewerbe tätigen
Betriebe beschäftigten weniger als 1.000 Mitarbeiter. Jedoch entfielen auf 591
Großbetriebe (etwa 3 % aller Betriebe) mit mehr als 1.000 Mitarbeitern 1993
etwa 40 % aller Beschäftigten. Ähnlich wie im Grundstoff- und Produktionsgütergewerbe wird ein Großteil des Endenergieverbrauchs im Investitionsgüter produzierenden Gewerbe durch eine kleine Zahl von Großbetrieben geprägt, wobei diese Konzentration allerdings weniger deutlich ausfällt.

Aufgrund der relativ homogenen Größenstrukturen des Investitionsgüter produzierenden Gewerbes ist eine Verknüpfung einzelner Wirtschaftszweige, wie bspw.
des Maschinenbaus, mit typischen Größenstrukturen innerhalb der Hauptgruppe
nicht möglich. Während im Grundstoff- und Produktionsgütergewerbe eine „Ar-
beitsteilung" zwischen wenigen Großbetrieben, die in der Herstellung von Produk-
tionsrohstoffen und Halbzeugen tätig sind sowie kleinen und mittelständischen
Betrieben der Weiterverarbeitung zu beobachten ist, zeigt das Investitionsgüter
produzierende Gewerbe diese Teilung nicht. Auch hinsichtlich der Endenergieanwendung sind deutliche Unterschiede zwischen beiden Hauptgruppen festzu-
stellen. Aufgrund des gegenüber dem Grundstoff- und Produktionsgütergewerbe
deutlich geringeren Gesamtenergiebedarfs im Investitionsgüter produzierenden
Gewerbe ist mit etwa 35 % ein deutlicher Einfluß der Raumwärme- und Brauchwarmwassergestehung einerseits sowie der Beleuchtung mit 5,6 % am Gesamtendenergieverbrauch andererseits zu erkennen [11]. Damit verbunden zeigt sich
eine jahreszeitliche Abhängigkeit des Endenergiebedarfs [6]. Der Anteil der Prozeßwärmeanwendungen am Gesamtbedarf des Investitionsgüter produzierenden Gewerbes ist deutlich geringer. Er beläuft sich auf 33,8 % [11]. Die Prozeßwärme
wird im Investitionsgüter produzierenden Gewerbe im wesentlichen zum Fügen,
Trennen, Trocknen und Beschichten eingesetzt [5]. Das Temperaturniveau der
nachgefragten Prozeßwärme verteilt sich entsprechend der Vielzahl der Anwendungen auf alle, in Tabelle 2.10 dargestellten Temperaturbereiche, wobei allerdings der überwiegende Teil der Prozeßwärme unterhalb von 500 °C angewendet
wird [3]. Ebenso gleichmäßig wie die Prozeßwärmeanwendungen verteilen sich
auch die Kraftanwendungen auf unterschiedliche Fertigungsschritte. Hauptanwendungsbereich ist dabei der Antrieb von Werkzeugmaschinen in Fertigung und
Montage. Hinsichtlich der zeitlichen Produktionsstrukturen fällt eine Bewertung
des Investitionsgüter produzierenden Gewerbes schwer. Abweichend vom Grund-
stoff- und Produktionsgütergewerbe sind energetische Aspekte bzw. Energiekosten bei der Betriebsorganisation weniger von Bedeutung. Im Investitionsgüter
produzierenden Gewerbe stehen Investitions- und Lohnkosten im Mittelpunkt der
Betriebsplanung. Dabei ist zu vermuten, daß eine angestrebte hohe Auslastung
der kapitalintensiven Fertigungskapazitäten in den Großbetrieben eher zu realisieren ist, während ein Mehrschichtbetrieb in kleinen Unternehmen unwahrschein-
licher wird. Aufgrund der Vielzahl kleinerer und mittelständischer Betriebe wird
für den überwiegenden Teil der Unternehmen im Investitionsgüter produzierenden Gewerbe ein Einschichtbetrieb mit einem in Abhängigkeit von der Tageszeit
stark schwankendem Energieverbrauch angenommen. Abbildung 2.17 veranschau-

licht den typischen Tagesgang am Beispiel des Stromverbrauchs der metallverar-
beitenden Industrie, wie er durch die Auswertung von Meßergebnissen ermittelt
werden konnte [15].

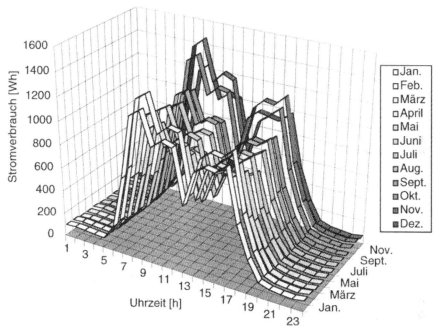

Abb. 2.17. Lastganglinie bei der Anwendung elektrischer Energie in der Metallver-
arbeitung [15]

Außerhalb der Arbeitszeiten ist ein nur geringer Stromverbrauch (z.B. zur Beleuchtung) zu verzeichnen. Mit dem Arbeitsbeginn in den Morgenstunden zeigt
sich ein starker Anstieg des Stromverbrauchs. Die Pausenzeiten sind deutlich am
geringeren Stromverbrauch abzulesen. Weiterhin zeigt sich der signifikante Einfluß der Jahreszeit, wobei in den Wintermonaten deutlich höhere Verbräuche (bedingt durch die Beleuchtung und elektrische Heizsysteme) zu beobachten sind.
    Bei der Aufteilung der Endenergienachfrage nach Energieträgern zeigt das In-
vestitionsgüter produzierende Gewerbe eine Tendenz zu den hochwertigen Energieträgern Gas und Strom [1]. So stellte 1993 der Strombezug ca. 38 % der Energieversorgung sicher. Gas folgte mit 35 % auf dem zweiten Rang. Mineralöle
deckten 14,6 %, Kohlebrennstoffe ca. 5 % der Endenergienachfrage. Der Anteil der
Fernwärme lag 1993 bei 7,7 % [1]. Tabelle 2.10 stellt diese Zahlen zusammen.
    Ein nenneswertes Abwärmepotential ist im Bereich des Investitionsgüter pro-
duzierenden Gewerbes nicht zu erwarten [11]. Obwohl ein nicht unerheblicher
Teil der Endenergie für die Prozeßwärmegestehung eingesetzt wird, besteht i.d.R.
aufgrund der Vielzahl verschiedener Prozesse ein diffuses, d.h. nicht an einen
Stoffstrom gebundenes, und damit schwer zu erfassendes Abwärmepotential (z.B.

Tabelle 2.10. Struktur des Endenergieeinsatzes von ca. 98 Mrd. kWh nach Energieträgern und Anwendungsbereichen im Investitionsgüter produzierenden Gewerbe der Bundesrepublik Deutschland (1993) [1-4]

Energieträger	Anteil in [%]	Anwendung	Anteil in [%]
Strom	38,2	Raumwärme	35,0
Brennstoffe ges.	61,8	Warmwasser	
Gase	34,6	Licht	5,6
Mineralöl	14,6	Kraft	25,6
Braunkohle	3,0	Prozeßwärme	33,8
Steinkohle	1,8	unter 100 °C	13,2
Sonstige	7,7	100 - 500 °C	9,9
Summe:	100,0	500 -1.000 °C	2,8
		über 1.000 °C	7,9
		Summe:	100,0

Wärmeverluste an der Oberfläche einzelner Trocknungsanlagen). Allerdings bestehen durchaus individuelle Möglichkeiten innerhalb einzelner Betriebe, die jedoch an dieser Stelle nicht zu erfassen sind.

Auch das Reststoffaufkommen des Investitionsgüter produzierenden Gewerbes läßt kaum energetisch nutzbare Anteile erwarten. So fielen 1990 rund 14 Mio. t Reststoffe an, von denen 7,3 Mio. t an weiterverarbeitende Betriebe abgegeben wurden [9], 6,2 Mio. t wurden der Abfallbeseitigung zugeführt. Aussagen zum Stand der energetischen Reststoffnutzung im Investitionsgüter produzierenden Gewerbe liegen nicht vor.

2.3
Verbrauchsgüter produzierendes Gewerbe

Das Verbrauchsgüter produzierende Gewerbe bildet die dritte Hauptgruppe der
Industrie und umfaßt 12 Wirtschaftszweige [9]. Verbrauchsgüter bezeichnen i.d.R.
Konsumgüter oder Massenprodukte wie bspw. Möbel, Textilien, Keramiken, Glas-
produkte, Spielwaren, Musikinstrumente etc. Die Produktvielfalt des Verbrauchsgüter produzierenden Gewerbes ist daher ebenso breit angelegt wie die des Investitionsgüter produzierenden Gewerbes. Hinsichtlich seines Endenergieverbrauchs
lag das Verbrauchsgüter produzierende Gewerbe 1993 mit etwa 72,3 Mrd. kWh
hinter den beiden Hauptgruppen Grundstoff- und Produktionsgütergewerbe und
Investitionsgüter produzierendes Gewerbe an dritter Stelle [1]. Abbildung 2.18
zeigt die Aufteilung der Endenergienachfrage nach Wirtschaftszweigen im Verbrauchsgüter produzierenden Gewerbe.

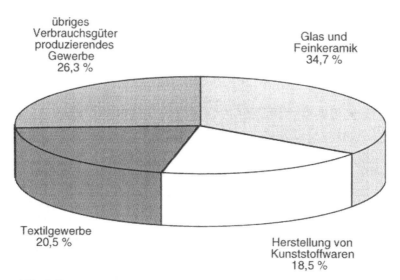

Abb. 2.18. Aufteilung des Endenergieverbrauchs im Verbrauchsgüter
produzierenden Gewerbe der Bundesrepublik Deutschland (1993)

Wesentliche Anteile am Energieverbrauch des Verbrauchsgüter produzierenden Gewerbes hatten dabei mit 35 % die Feinkeramik und die Herstellung und
Verarbeitung von Glas, mit ca. 20 % das Textilgewerbe und mit rund 19 % die
Herstellung von Kunststoffwaren [1]. Auf die übrigen Branchen des Verbrauchsgüter produzierenden Gewerbes entfallen nur 26 % des Energieverbrauchs [1].
Hinsichtlich der Energieanwendungsstruktur gestaltet sich das Verbrauchsgüter
produzierende Gewerbe relativ homogen [11]. Eine Ausnahme bilden die Feinkeramik und die Herstellung und Verarbeitung von Glas. Sie werden daher in Kapitel 2.3.1 getrennt betrachtet.

Eine weitere Besonderheit weisen die Wirtschaftszweige der Textil- und Bekleidungsindustrie, der Holzverarbeitung sowie der Ledererzeugung und -verarbeitung hinsichtlich ihres Reststoffaufkommens auf [12]. Da für diese Wirtschaftszweige eine Konzentration energetisch nutzbarer Reststoffe zu erwarten ist, werden sie ebenfalls getrennt in Kapitel 2.3.2 diskutiert. Die Darstellung der Energieverbrauchsstrukturen im Verbrauchsgüter produzierenden Gewerbe gliedert sich daher wie folgt:

1. Herstellung und Verarbeitung von Glas,
2. Feinkeramik,
3. Holzverarbeitung,
4. Textilgewerbe,
5. Herstellung von Kunststoffwaren,
6. Bekleidungsgewerbe sowie
7. Ledererzeugung und -verarbeitung.

Die übrigen 4 Wirtschaftszweige (Papier und Pappeverarbeitung, Druckerei und Vervielfältigung, Herstellung von Musikinstrumenten, Spielwaren, Schmuck, Füllhaltern; Verarbeitung von natürlichen Schnitz- und Formstoffen; Foto- und Filmlabors sowie die Reparatur von Gebrauchsgütern) faßt abschließend das „übrige Verbrauchsgüter produzierende Gewerbe" zusammen.

2.3.1
Herstellung und Verarbeitung von Glas und Feinkeramik

Der Bereich Feinkeramik und Herstellung und Verarbeitung von Glas bildet im Verbrauchsgüter produzierenden Gewerbe eine Ausnahme, da – im Gegensatz zu den anderen Wirtschaftszweigen – große Teile der Endenergienachfrage für Hochtemperaturanwendungen eingesetzt werden [11]. In der Energiebilanz der Bundesrepublik Deutschland wird für das Jahr 1993 ein Endenergiebedarf der Herstellung und Verarbeitung von Glas und Feinkeramik von 25,2 Mrd. kWh ausgewiesen [1]. Die Branche „Herstellung und Verarbeitung von Glas" verbrauchte 1993 ca. 80 % des Gesamtenergiebedarfs beider Branchen (ca. 79 % des Brennstoff- bzw. 83 % des Strombedarfs) [11]. Auf den Wirtschaftszweig „Feinkeramik" entfiel lediglich rund ein Fünftel der Endenergienachfrage. Dieser Aufteilung liegt die nachfolgende Analyse beider Wirtschaftszweige zugrunde.

Herstellung und Verarbeitung von Glas

Anhand obiger Aufschlüsselung des Endenergieverbrauchs errechnet sich für die Herstellung und Verarbeitung von Glas ein Endenergieverbrauch von ca. 20,2 Mrd. kWh für das Jahr 1993 [1, 11]. Ferner waren im selben Jahr ca. 73.200 Mitarbeiter in insgesamt 435 Betrieben dieses Wirtschaftszweiges tätig [9]. Anhand dieser Zahlenwerte errechnet sich ein spezifischer Endenergieverbrauch von rund 275.600 kWh pro Beschäftigtem und Jahr. Die Größenstruktur und die qualitative Aufteilung der Energienachfrage auf die verschiedenen Größenklassen im Wirtschaftszweig „Herstellung und Verarbeitung von Glas" zeigt Abbildung 2.19.

72 Betriebe beschäftigten weniger als 20 Mitarbeiter sowie rund 0,5 % der Beschäftigten dieses Wirtschaftszweiges [9]. 280 Betriebe wiesen weniger als 100 Mitarbeiter auf, wohingegen 143 Betriebe zwischen 100 und 999 und 12 Betriebe mehr als 1.000 Mitarbeiter zählten. In den 12 Großunternehmen waren 1993 je-

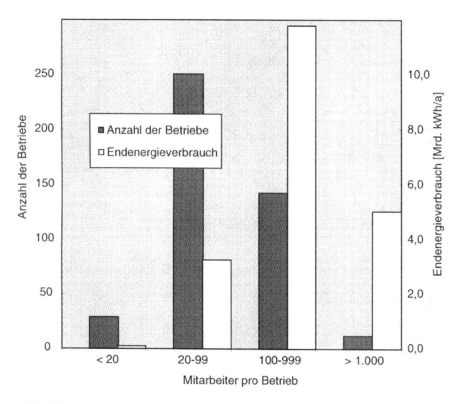

Abb. 2.19. Anzahl der Betriebe nach Betriebsgrößenklassen (vgl. [9]) und deren kumulierter, geschätzter Endenergieverbrauch in der Herstellung und Verarbeitung von Glas in der Bundesrepublik Deutschland (1993)

doch rund 25 % der Beschäftigten tätig, so daß in etwa ein gleicher Anteil des Endenergieverbrauchs auf diese Betriebe entfiel. Die kleinen und mittelständischen Betriebe mit weniger als 100 Mitarbeitern verbrauchten nur ca. 17 % der Endenergie. Analog zur eisenschaffenden oder chemischen Industrie prägen somit auch im Wirtschaftszweig „Herstellung und Verarbeitung von Glas" große und mittelständische Betriebe den Endenergieverbrauch. Als weitere Parallele zur eisenschaffenden Industrie ist davon auszugehen, daß die Glasherstellung überwiegend in wenigen Großbetrieben erfolgt, während die Verarbeitung von Glas zu verschiedenen, teilweise sehr speziellen Produkten wie bspw. technischen Gläsern oder Glasfasern, i.d.R. in kleinen und mittelständischen Betrieben erfolgt.
    Die Herstellung von Glas erfordert zunächst eine Aufbereitung der Rohstoffe

[8]. Dabei wird das Ausgangsmaterial gereinigt und durch Mahlen bzw. Sieben zerkleinert, wobei u.U. ein beachtlicher Kraftaufwand erforderlich wird. Nach der Aufbereitung des Rohstoffes wird dieser in Glasschmelzwannen eingeschmolzen. Die Betriebstemperaturen der Schmelzprozesse liegen dabei zwischen 1.300 und 1.600 °C [8]. Das flüssige Rohmaterial wird je nach Betrieb und Verwendungszweck durch verschiedene Techniken (z.B. Ziehen von Glasstäben als Halbzeuge zur Weiterverarbeitung) geformt und anschließend wieder abgekühlt.

Zur Glasschmelze werden in der Herstellung und Verarbeitung von Glas 78,3 % der Endenergie eingesetzt. 14,2 % der Endenergie dienen der Krafterzeugung, die weitgehend für die Rohstoffaufbereitung genutzt wird. 6,3 % der Endenergie dienen der Raumwärme- und Brauchwarmwasserversorgung der Betriebe, während etwa 1,2 % zur Beleuchtung aufgewendet werden [11]. Der Anteil der produktionsunabhängigen Energieanwendungen „Raumwärme", „Warmwasser" und „Licht" ist ähnlich niedrig wie bspw. in der eisenschaffenden Industrie, so daß sich saisonale Schwankungen dieser Verbrauchsbereiche kaum auf den Gesamtenergiebedarf auswirken [6]. Aufgrund der relativ hohen Energiekosten der Herstellung und Verarbeitung von Glas ist davon auszugehen, daß bei der zeitlichen Strukturierung der Energienachfrage die Begrenzung der Wärmeverluste bei der Aufheizung bzw. Abkühlung der Schmelzanlagen im Mittelpunkt der Überlegungen steht. Daher ist analog zur eisenschaffenden Industrie zu vermuten, daß in den Großbetrieben ein kontinuierlicher Betrieb der Anlagen durch einen Dreischichtbetrieb angestrebt wird. In kleinen und mittelständischen Unternehmen wird ein Dreischichtbetrieb eher die Ausnahme darstellen, da einerseits i.d.R. nur kleinere Werkstoffchargen geschmolzen werden und andererseits eher betriebsinterne Parameter (z.B. Auftragslage, Betriebsorganisation etc.) die zeitliche Struktur der Energienachfrage bestimmen.

Entsprechend der heute weitgehend mit Gas befeuerten Glasschmelzwannen und des dominierenden Anteils der Prozeßwärmeanwendungen entfällt auf den Brennstoff Gas mit 65,7 % der mit Abstand größte Verbrauchsanteil [1]. Strom

Tabelle 2.11. Struktur des Endenergieeinsatzes von ca. 20 Mrd. kWh nach Energieträgern und Anwendungsbereichen in der Herstellung und Verarbeitung von Glas in der Bundesrepublik Deutschland (1993) [1,3,5,11]

Energieträger	Anteil in [%]	Anwendung	Anteil in [%]
Strom	17,2	Raumwärme	6,3
Brennstoffe ges.	82,8	Warmwasser	
Gase	65,7	Licht	1,2
Mineralöl	15,5	Kraft	14,2
Braunkohle	0,9	Prozeßwärme	78,3
Steinkohle	0,2	unter 100 °C	0,0
Sonstige	0,5	100 - 500 °C	0,0
Summe:	100,0	500 -1.000 °C	0,0
		über 1.000 °C	78,3
		Summe:	100,0

deckt weitere 17,3 % der Endenergienachfrage, während Kohle heute praktisch keine Verwendung mehr findet. In Tabelle 2.11 sind die Ergebnisse zusammengestellt.

Durch den beachtlichen Endenergieverbrauch zur Prozeßwärmegestehung in der Herstellung und Verarbeitung von Glas einerseits sowie die hohen Prozeßtemperaturen andererseits besteht in der Glasverarbeitung ein erhebliches Potential der Abwärmenutzung. Dieses wird teilweise bereits genutzt, um die den Schmelzwannenfeuerungen zugeführte Verbrennungsluft sowie den Einsatzrohstoff vorzuwärmen [8]. Denkbar wäre ferner eine Dampferzeugung durch Abhitzekessel.

Das Reststoffaufkommen der Herstellung und Verarbeitung von Glas zeigt, bedingt durch die verwendeten Werkstoffe und den Produktionsablauf, keine energetisch nutzbaren Anteile. 1990 fielen in der Bundesrepublik Deutschland rund 470.000 t Reststoffe dieses Industriezweiges an, über deren Nutzung bzw. Entsorgung keine statistischen Informationen vorliegen [9].

Feinkeramik

Der Industriezweig Feinkeramik ist in der Bundesrepublik Deutschland von eher untergeordneter Bedeutung. Dies gilt sowohl für den Endenergieverbrauch, der 1993 mit rund 5 Mrd. kWh kaum ins Gewicht fiel, als auch für die Zahl der Betriebe und Mitarbeiter. 1993 wurden 240 Betriebe mit insgesamt etwa 48.800 Mitarbeitern gezählt [9]. Der spezifische Endenergiebedarf dieses Wirtschaftszweiges errechnet sich zu ca. 103.300 kWh pro Beschäftigtem und Jahr. Die Größenstruktur des diskutierten Wirtschaftszweiges verdeutlicht Abbildung 2.20.

1993 wurden 14 Kleinbetriebe mit weniger als 20 Mitarbeitern – insgesamt waren etwa 0,4 % aller Beschäftigten in diesen Betrieben tätig – gezählt. Ferner beschäftigten 3 Großbetriebe ca. 6.000 Personen. In den beiden Größenklassen „20–99 Mitarbeiter" (112 Betriebe) und „100–999 Mitarbeiter" (111 Betriebe) waren dagegen 1993 in der Bundesrepublik Deutschland nahezu gleichviele Betriebe tätig, während die Beschäftigtenzahlen deutliche Unterschiede aufwiesen. So waren in den 111 Betrieben der Größenklasse „100–999 Mitarbeiter" 78 % aller Beschäftigten, d.h. rund 38.000 Personen tätig, während den 112 Betrieben der kleineren Größenklasse lediglich 5.200 Mitarbeiter bzw. 11 % des Personals zuzuordnen sind.

Die Herstellung keramischer Produkte (bspw. Tafelgeschirr) läßt sich in 4 Teilbereiche gliedern [8]. Analog zur Glasherstellung erfolgt in einem ersten Schritt zunächst die Aufbereitung des Rohstoffes durch Mahlen oder Sieben. In einem zweiten Schritt erfolgt die Formgebung durch Preß- oder Gießverfahren. Daran schließt sich der Trocknungsvorgang an, wobei i.d.R. Trocknungstemperaturen von etwa 300 °C üblich sind. Abschließend werden die Produkte zweistufig gebrannt, wobei in der ersten Stufe Temperaturen zwischen 800 und 1.000 °C sowie in der zweiten Stufe zwischen 1.300 und 1.400 °C vorliegen [8].

Der Endenergieverbrauch der Feinkeramik enfällt daher zu etwa 78 % auf die Prozeßwärmeanwendungen, zu 14 % auf den Kraft- und zu ca. 8 % auf den Raumwärme - und Brauchwarmwasserbedarf sowie mit etwa 1 % auf die Beleuchtung.

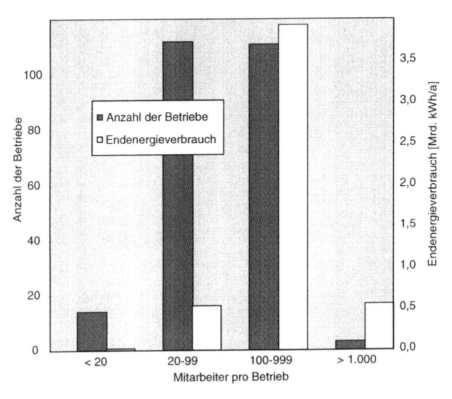

Abb. 2.20. Anzahl der Betriebe nach Betriebsgrößenklassen (vgl. [9]) und deren kumulierter, geschätzter Endenergieverbrauch der feinkeramischen Industrie in der Bundesrepublik Deutschland (1993)

Aufgrund fehlender Literaturangaben ist die Aufschlüsselung der Prozeßwärme-anteile auf die verschiedenen Temperaturbereiche nicht möglich [3, 5].

Ebenso ist die Aufteilung des Endenergieeinsatzes der Feinkeramik nach Energieträgern in der Energiebilanz der Bundesrepublik Deutschland nicht vorgesehen. 1987 wurden 83 % der Energienachfrage durch Brennstoffe, 17 % durch Strom gedeckt [11]. Da diese Struktur sich weitgehend mit derjenigen der Glasindustrie deckt, wird eine analoge Verteilung der Energieträger angenommen (vgl. Tabelle 2.12).

Die bei den Brennprozessen anfallende Abwärme wird in der Feinkeramik weitgehend zum Betrieb der Trockneranlagen eingesetzt [8], so daß das ungenutzte Potential an Abwärme gering ist. Gleiches gilt auch für das Reststoffaufkommen dieses Industriezweiges, welches 1990 570.000 t betrug [8]. Angaben über Zusammensetzung und Verwertung bzw. Entsorgung dieser Reststoffe liegen nicht vor.

Tabelle 2.12. Struktur des Endenergieeinsatzes von ca. 5 Mrd. kWh nach Energieträgern und Anwendungsbereichen im Wirtschaftszweig "Feinkeramik" der Bundesrepublik Deutschland (1993) [1,5,11]

Energieträger	Anteil in [%]	Anwendung	Anteil in [%]
Strom	17,2	Raumwärme	6,3
Brennstoffe ges.	82,8	Warmwasser	
Gase	65,7	Licht	1,2
Mineralöl	15,5	Kraft	14,2
Braunkohle	0,9	Prozeßwärme	78,3
Steinkohle	0,2	unter 100 °C	
Sonstige	0,5	100 - 500 °C	
Summe:	100,0	500 -1.000 °C	keine Angaben
		über 1.000 °C	
		Summe:	100,0

2.3.2
Textil- und Bekleidungsgewerbe, Ledererzeugung und -verarbeitung

Die Textil- und Bekleidungsindustrie stellt nach der Herstellung und Verarbeitung von Glas und Feinkeramik die zweitgrößte Verbrauchsgruppe des Verbrauchsgüter produzierenden Gewerbes dar [1, 11]. Analog zum vorhergehenden Kapitel faßt auch dieser Abschnitt mehrere Wirtschaftszweige zusammen, da sie insbesondere hinsichtlich der zu erwartenden Reststoffe ähnliche Strukturen aufweisen. Bei der Anwendung der nachgefragten Endenergie entsprechen die genannten Wirtschaftszweige dem Durchschnitt des Verbrauchsgüter produzierenden Gewerbes und zeigen – im Gegensatz zur Glasindustrie und Feinkeramik – keine Auffälligkeiten.

Textilgewerbe

Der Endenergieverbrauch des Textilgewerbes betrug 1993 rund 15 Mrd. kWh [1]. Dabei waren etwa 182.000 Mitarbeiter in 1.490 Betrieben tätig, so daß sich ein spezifischer Endenergieverbrauch von rund 81.000 kWh pro Beschäftigtem und Jahr errechnet [1, 9]. Die qualitative Verteilung der Endenergienachfrage auf die verschiedenen Betriebsgrößen sowie die Größenstruktur des Textilgewerbes gibt Abbildung 2.21 wieder.

1993 beschäftigten 123 der insgesamt 1490 Betriebe dieses Wirtschaftszweiges weniger als 20 Mitarbeiter [9]. Dabei entfielen auf diese Betriebsgrößenklasse lediglich rund 0,8 % der Beschäftigten und ein etwa gleich hoher Anteil des Endenergieverbrauchs der gesamten Branche. Dagegen wiesen insgesamt 992 Betriebe im Textilgewerbe weniger als 100 Mitarbeiter auf und beschäftigten etwa ein Viertel aller Mitarbeiter. Entscheidend für die Struktur des Endenergieverbrauchs im Textilgewerbe sind somit die mittelständischen und großen Unternehmen. 498 Betriebe beschäftigten mehr als 100, darunter 14 mehr als 1.000 Mitarbeiter. Auf die Größenklasse „100–999 Mitarbeiter" entfallen dabei zwei Drittel aller Beschäftigten. Durch die mittelständische Struktur der Textilverarbeitung ist eine Zuweisung einzelner Produkte bzw. Bearbeitungsschritte zu einer Betriebsgröße bzw. einzelnen Betrieben nicht möglich. Vielmehr ist anzunehmen, daß verschiedene Unternehmen alle oder zumindest mehrere Produktionsstufen ausführen [8].

Die Textilverarbeitung gliedert sich dabei prinzipiell in 4 Teilbereiche. In einem ersten Schritt wird der Rohstoff aufbereitet. Dieser Vorgang beschränkt sich dabei weitgehend auf die Reinigung, d.h. das Waschen der Rohtextilien, wobei ein beachtlicher Kraft- und Niedertemperaturwärmebedarf auftritt [8]. Die Temperaturen innerhalb der Waschvorgänge variieren dabei zwischen 20 und 100 °C. Anschließend wird der Rohstoff sowohl mechanisch als auch durch Wärmeanwendungen getrocknet. Die gereinigten Rohstoffe gelangen in einer zweiten Produktionsstufe zur Faden- und Flächenbildung. Dieser Schritt erfolgt dabei unter Anwendung von Kraft in den Spinnereien und Zwirnereien [8]. An die Faden- und Flächenbildung schließt sich der Bereich der Textilveredelung an, der unter Kraft- und Wärmeeinsatz das Färben, Waschen, Trocknen und Fixieren der Textilien bezeichnet. Die in diesem Schritt nachgefragte Prozeßwärme wird dabei i.d.R. bei Temperaturen unterhalb von 100 °C in atmosphärischen Prozessen, d.h. bei

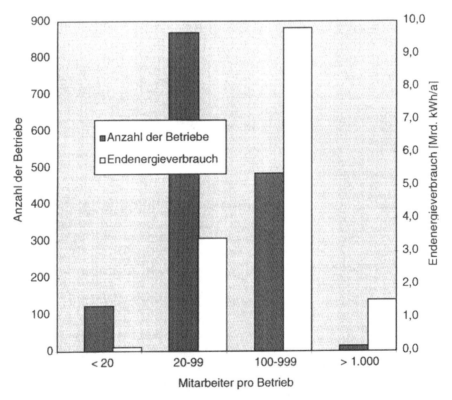

Abb. 2.21. Anzahl der Betriebe nach Betriebsgrößenklassen (vgl. [9]) und deren kumulierter, geschätzter Endenergieverbrauch im Textilgewerbe der Bundesrepublik Deutschland (1993)

Umgebungsdruck, eingesetzt (bei der Textilveredelung unter Druck werden z.T. Temperaturen bis zu 135 °C erreicht) [8].

Bedingt durch die Vielzahl der Prozeßwärmeanwendungen bei der Herstellung und Verarbeitung von Textilien in der oben skizzierten Form entfallen über 51 % der Endenergie auf die Prozeßwärmegestehung [11]. Dabei wird unterstellt, daß dieser Bedarf weitestgehend auf einem Temperaturniveau um oder unterhalb von 100 °C besteht [8]. Den zweitgrößten Anteil der Endenergie erfordert im Textilgewerbe mit rund 28 % die Raumwärme- und Brauchwarmwassergestehung [11]. Der Kraftbedarf zum Antrieb bspw. von Webstühlen oder Spinnmaschinen erfordert rund 20 % der eingesetzten Endenergie [11]. 1,6 % der Endenergiefrage wird im Textilgewerbe zur Beleuchtung eingesetzt. In Tabelle 2.13 sind die Ergebnisse zusammengestellt.

Tabelle 2.13. Struktur des Endenergieeinsatzes von ca. 15 Mrd. kWh nach Energieträgern und Anwendungsbereichen im Textilgewerbe der Bundesrepublik Deutschland (1993) [1, 3,5,11]

Energieträger	Anteil in [%]	Anwendung	Anteil in [%]
Strom	30,0	Raumwärme	27,3
Brennstoffe ges.	70,0	Warmwasser	
Gase	42,1	Licht	1,6
Mineralöl	16,2	Kraft	19,8
Braunkohle	4,6	Prozeßwärme	51,3
Steinkohle	4,1	unter 100 °C	51,3
Sonstige	3,0	100 - 500 °C	
Summe:	100,0	500 -1.000 °C	0,0
		über 1.000 °C	
		Summe:	100,0

Tabelle 2.13 gibt ferner die Struktur der 1993 im Textilgewerbe verwendeten Energieträger wieder [1]. Gasförmige Brennstoffe waren demnach 1992 mit ca. 42 % an der Endenergieversorgung der Textilbetriebe beteiligt. Strom deckte mit knapp 30 % den zweitgrößten Anteil der Energienachfrage. Öl mit 16 % und Kohle mit weiteren 9 % gewährleisteten den restlichen Teil der Energieversorgung. 3 % des Endenergiebedarfs deckte die bundesdeutsche Textilindustrie durch den Einsatz von Fernwärme ab [1].

Die zeitlichen Strukturen der Energieanwendung im Textilgewerbe sind anhand der verfügbaren Literatur nicht zu beschreiben. Analog zu den übrigen Wirtschaftszweigen des Verbrauchsgüter produzierenden Gewerbes ist aufgrund der überwiegend mittelständischen Struktur der Textilverarbeitung von einem Ein-, teilweise auch einem Zweischichtbetrieb auszugehen [6]. Diese Annahme wird durch die Auswertung von Meßergebnissen des Stromverbrauchs in der Textilindustrie belegt, die Abbildung 2.22 wiedergibt [15].

Ersichtlich ist, daß die Anwendung elektrischer Energie mit Ausnahme einer geringen Grundlast auf den Zeitraum zwischen 4 Uhr früh und etwa 21 Uhr am

Abend begrenzt bleibt. Dabei zeigt sich in den Morgenstunden ein starker und kontinuierlicher Lastanstieg, der gegen Mittag in einem Leistungsmaximum mündet. Direkt danach ist ein ebenso kontinuierlicher Lastrückgang zu erkennen, bis etwa gegen 21 Uhr der Grundbedarf erreicht wird. Der frühe Lastanstieg und das späte Erreichen der Grundlast lassen auf einen Maschinenvor- und -nachlauf (z.B. Waschprozesse) oder einen Zweischichtbetrieb schließen. Ferner zeigt sich der signifikante Einfluß der Jahreszeit auf den Stromverbrauch, da die nachgefragte Leistung in den Sommermonaten deutlich unter der der Wintermonate liegt. Auch hier ist zu vermuten, daß vor allem die Beleuchtung und elektrische Raumwärmesysteme einen Mehrverbrauch in den Wintermonaten bewirken.

Ein nennenswertes Abwärmepotential ist in der Textilverarbeitung nicht zu erwarten. Die in den teilweise beachtlichen Abwassermengen aus der Reinigungsstufe enthaltene Abwärme wird i.d.R. heute bereits genutzt, um in den Waschprozeß eingebrachtes Frischwasser aufzuwärmen [8]. Darüber hinaus besteht u.U. die Möglichkeit, die Wärme des Abwassers auch zur Raumwärmegestehung in der Heizperiode einzusetzen, um den Stromverbrauch der elektrischen Heizsysteme zu reduzieren.

Das Reststoffaufkommen des Textilgewerbes betrug 1990 rund 910.000 t [9]. 646.000 t wurden der öffentlichen Entsorgung zugeführt, 241.000 t dem Altstoffhandel übergeben und der verbleibende Teil innerbetrieblich entsorgt oder verwertet [9]. Eine nähere Beschreibung der Reststoffe erfolgt im statistischen Mate-

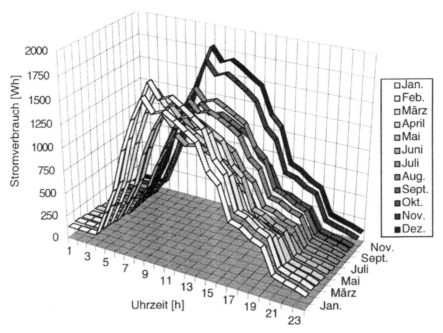

Abb. 2.22. Lastganglinie bei der Anwendung elektrischer Energie in der Textilverarbeitung [15]

rial nicht. Die Einstufung dieser Reststoffe hinsichtlich einer energetischen Nutzung ist somit schwierig. Prinzipiell können Textilien einer thermischen Verwertung zugeführt werden, sofern sie nicht chemisch behandelt oder zur stofflichen Verwertung vorgesehen sind.

Bekleidungsgewerbe

Die Bekleidungsindustrie faßt diejenigen Betriebe zusammen, die i.d.R. Textilhalbwaren wie Stoffe oder Garne zu Kleidungsstücken verarbeiten. Der Endenergieverbrauch dieser Branche ist in der Energiebilanz der Bundesrepublik Deutschland im „Übrigen Verbrauchsgüter produzierenden Gewerbe" enthalten und somit nicht separat ausgewiesen. Für das Jahr 1991 weist jedoch das statistische Jahrbuch der Bundesrepublik Deutschland einen Endenergiebedarf des Bekleidungsgewerbes von rund 1,3 Mrd. kWh aus [9]. In [11] wird für das Jahr 1987 ein Endenergiebedarf der Bekleidungsindustrie von 1,6 Mrd. kWh ausgewiesen und bestätigt somit obige Angaben, so daß der genannte Endenergiebedarf von 1,3 Mrd. kWh/a als Grundlage der nachfolgenden Betrachtungen dient. 1993 waren etwa 135.400 Mitarbeiter in den insgesamt etwa 1.780 Betrieben des Bekleidungs-

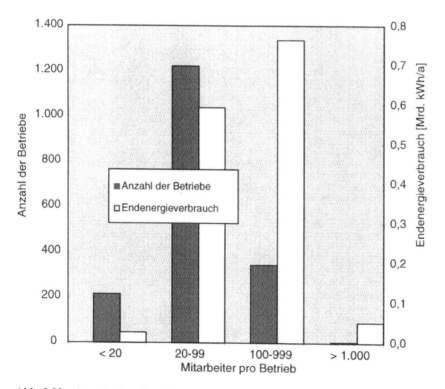

Abb. 2.23. Anzahl der Betriebe nach Betriebsgrößenklassen (vgl. [9]) und deren kumulierter, geschätzter Endenergiebedarf im Bekleidungsgewerbe der Bundesrepublik Deutschland (1993)

gewerbes beschäftigt [9]. Anhand dieser Zahlen errechnet sich ein spezifischer Endenergieverbrauch von rund 9.600 kWh pro Beschäftigtem und Jahr. Analog zum Textilgewerbe gibt Abbildung 2.23 die Größenstruktur innerhalb des Bekleidungsgewerbes sowie die qualitative Verteilung der Endenergienachfrage in den einzelnen Größenklassen wieder.

Das bundesdeutsche Bekleidungsgewerbe wird durch etwa 1.200 Betriebe (dies sind mehr als zwei Drittel aller Betriebe) der Größenklasse „20–99 Mitarbeiter" geprägt. In diesen Betrieben sind ferner etwa 41 % aller Mitarbeiter dieser Branche tätig. Darüber hinaus wurden 1993 rund 200 Kleinbetriebe gezählt, die jedoch hinsichtlich des Endenergiebedarfs der Branche nur von untergeordneter Bedeutung sind. Etwa 340 Betriebe der Größenklasse „100–999 Mitarbeiter" beschäftigten 1993 mit rund 72.000 Mitarbeitern etwa die Hälfte aller Mitarbeiter der Bekleidungsindustrie. Die mittelständischen Unternehmen, d.h. Betriebe der Größenklassen „20–99 Mitarbeiter" und „100–999 Mitarbeiter", prägen somit die Betriebs- und Energiebedarfsstruktur dieses Industriezweiges. Die 4 Großbetriebe mit etwa 5.000 Mitarbeitern sind demgegenüber als Ausnahmen zu bezeichnen.

Die Energieanwendungsstruktur innerhalb der Bekleidungsindustrie entspricht in etwa den übrigen Bereichen des Verbrauchsgüter produzierenden Gewerbes. Größter Anwendungsbereich war 1991 auch in der Bekleidungsindustrie mit rund 51 % die Gestehung von Prozeßwärme, wobei diese vor allem für Bügel- und Mangelprozesse im Niedertemperaturbereich unterhalb von 100 °C eingesetzt wird [8, 11]. Etwa 20 % der Endenergienachfrage entfallen auf die verschiedenen Kraftanwendungen, wobei der Betrieb von Näh- und Schneidemaschinen überwiegt [8]. Etwa 27 % des Endenergieverbrauchs dienen der Raumwärme- und Brauchwarmwassergestehung, 1,6 % der Endenergie werden für Beleuchtungsanlagen aufgewendet.

Tabelle 2.14. Struktur des Endenergieeinsatzes von ca. 1,3 Mrd. kWh nach Energieträgern und Anwendungsbereichen im Bekleidungsgewerbe der Bundesrepublik Deutschland (1993) [3,5,9,11]

Energieträger	Anteil in [%]	Anwendung	Anteil in [%]
Strom	29,6	Raumwärme	27,5
Brennstoffe ges.	70,4	Warmwasser	
Gase	30,9	Licht	1,6
Mineralöl	39,5	Kraft	19,6
Braunkohle	0,0	Prozeßwärme	51,4
Steinkohle		unter 100 °C	51,4
Sonstige		100 - 500 °C	
Summe:	100,0	500 -1.000 °C	0,0
		über 1.000 °C	
		Summe:	100,0

Etwa 43 % des Endenergieeinsatzes wurden 1993 durch den Energieträger „Heizöl" gedeckt. Strom und Gas deckten jeweils rund ein Drittel des Endenergiebedarfs ab. Kohle wurde dagegen nicht eingesetzt. Tabelle 2.14 faßt die Ergebnisse zusammen.

Nutzbare Abwärmepotentiale sind im Bereich der Bekleidungsindustrie nicht zu erwarten. In der Bekleidungsindustrie fielen 1990 rund 213.000 t Reststoffe an [4]. 157.000 t wurden durch betriebsfremde Entsorgungsanlagen beseitigt, 57.000 t Reststoffe dem Altstoffhandel zugeführt, wobei deren Zusammensetzung nicht weiter differenziert wird [9]. Anzunehmen ist, daß – ähnlich wie in der Textilindustrie – ein Teil der Reststoffe in Form von Textilien anfallen, die aus dem Zuschnitt der Kleidungsstücke resultieren. Für eine mögliche Nutzung dieser Reststoffe gelten die gleichen Aussagen wie in der Textilindustrie, d.h. eine mögliche energetische Nutzung dieser Reststoffe konkurriert mit deren stofflicher Verwertung.

Ledererzeugung und -verarbeitung

Der Endenergieverbrauch der bundesdeutschen Ledererzeugung und -verarbeitung betrug 1993 rund 0,8 Mrd. kWh [9], wobei etwa 43.000 Beschäftigte in 538 Betrieben gezählt wurden. Der spezifische Endenergiebedarf errechnet sich zu rund

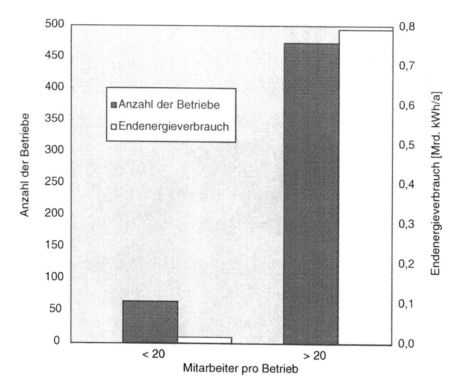

Abb. 2.24. Anzahl der Betriebe nach Betriebsgrößenklassen (vgl. [9]) und deren kumulierter, geschätzter Endenergieverbrauch in der Ledererzeugung und -verarbeitung der Bundesrepublik Deutschland (1993)

19.000 kWh pro Beschäftigtem und Jahr. Aufgrund der erforderlichen Geheimhaltung statistischer Zahlen sind in der Ledererzeugung und -verarbeitung letztlich nur 2 Größenklassen zu differenzieren. 65 Betriebe beschäftigten 1993 demnach weniger als 20 Mitarbeiter, wobei insgesamt 760 Personen bzw. ca. 2 % aller Mitarbeiter in diesen Kleinbetrieben tätig waren. 473 Betriebe der Ledererzeugung und -verarbeitung beschäftigten 1993 mehr als 20 Mitarbeiter. Abbildung 2.24 zeigt diese Struktur.

Der Endenergieverbrauch der Ledererzeugung und -verarbeitung sowie die entsprechende Anwendung der Endenergie weist keine signifikanten Abweichungen gegenüber den anderen Industriezweigen des Verbrauchsgüter produzierenden Gewerbes auf [8, 5, 11]. Sowohl hinsichtlich der zeitlichen Strukturen des Endenergieverbrauchs als auch der Energieanwendungen werden daher bei der nachfolgenden Beschreibung die für das Verbrauchsgüter produzierende Gewerbe dargestellten durchschnittlichen Ergebnisse zugrunde gelegt. Die zeitlichen Energieanwendungsstrukturen veranschaulicht Abbildung 2.25 anhand des zeitlichen Verlaufs der Stromnachfrage in der Lederverarbeitung [15].

Wichtigster Anwendungsbereich der Endenergie ist wie bereits in den übrigen Anwendungsbereichen des Verbrauchsgüter produzierenden Gewerbes die Prozeß-wärmegestehung, für die rund 52 % eingesetzt werden [11]. Eine Aufschlüs-

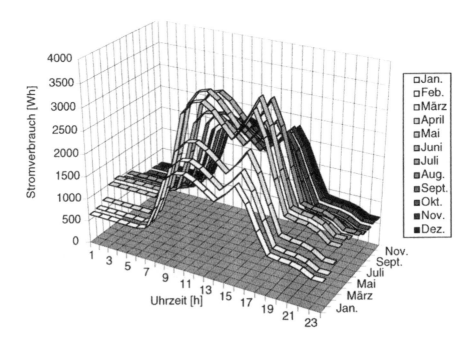

Abb. 2.25. Lastganglinie bei der Anwendung elektrischer Energie in der Lederverarbeitung [15]

selung der Wärmeanwendungen nach Temperaturbereichen ist dabei nicht zu realisieren. Raumwärme- und Brauchwarmwasserversorgung erfordern mit rund 28 %
den zweitgrößten Anteil. Die Kraftanwendungen in der Lederverarbeitung erfordern ferner etwa 19 % der Endenergie, während die Beleuchtung keinen nennenswerten Beitrag zum Endenergieverbrauch leistet [11].
    Der wichtigste Energieträger der Ledererzeugung und -verarbeitung war 1993
Mineralöl mit einem Anteil von fast 50 % [9]. Strom deckte ca. 29 % der Endenergienachfrage. Gas und Kohle dagegen folgten mit 20 % bzw. 1 % [9]. Die Ergebnisse faßt Tabelle 2.15 zusammen.

Tabelle 2.15. Struktur des Endenergieeinsatzes von ca. 0,8 Mrd. kWh nach Energieträgern
und Anwendungsbereichen in der Ledererzeugung und -verarbeitung der Bundesrepublik
Deutschland (1993) [3,5,9,11]

Energieträger	Anteil in [%]	Anwendung	Anteil in [%]
Strom	29,0	Raumwärme	27,7
Brennstoffe ges.	71,0	Warmwasser	
Gase	28,0	Licht	1,6
Mineralöl	41,9	Kraft	19,2
Braunkohle	0,0	Prozeßwärme	51,6
Steinkohle	1,1	unter 100 °C	51,6
Sonstige	0,0	100 - 500 °C	
Summe:	100,0	500 -1.000 °C	0,0
		über 1.000 °C	
		Summe:	100,0

    Die Reststoffe der Ledererzeugung und -verarbeitung lassen energetisch nutz-
bare Bestandteile erwarten, wobei jedoch eine Aufschlüsselung der Reststoffe anhand der verfügbaren Zahlen nicht möglich ist. Von den insgesamt etwa 140.000 t
Reststoffen aus der Ledererzeugung und -verarbeitung wurden 1990 jedoch bereits 100.000 t durch den Altstoffhandel verwertet. Eine energetische Nutzung der
Reststoffe tritt somit zumindest teilweise in Konkurrenz zur stofflichen Verwertung, wodurch eine sorgfältige Untersuchung entsprechender energetischer Nut-
zungmöglichkeiten erforderlich wird.

2.3.3
Herstellung von Kunststoffwaren

Der Industriezweig „Herstellung von Kunststoffwaren" bezeichnet die Produktion von Verbrauchsgütern wie Bauelemente, Rohre, Haushaltswaren, Folien,
Kunststoffmatten etc. [11]. Dabei bildet die Herstellung von Kunststoffwaren den
dritten Energieverbrauchsschwerpunkt innerhalb des Verbrauchsgüter produzierenden Gewerbes, dessen Endenergieverbrauch 1993 mit 13,5 Mrd. kWh beziffert
wird [1]. Im betrachteten Wirtschaftszweig waren 1993 ca. 295.000 Mitarbeiter in
2.762 Betrieben der Herstellung von Kunststoffwaren tätig. Für 1993 errechnet
sich daraus ein spezifischer Endenergieverbrauch von rund 46.000 kWh pro Beschäftigtem und Jahr. Die Größenstruktur der Betriebe sowie die qualitative Aufteilung des Endenergiebedarfs auf die Betriebsgrößenklassen entspricht dem Durchschnitt des Verbrauchsgüter produzierenden Gewerbes. Abbildung 2.26 zeigt diese Struktur.

Mehr als die Hälfte der Betriebe beschäftigte 1993 zwischen 20–99 Mitarbeiter [9]. Darüber hinaus wurden 162 Kleinbetriebe mit weniger als 20 Beschäftigten
gezählt. Etwa 730 Unternehmen beschäftigten 100–999 Mitarbeiter, wobei 58 %

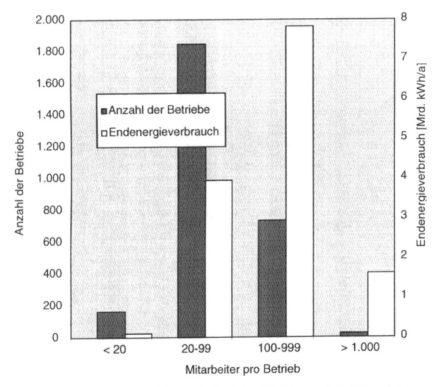

Abb. 2.26. Anzahl der Betriebe nach Betriebsgrößenklassen (vgl. [9]) und deren
kumulierter, geschätzter Endenergieverbrauch in der Herstellung von Kunststoffwaren
der Bundesrepublik Deutschland (1993)

aller Mitarbeiter diesen Betrieben zuzuordnen sind. Auch in der Kunststoffverarbeitung prägen somit kleine und vor allem mittelständische Unternehmen mit bis zu 99 Beschäftigten die Größen- und Energieverbrauchsstruktur. Lediglich 24 der insgesamt etwa 2.800 Betriebe zählten 1993 mehr als 1.000 Mitarbeiter [9].

Die Herstellung von Kunststoffwaren kann in 3 Teilbereiche aufgeschlüsselt werden [8]. Die erste Stufe bezeichnet die „Compoundierung", d.h. die Aufbereitung des Rohstoffs. Der eingesetzte Rohstoff besteht i.d.R. aus einem Kunststoffgranulat, das durch Zusatz verschiedener Additive in seinen Eigenschaften den Anforderungen des Endproduktes angepaßt wird. Typische Zusätze des Kunststoffes sind dabei Weichmacher, Farben oder Gleitmittel, die durch Mischen, Walzen, Kneten o.ä. in den Werkstoff eingebracht werden [8]. In diesem Verarbeitungsschritt des Kunststoffes wird überwiegend Kraft eingesetzt. In einer zweiten Stufe wird der aufbereitete Kunststoff einer „thermoplastischen Verformung" unterzogen. Dabei wird der Kunststoff zunächst geschmolzen, auf unterschiedliche Art in eine gewünschte Form gebracht und letzlich wieder abgekühlt [8]. Gängige Kunststofformverfahren sind u.a. das Pressen, Kalandrieren (Walzen), Extrudieren, Blasformen, Gießen oder Tauchen. Hinsichtlich der Energieanwendungen dominiert die Prozeßwärmenachfrage zum Schmelzen des Werkstoffes diese Produktionsstufe. Ferner wird zum Antrieb der formgebenden Maschinen Kraft aufgewendet. In der letzten Bearbeitungsstufe erfolgt u.U. eine Weiterverarbeitung der Kunststoffe in Form einer spanenden Bearbeitung, von Fügeprozessen oder einer Oberflächenveredelung [8].

Tabelle 2.16. Struktur des Endenergieeinsatzes von 13,5 Mrd. kWh nach Energieträgern und Anwendungsbereichen im Wirtschaftszweig "Herstellung von Kunststoffwaren" der Bundesrepublik Deutschland (1993) [1,3,5,11]

Energieträger	Anteil in [%]	Anwendung	Anteil in [%]
Strom	54,5	Raumwärme	17,9
Brennstoffe ges.	45,5	Warmwasser	
Gase	27,7	Licht	2,9
Mineralöl	13,1	Kraft	36,0
Braunkohle	0,7	Prozeßwärme	43,1
Steinkohle	1,9	unter 100 °C	43,1
Sonstige	2,1	100 - 500 °C	
Summe:	100,0	500 -1.000 °C	0,0
		über 1.000 °C	
		Summe:	100,0

Bei der Herstellung von Kunststoffwaren entfallen große Teile der nachgefragten Endenergie auf die Prozeßwärme und Kraftanwendungen [11]. Wie Tabelle 2.16 zeigt, werden für beide Anwendungsbereiche jeweils um die 40 % der Endenergienachfrage aufgewendet. Eine Aufteilung der Prozeßwärmeanwendungen auf einzelne Temperaturbereiche ist aufgrund stark unterschiedlicher Schmelzpunkte der Kunststoffe nicht möglich. Auf die Anwendungsbereiche Raumwärme-

und Brauchwarmwasser sowie Licht entfällt rund ein Fünftel der Endenergienachfrage. Wichtigster Energieträger in der Kunststoffverarbeitung war 1992 mit etwa 55 % der Strom, so daß davon auszugehen ist, daß erhebliche Teile der Prozeßwärme in der Kunststoffherstellung durch elektrisch beheizte Maschinen gewonnen wird [1]. 28 % der Endenergie stellten ferner gasförmige Brennstoffe bereit, während auf das Öl 13 % bzw. die Kohle ca. 2,5 % der Endenergienachfrage entfielen [1].

Abwärmepotentiale zeigen sich im Wirtschaftszweig „Herstellung von Kunststoffwaren" im Bereich der thermoplastischen Verformung. Allerdings wird dieses Potential dadurch eingeschränkt, daß ein Großteil der Wärme an die Werkstücke übertragen wird. Bereits realisierte Abwärmenutzungskonzepte in der Kunststoffverarbeitung zeigen jedoch, daß die Abwärme formgebender Maschinen (z.B. Spritzgußmaschinen) dennoch gute Möglichkeiten zur Substitution von Energieträgern z.B. zur Raumwärme- und Brauchwassergestehung bietet [8].

Ein energetisch nutzbares Potential läßt das Reststoffaufkommen der Kunststoffverarbeitung dagegen nicht erwarten [9]. So fielen bei der Herstellung 1990 rund 1 Mio. t Reststoffe an, wovon etwa 620.000 t der öffentlichen Entsorgung zugeführt wurden. Rund 240.000 t gelangten in den Altstoffhandel. Weitere Aussagen zur Struktur des Abfallaufkommens läßt das verfügbare Datenmaterial allerdings nicht zu [9].

2.3.4
Holzverarbeitung

Der Industriezweig der Holzverarbeitung umfaßt die Betriebe der Spanplatten-, Bauelemente- und Möbelherstellung, der Verpackungsmittelherstellung sowie der Produktion sonstiger Holzwaren (z.B. Besen, Pinsel, Korb- und Flechtwaren) [9]. Der Endenergieverbrauch der Holzverarbeitung betrug 1993 rund 3,6 Mrd. kWh [9]. Ferner wurden im selben Jahr ca. 233.500 Beschäftigte und 2.716 Betriebe im Industriezweig „Holzverarbeitung" gezählt [9]. Aus diesen Angaben errechnet sich ein Endenergieverbrauch von rund 15.500 kWh pro Beschäftigtem und Jahr. Die Betriebsgrößenstruktur dieses Industriezweiges sowie den geschätzten Endenergieverbrauch der einzelnen Größenklassen zeigt Abbildung 2.27.

1993 beschäftigten 178 Betriebe weniger als 20 Mitarbeiter, wobei rund 1 % der Beschäftigten und damit ein etwa gleicher Anteil des Endenergiebedarfs der Holzverarbeitung auf diese Kleinbetriebe entfiel. 1.929 Betriebe (ca. 71 %) dagegen wiesen weniger als 100 Mitarbeiter auf [9]. In diesen Betrieben waren rund ein Drittel der Mitarbeiter tätig. 600 Betriebe zählten 1993 100–999 Mitarbeiter und beschäftigten somit etwa 57 % aller Mitarbeiter. Der Endenergiebedarf der Holzverarbeitung wird demnach maßgeblich durch mittelständische Unternehmen der genannten Größenklasse geprägt. Lediglich 9 Betriebe wiesen mehr als 1.000 Mitarbeiter auf [9].

Entsprechend der Energieanwendungen im gesamten Verbrauchsgütergewerbe ist ein beachtlicher Anteil der Raumwärme- und Brauchwarmwasseranwendungen zu vermuten [11]. So errechnet sich ein Anteil dieses Anwendungsbereiches am

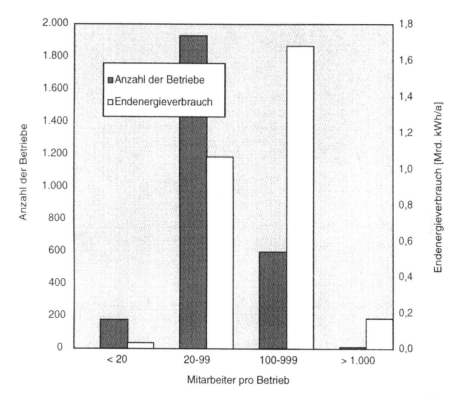

Abb. 2.27. Anzahl der Betriebe nach Betriebsgrößenklassen (vgl. [9]) und deren kumulierter, geschätzter Endenergieverbrauch in der Holzverarbeitung der Bundesrepublik Deutschland (1993)

Gesamtendenergieverbrauch der Holzverarbeitung von rund 20 % [9, 11]. Der Anwendungsbereich „Licht" dagegen erfordert einen Endenergieeinsatz von etwa 3 %. Prozeßwärme wird für den Einsatz von Thermopressen bspw. bei der Beschichtung von Spanplatten oder Möbelstücken, der Verleimung einzelner Bauteile sowie zur Trocknung von Stoffen und Polstermaterialien z.B. nach deren Reinigung [8] benötigt. Der Anwendungsbereich wird mit rund 45 % abgeschätzt [9, 11]. Eine Aufschlüsselung der Prozeßwärmeanwendungen nach Temperaturniveaus dagegen ist mit dem verfügbaren Zahlenmaterial nicht zu realisieren. Der Anwendungsbereich „Kraft" verteilt sich auf den Antrieb von Pressen, Walzen und Schneidegeräten sowie ferner auf eine Vielzahl individueller Maschinen (z.B. Bohrmaschinen, Nutfräsen etc.). Der Anteil der Kraftanwendungen am Gesamtenergieverbrauch berechnet sich zu rund 36 % [9, 11]. Tabelle 2.17 faßt diese Angaben zusammen.

Tabelle 2.17 zeigt ferner die Struktur des Endenergieverbrauchs, aufgeschlüsselt nach Energieträgern [9]. Entsprechend dem hohen Kraftbedarf, der überwiegend durch den Einsatz elektrischer Antriebe gedeckt wird, war 1994 Strom mit etwa 50 % der mit Abstand wichtigste Energieträger der Holzverarbeitung. Mineralöle deckten etwa 26 % der Endenergienachfrage, während gasförmige Brennstoffe die übrigen 10 % bereitstellten. Kohlebrennstoffe fanden 1994 in der Holz-verarbeitung nur marginale Verwendung [9]. Bemerkenswert ist der hohe Anteil von Reststoffen, der in der Holzverarbeitung zur Wärmegestehung eingesetzt wird.

Tabelle 2.17. Struktur des Endenergieeinsatzes von ca. 3,6 Mrd. kWh nach Energieträgern und Anwendungsbereichen in der Holzverarbeitung der Bundesrepublik Deutschland (1993) [3,5,9,11]

Energieträger	Anteil in [%]	Anwendung	Anteil in [%]
Strom	49,3	Raumwärme	19,9
Brennstoffe ges.	50,7	Warmwasser	
Gase	9,7	Licht	2,7
Mineralöl	26,2	Kraft	32,6
Braunkohle	0,0	Prozeßwärme	44,8
Steinkohle	0,0	unter 100 °C	44,8
Reststoffe	14,8	100 - 500 °C	
Summe:	100,0	500 -1.000 °C	0,0
		über 1.000 °C	
		Summe:	100,0

Analog zu den anderen Bereichen des Verbrauchsgüter produzierenden Gewer-bes wird daher vemutet, daß aufgrund der vorwiegend mittelständischen Struktur dieses Industriezweiges i.d.R. im Einschichtbetrieb gearbeitet wird, wobei mit zunehmender Betriebsgröße die Wahrscheinlichkeit einer anderen Betriebsorga-nisation größer wird. Abbildung 2.28 veranschaulicht den unterstellten typischen Lastverlauf am Beispiel der Stromnachfrage der Holzverarbeitung, wie er durch die Auswertung von Meßdaten ermittelt werden konnte [15].

Deutlich zu erkennen ist die geringe Leistungsnachfrage außerhalb der Betriebs-zeiten. Die Leistungsnachfrage steigt mit Betriebsbeginn stark an und erreicht am Vormittag ein Maximum. Während der Mittagszeit reduziert sich die abgenom-mene Leistung und bleibt über den gesamten Nachmittag konstant. Mit dem Ende der Arbeitszeit sinkt die Leistungsnachfrage auf das Nachtniveau ab.

Das zu erwartende Abwärmepotential in der Holzverarbeitung ist abhängig von der Produktionsstruktur der Betriebe. Durch die Anwendung beachtlicher Anteile der Endenergienachfrage zur Prozeßwärmegestehung ist insbesondere beim Ein-satz von Thermopressen oder Trocknungsanlagen mit entsprechenden Abwärme-potentialen zu rechnen. Aussagen zum Temperaturniveau dieser Potentiale sind dagegen nur eingeschränkt möglich. Es ist aber davon auszugehen, daß sich das Temperaturniveau im wesentlichen auf den Niedertemperaturbereich beschränkt und Prozeßwärme oberhalb von 500 °C nur in Ausnahmefällen angewendet wird.

Die Holzverarbeitung weist ein beachtliches und überwiegend energetisch nutz-bares Reststoffaufkommen auf [9]. 1990 fielen in der Holzverarbeitung rund 2 Mio. t Abfälle und Reststoffe an, wobei rund 600.000 t in innerbetrieblichen Anlagen verbrannt und somit letztlich der Wärmegestehung zugeführt wurden [9]. In der Energiebilanz der Bundesrepublik Deutschland wird für das Jahr 1993

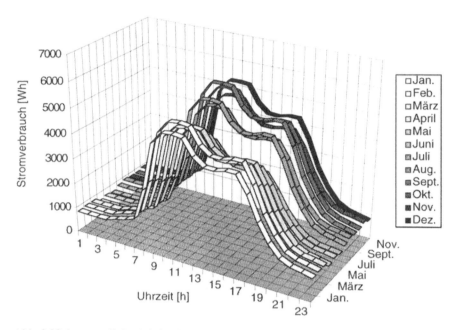

Abb. 2.28. Lastganglinien bei der Anwendung elektrischer Energie in der holzverarbeiten-
den Industrie [15]

im Verbrauchsgüter produzierenden Gewerbe ein Brennholzeinsatz von rund
0,5 Mrd. kWh ausgewiesen, der allerdings keinem konkreten Wirtschaftszweig
zugeordnet ist. Zu vermuten ist jedoch, daß große Teile dieses Brennstoffs in der
Holzverarbeitung eingesetzt werden und den Endenergiebedarf dieser Branche
deutlich erhöhen [1]. Die in Tabelle 2.17 dargestellten Zahlenwerte berücksichtigen diesen Einsatz von Holzreststoffen. 840.000 t Reststoffe wurden über den

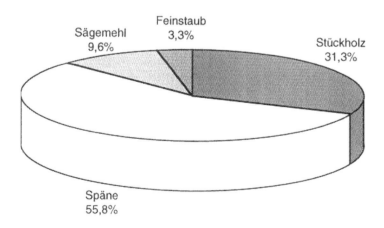

Abb. 2.29. Struktur des Reststoffaufkommens in der Holzverarbeitung [13]

Altstoffhandel vermarktet, weitere 600.000 t außerbetrieblich entsorgt. Wie bereits bei der Diskussion der Holzbearbeitung (vgl. Kapitel 2.1.4), kann die Struktur des Reststoffaufkommens in der Holzverarbeitung anhand der Ergebnisse einer Umfrage genauer dargestellt werden [13]. Abbildung 2.29 zeigt die Resultate dieser Untersuchungen.

Das Reststoffaufkommen der Holzverarbeitung setzt sich überwiegend aus den stofflich kaum noch zu verwertenden Bestandteilen Sägemehl und Feinstaub zusammen. Ferner fällt Stückholz an, das hauptsächlich aus dem Zuschnitt der Werkstoffe resultiert.

2.3.5
Übriges Verbrauchsgüter produzierendes Gewerbe

Analog zum Grundstoff- und Produktionsgütergewerbe faßt dieses Kapitel abschließend alle bislang nicht erörterten Wirtschaftszweige des Verbrauchsgüter produzierenden Gewerbes durch eine kurze Beschreibung zusammen. Dies sind die

1. Papier- und Pappeverarbeitung,
2. Druckerei und Vervielfältigung,
3. Herstellung von Musikinstrumenten, Spielwaren, Schmuck, Füllhaltern;
   Verarbeitung von natürlichen Schnitz- und Formstoffen;
   Foto- und Filmlabors sowie
4. die Reparatur von Gebrauchsgütern.

Papier- und Pappeverarbeitung

Der Endenergieverbrauch der Papier- und Pappeverarbeitung betrug 1993 etwa 7 Mrd. kWh [9]. 1993 waren 1.020 Betriebe mit etwa 114.600 Beschäftigten in der Papier- und Pappeverarbeitung tätig. Der mittlere spezifische Endenergieverbrauch dieses Wirtschaftszweiges errechnet sich folglich zu rund 60.000 kWh pro Beschäftigtem und Jahr. Geprägt wird die Branche durch mittelständische Unternehmen zwischen 20–999 Beschäftigten [9]. Ferner zeigt sich häufig eine Überschneidung dieser Branche mit der dem Grundstoff- und Produktionsgütergewerbe zugeordneten Branche der Papier- und Pappeerzeugung, da beide Prozesse häufig innerhalb eines Betriebes erfolgen [8]. Die Papier- und Pappeverarbeitung beschreibt dabei jedoch die Weiterverarbeitung von Papier und Pappe durch Zuschnitt, Leimen oder Binden zu Endprodukten wie bspw. Schreibmaterialien.
Bemerkenswert ist das beachtliche Reststoffaufkommen dieses Industriezweiges. 1990 fielen rund 1,2 Mio. t Abfall- und Reststoffe an [9]. Rund ein Drittel der Reststoffe wurde außerbetrieblich entsorgt, zwei Drittel über den Altstoffhandel vermarktet.

Druckerei und Vervielfältigung

Im Industriezweig „Druckerei und Vervielfältigung" waren 1993 rund 194.000 Mitarbeiter in 2.374 Betrieben tätig [9]. Der Endenergieverbrauch betrug dabei im selben Jahr etwa 5,7 Mrd. kWh [9], so daß ein spezifischer Endenergieverbrauch von ca. 30.000 kWh pro Beschäftigtem und Jahr errechnet werden kann. Die Betriebe der Druckerei und Vervielfältigung sind überwiegend Kleinunternehmen. Eine Reihe mittelständischer Unternehmen sind ebenfalls vorhanden, so daß Großbetriebe eine Ausnahme bilden. Analog zur Papier- und Pappeverarbeitung ist auch der Bereich der Druckerei und Vervielfältigung durch ein erhebliches Reststoffaufkommen gekennzeichnet, das ferner eine vergleichbare Struktur aufweist [9]. So werden etwa 840.000 t der insgesamt 1,1 Mio. t Reststoffe dem Altstoffhandel zugeführt und rund 300.000 t entsorgt. Analog zur Papier- und Pappeverarbeitung ist davon auszugehen, daß erhebliche Teile der Papier- und Pappereststoffe aus der Verarbeitung wie bspw. dem Zuschnitt stammen.

Herstellung von Musikinstrumenten, Spielwaren, Schmuck, Füllhaltern; Verarbeitung von natürlichen Schnitz- und Formstoffen; Foto- und Filmlabors

Im Industriezweig „Herstellung von Musikinstrumenten, Spielwaren, Schmuck, Füllhaltern; Verarbeitung von natürlichen Schnitz- und Formstoffen; Foto- und Filmlabors" waren 1993 etwa 60.000 Mitarbeiter in rund 700 Betrieben tätig [9]. Der Endenergieverbrauch betrug 1994 etwa 0,8 Mrd. kWh (vgl. z.B. [9]), so daß ein spezifischer Endenergieverbrauch von etwa 13.000 kWh pro Beschäftigtem und Jahr ermittelt wird. Der Energieverbrauch und die Größenstruktur dieses Industriezweiges wird durch Kleinbetriebe geprägt. Hinsichtlich der Energieanwendungen nehmen die Anwendungsbereiche „Raumwärme", „Brauchwarmwasser" und „Beleuchtung" einen großen Raum ein. Die Produktionsstrukturen sind sehr unterschiedlich, wobei viel Handarbeit vorwiegend in der Kleinserienfertigung geleistet wird [8]. Abwärmepotentiale und energetisch nutzbare Reststoffe sind nicht zu erwarten. Angaben über die Zusammensetzung und Verwendung der rund 110.000 t Reststoffe liegen nicht vor [9].

Reparatur von Gebrauchsgütern

Die Reparatur von Gebrauchsgütern ist in der industriellen Struktur der Bundesrepublik Deutschland nahezu bedeutungslos [9]. 1993 waren in dieser Branche 27 Betriebe mit insgesamt rund 700 Mitarbeitern tätig. Der Endenergieverbrauch der Reparatur von Gebrauchsgütern betrug 1993 etwa 0,1 Mrd. kWh und ist nahezu bedeutungslos [9].

2.4
Nahrungs- und Genußmittelindustrie

Die Nahrungs- und Genußmittelindustrie bildet die vierte Hauptgruppe im Übrigen Bergbau und Verarbeitenden Gewerbe und bezeichnet die Weiterverarbeitung von industriellen und landwirtschaftlichen Rohstoffen zu Nahrungsmitteln. Eine weitere Unterteilung erfolgt in die Bereiche des Ernährungsgewerbes und der Tabakverarbeitung. Die Tabakverarbeitung ist dabei im Vergleich zur Nahrungsmittelindustrie bedeutungslos, so daß nachfolgend lediglich das Ernährungsgewerbe näher betrachtet wird.

Der Endenergieverbrauch der Nahrungs- und Genußmittelindustrie betrug 1992 rund 54 Mrd. kWh [1]. Im selben Jahr waren 566.200 Mitarbeiter in 5.284 Betrieben der Nahrungs- und Genußmittelindustrie tätig, womit sich in dieser Hauptgruppe ein spezifischer Endenergiebedarf von rund 96.000 kWh pro Beschäftigtem und Jahr errechnet. Abbildung 2.30 zeigt die Größenstruktur und die Verteilung des Endenergieverbrauchs auf die verschiedenen Betriebsgrößenklassen in der Nahrungs- und Genußmittelindustrie.

Ebenso wie ein Großteil des Verbrauchsgüter produzierenden Gewerbes war 1993 auch die Nahrungsmittelindustrie mittelständisch geprägt [9]. 3.803 der insgesamt 5.284 Betriebe dieser Hauptgruppe beschäftigten weniger als 100 Mitarbeiter, wobei etwa 29 % der Beschäftigten in diesen Betrieben tätig waren. 1.440 Betriebe beschäftigten 1993 zwischen 100–999 Mitarbeiter, wobei etwa 61 % aller Beschäftigten dieser Größenklasse zuzuordnen sind. Sowohl der Endenergieverbrauch als auch die Energieanwendung wird damit zu einem erheblichen Teil von Betrieben mit 100–999 Mitarbeitern bestimmt. Lediglich 41 Betriebe der Nahrungs- und Genußmittelindustrie beschäftigten 1993 mehr als 1.000 Mitarbeiter [9].

Der Endenergieverbrauch der Nahrungs- und Genußmittelindustrie wird durch die

1. Zuckerherstellung,
2. Milchverarbeitung,
3. Backwarenherstellung und durch
4. Brauereien

bestimmt [7]. Die Zuckerherstellung basiert dabei auf der Verarbeitung von Zuckerrüben. Diese werden in der ersten Verarbeitungsstufe gereinigt und zu Rübenschnitzeln gehackt. Hierzu werden bereits rund 40 % des Gesamtstromverbrauchs der Zuckerindustrie aufgewendet [7]. In 3 weiteren Verarbeitungsschritten (Saftgewinnung, Extraktion und Saftreinigung) wird der Zuckerrohstoff aus den Rübenschnitzeln gelöst, wobei sowohl mechanische Energie als auch Niedertemperaturwärme zwischen 60 und 80 °C benötigt werden. In einem weiteren Bearbeitungsschritt wird der Rohsaft in mehreren Verdampferstufen eingedickt, wobei die Betriebstemperaturen zwischen 130 °C in der ersten Stufe bis zu etwa 90 °C in der letzten Stufe variieren. Die Verdampferanlagen werden überwiegend mit Dampf beheizt, wobei häufig Kraft-Wärme-Kopplungsanlagen eingesetzt werden, die den Heizdampf in Form von Turbinenabdampf anbieten und gleichzeitig große Teile des Strombedarfs abdecken [7]. Der abgezogene Brüden einer Verdampferstufe dient ferner der Beheizung nachfolgender Verdampferstufen sowie anderer Wärmeverbraucher (z.B. Saftanwärmung). Einen weiteren Wärmebedarf weist die Kristallisationsstufe der Zuckerherstellung auf, wobei Temperaturen zwischen 65 und 80 °C notwendig sind. Anzumerken bleibt, daß die Endenergienachfrage der Zuckerindustrie durch Kampagne-Betriebe dominiert wird, so daß im Anschluß an die Zuckerrübenernte eine Konzentration des Energiebedarfs zu verzeichnen ist.

Auch die Milchverarbeitung ist durch einen beachtlichen Niedertemperaturwärmebedarf gekennzeichnet [7]. In der Trinkmilchverarbeitung dient die Wärme im wesentlichen der Sterilisierung der Milch. Ferner erfolgt eine Entrahmung der „Rohmilch“. Zur Butterherstellung wird der Milchrahm zunächst durch eine kurzzeitige Erwärmung auf etwa 100 °C sterilisiert (Pasteurisierung), bevor durch mechanische Energieanwendungen in Form von Rühr- und Knetmaschinen Butter geschlagen wird [7]. Die Herstellung von Sauermilchprodukten dagegen erfordert eine Eindickung der Milch durch Verdampfer (bei ca. 70 °C) sowie die Beheizung von Lagerstätten zur Reife der Produkte. Gleiches gilt für die Käsereien, wobei die Lagertemperaturen deutlich niedriger als bei der Sauermilchverarbeitung lie-

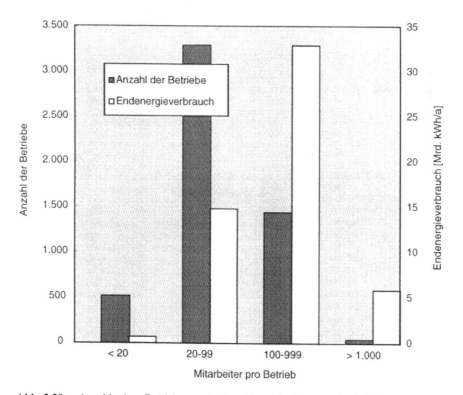

Abb. 2.30. Anzahl der Betriebe nach Betriebsgrößenklassen (vgl. [9]) und deren kumulierter, geschätzter Endenergieverbrauch in der Nahrungs- und Genußmittelindustrie der Bundesrepublik Deutschland (1993)

gen. Teilweise ist ein Einsatz von Kältemaschinen erforderlich. Die Herstellung von Trockenmilchprodukten erfordert die höchsten Temperaturen zur Verdampfung des Wassers [7]. Die notwendige Wärme wird dem Prozeß dabei i.d.R. durch Heißluft (Temperaturen zwischen 150 und 200 °C) zugeführt, um eine gleichzeitige Trocknung des Milchpulvers zu erreichen [7].

Die Backwarenherstellung zeigt eine Zweiteilung der Energieanwendung. Während in den ersten 3 Produktionsstufen (Rohstoffaufbereitung, Teigherstellung und -verarbeitung) überwiegend ein Kraftbedarf zur Reinigung und Förderung der Rohstoffe sowie zum Anrühen der Backmasse anfällt, zeigen die letzten beiden Arbeitsschritte (Gären und Backen) einen beachtlichen Wärmebedarf zur Beheizung der Backöfen und Gärschränke [7]. Dabei werden die Gärschränke häufig durch Abwärme der Backöfen beheizt.

Bei der Bierherstellung als viertem Teil der Nahrungsmittelindustrie entfallen ebenfalls große Teile der Endenergie auf die Bereitstellung eines Niedertemperaturwärme- und Kraftbedarfs. Beide Anteile gliedern sich dabei nahezu gleichmäßig auf die Verfahrensschritte der Würzeaufbereitung, der Gärung, Lagerung und Abfüllung [7].

Die Vielzahl der unterschiedlichen Verarbeitungsschritte innerhalb der Nahrungs- und Genußmittelindustrie zeigt eine überraschend gleichmäßige Struktur der Energieanwendungen, so daß diese einheitlich für den gesamten Industriezweig in Tabelle 2.18 ausgewiesen wird [11].

Entsprechend obiger Ausführungen werden etwa zwei Drittel der Endenergie zur Prozeßwärmeversorgung eingesetzt, wobei vergleichbare Anteile auf die Temperaturbereiche „bis 100 °C" und „100 bis 500 °C" enfallen [3, 11]. Die Kraftanwendungen stellen mit 16,3 % den zweitgrößten Verbrauchsbereich dar. Die Gestehung von Raumwärme, Brauchwarmwasser und Licht erfordert den verbleibenden Teil der Endenergie.

Tabelle 2.18. Struktur des Endenergieeinsatzes von rund 54 Mrd. kWh nach Energieträgern und Anwendungsbereichen in der Nahrungs- und Genußmittelindustrie der Bundesrepublik Deutschland (1993) [1,3,5,11]

Energieträger	Anteil in [%]	Anwendung	Anteil in [%]
Strom	21,8	Raumwärme	17,4
Brennstoffe ges.	78,2	Warmwasser	
Gase	37,9	Licht	2,3
Mineralöl	27,9	Kraft	16,3
Braunkohle	4,4	Prozeßwärme	64
Steinkohle	5,3	unter 100 °C	28,7
Sonstige	2,8	100 - 500 °C	35,3
Summe:	100,0	500 -1.000 °C	0,0
		über 1.000 °C	
		Summe:	100,0

Der wichtigste Energieträger in der Nahrungs- und Genußmittelindustrie war 1993 mit einem Anteil von 38 % das Gas, gefolgt von Mineralölen mit 28 % [1]. Anzunehmen ist, daß ein großer Teil dieser Brennstoffe in KWK-Anlagen eingesetzt wird. Gleiches gilt für die Kohlebrennstoffe, wobei die Braunkohle etwa 4 % und die Steinkohle rund 5 % der Endenergie bereitstellten. Neben Brennstoffen wird der Endenergiebedarf zu etwa einem Fünftel durch Strom gedeckt. Ferner wird Fernwärme eingesetzt, die rund 3 % zur Energieversorgung der Nahrungs- und Genußmittelindustrie beiträgt.

Die Nahrungs- und Genußmittelindustrie realisiert vielfach bereits moderne und ausgereifte Abwärmenutzungskonzepte. Wie bereits bei der Darstellung der Fertigungsprozesse erläutert, wird die Abwärme häufig innerbetrieblich in anderen Teilen der Produktion eingesetzt. Ursachen dieser weitgehenden Abwärmenutzung in der Nahrungs- und Genußmittelindustrie sind einerseits das beachtliche Abwärmepotential und andererseits günstige innerbetriebliche Rahmenbedingungen. Die Möglichkeiten der Abwärmenutzung in der Nahrungsmittelindustrie scheinen daher bereits weitgehend erschöpft [7].

Auch das Reststoffaufkommen der Nahrungs- und Genußmittelindustrie bietet hinsichtlich seiner energetischen Nutzung günstige Voraussetzungen. Ursache ist, daß in diesem Industriezweig nahezu ausschließlich biogene Rohstoffe verarbeitet werden. Dementsprechend gestaltet sich das Reststoffaufkommen, das für 1990 insgesamt mit etwa 14,3 Mio. t beziffert wird [9]. Etwa 10 Mio. t werden über den Altstoffhandel einer stofflichen Verwertung zugeführt, 2,7 Mio. t in außerbetrieblichen Anlagen entsorgt sowie 1,6 Mio. t in betrieblichen Abfallbeseitigungsanlagen deponiert. Eine weitere Klassifizierung der Reststoffe, bspw. in die Bereiche feste und flüssige Abfälle, erlaubt das verfügbare Material nicht [9].

Analog zur stofflichen Reststoffverwertung wird teilweise bereits eine energetische Nutzung der Reststoffe forciert [7]. So wird bspw. in der Bierherstellung der Biertreber häufig verbrannt. Alternativ wird derzeit eine Pilotanlage getestet, welche die Möglichkeiten der Biogasgewinnung aus Treberrückständen erlaubt [7]. Allerdings wird derzeit ein nicht unerhebliches Energiepotential aus Reststoffen der Nahrungs- und Genußmittelindustrie nicht genutzt.

2.5
Übriger Bergbau

Der übrige Bergbau bildet die fünfte Hauptgruppe des Energieverbrauchssektors „Übriger Bergbau und Verarbeitendes Gewerbe" und bezeichnet den „Nicht-Kohle-Bergbau" [11]. Dies sind der
1. Eisenerzbergbau,
2. NE-Metallerzbergbau,
3. Kali- und Steinsalzbergbau und Salinen,
4. Torfgewinnung und Veredelung sowie
5. der Sonstige Bergbau [11].

Der übrige Bergbau ist in der industriellen Struktur der Bundesrepublik Deutschland lediglich von untergeordneter Bedeutung. 1993 betrug der Endenergieverbrauch des übrigen Bergbaus etwa 5,3 Mrd. kWh [1]. Dabei entfielen große Teile des Energieverbrauchs auf den Kali- und Salzbergbau [11]. Hinsichtlich der Energieanwendung dominiert der mobile Kraftbedarf für Transport- und Abbaumaschinen. Aussagen zu Betriebs- und Beschäftigtenstrukturen sind anhand der verfügbaren Statistiken und Literatur ebensowenig möglich wie eine Beschreibung der Energieanwendungen, Abwärmepotentiale und des Reststoffaufkommens.

2.6
Vergleichende Zusammenfassung der Ergebnisse

Basierend auf den Ergebnissen der Detailanalyse des industriellen Endenergieverbrauchs in den Kapiteln 2.1 bis 2.5 faßt dieses Kapitel die wesentlichen Ergebnisse kurz zusammen. Die hier dargestellten Ergebnisse können in den Einzeluntersuchungen verschiedener Industriebereiche, wie z.B. der eisenschaffenden Industrie in Kapitel 2.1.1, detailliert nachgelesen werden. Im Rahmen der zusammenfassenden Beschreibung der Ergebnisse wird die industrielle Endenergienachfrage lediglich in die Anwendungsbereiche
1. Prozeßwärme,
2. Elektrolyse,
3. Kraft,
4. Raumwärme und Brauchwarmwasser und
5. Beleuchtung
aufgeschlüsselt und diskutiert.

Prozeßwärme

Rund 450 Mrd. kWh der industriellen Endenergieanwendungen dienen der Prozeßwärmegestehung. Mit etwa 130 Mrd. kWh/a, d.h. mit ca. 29,5 % des gesamten Prozeßwärmeverbrauchs, ist die eisenschaffende Industrie dabei der größte Prozeßwärmeverbraucher. Die chemische Industrie weist einen Prozeßwärmebedarf von rund 98 Mrd. kWh/a auf und ist zweitgrößter Anwender von Prozeßwärme innerhalb der Industrie. Die Industriezweige „Gewinnung und Verarbeitung von Steinen und Erden" bzw. "NE-Metallerzeugung, -halbzeugwerke und -gießereien" folgen mit rund 53 bzw. 23 Mrd. kWh/a. Insgesamt setzen die 4 genannten Industriezweige etwa 70 % der gesamten Prozeßwärmenachfrage in ihren Produktionsabläufen ein.

Etwa 187 Mrd. kWh/a Prozeßwärme, d.h. ca. 43 % des Gesamtverbrauchs, wird im Temperaturbereich über 1.000 °C eingesetzt. Weitere 21 % finden im Temperaturbereich zwischen 500 und 1.000 °C Anwendung, etwa 21 % werden im Bereich zwischen 100 und 500 °C nachgefragt und weitere 15 % entfallen auf den Niedertemperaturbereich unter 100 °C.

Mit einem Prozeßwärmebedarf bei Temperaturen von über 1.000 °C von rund 112 Mrd. kWh/a bestimmt die eisenschaffende Industrie die Prozeßwärmenachfrage im Hochtemperaturbereich, wobei die Energie überwiegend für Metall- und Erzschmelzprozesse eingesetzt wird. Zweitgrößter Anwender von Hochtemperaturwärme ist der Industriezweig „Gewinnung und Verarbeitung von Steinen und Erden", der rund 28 Mrd. kWh/a überwiegend für Brennprozesse bei der Herstellung von Baumaterialien (z.B. Kalk, Zement oder Keramik) nachfragt. Die chemische Industrie weist einen Endenergieverbrauch von etwa 9 Mrd. kWh/a auf, wobei der Einsatz von Hochtemperaturwärme innerhalb der chemischen Industrie nur schwer einzelnen Produktionsprozessen zuzuordnen ist. Ferner bildet der Industriezweig „Herstellung und Verarbeitung von Glas und Feinkeramik" einen weiteren Verbrauchsschwerpunkt bei der Anwendung von Hochtemperaturwärme, wobei die Glasschmelze der Hauptanwendungsbereich ist.

Der Endenergieverbrauch zur Prozeßwärmegestehung von rund 90 Mrd. kWh/a im Temperaturbereich von 500 bis 1.000 °C entfällt etwa zu 42 % auf die chemische Industrie. Weitere Verbrauchsschwerpunkte bilden die Gewinnung und Verarbeitung von Steinen und Erden, Eisen-, Stahl- und Tempergießereien, die NE-Metallerzeugung, -halbzeugwerke und -gießereien, die eisenschaffende Industrie sowie die Gewinnung und Verarbeitung von Steinen und Erden. Ebenso wie im Temperaturbereich über 1.000 °C wird die Prozeßwärme auch im Temperaturbereich 500–1.000 °C nahezu vollständig für Schmelz- und Brennprozesse verwendet.

Im Temperaturbereich zwischen 100 und 500 °C weist erneut die chemische Industrie den höchsten Wärmebedarf auf. Ferner konzentriert sich die Endenergieanwendung neben der Chemie auf die Bereiche der Zellstoff- und Papierindustrie sowie das Nahrungs- und Genußmittelgewerbe. Die im betrachteten Temperaturniveau eingesetzte Prozeßwärme findet dabei vielfältige Verwendung wie bspw. zur Zellstoffkochung oder zu Trocknungsprozessen.

Auch im Temperaturbereich unter 100 °C weist erneut die Chemie den höchsten Endenergieverbrauch auf. Ferner entspricht die Aufteilung der Endenergienachfrage in etwa derjenigen im Temperaturbereich zwischen 100 und 500 °C. Neben der chemischen Industrie sind die Textilindustrie, das Investitionsgüter produzierende Gewerbe, die Papier- und Zellstoffindustrie und das Nahrungs- und Genußmittelgewerbe die wichtigsten Anwender von Niedertemperaturwärme.

Die nachfolgende Abbildung 2.31 gibt die obigen Ergebnisse wieder, wobei

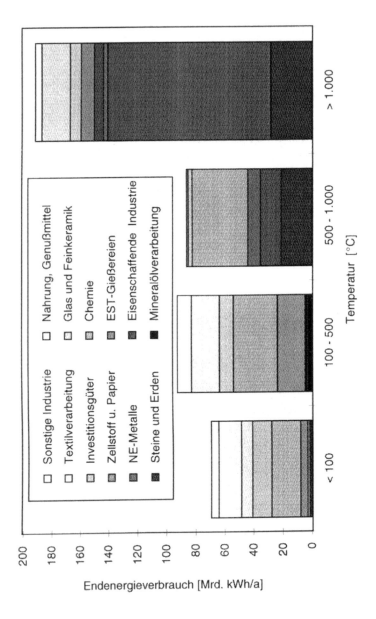

Abb. 2.31. Struktur der Endenergienachfrage im Anwendungsbereich "Prozeßwärme" im Verarbeitenden Gewerbe der Bundesrepublik Deutschland (1993)

die Endenergienachfrage im Anwendungsbereich „Prozeßwärme" in den 4 diskutierten Temperaturbereichen dargestellt wird. Abbildung A.1 im Anhang dagegen schlüsselt die Prozeßwärmeanwendungen detaillierter auf, wobei insgesamt 17 einzelne Temperaturbereiche abgebildet sind.

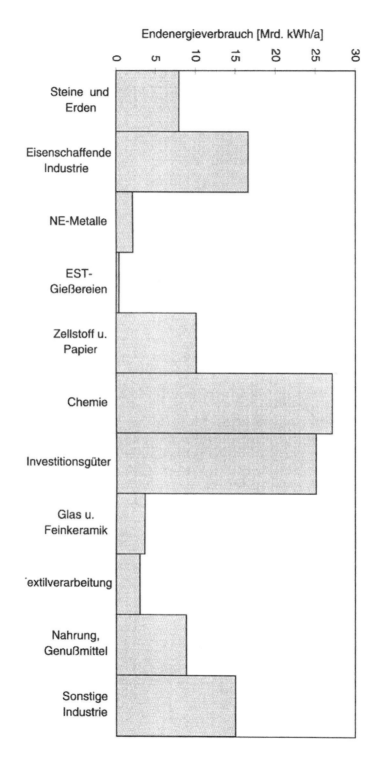

Abb. 2.32. Struktur der Endenergienachfrage im Anwendungsbereich "Kraft" im Verarbeitenden Gewerbe der Bundesrepublik Deutschland (1993)

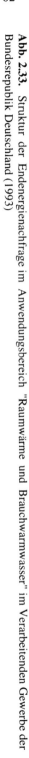

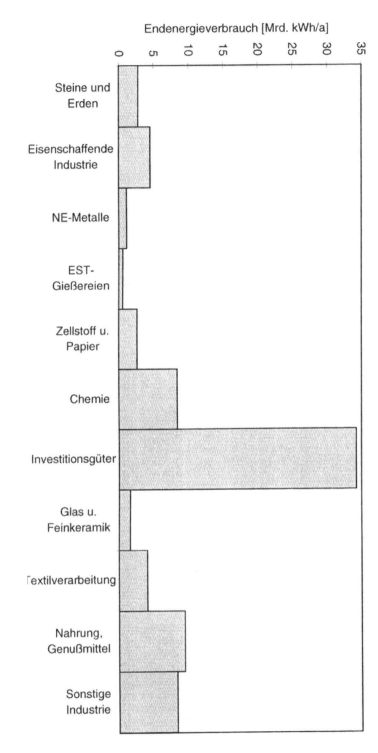

Abb. 2.33. Struktur der Endenergienachfrage im Anwendungsbereich "Raumwärme und Brauchwarmwasser" im Verarbeitenden Gewerbe der Bundesrepublik Deutschland (1993)

Elektrolyse

Einen Sonderfall der industriellen Endenergieanwendung stellt der Bereich der Elektrolyse in der chemischen Industrie dar, der – anders als die Schmelzflußelektrolyse bei der Herstellung von Reinaluminium im Wirtschaftsbereich „NE-Metallerzeugung" – nicht den Wärmeanwendungen zuzuordnen ist. Die chemische Industrie wendet rund 13 Mrd. kWh/a überwiegend im Bereich der Grundstoffchemie für die Elektrolyse auf. Häufig wird dieser Endenergieverbrauch zwar der Prozeßwärme zugeordnet, doch ist für die angestrebte Bewertung primärenergiesparender und regenerativer Energieversorgungsmöglichkeiten die Trennung der Elektrolyse (einschließlich der Schmelzflußelektrolyse, vgl. Kapitel 2.1.5) von der übrigen Prozeßwärmeanwendung notwendig, da diese Energieanwendungen nicht durch andere Wärmeversorgungsmöglichkeiten, wie bspw. Dampfprozesse, ersetzt werden können. Die Elektrolyse erfordert den Einsatz elektrischer Energie. Da sich die Anwendung der Elektrolyse auf die chemische Industrie beschränkt, erfolgt im Gegensatz zu den anderen Anwendungsbereichen keine graphische Aufbereitung.

Kraft

Mit einem Endenergieverbrauch von rund 120 Mrd. kWh/a stellt der Anwendungsbereich „Kraft" hinter der Prozeßwärme den zweitgrößten Anteil am Gesamtendenergieverbrauch der Industrie dar. Zur Kraftgestehung findet dabei hauptsächlich elektrische Energie Verwendung, die durch Elektromotoren in Kraft umgewandelt wird. Der Einsatz von Brennstoffen in Verbrennungsmotoren oder Gasturbinenanlagen zur Kraftgestehung ist im Vergleich zu den Elektromotoren nur von geringer Bedeutung.

Den höchsten Kraftbedarf weist mit etwa 27 Mrd. kWh/a erneut die chemische Industrie auf. Die in diesem Wirtschaftszweig eingesetzte Kraft wird in vielfältigen Prozessen zum Antrieb von Arbeitsmaschinen wie bspw. Pumpen, Verdichtern, Kältemaschinen oder Rührwerkzeugen eingesetzt. Der zweitgrößte Kraftbedarf innerhalb der Industrie errechnet sich für die eisenschaffende Industrie. In diesem Wirtschaftszweig wird Kraft überwiegend zur Rohstoffaufbereitung bei der Roheisen- und Elektrostahlproduktion eingesetzt. Schwerpunkte sind dabei die Aufbereitung des Eisenerzes in den Sinteranlagen sowie die Schrottaufbereitung durch Schredderanlagen in Elektrostahlwerken. Auch das Investitionsgüter produzierende Gewerbe läßt einen beachtlichen Kraftbedarf erkennen, wobei hier der Einsatz von Fertigungs- und Werkzeugmaschinen den Kraftbedarf bestimmt. In den übrigen Industriezweigen findet Kraft in vielen Prozessen unterschiedliche Anwendungen, die kaum pauschal zu bewerten sind. Abbildung 2.32 zeigt die Aufteilung der Endenergienachfrage im Anwendungsbereich „Kraft".

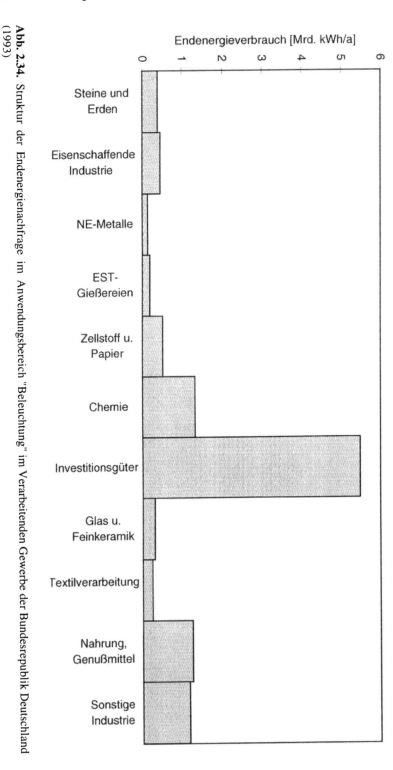

Abb. 2.34. Struktur der Endenergienachfrage im Anwendungsbereich "Beleuchtung" im Verarbeitenden Gewerbe der Bundesrepublik Deutschland (1993)

Raumwärme, Brauchwarmwasser

Der Anwendungsbereich „Raumwärme- und Brauchwarmwasser" ist mit einem Endenergieeinsatz von etwa 78 Mrd. kWh/a der drittgrößte industrielle Verbrauchsbereich. Im Gegensatz zu den bisher diskutierten Anwendungsbereichen „Prozeßwärme" und „Kraft" ist die Endenergienachfrage im Anwendungsbereich „Raumwärme und Brauchwarmwasser" innerhalb der Industrie vollständig anders strukturiert. Während in den beiden erstgenannten Anwendungsbereichen die Chemie und die eisenschaffende Industrie den Endenergieverbrauch bestimmen, konzentriert sich der Raumwärme- und Brauchwarmwasserbedarf auf das Investitionsgüter produzierende Gewerbe. Ursache hierfür ist, daß diese Hauptgruppe sowohl die meisten Betriebe als auch die meisten Mitarbeiter und somit die meisten Produktionsstätten aufweist. Ferner entfallen große Teile des Endenergieverbrauchs im Investitionsgüter produzierenden Gewerbe auf die Raumwärme- und Brauchwarmwassergestehung.

Die chemische und die eisenschaffende Industrie weisen ebenfalls beachtliche Endenergieverbräuche zur Raumwärme- und Brauchwarmwassergestehung auf, obwohl der Anteil der in diesen Industriezweigen zur Raumwärme- und Brauchwarmwassergestehung eingesetzten Endenergie – im Verhältnis zur Prozeßwärme- und Kraftanwendung – gering ist. Aufgrund des hohen Gesamtenergiebedarfs dieser Branchen errechnen sich im Vergleich zu den übrigen Industriezweigen hohe Endenergieverbräuche zur Raumwärme- und Brauchwarmwassergestehung. Abbildung 2.33 zeigt die Struktur der Endenergienachfrage im Anwendungsbereich „Raumwärme- und Brauchwarmwassergestehung".

Beleuchtung

Zur Beleuchtung von Produktionsanlagen und Gebäuden werden in der nordrheinwestfälischen Industrie rund 11,5 Mrd. kWh/a aufgewendet. Da die Beleuchtung ebenso wie die Raumwärme- und Brauchwarmwasserversorgung i.d.R. in einem direkten Zusammenhang mit Produktionseinrichtungen steht, entspricht die Struktur des Endenergieeinsatzes im Anwendungsbereich „Beleuchtung" im wesentlichen der des Anwendungsbereiches „Raumwärme- und Brauchwarmwassergestehung". Den mit Abstand größten Endenergieeinsatz zur Beleuchtung weist demzufolge das Investitionsgüter produzierende Gewerbe, gefolgt von der chemischen und eisenschaffenden Industrie, auf. Abbildung 2.34 gibt die Struktur der Endenergienachfrage im Anwendungsbereich „Beleuchtung" wieder.

3 Relevante Umweltschutzauflagen

Planung, Bau und Betrieb von Energieumwandlungs- bzw. -erzeugungsanlagen werden von einer Vielzahl von Gesetzen und Vorschriften begleitet. Die gesetzlichen Regelungen umfassen dabei Fragen des allgemeinen Baurechts (z.B. in Form der Landesbauordnung [LBO]), wirtschaftliche Aspekte für Betreiber und „Konsumenten" (z.B. Energiewirtschaftsgesetz [EnWG], Bundestarifordnung Elektrizität [BTOElt] oder Bundestarifordnung Gas [BTOGas]), Anforderungen an die Umweltverträglichkeit der Verwertung und Beseitigung von Abfällen (Krw-/AbfG) und vor allem die Begrenzung umweltschädigender Emissionen aus Energieerzeugungsanlagen. Gesetzliche Grundlage für die Begrenzung von Luftschadstoffen aus Energieerzeugungsanlagen ist dabei das Bundes-Immissionsschutzgesetz (BImSchG). Es regelt für alle Energieanlagen das erforderliche oder u. U. auch nicht erforderliche Genehmigungsverfahren (vgl. Kapitel 3.1), die einzuhaltenden Grenzwerte für Luftschadstoffe und Lärmemissionen sowie die ggf. vorzusehenden Verfahren zur Entsorgung im Betrieb entstehender Abfälle [16, 17].

Über die im Rahmen des Genehmigungsverfahrens nach dem Bundes-Immissionsschutzgesetz durchzuführenden Verfahren, d.h. die Erteilung von Baugenehmigungen, gewerblichen Genehmigungen, sicherheitstechnischen Prüfungen und die emissionsrechtliche Begutachtung, können weitere Verfahren notwendig werden [18]. So kann u.U. eine Genehmigung einer Energieanlage im energiewirtschaftlichen Sinne nach § 5 Absatz 1 EnWG notwendig sein, wenn Dritte mit Strom aus einer Kraft-Wärme-Kopplungsanlage mit einer elektrischen Leistung über 1 MW versorgt werden sollen. Wird die erzeugte Elektrizität ausschließlich zur Eigenversorgung vorgesehen und liegt die elektrische Leistung der Anlage über 10 MW, so ist dies nach § 4 EnWG anzuzeigen. Liegt dagegen die elektrische Leistung unter 10 MW, so besteht nach § 5 Absatz 2 EnWG eine Mitteilungspflicht des Betreibers gegenüber dem lokalen Energieversorgungsunternehmen. Eine weitere Genehmigung einer Energieanlage nach dem Wasserhaushaltsgesetz (WHG) wird dann erforderlich, wenn wassergefährdende Stoffe wie bspw. Schmieröl gelagert oder eingesetzt werden sollen. Eine weitere Regelung, die nicht Gegenstand des Genehmigungsverfahrens im Sinne des Bundes-Immissionsschutzgesetzes ist, betrifft solche Kraft-Wärme-Kopplungsanlagen, deren Nennleistung 10 MW übersteigt und die für einen Einsatz von Erdgas und/oder Heizöl vorgesehen sind. Diese Anlagen bedürfen nach § 12 3.VerstrG (Drittes Verstromungsgesetz) einer Genehmigung [18]. Ziel dieses Gesetzes ist es, den Einsatz von Erdgas und Heizöl bei der Verstromung zugunsten der heimischen Steinkohle zu begrenzen.

Trotz einer Reihe von Bestimmungen im Zusammenhang mit der Genehmigung einer Energieanlage, die über die Bestimmungen des Bundes-Immissionsschutzgesetzes hinausgehen, ist das BImSchG dennoch das wesentliche rechtliche Instrumentarium im Energierecht. Die umweltrechtlichen Aspekte dieses Gesetzes sind daher Gegenstand der nachfolgenden Betrachtungen. Grundlegendes Ziel des Bundes-Immissionsschutzgesetzes ist es, die Umwelt (d.h. Menschen, Tiere, Pflanzen und Gegenstände) vor schädlichen Umwelteinflüssen zu schützen sowie der Entstehung schädlicher Umweltauswirkungen entgegenzuwirken. Der Geltungsbereich des BImSchG umfaßt dabei u.a. die Errichtung und den Betrieb von Anlagen, wobei durch § 3, Abschnitt 1, Teil 1 BImSchG (Begriffsbestimmungen) auch Energieerzeugungsanlagen erfaßt werden [16]. Somit fallen zunächst alle Energiesysteme in den Geltungsbereich des Bundes-Immissionsschutzgesetzes. § 4, Abschnitt 1, Teil 2 BImSchG legt diejenigen Anlagen fest, die einer Genehmigung nach BImSchG bedürfen.

3.1 Genehmigungsvorschriften

Genehmigungspflichtig im Sinne des Bundes-Immissionsschutzgesetzes sind zunächst alle Anlagen, die im besonderen Maße geeignet sind, „schädliche Umwelteinwirkungen hervorzurufen oder in anderer Weise die Allgemeinheit oder die Nachbarschaft zu gefährden, erheblich zu benachteiligen oder erheblich zu belästigen" [16]. Im Anhang zur 4. BImSchV (Verordnung über genehmigungsbedürftige Anlagen) wird der allgemeine Gesetzestext durch eine konkrete Aufzählung der genehmigungsbedürftigen Anlagen konkretisiert. Genehmigungsbedürftige Energieerzeugungsanlagen werden dabei im Punkt 1 „Wärmeerzeugung, Berg-

Tabelle 3.1. Verfahren zur Genehmigung von Energieanlagen nach 4. BImSchV

Anlagentyp	keine Genehmigung erforderlich	vereinfacht (§ 19 BImSchG)	formell (§ 10 BImSchG)
Heizkraft-, Kraft- und Heizwerke	gasf. Brennstoffe: ≤ 100 MW sonst. Brennstoffe: ≤ 50 MW	-	gasf. Brennstoffe: > 100 MW sonst. Brennstoffe: > 50 MW
Feuerungsanlagen	gasf. Brennstoffe: ≤ 10 MW Heizöl EL: ≤ 5 MW sonst. Brennstoffe: ≤ 1 MW	gasf. Brennstoffe: > 10 -100 MW Heizöl EL: > 5 - 50 MW sonst. Brennstoffe: > 1 - 50 MW	gasf. Brennstoffe: > 100 MW sonst. Brennstoffe: > 50 MW
Verbrennungsmotoren	≤ 1 MW	> 1 MW	-
offene Gasturbinen	-	≤ 60.000 m^3/h Abgas	> 60.000 m^3/h Abgas
Windkraftanlagen	≤ 300 kW	> 300 kW	-

bau, Energie" aufgeführt. Zu erkennen ist eine Dreiteilung des Genehmigungsverfahrens. Während vorwiegend kleine Anlagen (vgl. Tabelle 3.1) keiner Genehmigungspflicht unterliegen, zeigen sich für größere Systeme je nach Brennstoff und Feuerungswärmeleistung 2 unterschiedliche Verfahren.

So erfolgt ein vereinfachtes Verfahren nach § 10 BImSchG, wenn die zu genehmigende Anlage hinsichtlich der durch sie hervorgerufenen Umweltbeeinträchtigungen und Gefahren mit dem Schutz der Allgemeinheit und der Nachbarschaft vereinbar ist [16]. Im vereinfachten Verfahren können bspw. Windkraftkonverter mit einer Nennleistung von über 300 kW genehmigt werden. Gegenstand des Genehmigungsverfahrens ist dabei das Baurecht und eine Emissionsbegrenzung hinsichtlich der zu erwartenden Lärmemissionen. Für Anlagen, deren Betrieb eine weitreichende Umweltbeeinträchtigung erwarten läßt, wird das förmliche Genehmigungsverfahren nach § 19 BImSchG angewendet, bei dem eine Beteiligung der Öffentlichkeit am Verfahren vorzusehen ist. Ferner sind fest definierte Antragsverfahren und -fristen einzuhalten. Tabelle 3.1 gibt einen Überblick über die Genehmigungspraxis von Energieanlagen.

3.2
Regelungen zur Begrenzung von Luftschadstoffen

Analog zur Genehmigungspraxis zeigen auch die anzuwendenden Vorschriften des Bundes-Immissionsschutzgesetzes zur Begrenzung von Luftschadstoffen eine Dreiteilung, wobei je nach Feuerungswärmeleistung, Art der Energieanlage (z.B. Gasturbinen) und verwendetem Brennstoff die erste Verordnung zum Bundes-Immissionsschutzgesetz (1. BImSchV), die erste allgemeine Verwaltungsvorschrift zum Bundes-Immissionsschutzgesetz (Technische Anleitung zur Reinhaltung der Luft – TA Luft) sowie die dreizehnte Verordnung zum Bundes-Imissionsschutzgesetz (13. BImSchV.) Anwendung finden. Eine erste Gliederung der genannten Vorschriften läßt sich grob anhand des durch eine Vorschrift abgedeckten Leistungsbereiches der Feuerungsanlagen darstellen.

Die erste Verordnung zum Bundes-Imissionsschutzgesetz gilt für Festbrennstoffanlagen mit einer maximalen Feuerungswärmeleistung von 1 MW, für Anlagen mit flüssigen Brennstoffen bis zu 5 MW und für gasbefeuerte Systeme mit einer Leistung bis zu 10 MW [16]. Die nächst höhere Leistungsklasse fällt in den Bereich der TA Luft. Ihren Grenzwerten unterliegen alle Feuerungen für feste und flüssige Brennstoffe bis zu einer Feuerungswärmeleistung von 50 MW und gasbefeuerte Systeme mit einer Leistung bis zu 100 MW. Ferner werden die Verbrennungsmotoren und Gasturbinenanlagen durch spezielle Regelungen der TA Luft erfaßt. Feuerungsanlagen mit einer thermischen Leistung über 50 MW beim Einsatz von festen oder flüssigen Brennstoffen sowie 100 MW beim Einsatz von Gasen unterliegen den Emissionsvorschriften der 13. BImSchV (Großfeuerungsanlagen-VO). Alle 3 Rechtsvorschriften werden nachfolgend erläutert.

3.2.1
Erste Verordnung zum Bundes-Immissionsschutzgesetz
(1. BImSchV)

Die erste Verordnung zum Bundes-Imissionsschutzgesetz (Verordnung über Feuerungsanlagen) bildet zunächst die emissionsrechtliche Grundlage für alle nicht genehmigungspflichtigen Feuerungsanlagen im Sinne von § 4 Bundes-Immissionsschutzgesetz in Verbindung mit der 4. BImSchV (vgl. Tabelle 3.1). Ausnahmen bilden Anlagen, die aufgrund ihrer Leistung oder technischen Konstruktion (z.B. Gasturbinenanlagen) in den Gültigkeitsbereich anderer Vorschriften fallen (vgl. Kapitel 3.2.2). Für den industriellen Einsatz von Feuerungsanlagen ist die 1. BImSchV nur von untergeordneter Bedeutung, da die meisten Feuerungsanlagen den Gültigkeitsbereich der 1. BImSchV durch ihre Feuerungswärmeleistung überschreiten. Ferner fallen auch die vielfach eingesetzten Kraft-Wärme-Kopplungssysteme kleinerer Leistung, d.h. Motorheizkraftwerke und Gasturbinenanlagen, aufgrund ihrer technischen Ausführung in den Geltungsbereich der TA Luft [16].

Die 1. BImSchV bildet daher vor allem den emissionsrechtlichen Rahmen für Heizsysteme zur Gestehung von Raumwärme und Brauchwarmwasser. Obwohl diese Techniken keine primärenergiesparenden Techniken im Sinne von Kapitel 5 darstellen – eine Ausnahme bilden biomassebefeuerte Heizanlagen –, sollen aus Gründen der Vollständigkeit die wesentlichen Bestimmungen der 1. BImSchV kurz vorgestellt werden.

Die Vorschriften der 1. BImSchV zur Begrenzung der Luftschadstoffemissionen sehen einerseits konkrete Grenzwerte für Staub und Stickoxide sowie andererseits verschiedene Maßgaben im Umgang mit einer Feuerungsanlage vor. In § 2 1.BImSchV werden für Feststoffeuerungen ein Grauwert der Abgasfahne kleiner 2 auf der Ringelmann-Skala festgelegt sowie die zulässigen Abgasverluste je nach Alter und Leistung der Feuerung auf 11–18 % der Feuerungswärmeleistung begrenzt. Ferner sind Bauvorschriften zur Gestaltung der Abgassysteme dargelegt. In § 5 1. BImSchV wird für den Betrieb von Anlagen mit einer Feuerungswärmeleistung kleiner 22 kW, die mit Festbrennstoffen betrieben werden, der Einsatz raucharmer Brennstoffe (d.h. Brennstoffe mit einem Gehalt an flüchtigen Bestandteilen kleiner 18 %, bezogen auf die wasser- und aschefreie Substanz) vorgesehen. In § 6 1. BImSchV wird für Feuerungsanlagen mit einer Leistung über 22 kW ein Grenzwert für staubförmige Emissionen von 150 mg/Nm^3 Abgas (trocken,13 Vol.-% O$_2$) für handbeschickte Anlagen und 300 mg/Nm^3 für maschinell beschickte Systeme festgelegt. Der CO-Grenzwert variiert zwischen 40 und 300 mg/Nm$_3$ Abgas. Die nachfolgenden §§ 9 und 10 1. BImSchV regeln die Überwachung der Feuerungsanlagen in Form von regelmäßigen Abgasuntersuchungen durch das Schornsteinfegerhandwerk. Ferner ist der Anlagenbetreiber selbst verpflichtet, auf den technisch einwandfreien und schadstoffarmen Betrieb seiner Verbrennungsanlage zu achten. Die abschließenden Paragraphen der 1. BImSchV legen Sonderregelungen und Maßnahmen beim Verstoß gegen die Emissionsvorschriften fest [16].

3.2.2
Technische Anleitung zur Reinhaltung der Luft (TA Luft)

Die erste allgemeine Verwaltungsvorschrift zum Bundes-Immissionsschutzgesetz, d.h. die Technische Anleitung zur Reinhaltung der Luft (TA Luft), ist für den industriellen Einsatz von Feuerungs- bzw. Kraft-Wärme-Kopplungsanlagen die mit Abstand wichtigste gesetzliche Regelung zur Begrenzung von Luftschadstoffen. Ursache hierfür ist, daß der überwiegende Teil der Energieanlagen entweder durch die installierte Feuerungswärmeleistung in den Geltungsbereich der TA Luft fällt, oder aber einer der Sonderregelungen der TA Luft unterliegt.
Die TA Luft sieht eine Begrenzung folgender Luftschadstoffe vor:

1. Staub (bzw. Feststoffemissionen ingesamt),
2. Kohlenmonoxid,
3. organische Stoffe (nur für Feststoffeuerungen),
4. Stickoxide,
5. Schwefeloxide und
6. Halogenverbindungen.

Neben allgemeingültigen Regelungen – diese werden im Kapitel 2 dargelegt und umfassen Vorschriften zur Abgasableitung, Genehmigungsgrundlagen und Immissionsgrenzwerte – finden sich in Kapitel 3 der TA Luft individuelle Regelungen für die unter den Punkten 1.2 bis 1.5 im Anhang der 4. BImSchV. erfaßten genehmigungsbedürftigen Energieanlagen. Dies sind neben Feuerungsanlagen für feste (1–50 MW), flüssige (5–50 MW) und gasförmige Brennstoffe (10–100 MW) Verbrennungsmotoren und offene Gasturbinenanlagen. Nachfolgend werden die verschiedenen Regelungen für die 5 unterschiedlichen Energieanlagen tabellarisch zusammengestellt und erläutert.

Emissionsgrenzwerte der TA Luft
für Festbrennstoffeuerungen (1–50 MW)

In Kapitel 3.3.1.2.1. der Technischen Anleitung zur Reinhaltung der Luft werden die Emissionsgrenzwerte für Anlagen zum Einsatz von Kohle- und Holzbrennstoffen dargelegt (Anlagen der Nummer 1.2.–1.4. BImSchV). Dabei gelten prinzipiell gleiche Grenzwerte, wobei für Holzbrennstoffe ein Bezugswert von 11 Vol.-% O_2 im Abgas vorgesehen ist, während bei der Verbrennung von Kohle ein Sauerstoffanteil von 7 Vol.-%O_2 zugrunde gelegt wird. In Tabelle 3.2 sind die Grenzwerte für die genannten Luftschadstoffe, wie sie in der TA Luft für feststoffbefeuerte Verbrennungsanlagen vorgesehen sind, zusammengefaßt.
Tabelle 3.2 zeigt, daß in Abhängigkeit von der Anlagenleistung (Staub) oder der Feuerungstechnik (Schwefel- und Stickoxide) unterschiedliche Grenzwerte definiert sind. Da sowohl größere Anlagen durch weitergehende technische Maßnahmen als auch die aufwendige Wirbelschichtfeuerung bessere Feuerungsqualitäten erzielen können, werden für diese Anlagen geringere spezifische Grenzwerte definiert. Somit findet die Forderung des Bundes-Immissionsschutzgesetzes

Tabelle 3.2. Emissionsgrenzwerte für Feststoffeuerungen im Geltungsbereich der TA Luft (1–50 MW)

Luftschadstoff	spez. Emissionsgrenzwert [mg/Nm^3 tr. Abgas]	Geltungsbereich
Staub	50	5 -50 MW
	150	weniger als 5 MW
Kohlenmonoxid	250	generell
		Für Anlagen mit weniger als 2,5 MW Feuerungswärmeleistung gilt der genannte Grenzwert nur im Nennlastbereich
organische Stoffe	50	generell
Stickoxide	500	generell
	300	bei zirkulierenden Wirbelschichtanlagen und stationären Wirbelschichtanlagen bis 20 MW
Schwefeloxide	2.000	generell
	400	Wirbelschichtanlagen

Bemerkungen: Kohle 7 Vol.-% O_2, Holz 11 Vol.-% O_2 pro Nm^3 trockenes Abgas.

zur Begrenzung der Schadstoffemissionen nach dem Stand der Technik in dieser Form Berücksichtigung.

Insbesondere die Staubgrenzwerte liegen für Feuerungsanlagen mit einer Feuerungswärmeleistung über 5 MW deutlich unter denen kleinerer Anlagen, wobei die schärferen Grenzwerte i.d.R. nur durch Staubabscheider im Rauchgaszug einzuhalten sind. Ferner zeigen die Stickoxid- und Schwefeloxidgrenzwerte deutliche Verschärfungen für Wirbelschichtanlagen, da hier durch primäre Maßnahmen zur Schadstoffminderung günstige und effiziente Möglichkeiten bestehen, die es auszuschöpfen gilt. So liegt der Grenzwert für Schwefeloxide für Wirbelschichtanlagen bei 20 % des üblichen Wertes.

Für biomassebefeuerte Anlagen im Geltungsbereich der TA Luft (1–50 MW), in denen Stroh eingesetzt werden soll, gelten ebenfalls die in Tabelle 3.2 dargestellten Grenzwerte (vgl. Kapitel 3.3.1.3. TA Luft). Beim Einsatz kunststoffbeschichteter Holzreststoffe hingegen gelten darüber hinaus weitere Bestimmungen zur Begrenzung von dampf- und gasförmigen anorganischen Schadstoffen (vgl. Kapitel 3.1.6. der TA Luft), auf die aufgrund ihrer nur sehr speziellen Bedeutung an dieser Stelle nicht weiter eingegangen werden soll.

Emissionsgrenzwerte der TA Luft für Feuerungen beim Einsatz von Öl (5–50 MW)

Analog zur Begrenzung von Luftschadstoffen aus feststoffbefeuerten Verbrennungsanlagen definiert Kapitel 3.3.1.2.2. TA Luft entsprechende Grenzwerte für Anlagen mit einer Feuerungswärmeleistung zwischen 5 und 50 MW, die mit flüssigen Brennstoffen, d.h. letztlich mit Heizöl, betrieben werden. Die spezifischen Grenzwerte beziehen sich auf einen Sauerstoffgehalt im Abgas von 3 Vol.-%. Im Gegensatz zu den festen Brennstoffen Kohle, Holz, Torf oder Stroh werden für flüssige Brennstoffe lediglich Grenzwerte für die Schadstoffkomponenten Staub, Kohlenmonoxid sowie für Stick- und Schwefeloxide definiert. Auf Angaben zur Begrenzung von Emissionen organischer Verbindungen (unverbrannte Kohlenwasserstoffe) kann verzichtet werden, da aufgrund der feuerungstechnischen Vorteile flüssiger und gasförmiger Brennstoffe von einem vollständigen Ausbrand der Kohlenwasserstoffe ausgegangen werden kann. Tabelle 3.3 zeigt die Grenzwerte, wie sie in der TA Luft für ölbefeuerte Anlagen vorgesehen sind.

Tabelle 3.3. Emissionsgrenzwerte für ölbefeuerte Verbrennungsanlagen im Geltungsbereich der TA Luft (5–50 MW)

Luftschadstoff	Heizöl	spez. Emissionsgrenzwert [mg/Nm^3 trockenes Abgas]
Staub	Heizöl	80
	Heizöl (< 1 Gew.-% Schwefel)	50
	Heizöl nach DIN 51 603	Rußzahl < 1
Kohlenmonoxid	Heizöl	170
Stickoxide	Heizöl	450
	Heizöl nach DIN 51 603:	250
Schwefeloxide[a]	Heizöl	1700

[a] In Feuerungen kleiner 5 MW sind schwefelarme Heizöle nach DIN 51 603 einzusetzen; andernfalls ist eine Entschwefelungseinrichtung vorzusehen.

Deutliche Unterschiede sind zwischen den Grenzwerten für flüssige Brennstoffe nach DIN 51 603 und solchen Brennstoffen zu erkennen, deren Elementarzusammensetzung nicht durch eine Norm geregelt ist. Letztere stellen dabei häufig Rückstände der Raffination oder Rohöldestillate dar, die in Industrieanlagen verbrannt werden.

Der Begriff der Rußzahl im Zusammenhang mit den zulässigen Staubemissionen verdeutlicht, daß neben Staub im Sinne von nichtbrennbaren mineralischen Verbrennungsrückständen auch andere Feststoffemissionen wie bspw. Ruß vom Staubgrenzwert erfaßt werden. Die Rußzahl gibt dabei die zulässige Schwärzung eines Filtermeßpapiers an, deren Bestimmung im Anhang II der 1. BImSchV erläutert wird.

Emissionsgrenzwerte der TA Luft für Feuerungen mit einer Feuerungswärmeleistung zwischen 10 und 100 MW beim Einsatz von Gasen

In Kapitel 3.3.1.2.3. der TA Luft sind Grenzwerte für den Betrieb gasbefeuerter Verbrennungsanlagen mit einer Feuerungswärmeleistung zwischen 10 und 100 MW festgelegt. Analog zu den flüssigen Brennstoffen legen auch hier die spezifischen Grenzwerte einen Sauerstoffgehalt im Abgas von 3 Vol.-% zugrunde. Tabelle 3.4 zeigt die entsprechenden Zahlenwerte.

Tabelle 3.4. Emissionsgrenzwerte für gasbefeuerte Verbrennungsanlagen im Geltungsbereich der TA Luft (10–100 MW)

Luftschadstoff	Gase	spez. Emissionsgrenzwert [mg/Nm³ trockenes Abgas]
Staub	Gichtgas (Hochofengas)	10
	Industriegase (z.B. Stahlerzeugung)	50
	sonstige Gase	5
Kohlenmonoxid	generell	100
Stickoxide	generell	200
Schwefeloxide	Kokerei- und Raffineriegas	100
	Flüssiggas	5
	Gase im Verbund Hüttenwerk-Kokerei	200 - 800
	Erdölgas	1700
	sonstige Gase	35

Die angegebenen Grenzwerte, insbesondere die der Schwefeloxide, weisen einige Besonderheiten auf. Aufgrund der Vielzahl der in industriellen Feuerungen eingesetzten Brenngase sind 3 unterschiedliche Staub- und 4 verschiedene Schwefeloxidgrenzwerte definiert. Während die Staubgrenzwerte für die Industriegase, d.h. Gase, die bspw. bei der Stahlerzeugung im Hochofen anfallen, relativ hohe Staubemissionen zulassen, liegen die Staubgrenzwerte insbesondere für die sonstigen Brenngase auf sehr niedrigem Niveau. Allerdings liegt selbst der zulässige Staubgrenzwert von 50 mg/(Nm³ trockenes Abgas) im Vergleich zu den öl- oder feststoffbefeuerten Anlagen am unteren Rand der Grenzwerte für Feststoff- bzw. Ölfeuerungen.

Die zulässigen Schwefeloxidemissionen für Gase variieren dagegen noch deutlicher. Sie liegen zwischen 5,0 mg und 1.700,0 mg/(Nm³ trockenes Abgas). Der Einsatz von Erdölgasen ist allerdings auf sehr seltene Anwendungsbereiche begrenzt (Dampferzeugung für Tertiärmaßnahmen bei der Erdölförderung). Die relativ hohen Grenzwerte für Gase, die in Kokereien und/oder der Eisenindustrie (Hochöfen) zum Einsatz kommen, liegen darin begründet, daß eine Entschwefelung in Kokereien bzw. Hochöfen kaum zu realisieren ist, die Nutzung dieser Gase dagegen angestrebt wird. Die in Tabelle 3.4 dargestellten Grenzwerte stellen Extremwerte dar, die durch ein Diagramm (vgl. Abbildung 3, Kapitel 3.3.1.2.3 der TA Luft) zur Bestimmung von Schwefeloxidgrenzwerten beim Einsatz von Industriegasen in der eisenschaffenden Industrie ermittelt werden können. Die zulässigen Schwefeldioxidemissionen werden durch das Verhältnis von eingesetztem Hochofen- und Koksofengas bestimmt. Wird allein Hochofengas eingesetzt, ist ein Grenzwert von 200 mg/(Nm³ trockenes Abgas) einzuhalten. Der zulässige Grenzwert steigt mit zunehmenden Einsatz von Koksofengas und beträgt 800 mg/ (Nm³ trockenes Abgas) für den alleinigen Einsatz dieses Gases. Die Grenzwerte für Schwefeloxidemissionen der übrigen Gase liegen dagegen erneut unter den Vergleichswerten für feste und flüssige Brennstoffe.

Emissionsgrenzwerte der TA Luft für Mischfeuerungen

Grenzwerte für Mischfeuerungen ergeben sich nach dem Verhältnis der mit den einzelnen Brennstoffen zugeführten Energie. Für die verschiedenen Brennstoffe gelten die Grenzwerte der TA Luft in der oben beschriebenen Form. Der Gesamtgrenzwert errechnet sich durch die Multiplikation der Einzelgrenzwerte mit dem Verhältnis der durch den entsprechenden Brennstoff zugeführten Energie zur gesamten zugeführten Energie sowie der anschießenden Addition der Einzelkomponenten. Ferner bestehen eine Reihe von Sonderregelungen, auf die an dieser Stelle nicht weiter eingegangen werden kann.

Emissionsgrenzwerte der TA Luft für Verbrennungsmotoren

Kapitel 3.3.1.4.1. der TA Luft bildet den emissionsrechtlichen Rahmen für den Einsatz von Verbrennungsmotoren in Energieanlagen. Die von dieser Regelung betroffenen Anlagen sind somit die Motorheizkraftwerke. Die in diesem Kapitel erläuterten Grenzwerte beziehen sich auf einen Sauerstoffgehalt im Abgas von 5 Vol.-%. Festgelegt sind auch für diese Technologie Grenzwerte für die Schadstoffkomponenten Staub, Kohlenmonoxid, Stickoxide und Schwefeloxide. Tabelle 3.5 zeigt diese Grenzwerte.

Tabelle 3.5. Emissionsgrenzwerte für Verbrennungsmotoren im Geltungsbereich der TA Luft

Luftschadstoff	Diesel	spez. Emissionsgrenzwert [mg/Nm^3 trockenes Abgas]
Staub	Diesel[a]	130
Kohlenmonoxid	generell	650
Stickoxide	Diesel bis zu 3 MW	4000
	Diesel über 3 MW	2000
	Vier-Takt-Motoren	500
	Zwei-Takt-Motoren	800
Schwefeloxide	Einsatz schwefelarmer Brennstoffe nach DIN 51 603	

[a] (Rußfilter sind vorzusehen).

Die TA Luft sieht Grenzwerte für Staub nur für heizölbefeuerte Dieselanlagen vor (vgl. Tabelle 3.5), da für gasbefeuerte Motorheizkraftwerke keine nennenswerten Staubemissionen zu erwarten sind. Die zulässigen Kohlenmonoxidemissionen liegen aufgrund der schlechteren feuerungstechnischen Möglichkeiten in Verbrennungsmotoren (periodische Verbrennung im Zylinder) deutlich über denen der bislang diskutierten Grenzwerte für Kohlenmonoxid. Ferner zeigen die Stickoxidgrenzwerte eine weite Streubreite, die durch die Möglichkeiten der Schadstoffminderung in den verschiedenen Techniken bedingt wird. Dabei gilt die Maßgabe, daß alle technischen Maßnahmen zur Minderungen von Stickoxiden (z.B.

SCR-Verfahren für Dieselanlagen) nach dem Stand der Technik auszuschöpfen und die entsprechenden NO_x-Emissionen zu minimieren sind. Grenzwerte für Schwefeldioxid werden nicht definiert, sondern es wird lediglich der Einsatz schwefelarmer Brennstoffe angeordnet.

Emissionsgrenzwerte der TA Luft für Gasturbinenanlagen

Ebenso wie für die Motorheizkraftwerke wird der emissionsrechtliche Rahmen für den Betrieb offener Gasturbinenanlagen in Kapitel 3.3.1.5.1. der TA Luft gesondert behandelt. Die definierten Grenzwerte beziehen sich aufgrund der hohen Luftüberschüsse bzw. des Magerbetriebs von Gasturbinenanlagen auf einen im Vergleich zu Verbrennungsmotoren hohen Sauerstoffgehalt im Abgas von 15 Vol.-%. Tabelle 3.6 zeigt die entsprechenden Grenzwerte.

Tabelle 3.6. Emissionsgrenzwerte für Gasturbinenanlagen im Geltungsbereich der TA Luft

Luftschadstoff	Gasturbine	spez. Emissionsgrenzwert [mg/Nm³ trockenes Abgas]
Staub	bis 60.000 m³/h Abgas	Rußzahl 4
	mehr als 60.000 m³/h Abgas (Start)	Rußzahl 2 (3)
Kohlenmonoxid	generell:	100
Stickoxide	bis 60.000 m³/h Abgas	350
	mehr als 60.000 m³/h Abgas	300
Schwefeloxide	Einsatz schwefelarmer Brennstoffe nach DIN 51 603	

Die dargestellten Grenzwerte der Gasturbinenanlagen entsprechen im Bereich der Stickoxide denen der Dieselaggregate in Motorheizkraftwerken. Deutlich niedriger dagegen liegen die zulässigen Stickoxidemissionen, da Gasturbinenanlagen hier bessere Feuerungsqualitäten und Minderungsmaßnahmen erlauben. Die TA Luft schreibt daher auch die Ausschöpfung entsprechender Minderungsmaßnahmen für Gasturbinenanlagen vor. Die Stickoxidgrenzwerte richten sich im Gegensatz zu den Motorheizkraftwerten nicht nach der Technik, sondern nach der Anlagenleistung, beschrieben durch die stündliche Abgasmenge. Gleiches gilt für die Staubgrenzwerte, die durch die Rußzahl charakterisiert werden. Für größere Gasturbinenanlagen gilt auch für den Start bzw. die Anlaufphase eine Rußzahl von 3. Schwefeldioxidgrenzen werden nicht definiert, sondern es wird erneut der Einsatz schwefelarmer Brennstoffe vorgesehen.

3.2.3
Dreizehnte Verordnung zum Bundes-Immissionsschutzgesetz (13. BImSchV)

Die dritte Emissionsvorschrift, die im Zusammenhang mit dem Bundes-Immissionsschutzgesetz Anwendung findet, stellt die 13. BImSchV (Großfeuerungsanlagen-VO, GFAVO) dar. Ihr Geltungsbereich erstreckt sich auf Großfeuerungsanlagen mit einer Feuerungswärmeleistung von über 50 MW beim Einsatz von festen und flüssigen Brennstoffen sowie auf Feuerungsanlagen für den Einsatz gasförmiger Brennstoffe mit einer Feuerungswärmeleistung über 100 MW. Die 13. BImSchV besteht aus insgesamt 6 Teilbereichen, wobei die Teile 1 (§ 1, § 2), 5 (§§ 29–35) und 6 (§§ 29–35) allgemeine Vorschriften analog zur TA Luft (z.B. Abgasableitung) enthalten. Teil 3 (§§ 29–35) beschreibt die Anforderungen an Altanlagen im Geltungsbereich der 13. BImSchV. Teil 4 (§§ 29–35) legt die Emissionsmessungen und -überwachung fest. Der zweite Teil der 13. BImSchV „Anforderungen an Errichtung und Betrieb" enthält die gültigen Emissionsgrenzwerte und gliedert sich in folgende 3 Abschnitte:
1. Feuerungsanlagen für Festbrennstoffe (§§ 29–35),
2. Feuerungsanlagen für flüssige Brennstoffe (§§ 29–35) und
3. Feuerungsanlagen für gasförmige Brennstoffe (§§ 29–35).

Tabelle 3.7. Emissionsgrenzwerte im Geltungsbereich der 13. BImSchV für Festbrennstoffe

Luftschadstoff	Festbrennstoffe	spez. Emissionsgrenzwert [mg/Nm³ trockenes Abgas]
Staub	Kohle, Holz	50
Staub	für andere Brennstoffe gelten zusätzliche Grenzwerte für Arsen, Cadmium, Chrom, Kobalt und Nickel	0,5
Kohlenmonoxid	generell	250
Stickoxide	generell	800
	Steinkohlestaubfeuerungen mit flüssigem Ascheabzug	1800
Schwefeloxide	generell	400 (SE=0,15)
	Staub- und Rostfeuerungen für Kohle bis 100 MW	2000
	Staub- und Rostfeuerungen für Kohle mit 100-300 MW	2000 (SE=0,4)
	Wirbelschichtanlagen bis 300 MW	400 (SE=0,25)
Halogenverbindungen	weniger als 300 MW	200 Chlor 30 Fluor
	300 MW oder mehr	100 Chlor 15 Fluor

Die angegebenen Grenzwerte beziehen sich für Rost- und Wirbelschichtanlagen auf einen Sauerstoffgehalt im Abgas von 7 Vol.-%, für Staubfeuerungen mit trockenem Ascheabzug auf 6 Vol.-% und für Staubfeuerungen mit flüssigem Ascheabzug auf 5 Vol.-%.

Tabelle 3.8. Emissionsgrenzwerte im Geltungsbereich der 13. BImSchV für flüssige Brennstoffe

Luftschadstoff	Flüssige Brennstoffe	spez. Emissionsgrenzwert [mg/Nm³ trockenes Abgas]
Staub	generell	50
	für Brennstoffe nach DIN 51 603 gelten zusätzliche Grenzwerte für Arsen, Cadmium, Chrom, Kobalt und Nickel	2
Kohlenmonoxid	generell	175
Stickoxide	generell	450
Schwefeloxide	weniger als 100 MW	1700
	100-300 MW	1700 (SE=0,4)
	mehr als 300 MW	400 (SE=0,15)
Halogenverbindungen	Brennstoffe nicht nach DIN 51 603	30 Chlor
		5 Fluor

Die Grenzwerte beziehen sich auf einen Sauerstoffgehalt im Abgas von 3 Vol.-%.

Im Gegensatz zur TA Luft bzw. der 1. BImSchV sieht die 13. BImSchV für feste und flüssige Brennstoffe eine zusätzliche Begrenzung der Halogenverbindungen vor. Ferner wird für Anlagen über 100 MW der Schwefelemissionsgrad SE (vgl. z.B. Tabelle 3.7) definiert. Er gibt den prozentualen Anteil des zulässigen Schwefels im Abgas, bezogen auf den im Brennstoff enthaltenen Schwefel, an. Ein Schwefelemissionsgrad von 0,4 (in den Tabellen dargestellt durch SE=0,4) bedeutet, daß lediglich 40 % des Schwefels aus dem Brennstoff im Abgas abgeführt werden darf. Die übrigen Schwefelanteile sind entweder durch Primärmaßnahmen (z.B. Kalkzusatz im Brennraum) oder aber durch eine Rauchgaswäsche in der Anlage zu binden. Für Großanlagen über 300 MW liegt der Schwefel-

Tabelle 3.9. Emissionsgrenzwerte im Geltungsbereich der 13. BImSchV für gasförmige Brennstoffe

Luftschadstoff	Gasförmige Brennstoffe	spez. Emissionsgrenzwert [mg/Nm³ trockenes Abgas]
Staub	sonstige Gase	5
	Gichtgas (Hochofengas)	10
	Industriegas der Stahlerzeugung	100
Kohlenmonoxid	generell	100
Stickoxide	generell	350
Schwefeloxide	Kokereigas	100
	Flüssiggas	5
	Gase im Verbund z.B. Hüttenwerk-Kokerei	200 - 800
	sonstige Gase	35

Die Grenzwerte beziehen sich auf einen Sauerstoffgehalt im Abgas von 3 Vol.-%.

emissionsgrad bei 15 %. Die in den Tabellen aufgeführten Grenzwerte zeigen gegenüber der TA Luft insbesondere im Bereich der zulässigen Schwefelemissionen zum Teil deutlich höhere Werte. Ursache hierfür ist, daß in Großfeuerungen zunehmend problematischere Brennstoffe wie bspw. schwefelhaltige Kohle oder auch Schweröle Anwendung finden. Trotz der hohen spezifischen Grenzwerte wird jedoch durch den vorgeschriebenen Schwefelemissionsgrad eine weitgehende Zurückhaltung des Schwefels (für Anlagen über 300 MW von mindestens 85 %) vorgesehen.

Auch die Stickoxidgrenzwerte der 13. BImSchV weisen für Festbrennstoffe, d.h. insbesondere für Kohlefeuerungen, z.T. hohe Grenzwerte auf. Durch einen Beschluß der Umweltministerkonferenz (UMK) wurden die in der 13. BImSchV aufgeführten NO_x-Grenzwerte teilweise deutlich verschärft. Tabelle 3.10 gibt die für kohlebefeuerte Anlagen gültigen Stickoxidgrenzwerte an, die auf dem Beschluß der UMK basieren und die 13. BImSchV ergänzen.

Weitere Unterschiede zwischen der TA Luft und der 13. BImSchV ergeben sich durch die zusätzliche Begrenzung der Schwermetallemissionen Arsen, Cadmium, Chrom, Kobalt und Nickel, die als Spurenelemente in den Brennstoffen enthalten sein können. Für sie gelten ebenso wie für die Halogenverbindungen aufgrund ihres u.U. toxischen Verhaltens sehr strenge Grenzwerte. Fluor- und Chlorverbindungen im Abgas resultieren ebenfalls aus Bestandteilen im Brennstoff.

Tabelle 3.10. Stickoxidgrenzwerte für Großfeuerungsanlagen (UMK-Beschluß)

Brennstoff	Leistungsbereich [MW]	zul. NO_x-Emissionen [mg/Nm³ trockenes Abgas]
fest	50 bis 300 MW	400
	größer 300 MW	200
flüssig	50 bis 300 MW	300
	größer 300 MW	150
gasförmig	100 bis 300 MW	200
	größer 300 MW	100

3.3
TA Lärm

Neben den diskutierten Luftschadstoffen bilden die Lärm- bzw. Geräuschemissionen einer Energieanlage eine zweite wesentliche Störquelle, die im Rahmen der Genehmigung im Sinne des Bundes-Immissionsschutzgesetzes geprüft und ggf. eingeschränkt werden muß. Grundlage zur emissionsrechtlichen Bewertung der Lärmemissionen bildet die Technische Anleitung zum Schutz gegen Lärm (TA Lärm). Analog zur Technischen Anleitung zur Reinhaltung der Luft gilt auch die TA Lärm für alle genehmigungspflichtigen Anlagen nach § 4 BImSchG. Die Genehmigung einer Anlage im Hinblick auf mögliche Lärmquellen erfordert die Einhaltung folgender grundlegender Aspekte, die von der jeweiligen Genehmi-

gungsbehörde zu prüfen sind:
1. Die zur Genehmigung beantragte Anlage muß dem Stand der Technik entsprechende Lärmschutzmaßnahmen aufweisen.
2. Die im Kapitel 2.321 der TA Lärm festgelegten Immissionsrichtwerte müssen im Wirkungsbereich der Anlage unterhalb der Grenzwerte liegen.
Eine Ausnahmegenehmigung ist dann möglich, wenn durch Überschreiten der Immissionsrichtwerte keine Dritten gefährdet oder Umweltgefahren verursacht werden.

Tabelle 3.11. Immissionsrichtwerte der TA Lärm zum Schutz gegen Lärmemissionen

Gebiet	Immissionsrichtwert nach TA Lärm [dB (A)]	
	tagsüber	nachts
a) Gebiete, in denen nur gewerbliche oder industrielle Anlagen und Wohnungen für Inhaber und Leiter der Betriebe sowie für Bereitschafts- oder Aufsichtspersonen untergebracht sind	70	70
b) Gebiete, in denen vorwiegend gewerbliche Anlagen untergebracht sind	65	50
c) Gebiete mit gewerblichen Wohnungen und Anlagen, in denen weder vorwiegend gewerbliche Anlagen noch vorwiegend Wohnungen untergebracht sind	60	45
d) Gebiete, in denen vorwiegend Wohnungen untergebracht sind	55	40
e) Gebiete, in den ausschließlich Wohnungen untergebracht sind	50	35
f) Kurgebiete, Krankenhäuser und Pflegeanstalten	45	35
g) Wohnungen, die mit der Anlage verbunden sind	40	30

Zur Bewertung der einzuhaltenden Immissionsrichtwerte sind in Kapitel 2.321 der TA Lärm insgesamt 7 verschiedene Immissionsgebiete definiert und mit Immissionsgrenzwerten, mit Ausnahme der Gebiete a), getrennt nach Tag- und Nachtzeiten belegt. Tabelle 3.11 zeigt diese Werte.

Maßgeblich für die Zuweisung eines Anlagenstandortes zu einem Immissionsschutz-Gebiet im Sinne der TA Lärm ist der amtliche Bebauungsplan. Erst wenn dieser signifikant von der tatsächlichen Nutzung der Flächen abweicht, ist die tatsächliche Nutzung ausschlaggebend.

Neben der Zuordnung von Immissionsrichtwerten zu den genannten Gebieten enthält die TA Lärm ausführliche und detaillierte Vorschriften zur Ermittlung der Lärmimmissionen. Dabei werden neben Meßverfahren, Geräten und der räumlichen Anordnung der Meßpunkte zur Anlage ferner exakte Vorschriften zum zeitlichen Ablauf der Meßreihen vorgeschrieben. Die genannten Regelungen sind dabei sehr umfangreich, so daß nachfolgend nur die wesentlichen Punkte kurz dargestellt werden.

Meßgeräte

Zur meßtechnischen Erfassung des Schallpegels werden in Kapitel 2.411 TA Lärm entweder Präzisionsschallpegelmesser nach DIN 45633 oder aber DIN-Lautstärkemesser nach DIN 5045 vorgeschrieben. Die entsprechenden Geräte sind in der Frequenzbewertung „A" und „schnelle Anzeige" einzustellen und jeweils vor und nach einer Messung zu kalibrieren. Ferner ist, sofern keine Eichpflicht besteht, alle 2 Jahre eine Überprüfung der Geräte durch die oberste Landesbehörde vorzusehen. Zur Aufzeichnung der Meßergebnisse werden Magnetbänder oder Pegelschreiber vorgeschrieben. Durch die Messungen ist ein äquivalenter Dauerschallpegel zu bestimmen, der einem gleichbleibenden Geräusch und dessen Schallenergie den tatsächlichen Lärmbelästungen entspricht. Fremdgeräusche und besondere Geräuschmerkmale sind durch Korrekturen bei der Berechnung des Wirkpegels zu berücksichtigen.

Meßverfahren

Für gleichbleibende Geräusche, d.h. Geräusche mit gleichmäßigen Pegelspitzen im Abstand von maximal 5 Sekunden, kann der Wirkpegel anhand von Bild 1 direkt aus den Meßwerten ermittelt werden (vgl. Kapitel 2.422.1 TA Lärm). Für ungleichmäßige Geräusche wird der maximale Schalldruckpegel in den zu definierenden Beurteilungs-Zeitintervallen (vgl. hierzu Kapitel „Ort und Zeit der Messungen" in Meßtakten von höchstens 5 Sekunden ermittelt und einer Pegelklasse (z.B. 50 bis 52,5 dB[A]) zugeordnet. Die in einer Pegelklasse gemessenen Takte werden addiert, mit Bewertungsfaktoren nach Tafel 1 und 2, Kapitel 2.422.2 TA Lärm gewichtet und mit einen Bezugspegel verglichen. Durch einen Vergleich der gemessenen Pegel mit dem Bezugspegel errechnet sich anhand der Bilder 4 und 5 Kapitel 2.422.5 TA Lärm unter Berücksichtigung der Bewertungsfaktoren (vgl. Tafel 1 und 2) der Wirkpegel für ungleichmäßige Geräusche. Einzeltöne werden durch Zuschläge zum Wirkpegel, wie sie den Bildern 6 und 7 Kapitel 2.422.5 TA Lärm entnommen werden können, berücksichtigt. Fremdgeräusche dagegen bewirken i.d.R. eine Reduktion des Wirkpegels (vgl. Kapitel 2.422.4 TA Lärm).

Ort und Zeit der Messungen

Der Ort der durchzuführenden Messungen wird durch die benachbarte Bebauung in Anlehnung an die Zuweisung zu einem Immissionsschutz-Gebiet bestimmt. Für unbebaute Nachbargrundstücke erfolgt die Messung im Abstand von 3 m zur Grundstücksgrenze in einer Höhe von 1,2 m über Grund. Abweichungen von dieser Vorschrift (z.B. durch Hanglagen) sind im Meßprotokoll zu begründen. Grenzen Wohngebäude an das Werksgelände, so ist die Messung im Abstand von 0,5 m vom geöffneten und am stärksten lärmbelasteten Fenster zu messen. Sonderregelungen gelten für nachträgliche Veränderungen an der Lärmquelle.

Der Zeitpunkt der Messungen muß die für den Ort typischen meteorologischen und klimatischen Verhältnisse wiedergeben. Messungen sind daher unzulässig, wenn bspw. ein ungewöhnlich starker Wind oder eine Schneedecke anzutreffen ist. Für wechselnde Schallpegel ist eine Aufteilung der Betriebszeit in Beurteilungs-Zeitintervalle typischer Geräuschimmissionen vorzunehmen und durch Takt-verfahren innerhalb dieser Beurteilungs-Zeitintervalle zu vermessen.

3.4
Kreislaufwirtschafts- und Abfallgesetz

Über das Bundes-Immissionsschutzgesetz hinaus wird der gesamte Produktions-prozeß eines Unternehmens neuerdings auch von Anforderungen an die Umwelt-verträglichkeit der Verwertung und Beseitigung der entstehenden Abfälle beglei-tet. Hierzu wurde im Oktober 1996 das sogenannte Kreislaufwirtschafts- und Ab-fallgesetz (Krw-/AbfG) verabschiedet, welches nunmehr die Abfallentsorgung zu einem Teil des öffentlichen Wirtschaftsrechts macht. Bundesweit sind seither be-triebliche Abfallwirtschaftskonzepte und Abfallbilanzen aufzustellen, zu denen es bislang lediglich in Nordrhein-Westfalen, Berlin, Brandenburg, Hamburg und Sachsen Vorläufer gibt. Um auch in Zukunft kostengünstig produzieren zu kön-nen, müssen die Unternehmen rechtzeitig geeignete Entsorgungsstrukturen auf-bauen, z.B. Entsorgungsverbände gründen oder eigene Abfallentsorgungsanlagen planen.

Das Kreislaufwirtschaft- und Abfallgesetz ist in 9 Teile gegliedert, welche nach-folgend – vor allem hinsichtlich direkter Auswirkungen auf industrielle Unter-nehmen – kurz erläutert werden. Es enthält zudem im „Untergesetzlichen Regel-werk" 7 Rechtsverordnungen und eine Richtlinie, mit welchen die für den Gesetzes-vollzug notwendigen Regelungen – insbesondere zur Überwachung – geschaffen werden.

3.4.1
Grundzüge des Gesetzes

Der erste Teil des Krw-/AbfG enthält die allgemeinen Vorschriften, die den Zweck des Gesetzes, welcher in der Förderung einer Kreislaufwirtschaft zur Schonung der natürlichen Ressourcen und der Sicherung der umweltverträglichen Beseiti-gung von Abfällen liegt, aufzeigen und neben einigen Grundlagen zur Kreislauf-wirtschaft vor allem die notwendigen Begriffsbestimmungen und den Geltungs-bereich erläutern. Dabei wird offensichtlich, daß der sachliche Geltungsbereich des Gesetzes für den Umgang mit Rückständen für die Phasen Vermeidung, Ver-wertung und Entsorgung gegenüber dem Abfallgesetz von 1986 erheblich erwei-tert worden ist. So wurde die Ausklammerung von sogenannten Wirtschaftsgütern aus dem Anwendungsbereich des alten Abfallgesetzes durch die Einführung des Reststoffbegriffes aufgegeben.

In § 3 werden die erforderlichen Begriffsbestimmungen im Hinblick auf den Gesetzeszweck festgelegt. Es wird deutlich, daß eine generelle Vermeidung von Rückständen gefordert wird, die einerseits durch anlagenbezogene Maßnahmen und andererseits durch stoff- und produktbezogene Maßnahmen, bspw. die Wiederverwendung, erfolgen kann. Weiterhin muß eine Abfallvermeidung durch stoffliche oder zumindest durch energetische Verwertung der Sekundärrohstoffe durchgeführt werden, wobei diese stoffliche bzw. energetische Nutzung nicht nur der nachgeordnete Zweck eines hauptsächlich auf Entsorgung ausgerichteten Vorgangs sein darf. Erst wenn sowohl die Rückstandsvermeidung durch Wiederverwendung als auch die Abfallvermeidung durch Verwertung nicht möglich sind, müssen Abfälle umweltverträglich behandelt und entsorgt werden. Gleichzeitig wird aufgezeigt, daß auch die abfallarme Kreislaufwirtschaft die erforderlichen Maßnahmen zur Bereitstellung, zum Sammeln, Befördern, Lagern und Behandeln von Rückständen und Abfällen umfaßt.

Der zweite Teil enthält die Grundsätze und Plichten der Erzeuger und Besitzer von Abfällen sowie der Entsorgungsträger zur Verwertung nicht vermeidbarer Rückstände als Sekundärrohstoff oder Entsorgung als Abfall, wobei generell diese Pflichten nach dem Verursacherprinzip den Erzeugern oder Besitzern zugeordnet werden. Gemäß der Zielsetzung des Gesetzes, eine rückstandsarme Kreislaufwirtschaft nach einheitlichen, primär stoffbezogenen Kriterien zu fördern, werden in § 6 die bislang allein im Bundesimmissionsschutzgesetz (BImSchG) verankerten, anlagenbezogenen Pflichten der Betreiber genehmigungsbedürftiger Anlagen zur Vermeidung und Verwertung von Reststoffen mit den stoffbezogenen Anforderungen des Krw-/AbfG abgestimmt. Auf diese Weise soll sichergestellt werden, daß bereits im Produktionsprozeß die Weichen für eine weitestgehende Vermeidung von Rückständen, Verwertung nicht vermeidbarer Sekundärrohstoffe und umweltfreundliche Entsorgung von Abfällen unter Beachtung der stoffbezogenen Vorgaben dieses Gesetzes gestellt werden.

Im dritten Teil des Gesetzes (§§ 22–26) wird die bereits im alten Abfallgesetz grundsätzlich verankerte Produktverantwortung der Hersteller und Vertreiber inhaltlich konkretisiert, mit welcher der indirekten Steuerung der Produktgestaltung in Form von Rücknahme- und Rückgabepflichten der Vorrang vor direkten Verboten und Beschränkungen eingeräumt wird. Dabei ist die Verantwortung in erster Linie dadurch wahrzunehmen, daß bereits bei der Produktgestaltung Kriterien beachtet werden, die den abfallwirtschaftlichen Zielen Vermeidung, Sicherung einer weitestgehend stofflichen Verwertbarkeit und umweltfreundlicher Entsorgung unter Einbeziehung ökologischer Kriterien Rechnung tragen.

Diese Produktverantwortung umfaßt insbesondere [19]:

1. die Entwicklung, Herstellung und das Inverkehrbringen von Erzeugnissen, die mehrfach verwendbar, technisch langlebig und nach Gebrauch zur ordnungsgemäßen und schadlosen Verwertung und umweltverträglichen Beseitigung geeignet sind,

2. den vorrangigen Einsatz von verwertbaren Abfällen oder sekundären Rohstoffen bei der Herstellung von Erzeugnissen,

3. die Kennzeichnung von schadstoffhaltigen Erzeugnissen, um die umweltverträgliche Verwertung oder Beseitigung der nach Gebrauch verbleibenden Abfälle sicherzustellen,

4. den Hinweis auf Rückgabe, Wiederverwendungs- und Verwertungsmöglich-

keiten oder -pflichten und Pfandregelungen durch Kennzeichnung der Erzeugnisse und

5. die Rücknahme der Erzeugnisse und der nach Gebrauch der Erzeugnisse verbleibenden Abfälle sowie deren nachfolgende Verwertung oder Beseitigung.

Als direkte Folge ergibt sich hieraus die in § 24 verankerte Pflicht für Unternehmen, bestimmte Erzeugnisse nur bei Eröffnung einer Rückgabemöglichkeit abgeben oder in Verkehr bringen zu dürfen und bestimmte Erzeugnisse zurückzunehmen sowie deren Rückgabe durch geeignete Maßnahmen, insbesondere durch Rücknahmesysteme oder durch Erhebung eines Pfandes, sicherzustellen.

Während der vierte Teil des Krw-/AbfG die Planungsverantwortung regelt und dabei im wesentlichen die Ordnung der Abfallentsorgung, die Abfallwirtschaftsplanung sowie die Zulassung von Deponien umfaßt, werden in den Teilen 5 und 6 einerseits die Absatzförderung als Pflicht der öffentlichen Hand durch ihr Verhalten zur Erfüllung des Zwecks des Krw-/AbfG beizutragen und andererseits die Informationspflichten der Entsorgungsträger über ihre Abfallwirtschaftspläne festgelegt.

Im siebten Teil des Krw-/AbfG (§§ 40–52) wird die Überwachung und Anzeigepflicht sowohl der Kreislaufwirtschaft als auch der Abfallentsorgung geregelt. Um der Forderung nach Flexibilität und Minimierung des Verwaltungsaufwandes Rechnung zu tragen, wird die Überwachung gegenüber früher erheblich vereinfacht und abgestuft. So können Maß und Inhalt der Überwachung sowohl durch Rechtsverordnungen als auch auf Anordnung im Einzelfall mit dem Ziel modifiziert werden, einerseits die Kreislaufwirtschaft nicht „bürokratisch" zu behindern und andererseits Umgehungen der Ordnung der Abfallentsorgung auszuschließen. So kann die Behörde bei einer ordentlichen Führung der Rückstandsbilanzen und Entsorgungspläne u.U. ganz auf die Vorlage von Entsorgungsnachweisen und Begleitscheinen verzichten.

Bevor der neunte Teil des Krw-/AbfG die üblichen Schlußbestimmungen aufführt, regelt der achte Teil die Mitteilungspflichten zur Betriebsorganisation, um der zuständigen Behörde Einblick zu gewähren, welche Person bzw. welcher Personenkreis nach den Bestimmungen über die Geschäftsführungsbefugnis für die Gesellschaft die Pflichten des Betreibers einer genehmigungsbedürftigen Anlage im Sinne des § 4 des BImSchG wahrnimmt.

3.4.2
Das untergesetzliche Regelwerk zum Krw-/AbfG

Zur Umsetzung bzw. zum Vollzug des zuvor in den Grundzügen vorgestellten Krw-/AbfG enthält das Gesetz eine Vielzahl von Verordnungsermächtigungen. Die betreffenden 7 Rechtsverordnungen sowie die Entsorgergemeinschaften-Richtlinie sind zusammen mit dem Krw-/AbfG in Kraft getreten und werden im folgenden als untergesetzliches Regelwerk vorgestellt.

Zur Straffung bzw. Vereinfachung des Überwachungsverfahrens hat der Verordnungsgeber dafür Sorge getragen, daß die im Krw-/AbfG vorgesehene Abfallverwertung nicht durch eine zu starre bürokratische Reglementierung behindert wird. Das untergesetzliche Regelwerk besteht aus 7 Rechtsverordnungen und einer Richtlinie [20]:

1. Verordnung zur Einführung des Europäischen Abfallkatalogs,
2. Verordnung zur Bestimmung von besonders überwachungsbedürftigen Abfällen,
3. Verordnung zur Bestimmung von überwachungsbedürftigen Abfällen zur Verwertung,
4. Verordnung über Verwertungs- und Beseitigungsnachweise,
5. Verordnung zur Transportgenehmigung,
6. Verordnung über Abfallwirtschaftskonzepte und Abfallbilanzen und
7. Verordnung über Entsorgungsfachbetriebe und Richtlinie für die Tätigkeit und Anerkennung von Entsorgergemeinschaften.

Bei den unter Punkt 1 bis 5 genannten Verordnungen handelt es sich um die zentralen Überwachungsregelungen, während die übrigen Rechtsverordnungen sowie die Richtlinie zu den Entsorgergemeinschaften erlassen wurden, um zur Lockerung der Überwachung beizutragen. Abfallwirtschaftskonzepte und Abfallbilanzen können z.B. Einzelnachweise im Rahmen eines Nachweisverfahrens ersetzen. Entsorgungsfachbetriebe benötigen keine Transportgenehmigung und keine Maklergenehmigung.

Im wesentlichen enthalten die Verordnungen und die Richtlinie folgende Regelungen [21]:

1. Europäische Abfallkatalog-Verordnung
Aufgrund der Vorgaben der europäischen Abfallrahmenrichtlinie hat die euopäische Kommission ein Abfallverzeichnis aufgestellt, mit dem der Europäische Abfallkatalog in bundesdeutsches Recht eingeführt wird und in dem die Abfalldefinitionen sowie der Abfallschlüssel übernommen werden.

2. Bestimmungsverordnung besonders überwachungsbedürftiger Abfälle
Unter dem Aspekt des Gefährdungspotentials unterscheidet das Krw-/AbfG zwischen besonders überwachungsbedürftigen Abfällen (obligatorisches Nachweisverfahren für Verwertungs- und Beseitigungsabfälle) und überwachungsbedürftigen Abfällen. Gegenüber dem alten Abfallrecht ist die Menge der als besonders überwachungsbedürftig eingestuften Abfälle und Reststoffe deutlich reduziert worden.
Eine Ausnahme vom obligatorischen Nachweisverfahren besteht für Erzeuger oder Besitzer von Abfällen, die diese in eigenen Anlagen beseitigen, die in einem engen räumlichen und betrieblichen Zusammenhang stehen. Hier werden die Nachweise durch Abfallwirtschaftskonzepte und Abfallbilanzen ersetzt. Gerade für Industriebetriebe ergeben sich dadurch Anreize, die betriebseigene Energiegestehung umzustellen, um anfallende Reststoffe wiederzuverwerten.

3. Bestimmungsverordnung überwachungsbedürftiger Abfälle zur Verwertung

Die Verordnung zur Bestimmung überwachungsbedürftiger Abfälle zur Verwertung definiert bestimmte Abfälle zur Verwertung, für die aufgrund ihrer Art, Beschaffenheit oder Menge bestimmte Anforderungen zur Sicherung der ordnungsgemäßen und schadlosen Verwertung erforderlich sind. Es handelt sich um Abfälle, die ein geringeres Gefährdungspotential besitzen als besonders überwachungsbedürftige Abfälle. Die gesetzlichen Regelungen sehen vor, daß die Abfallerzeuger die Belege über die Entsorgung dieser Abfälle aufbewahren müssen.

4. Nachweisverordnung

Kernstück des untergesetzlichen Regelwerkes ist die Verordnung über Verwertungs- und Beseitigungsnachweise. Hierin ist das vom Krw-/AbfG für Abfälle zur Beseitigung und Verwertung vorgesehene Überwachungsverfahren geregelt. Die bislang bestehende grundsätzliche Aufteilung des Überwachungsverfahrens in Vorabkontrolle und nachträgliche Verbleibkontrolle bleibt erhalten. Das obligatorische Nachweisverfahren findet auch auf Reststoffe Anwendung, gleichwohl sieht die Nachweisverordnung eine Reihe von Erleichterungen für Abfallbesitzer und Behörden vor (Entsorgungsvorgänge müssen künftig nicht mehr ausdrücklich genehmigt werden). Darüber hinaus kann die Behörde bei zertifizierten Entsorgungsfachbetrieben und Anlagen, die einen hohen Umweltstandard bei der Entsorgung einhalten, im Rahmen des sogenannten privilegierten Nachweisverfahrens ganz vom Nachweisverfahren absehen.

5. Transportgenehmigungsverordnung

Die Transportgenehmigungsverordnung legt fest, daß auch besonders überwachungsbedürftige Abfälle zur Verwertung gewerbsmäßig nur mit einer Transportgenehmigung eingesammelt oder befördert werden dürfen. Darüber hinaus enthält sie Anforderungen an die notwendige Fach- und Sachkunde sowie die Zuverlässigkeit des Einsammlers und Beförderers.

6. Abfallwirtschaftskonzept- und Abfallbilanzverordnung

Abfallerzeuger, bei denen jährlich mehr als insgesamt 2.000 kg besonders überwachungsbedürftige Abfälle oder jährlich mehr als 2.000 t überwachungsbedürftige Abfälle je Abfallschlüssel anfallen, haben ein Abfallwirtschaftskonzept über die Vermeidung, Verwertung und Beseitigung der anfallenden Abfälle und eine Bilanz über Art, Menge und Verbleib der verwerteten oder beseitigten besonders überwachungsbedürftigen Abfälle zu erstellen. Regelungen zu Form und Inhalt von Abfallwirtschaftskonzepten und Abfallbilanzen enthält die Verordnung über Abfallwirtschaftskonzepte und Abfallbilanzen. Abfallerzeuger, die ihre Abfälle in eigenen Anlagen entsorgen, sind von der Durchführung des Nachweisverfahrens aufgrund der Nachweisverordnung befreit.

7. Entsorgungsfachbetriebsverordnung

Laut Krw-/AbfG ist Entsorgungsfachbetrieb, wer berechtigt ist, das Gütezeichen einer anerkannten Entsorgergemeinschaft zu führen oder wer einen Überwachungsvertrag mit einer technischen Überwachungsorganisation abgeschlossen hat. Welche Anforderungen erfüllt werden müssen, um als Entsorgungsfachbetrieb anerkannt zu werden, regelt die Verordnung über Entsorgungsfachbetriebe. Für anerkannte Entsorgungsfachbetriebe sieht die Nachweisverordnung erhebliche Erleichterungen im Rahmen des privilegierten Nachweisverfahrens vor.

Entsorgergemeinschaften-Richtlinie

Eine Entsorgermeinschaft ist eine Vereinigung von abfallwirtschaftlich tätigen Unternehmen mit Betriebsteilen, die Abfälle gewerbsmäßig einsammeln, befördern, lagern, behandeln, verwerten oder beseitigen, und stellt eine Möglichkeit zur Selbstüberwachung dar. Die Entsorgergemeinschaften-Richtlinie stellt Anforderungen an die Mitgliedsbetriebe und die innere Organisation der Entsorgegemeinschaften.

4 Energieträger

Die Beurteilung wirtschaftlicher und ökologischer Aspekte industrieller Energieanlagen hängt neben der eingesetzten Technik auch wesentlich von den verwendeten Energieträgern ab. In den folgenden Kapiteln werden deshalb einerseits konventionelle, d.h. fossile Brennstoffe und leitungsgebundene Energieträger, und andererseits erneuerbare Energieträger diskutiert und typische Merkmale sowie ggf. ihre Preise und Kostenstrukturen beschrieben. Dabei wird auch der Einsatz der konventionellen Energieträger in der deutschen Industrie erörtert. Biogene Energieträger werden gesondert behandelt, da sie vor einer energetischen Nutzung aufbereitet werden müssen.

4.1
Konventionelle Energieträger

Als Grundlage zur Bewertung primärenergiesparender und alternativer Energiesysteme werden hier die konventionellen Endenergieträger, d.h. Kohle, Öl, Gase, Elektrizität und Fernwärme, diskutiert. Dabei wird insbesondere auf ihre Bedeutung in der gesamtdeutschen Industrie eingegangen, und es werden die für Industriekunden typischen Preise und Tarife dargestellt. Weiterhin wird auch die chemische Zusammensetzung der fossilen Energieträger als Grundlage zur Abschätzung ihrer Emissionspotentiale in diesem Kapitel diskutiert. Da die spezifischen CO_2-Emissionen nahezu unabhängig vom technischen Einsatz der Brennstoffe entstehen, werden diese bereits hier genannt.

4.1.1
Kohle

Feste fossile Brennstoffe, d.h. Kohlen, stellen seit der industriellen Revolution und auch heute noch einen bedeutenden Energieträger in der Bundesrepublik Deutschland dar. Im folgenden werden hier Braun- und Steinkohlen unterschieden und diskutiert.

Braunkohle

Die verschiedenen Formen der Braunkohle reichen von der Weich- bis zur Hartbraunkohle, wobei letztere den Übergang zur Steinkohle darstellt. Die Eignung der Braunkohle als Brennstoff hängt vom Abbauort und der anschließenden Aufbereitung ab. Die Feuchte der Weichbraunkohle im Rohzustand variiert z.B. zwi-

schen 50–60 Gew.-%. Der Ascheanteil kann – bedingt durch unterschiedliche Sand-
einschlüsse – bis zu 25 Gew.-% betragen. Der Anteil der flüchtigen Bestandteile
schwankt zwischen ca. 62 Gew.-% bei Weichbraunkohlen und ca. 48 Gew.-% bei
Hartbraunkohlen. Tabelle 4.1 zeigt die wesentlichen stofflichen Eigenschaften
verschiedener Braunkohleprodukte [22-24]. Zusätzlich sind in der Tabelle die bei
einer vollständigen Verbrennung zu erwartenden Kohlendioxidemissionen, bezogen auf den Heizwert, aufgeführt.

Tabelle 4.1. Stoffliche Eigenschaften verschiedener Braunkohleprodukte

Name	Brennstoffeigenschaften im Liefer- bzw. Verwendungszustand									
	Bestandteile [Gew.-%][a]							ρ_S	Heizwert	CO_2
	c	h	o	s	n	w	a	[kg/m^3]	[kWh/kg]	[kg/kWh]
Braunkohle (Rheinl.)	22,4	2,0	8,0	0,2	0,4	55	12	570	2,3	0,36
Braunkohlestaub	52,9	3,9	19,0	0,4	0,8	11	12	450	6,0	0,32
Wirbelschicht-braunkohle	49,5	3,6	17,8	0,4	0,7	16	12	550	5,6	0,32
Braunkohlebrikett	52,9	3,9	19,0	0,4	0,8	14	9	760	5,7	0,34
Braunkohlenkoks	65,7	2,2	3,7	1,0	0,4	15	12	600	5,8	0,42

c Kohlenstoff, h Wasserstoff, o Sauerstoff, s Schwefel, n Stickstoff, w Wasser (Feuchte),
a Asche, ρ_S Schüttdichte
[a] Nicht aufgeführte Bestandteile werden vernachlässigt.

Insgesamt wurden 1995 in der Bundesrepublik Deutschland 59,3 Mio. t SKE
gefördert, wobei den alten und neuen Bundesländern in etwa je die Hälfte zu-
kommt. 96 % der in den alten Bundesländern geförderten Braunkohle stammt aus
dem Rheinischen Braunkohlerevier und wird von der RWE-Tochter Rheinbraun
AG gefördert. Im bundesdeutschen Gesamtdurchschnitt wird ca. 85 % der Braunkohle in öffentlichen Kraftwerken und ca. 2 % in Industriewärmekraftwerken verstromt. Die restlichen 13 % werden größtenteils der Veredlung zugeführt. So konnten 1994 rd. 1,8 Mio. t Briketts, 2,1 Mio. t Staub, 0,5 Mio. t Wirbelschichtbraunkohle und 0,2 Mio. t Koks im wesentlichen von der Rheinbraun abgesetzt
werden [25]. Während beispielsweise in Nordrhein-Westfalen ca. 1 % des Inlandaufkommens als Briketts im Hausbrand Verwendung finden, werden die verbleibenden Anteile in der Industrie für Prozeßfeuerungen eingesetzt. Braunkohlenkoks
kommt auch als Filtermaterial in der Müllverbrennung zur Anwendung [14].

Die folgende Tabelle 4.2 zeigt aktuelle Preise für Braunkohleprodukte ab Werk
ohne Mehrwertsteuer, wie sie von der Rheinbraun angeboten werden. Bei Abnah-
me von Briketts über Großhändler muß mit deutlichen Aufschlägen gerechnet
werden. Bei Abgabe vom Einzelhandel an private Haushalte können Preise bis zu
400 DM/t vorkommen.

Tabelle 4.2. Preise für verschiedene Braunkohlenprodukte für Industrieabnehmer [4]

Braunkohlenprodukte	bis 10.000 t [DM/t]	10.000-100.000 t [DM/t]	über 100.000 t [DM/t]
Braunkohlestaub	132	127	126
Wirbelschichtbraunkohle	124	119	118
Braunkohlebriketts	150	150	150

Bei größeren Abnahmemengen können Preisnachlässe gewährt werden.

Steinkohle

Rohsteinkohlen und Steinkohlenprodukte, insbesondere die im Ruhrbergbau geförderten älteren Steinkohlen (Fett- oder Eßkohlen), zeichnen sich durch geringere Ascheanteile (zwischen 3–9 Gew.-%), Feuchtigkeit (zwischen 2–10 Gew.-%) und Gehalte an flüchtigen Bestandteilen (zwischen 3–4,5 Gew.-%), aber einen höheren Kohlenstoffanteil aus [23]. Ihr Heizwert liegt demzufolge deutlich über dem der Braunkohle [22]. Tabelle 4.3 gibt einen Überblick über die wichtigsten stofflichen Eigenschaften verschiedener Steinkohleprodukte [22-24].

Tabelle 4.3. Stoffliche Eigenschaften verschiedener Steinkohleprodukte

Kohle	Brennstoffeigenschaften im Liefer- bzw. Verwendungszustand[a]								
	Bestandteile [Gew.-%][b]							ρ_S	CO_2
	c	h	o	s	n	w	a	[kg/m^3]	[kg/kWh]
Steinkohle (Ruhr), 6-80 mm	79,4	4,0	4,5	0,9	1,2	5,0	5,0	750	0,33
Feinsteinkohle (Ruhr), gewaschen	74,2	3,7	4,2	0,8	1,1	9,0	7,0	800	0,31
Steinkohlenbriketts (Ruhr), 50 g	78,5	4,0	4,4	0,9	1,2	2,0	9,0	760	0,33
Steinkohlenbriketts (Ruhr), 25 g	78,5	4,0	4,4	0,9	1,2	2,0	9,0	800	0,33
Steinkohlenkoks (Ruhr), Koks 1 u. 2	77,4	2,6	4,7	0,7	0,6	6,0	8,0	475	0,33
Steinkohlenkoks (Ruhr), Koks 3 u. 4	77,4	2,6	4,7	0,7	0,6	6,0	8,0	530	0,33
Importsteinkohle	68,6	3,0	7,9	0,7	1,4	7,9	10,5	530	0,29

c Kohlenstoff, h Wasserstoff, o Sauerstoff, s Schwefel, n Stickstoff, w Wasser (Feuchte), a Asche, ρ_S Schüttdichte
[a] Heizwerte 8,7 kWh/kg.
[b] Nicht aufgeführte Bestandteile werden vernachlässigt.

---

[4] Telefonische Auskunft der Rheinbraun AG Köln, Oktober 1995.

Trotz des höheren Kohlenstoffgehaltes der Steinkohle gegenüber der Braunkohle sind bei einer Verbrennung aufgrund des höheren Heizwertes der Steinkohle geringere Kohlendioxidemissionen, bezogen auf die Feuerungswärme, zu erwarten.
In der Bundesrepublik Deutschland wurden 1995 ca. 72,5 Mio. t SKE gefördert,
von denen ca. 77 % dem Ruhrbergbau, ca. 16 % dem Saarbergbau sowie ca. 3 %
bzw. 4 % den Zechen in Aachen bzw. Ibbenbüren zuzurechnen sind. Ungefähr
16,6 Mio. t SKE wurden aus den Staaten Südafrika, Australien, USA, Polen,
Tschechien, Kolumbien und GUS eingeführt, wobei aus Südafrika und Polen fast
70 % des Imports gedeckt wurden. 1,8 Mio. t SKE wurden an benachbarte EU-
Länder ausgeführt. Vom inländischen Primärenergieverbrauch der Bundesrepublik Deutschland wurden 1994 68 % in Kraftwerken, 23 % in der Stahlindustrie
und 9 % in privaten Haushalten, bei Kleinverbrauchern und in der übrigen Industrie eingesetzt. Der Wärmemarkt wird dabei von der Importsteinkohle dominiert.
So wurden bspw. in Nordrhein-Westfalen 1992 ca. 58,5 Mio. t SKE Steinkohle
gefördert und 3,6 Mio. t. SKE Kohlenprodukte importiert. Ca. 34,6% des
Steinkohleaufkommens wurden exportiert, ca. 26,5 % in öffentlichen Kraftwerken und Heizkraftwerken, 9,8 % in Industriekraftwerken, ca. 13,8 % in der eisenschaffenden Industrie, 3,0 % in der übrigen Industrie und nur ca. 1,4 % bei Kleinverbrauchern und in privaten Haushalten eingesetzt wurden. Der verbleibende
Anteil diente der Bestandaufstockung, der Energiebedarfsdeckung in den Umwandlungssektoren oder findet nach der Umwandlung als Gicht- oder Kokereigas
Verwendung. Abbildung 4.1 veranschaulicht die Verteilung der Steinkohle auf die
verschiedenen Einsatzbereiche, die regional jedoch sehr unterschiedlich sein können.

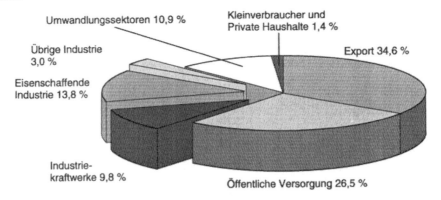

Abb. 4.1. Absatzbereiche der Steinkohle am Beispiel von Nordrhein-Westfalen (1992)

Tabelle 4.4 zeigt aktuelle Preise für Steinkohlenprodukte, wie sie z.B. von der
Ruhrkohle AG ab Zeche verlangt werden. Unterschiede zwischen privaten oder
gewerblichen Abnehmern bestehen praktisch nicht. Preisdifferenzen in Abhängigkeit der Verlademodalitäten sind ebenfalls gering. Der Preis für Importsteinkohle
bezieht sich auf Lieferung frei deutsche Grenze.

Tabelle 4.4. Preise für verschiedene Steinkohlenprodukte

Kohle	[DM/t]
Steinkohle (Ruhr) 6 - 80 mm[a]	305 - 317
Feinststeinkohle (gewaschen)[a]	283 - 295
Steinkohlebriketts 25 g[a], 45 g[a]	342
Steinkohlekoks (Ruhr), Koks 1[a]	385
Steinkohlekoks (Ruhr), Koks 2[a]	370
Steinkohlekoks (Ruhr), Koks 3[a]	353
Steinkohlekoks (Ruhr), Koks 4[a]	283
Importsteinkohle[b]	75

[a] Preise ab Werk ohne MWSt.
[b] Preis frei deutsche Grenze.
Je nach Verlademodalitäten fallen Zusatzkosten zwischen 4 DM/t bei Lieferung über die Binnenwasserwege frei geladen Binnenschiff Kanalzechenhäfen und 12 DM/t bei Lieferung auf dem Landwege frei LKW Zeche/Kokerei (Landweggebühr bei Einzelverwiegung über 6 t) an.

4.1.2
Öl

Im Gegensatz zur Kohle findet unbehandeltes Rohöl keine energetische Verwendung. Die verschiedenen Formen des i. allg. gebräuchlichen Heizöls basieren auf einer stofflichen Aufbereitung dieses Rohstoffs. Übliche Verfahren zur Aufbereitung des Rohöls sind die Destillation, das Cracken, die Reformierung oder die Raffination [23]. Heizöle werden nach ihrem spezifischen Gewicht in schweres (Abkürzung „S"), mittelschweres (Abkürzung „M"), leichtes (Abkürzung „L") und extra leichtes (Abkürzung „EL") Heizöl unterteilt.

Tabelle 4.5. Stoffliche Eigenschaften verschiedener Heizölsorten

	Brennstoffeigenschaften im Liefer- bzw. Verwendungszustand						
	Bestandteile [Gew.-%]					Dichte [kg/m³]	Heizwert [kWh/kg]
	c	h	o	s	n		
Heizöl S	84,9	11,1	0,8	2,5	0,7	970	11,2
Heizöl M	85,3	11,6	0,3	2,4	0,3	920	11,3
Heizöl L	85,5	12,5	0,4	1,2	0,4	880	11,7
Heizöl EL	85,9	13,0	0,2	0,5	0,2	840	11,9

c Kohlenstoff, h Wasserstoff, o Sauerstoff, s Schwefel, n Stickstoff

Mit abnehmender Dichte der Öle sinkt gleichzeitig der teilweise erhebliche Schwefelgehalt. Je nach Herkunft beträgt dieser für das schwere Heizöl S bis zu 2,5 Gew.-%. Aus diesem Grund bleibt der Einsatz von Schweröl in Feuerungsanlagen auf wenige Ausnahmefälle in der Industrie begrenzt. Heizöl EL dagegen weist nur noch einen Schwefelgehalt von ca. 0,5 Gew.-% auf. Tabelle 4.5 zeigt Anhaltswerte für die Brennstoffeigenschaften der verschiedenen Heizölsorten. Im Vergleich zu Kohleprodukten besitzen Ölprodukte kurzkettigere Kohlenwasserstoffe und somit einen höheren Wasserstoffgehalt. Dadurch bedingt ist der Heizwert höher und die spezifische CO_2-Emission geringer.

Der Inlandsabsatz an Mineralölprodukten betrug 1995 in der Bundesrepublik Deutschland 126,1 Mio. t. Davon wurden 24 % in der Industrie, 28 % bei privaten Haushalten sowie Kleinverbrauchern, 46 % im Verkehr und der verbleibende Anteil in Kraftwerken und beim Militär eingesetzt. 49 % des Inlandsabsatzes an Mineralölprodukten wurden demzufolge zu Kraftstoffen, 29 % zu extraleichtem Heizöl, 6 % zu schwerem Heizöl und 16 % zu sonstigen Produkten, wie z.B. Bitumen oder Schmierölen, weiterverarbeitet [25]. Der Verbrauch an Mineralölprodukten (1992) teilte sich zu 55 % in Kraftstoffe, zu 30 % in leichtes Heizöl, zu 7 % in schweres Heizöl und nur zu 8 % in übrige Produkte auf. Abbildung 4.2 zeigt die Aufteilung von schwerem und leichtem Heizöl auf die verschiedenen Wirtschaftsbereiche.

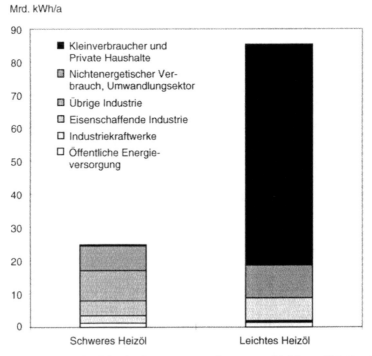

Abb. 4.2. Aufteilung des Inlandaufkommens an schwerem und leichtem Heizöl auf verschiedene Wirtschaftssektoren am Beispiel von Nordrhein-Westfalen (1995)

Tabelle 4.6 zeigt in Abhängigkeit verschiedener Abnahmebedingungen die durchschnittlichen Heizölpreise, wie sie für Industrieabnehmer 1994 typisch waren [29].

Tabelle 4.6. Preise verschiedener Heizölsorten im Jahre 1994

Heizöl L	[DM/t]
mind. 500 t an den Großhandel (ab Lager)	265
Tankkraftwagen (TKW) an Verbraucher, 40 - 50 hl pro Auftrag (frei Haus)	322
Heizöl S (Schwefelgehalt < 1 %)	[DM/t]
Menge > 15 t/Monat, per TKW, Entfernung < 30 km (frei Betrieb)	203
Abnahme in Kessel- oder Tankkraftwagen (ab Raffinerie)	194
Abnahme in Leichtern > 650 t (ab Raffinerie)	179
Heizöl S (Schwefelgehalt 1 - 2 %)	[DM/t]
Menge > 15 t/Monat, per TKW, Entfernung < 30 km (frei Betrieb)	208
Abnahme in Kessel- oder Tankkraftwagen (ab Raffinerie)	174

Preise ohne MWSt, inkl. Mineralölsteuer, EBV und Heizölsteuer. Die für die Verstromung von Heizöl S zu entrichtende Zusatzsteuer ist nicht berücksichtigt.

4.1.3
Gas

Der Erdgasverbrauch der Bundesrepublik Deutschland betrug 1994 87,2 Mrd. m^3 mit weiterhin steigender Tendenz. 21,4 % wurden dabei im Inland gewonnen; importiert wurde vor allem aus Rußland (36,5 %), den Niederlanden (26,1 %) und Norwegen (14,5 %) [25]. Je nach Herkunft des Gases kann zwischen Erdgas H

Tabelle 4.7. Stoffliche Eigenschaften verschiedener Gassorten

Gas	Brennstoffeigenschaften im Liefer- bzw. Verwendungszustand Bestandteile [Vol-%]							ρ [kg/m^3]	Heizwert [kWh/kg]	CO_2 [kg/kWh]
	CH_4	H_2	C_2H_6	C_3H_8	CO_2	N_2	CO			
Erdgas L	81,3	0,0	2,8	0,4	0,7	14,4	0,0	0,833	10,5	0,19
Erdgas H	85,8	0,5	8,5	2,5	1,5	0,5	0,0	0,855	12,8	0,21
Kokereigas	26,0	55,0	2,0	0,0	2,0	10,0	5,0	0,506	4,8	0,28
Gichtgas	0,0	0,0	0,0	0,0	20,0	56,5	23,5	1,544	0,8	0,69

Die fehlenden Volumenanteile werden im wesentlichen durch längerkettige Kohlenwasserstoffe bedingt. Die Dichte bezieht sich auf Normalbedingungen.

und Erdgas L unterschieden werden, wobei letzteres einen geringeren Methangehalt, einen höheren Stickstoffgehalt und – dadurch bedingt – einen geringeren Heizwert besitzt. Gaswerke existieren in der Bundesrepublik Deutschland so gut wie nicht mehr. Insbesondere im Ruhrgebiet mischen einige Stadtwerke dem Gas teilweise noch Kokereigas zu; das im Hochofenprozeß entstehende Gichtgas wird vorwiegend wieder in der eisenschaffenden Industrie verwendet. Raffineriegas wird nahezu ausschließlich in Raffinerien wieder eingesetzt. Flüssiggas spielt in der Industrie fast keine Rolle. Tabelle 4.7 zeigt Anhaltswerte für die stofflichen Eigenschaften der verschiedenen Gassorten.

Das in der Bundesrepublik Deutschland eingesetzte Gas wurde 1995 zu 43 % im produzierenden Gewerbe, zu 12 % für die öffentliche Elektrizitätsversorgung und zu 45 % bei privaten Haushalten und Kleinverbrauchern verbraucht. In 1994 wurden neben 80 % Erdgas 8,9 % Kokereigas und 11,1 % Gichtgas abgesetzt. Tabelle 4.8 zeigt die regional z.t. sehr unterschiedliche Verteilung der verschiedenen Gase auf die einzelnen Wirtschaftsbereiche am Beispiel von Nordrhein-Westfalen.

Tabelle 4.8. Aufteilung des Inlandaufkommens an Erd-, Kokerei- und Gichtgas auf verschiedene Wirtschaftssektoren am Beispiel von Nordrhein-Westfalen (1992)

Gas	Einheit	Erdgas	Kokereigas	Gichtgas
Ges. Inlandsaufkommen	[Mrd. kWh]	204,9	22,8	28,5
Öffentl. Energieversorgung	[%]	13,3	0,5	10,7
Ind. Wärmekraftwerke	[%]	3,9	19,1	30,9
Eisenschaffende Industrie	[%]	5,5	28,6	42,2
Übrige Industrie	[%]	26,2	15,7	0,0
Private Haushalte und Kleinverbraucher	[%]	44,4	0,0	0,0

Nicht aufgeführte Anteile dienen dem nichtenergetischen Verbrauch und dem Energiebedarf in den Umwandlungssektoren.

Tabelle 4.9. Übliche Preise für Erdgas[4]

Private Haushalte und Kleinverbraucher	Werte
Grundpreise	
- bis 15 kW Kesselleistung [DM/Monat]	26,5
- 16 bis 20 kW Kesselleistung [DM/Monat]	28,0
- jedes weitere kW Kesselleistung [DM/Monat]	1,3
Arbeitspreis [Pf/kWh]	3,7
Industrie	
Grundpreis pauschal [Pf/kW Monat]	119,2
Arbeitspreise	
- bis 500 kW [Pf/kWh]	3,123
- über 500 kW [Pf/kWh]	3,084

---

[5] Telefonische Auskunft der Rhenag Mühlheim, Oktober 1995.

Tabelle 4.9 zeigt übliche aktuelle Grund- und Arbeitspreise für Erdgas bei Abgabe an private Haushalte und Kleinverbraucher sowie an Industriekunden. Weiterhin muß bei Industriekunden zwischen Normal- und Unterbrechungskunden differenziert werden. Die Tarife für Unterbrechungskunden werden individuell vereinbart und können teilweise deutlich unter den üblichen Tarifen liegen. Bei einem Abschaltbegehren des Gasversorgungsunternehmens müssen Unterbrechungskunden ihre Gasversorgung abschalten und auf einen anderen Energieträger (meist leichtes Heizöl) ausweichen. Folgt der Kunde dieser Abschaltaufforderung nicht, so wird ihm vom Gasversorgungsunternehmen ein Leistungspreis berechnet, der deutlich über dem Arbeitspreis liegt.

4.1.4
Elektrizität

Die Bruttostromerzeugung in der Bundesrepublik Deutschland lag 1994 bei 526,1 Mrd. kWh [25]; in Nordrhein-Westfalen betrug sie 1992   176,4 Mrd. kWh. Der Endenergieverbrauch an Elektrizität betrug 1994 in der Bundesrepublik 464,8 Mrd. kWh. Da sich Einfuhr und Ausfuhr praktisch die Waage halten, geht die Differenz zwischen Bruttostromerzeugung und elektrischem Endenergieverbrauch im wesentlichen durch den Eigenverbrauch der Elektrizitätserzeuger (7,2 %), durch Leitungsverluste (4,0 %) und durch den Verbrauch für Pumpspeicherkraftwerke (1,0 %) verloren. 47,8 % der elektrischen Endenergie wurden in der Industrie verbraucht, 49,1 % bei privaten Haushalten und Kleinverbrauchern sowie 3,2 % im Verkehr [25]. Die in Nordrhein-Westfalen verbrauchten 122,2 Mrd. kWh (1992) elektrische Endenergie teilen sich – abgesehen von einem etwas höheren Anteil des industriellen Stromverbrauchs – ähnlich auf. 51,6 % wurden in der Industrie verbraucht (8,5 % in der eisenschaffenden Industrie), 46,3 % in privaten Haushalten und bei Kleinverbrauchern und 2,1 % im Verkehr.

Die durch den Verbrauch elektrischer Energie bedingten Kohlendioxidemissionen betragen unter der Annahme des nordrhein-westfälischen Kraftwerkmixes 0,825 kg/kWh [30].

Erwähnenswert ist außerdem, daß in Nordrhein-Westfalen 22,8 % des erzeugten Stroms aus Kraftwerken des Bergbaus und der übrigen Industrie stammen; bundesweit beträgt dieser Anteil nur ca. 15 %.

Die Tarifstruktur der Elektrizitätsversorgung hängt vom jeweiligen Versorgungsunternehmem ab. Für Nordrhein-Westfalen werden hier die Tarife der Rheinisch-Westfälischen Elektrizitätswerke (RWE) und der Vereinigten Elektrizitätswerke Westfalen (VEW) kurz dargestellt (vgl. auch Tab. 4.10).

Prinzipiell müssen die Tarifkunden (Niederspannungskunden), d.h. private Haushalte, landwirtschaftliche Betriebe und kleine Gewerbebetriebe, von Sondervertragskunden unterschieden werden. Während die Strompreise für Tarifkunden mittels der Bundestarifordnung für Elektrizität bindend sind, können Verträge mit Sondervertragskunden individuell abgeschlossen werden. Die hier aufgeführten Preise für Sondervertragskunden geben Musterverträge wieder, wie sie von den genannten Energieversorgern zugrunde gelegt werden [31,32].

Tabelle 4.10. Strompreise für Niederspannungstarifkunden exemplarisch für VEW- und RWE Energie AG-Kunden

Niederspannungstarifkunde		Haushalts- und landwirtschaftlicher Bedarf		Gewerblicher, beruflicher und sonstiger Bedarf	
Energieversorger		RWE	VEW	RWE	VEW
Eintarifzähler					
Grundpreis	[DM/Jahr]	132,00	166,20	360,00	487,20
Arbeitspreis	[Pf/kWh]	19,90	22,50	26,80	31,00
Zweitarifzähler					
Grundpreis	[DM/Jahr]	180,00	219,00	408,00	540,00
Arbeitspreis	[Pf/kWh]	20,90	23,70	29,20	33,90
Schwachlast-arbeitspreis	[Pf/kWh]	10,50	12,50	10,50	12,50
Eintarifmessung mit Leistungszähler					
Grundpreis	[DM/Jahr]	180,00	201,00	408,00	522,00
Leistungspreis	[DM/Lw a]	2,55	3,00	6,00	5,80
Arbeitspreis	[Pf/kWh]	14,80	16,50	14,80	16,50
Zweitarifmessung mit Leistungszähler					
Grundpreis	[DM/Jahr]	228,00	201,00	456,00	522,00
Leistungspreis	[DM/Lw a]	3,00	3,60	7,20	6,95
Arbeitspreis	[Pf/kWh]	14,80	16,50	14,80	16,50
Schwachlast-arbeitspreis	[Pf/kWh]	10,50	12,50	10,50	12,50

Lw Leistungswert

Niederspannungskunden besitzen heute i.d.R. die Möglichkeit, zwischen einem Einzonen- und einem Mehrzonentarif mit zusätzlichem Schwachlastarbeitspreis für die Nachtstunden zu wählen. Außerdem besteht die Möglichkeit, einen sog. 96-Stunden-Tarif in Anspruch zu nehmen, bei dem zusätzlich das jährliche Maximum des Energiebedarfs (Leistungswert Lw) in einem 96-Stunden-Intervall in die Abrechnung eingeht, der Arbeitspreis aber geringer ausfällt. Die Tarife zeigt Tabelle 4.10. Der Grundpreis ist im Gegensatz zum Leistungspreis bei Sondervertragskunden unabhängig von der installierten Leistung.

Wesentliches Kriterium bei der Gestaltung der Verträge mit Mittelspannungskunden ist die Zahl der Benutzungsstunden. Die Benutzungsstunden bezeichnen den Zeitraum, in dem ein Kunde näherungsweise die maximale Leistung abnimmt. Sie errechnen sich zumeist aus dem Verhältnis der jährlich nachgefragten Energie und dem arithmetischen Mittel der 3 gemessenen Leistungsspitzen. Der Arbeitspreis für Betriebe mit vielen Benutzungsstunden ist deutlich niedriger als der von Betrieben mit geringen Benutzungsstunden. Die in Tabelle 4.11 vorgestellten Tarife stellen nur Mustervorlagen dar; reale Verträge orientieren sich an diesen Werten, können jedoch auch davon abweichen. Zu beachten ist, daß die Stromkosten das Jahr über in verschiedenen Stufen berechnet werden, die durch den Gesamtverbrauch bestimmt sind. Mit zunehmendem Energieverbrauch sinkt der spezifische Arbeitspreis, d.h. der Strompreis nimmt praktisch zum Jahresende ab. Der für Betriebe mit durchschnittlichen und hohen Benutzungsstunden berechnete Leistungspreis spielt in den gesamten Kosten nur eine untergeordnete Rolle, da die verbrauchsabhängigen Kosten maßgeblich die Gesamtenergiekosten prägen. Preise für Hochspannungskunden hängen zu stark von den jeweiligen Rahmenbedingungen ab, um pauschal angegeben zu werden.

Tabelle 4.11. Strompreise für VEW- und RWE-Mittelspannungskunden

Betriebe mit geringen Benutzungsstunden (<1000h) und Leistungsspitzen

von	[kWh]	0	75.000	204.000	300.000	984.000	über
bis	[kWh]	75.000	204.000	300.000	984.000	1.000.000	1.000.000
AP (VEW)	[Pf/kWh]	30,89	28,96	28,96	27,52	27,52	26,07
AP (RWE)	[Pf/kWh]	26,00	26,00	23,90	23,90	21,50	21,50

Betriebe mit durchschnittlichen Benutzungsstunden (<3500h) und max. zwei Schichten

von	[kWh]	0	75.000	300.000	330.000	über
bis	[kWh]	75.000	300.000	330.000	1.530.000	1.530.000
AP (VEW)	[Pf/kWh]	18,02	17,04	14,61	14,61	14,61
SL-AP(VEW)	[Pf/kWh]	14,12	13,15	10,22	10,22	10,22
AP (RWE)	[Pf/kWh]	18,30	18,30	18,30	15,90	14,30
SL-AP (RWE)	[Pf/kWh]	11,00	11,00	11,00	9,50	8,60

Leistungspreise [DM/kW]
VEW pauschal 130,50
RWE pauschal 125,00

Betriebe mit hohen Benutzungsstunden (>3500h)

von	[kWh]	0	75.000	240.000	300.000	840.000	über
bis	[kWh]	75.000	240.000	300.000	840.000	1.740.000	1.740.000
AP (VEW)	[Pf/kWh]	13,49	12,04		10,12		
SL-AP (VEW)	[Pf/kWh]	9,64	8,68		7,70		
AP (RWE)	[Pf/kWh]	16,30		14,30		12,40	11,30
SL-AP (RWE)	[Pf/kWh]	9,60		8,40		7,20	6,70

Leistungspreise [DM/kW]
VEW pauschal 231,34
RWE pauschal 210,00

AP Arbeitspreis, *SL* Schwachlast
Der Leistungspreis wird für jedes kW der Jahreshöchstleistung berechnet.
In der Monatsabrechnung werden ab Beginn des Rechnungsjahres die einzelnen Arbeitspreiszonen entsprechend der im Jahr fortschreitenden Lieferung nacheinander angewendet. Die Preise erhöhen sich um den Umweltschutzkosten-Aufschlag sowie um die Ausgleichsabgabe und die Umsatzsteuer.

4.1.5
Fernwärme

Im Jahr 1992 wurden 62,7 Mrd. kWh Fernwärme in den alten Bundesländern in Heizkraft- bzw. Heizwerken erzeugt. 2,5 Mrd. kWh (4,0 %) wurden in den Umwandlungssektoren, 11,4 Mrd. kWh (18,2 %) in der Industrie und 44,4 Mrd. kWh (70,8 %) bei privaten Haushalten und Kleinverbrauchern eingesetzt [25]. Der Anteil der Fernwärme des Endenergiebedarfs in den alten Bundesländern liegt bei ca. 2,6 %. In Nordrhein-Westfalen war der Anteil der Fernwärme am Endenergieverbrauch mit 2,3 % bzw. 15,4 Mrd. kWh ähnlich hoch. Die Verteilung hingegen sieht etwas anders aus. So werden ca. 8,8 % (1,6 Mrd. kWh) im Umwandlungssektor, also hauptsächlich bei Zechen und Kokereien, eingesetzt, 17,2 % (3,2 Mrd. kWh) in der Industrie und nur 65,0 % (12,2 Mrd. kWh) bei privaten Haushalten und Kleinverbrauchern.

Die durch die Nutzung von Fernwärme bedingten CO_2-Emissionen betragen unter Annahme der Energieträgerstruktur der nordrhein-westfälischen Heiz- und Heizkraftwerke 0,374 kg/kWh [30].

Die Tabelle 4.12 zeigt übliche Preise, wie sie von privaten Haushalten, Kleinverbrauchern, aber auch mittelständischen Industrieunternehmen verlangt werden. Mit Großkunden werden individuelle Verträge ausgehandelt, für die keine pauschalen Tarife angegeben werden können [33,34].

Tabelle 4.12. Preise für Fernwärme

Preisarten	Einheit	Kosten
Grundpreis	[DM/kW a]	24,00 - 55,00
Arbeitspreis	[Pf/kWh]	5,04 - 6,93
Verrechnungspreis	[DM/Monat]	20,00 - 29,00

4.2
Biogene Energieträger und deren Aufbereitung

Biogene Energieträger umfassen land- und forstwirtschaftliche sowie biologische industrielle Reststoffe ebenso wie gezielt angebaute Energiepflanzen. Diese Form erneuerbarer Energie wird hier gesondert diskutiert, um neben den Eigenschaften der biogenen Energierohstoffe auch deren Aufbereitung zu nutzbaren Energieträgern darzustellen. Im folgenden wird insbesondere auf die mechanische Aufbereitung und Vergasung fester Biomassen sowie auf die Vergärung feuchter organischer Reststoffe eingegangen. Die Kompostierung biologischer Abfälle wird im Hinblick auf ihre energetischen Aspekte angesprochen und die Treibstoffgewinnung aus Raps und zuckerhaltigen Pflanzen (Bioethanolgewinnung) wird kurz diskutiert.

4.2.1 Mechanische Aufbereitung fester Biomassen

Der Einsatz fester biogener Energieträger wie Holz oder Stroh erfordert neben der Sammlung oder Ernte der Energieträger eine stoffliche Aufbereitung der Rohstoffe, die den Transport, die Lagerung und die Brennstoffzufuhr zu einer Energieanlage effizienter gestalten und häufig auch den Vorgang der Verbrennung oder ggf. Vergasung begünstigen.

Stroh und strohähnliche Energiepflanzen werden entweder zu verschiedenen Ballen gepreßt, gehäckselt oder auch pelletiert. Holz wird – wenn es zur energetischen Verwendung eingesetzt werden soll – meist zu Hackschnitzeln verarbeitet, kann aber auch brikettiert werden.

4.2.1.1
Holz aus Kurzumtriebsplantagen sowie Wald- und Industrierestholz

Bei der Holzernte fallen neben dem verwertbaren Derbholz verschiedene Resthölzer an, die i.d.R. im Wald verbleiben oder teilweise auch der Papier- und Zellstoffindustrie zugeführt werden. Eine energetische Nutzung des Waldrestholzes erfordert die Sammlung, das Hacken und den Transport der Holzhackschnitzel. Das Sammeln und Hacken wird dabei durch mobile Hacker erledigt. Dabei kann es sich einerseits um sog. Anbausysteme für herkömmliche Landmaschinen oder andererseits um selbstfahrende Hacker handeln. Der Hacker übergibt die Hackschnitzel wiederum an einen Transporter, der diese z.B. zu einem Heizkraftwerk fahren kann.

Beim gezielten Anbau von Pappeln, Weiden, Erlen, Birken oder Aspen auf Kurzumtriebsplantagen zum Zweck der Energiegewinnung muß zuerst eine Plantage mit Hilfe von Setzlingen angelegt werden. Nach 3 Jahren kann das erste Mal geerntet werden; jede weitere Ernte kann erst nach einer jeweiligen Wachstumsphase von weiteren 3 Jahren erfolgen. Es kann davon ausgegangen werden, daß eine Kurzumtriebsplantage insgesamt 18 Jahre betrieben, d.h. sechsmal abgeerntet werden kann. Es wird dabei von Erträgen von 10 bis 15 t Trockenmasse pro Hektar ausgegangen. Die Ernte kann mit umgebauten Maishäckslern erfolgen, die bei der Ernte direkt Holzhackschnitzel produzieren [35].

In der holzbearbeitenden Industrie fallen bei der Herstellung von Holzhalbwaren, d.h. Balken, Brettern, Bohlen etc., bis zu 60 % des eingesetzten Rohholzes als unbehandeltes Restholz an, das problemlos einer thermischen Verwertung zugeführt werden könnte. Das Hacken der Reststoffe kann dabei auch für die nicht energetische Nutzung, beispielsweise bei Verkauf an die Spanplattenindustrie, durchaus wirtschaftlich sein, so daß insbesondere holzbearbeitende Betriebe häufig mit entsprechenden Anlagen ausgestattet sind. Alternativ könnte bei einer energetischen Nutzung von Restholz am Heizkraft- bzw. Heizwerk ein stationärer Hacker installiert werden, in dem die angelieferten Reststoffe aufbereitet werden könnten. Auf diese Weise wäre es auch möglich, unbehandeltes Altholz, z.B. Paletten, Obststiegen etc., thermisch zu verwerten. Für die Zerkleinerung größerer und sperriger Abfälle wie bspw. Leisten oder Sägeabfälle werden Trommel-, Scheiben- und Schneckenhacker eingesetzt. Kleinere Reste (Materialien bis ca. 250 mm Kantenlänge) können von den geräuschärmeren Mühlenhackern verarbeitet werden [36]. Die Investitionskosten für stationäre Systeme liegen deutlich über denen der mobilen Geräte, jedoch sind auch ihre Hackleistungen deutlich höher. Im Verhältnis zur Investition der Feuerungsanlage sind die Kosten für eine stationäre Aufbereitung gering.

Eine ebenfalls angewendete Form der Brennstoffaufbereitung ist die Herstellung von Holzbriketts bzw. -pellets. Generelles Ziel einer solchen Aufbereitung ist eine Reduzierung des Lagervolumens [36]. In den meisten Brikettiersystemen kommen Stangen- oder Extruderpressen zum Einsatz. Wegen der relativ hohen Schüttdichte von Holzreststoffen ist eine weitere Verdichtung von Holz nicht unbedingt vorteilhaft [36].

Tabelle 4.13. Stoffliche Eigenschaften von Energieholz, Industrie- und Waldrestholz

Holz	Brennstoffeigenschaften im Ernte- bzw. Verwendungszustand								
	Bestandteile [Gew.-%]							ρ_S [kg/m³]	Heizwert [kWh/kg]
	c	h	o	s	n	w	a		
Waldrestholz und Energieholz									
Laubholz	29,4	3,7	26,6	≈0	0,1	40	0,2	942,0	2,5
Nadelholz	30,2	3,8	25,8	≈0	0,1	40	0,2	675,0	3,0
Energieholz	24,3	3,1	22,2	≈0	0,1	50	0,3	1130,0	1,9
Industrierestholz									
Rinde	29,7	3,8	26,2	≈0	0,1	40	0,2	200 - 400	2,6
Späne								80 - 100	4,0
Sägemehl								170 - 200	4,0
Schleifstaub	39,7	5,0	34,9	≈0	0,1	20	0,3	230 - 300	4,0
Hackschnitzel								200 - 230	4,0
Scheitholz								250 - 300	4,0

c Kohlenstoff, h Wasserstoff, o Sauerstoff, s Schwefel, n Stickstoff, w Wasser (Feuchte), a Asche, ρ_S Schüttdichte

Tabelle 4.13 zeigt die wichtigsten stofflichen Eigenschaften der verschiedenen Holzsortimente. Wesentliche Eigenschaft ist die Feuchtigkeit des Holzes. Industrierestholz besitzt hier einen Vorteil, da es i.d.R. vor der Bearbeitung gelagert wurde und somit Gelegenheit zum Trocknen besaß. Die hier angenommene Feuchte von 20 % entspricht einem durch Lagerung an der Luft erreichbaren Wert und führt zu Heizwerten von ca. 4,0 kWh/kg. Rinde bildet hier eine Ausnahme, da sie vor der Verarbeitung vom Stamm entfernt wird und auch generell mehr Wasser beinhaltet. Waldrestholz fällt direkt bei der Holzernte an und besitzt demzufolge einen Feuchtigkeitsgehalt von ca. 40 % und einen entsprechend geringeren Heizwert. Eine Lufttrocknung würde weitere Aufwendungen in Form von überdachten Lagerplätzen erfordern. Energieholz besitzt eine noch höhere Feuchte von etwa 50 %, da es sich um sehr junges Holz mit einem relativ hohen Rindenanteil handelt.

Die geschätzten Preise für Holzhackschnitzel aus Waldrestholz werden hauptsächlich durch das Aufnehmen, Hacken und Abladen als Arbeitsgang des mobilen Hackers bestimmt. Die große Spannweite des Preises wird dadurch bedingt, daß die Hackleistungen pro Stunde deutlich von den Randbedingungen wie Zugänglichkeit und Vorkonzentration des Restholzes bei der Ernte abhängt. Das Abfahren und Einlagern nimmt dagegen einen vergleichsweise geringen Raum ein. Eine Lagerung über längere Zeiträume kann bei Waldrestholz vermieden werden, da das Holz bei Bedarf gesammelt werden kann.

Der Preis für Holz aus Kurzumtriebsplantagen wird stark durch das Anlegen und Pflegen der Plantage geprägt, während die Ernte nur noch einen relativ geringen Anteil der Kosten bedingt. Da Energieholz aber nur in der vegetationslosen Periode von November bis April geerntet werden kann, ist u.U. eine relativ lange Lagerung des Holzes erforderlich. Je nachdem, ob offene Lagerhallen oder sogar Silos mit Vorrichtungen zum automatischen Austragen des Brennstoffs angesetzt werden, kann die Lagerung noch einmal einen beträchtlichen Teil der Kosten verursachen.

Tabelle 4.14 zeigt die geschätzten Kosten für Waldrestholz und Holz von Kurzumtriebsplantagen [35, 37, 38].

Tabelle 4.14. Kosten für Energieholz und Waldrestholz

Kosten [Pf/kWh]		Waldrestholz Laubholz	Nadelholz	Energieholz
Anlage	Pflanzengut			1,07
	Pflanzenschutzmittel			0,11
	Arbeit			0,66
Betrieb	Dünger		-	1,51
	Arbeit			0,48 - 0,58
Ernte	Aufnehmen bzw. Ernten, Hacken und Abladen	0,73 - 2,95	0,70 - 2,81	0,70
	Abfahren, Einlagern	0,5 - 0,8	0,5 - 0,7	0,60 - 0,80
Lagerung		-	-	0,30 - 1,50
Brennstoffkosten frei Verbraucher		1,23 - 3,75	1,20 - 3,51	5,43 - 6,93

Die Preise für Industrierestholz können als Marktpreise angegeben werden, da für die meisten Restholzsortimente ein reger Handel existiert. So werden beispielsweise Hackschnitzel ohne Rinde an Betriebe der Papier- und Zellstoffindustrie geliefert, Stückholz zu Holzkohle und Rinde zu Rindenmulch weiterverarbeitet. Ein wichtiger Restholzabnehmer ist außerdem die Spanplattenindustrie. Tabelle 4.15 zeigt Preise, wie sie vom Restholzemittenden oder vom Spänegroßhandel bei Lieferung frei Haus verlangt werden bzw. bei einer Entsorgung zu entrichten sind. Entscheidend für die Preisgestaltung sind neben der möglichen Weiterverwendung der erforderliche Transport und Lagerraum. So sind die erzielba-

ren Preise für Hackschnitzel ohne Rinde die höchsten, da sie an die Papier-
und Zellstoffindustrie geliefert werden können. Feinstaub hingegen muß entsorgt
werden.

Tabelle 4.15. Kosten für Industrierestholz

Bezeichnung	frei Haus vom Spänegroßhandel		ab Restholz-emittenden		Entsorgungskosten	
	[DM/t]	[Pf/kWh]	[DM/t]	[Pf/kWh]	[DM/t]	[Pf/kWh]
Rinde	10 - 20	0,3 - 0,5	-	-	10 - 20	0,3 - 0,5
Späne und Sägemehl	80 - 120	2,0 - 3,0	20 - 40	0,5 - 1,0	-	-
Schleifstaub	-	-	-	-	50 - 60	1,3 - 1,5
Hackschnitzel ohne Rinde	90 - 130	2,3 - 3,3	60 - 90	1,5 - 2,3	-	-
Hackschnitzel mit Rinde	50 - 70	1,3 - 1,8	30 - 50	0,8 - 1,3	-	-
Scheitholz	40 - 70	1,0 - 1,8	10 - 20	0,3 - 0,5	-	-

Die genannten Preise schwanken sowohl regional als auch saisonal u.U. sehr stark.

4.2.1.2
Reststroh, Energiepflanzen und sonstige feste biogene Industriereststoffe

Stroh als Reststoff der landwirtschaftlichen Produktion, d.h. Weizen-, Gerste-,
Raps-, Hafer- und Roggenstroh, aber auch zur energetischen Nutzung angebaute
Getreideganzpflanzen, d.h. Winterweizen, Wintergerste, Roggen und Triticale oder
Schilfpflanzen (Miscanthus sinensis, Arundo donax, Topinambur, Schilfrohr),
können in Heiz- oder Heizkraftwerken ebenso eingesetzt werden wie feste Reststoffe aus der Nahrungs- und Genußmittelindustrie. Während Stroh und Energiepflanzen zu Häckseln oder Ballen aufbereitet werden, können feste Reststoffe aus
der Industrie zumeist direkt einer Feuerungs- oder auch Vergasungsanlage zugeführt werden. Wichtige durchschnittliche Brennstoffeigenschaften im Ernte- bzw.
Verwendungszustand der verschiedenen Energieträger zeigt Tabelle 4.16. Körner-
mais und Tresterrückstände besitzen aufgrund ihrer relativ hohen Feuchtigkeit
geringe Heizwerte; Weizenspreu, Maisspindeln, Flachsabfälle, Sonnenblumenschalen und Schilfpflanzen besitzen – bedingt durch die geringe Feuchte – einen
höheren Heizwert [39-44].

Weitere Reststoffe der Nahrungsmittelindustrie sind zwar hinsichtlich ihrer thermischen Nutzung interessant, wie z.B. Bagasse, Baumwollkerne, Erdnußschalen,
Kaffeeschalen, Kokosschalen, Kakaoschalen, Reishülsen, Olivenkerne, Palmfasern
etc., spielen in Nordrhein-Westfalen aber eine untergeordnete Rolle.

Zur Abschätzung der Bereitstellungskosten biogener Energieträger aus der Landwirtschaft werden aktuelle Maschinenringsätze (nach KTBL [45]) angesetzt. Stroh
wird als kostenfreier Reststoff betrachtet, der ungenutzt auf dem Feld verbleiben

Tabelle 4.16. Stoffliche Eigenschaften landwirtschaftlicher Ernterückstände, von Energiepflanzen und sonstigen brennbaren, biogenen Industriereststoffen

Biogene Stoffe	Brennstoffeigenschaften im Liefer- bzw. Verwendungszustand								
	Bestandteile [Gew.-%]							ρ_S	Heizwert
	c	h	o	s	n	w	a	[kg/m^3]	[kWh/kg]
Getreidestroh	37,2	4,5	32,5	0,1	0,5	20,0	5,2	45[a], 85[b]	3,7
Körnermaisstroh	23,3	2,8	20,3	0,1	0,3	50,0	3,2	230[a]	2,1
Schilfpflanzen	41,0	5,0	36,0	0,1	0,4	15,0	2,5	140[a], 235[b]	4,3
Energiegetreide	38,3	4,4	32,3	0,1	0,5	20,0	4,4	100[a], 160[b]	3,7
Körnermais	23,7	2,8	20,4	0,1	0,3	50,0	2,7	550[a]	1,9
Sonstige relevante biogene Industriereststoffe									
Flachsabfälle	keine Angaben möglich								4,5
Weizenspreu	42,3	5,6	37,1	0,1	0,5	10,4	4,0	variabel	4,4
Maisspindeln	41,4	4,2	41,9	0,6	0,5	5,5	4,2	variabel	4,5
Tresterrückstände	keine Angaben möglich								2,3
Sonnenbl.schalen	keine Angaben möglich								5,0

c Kohlenstoff, h Wasserstoff, o Sauerstoff, s Schwefel, n Stickstoff, w Wasser (Feuchte), a Asche, ρ_S Schüttdichte
[a] Häcksel.
[b] Ballen.

könnte. Soll das Stroh energetisch genutzt werden, muß es nach der Getreideernte zu Ballen gepreßt oder zu Häckseln aufbereitet werden. Zur Verbrennung sind insbesondere Großpackenballen geeignet, die am Feldrand unter Planen gelagert werden, bevor sie zum Heiz- bzw. Heizkraftwerk abgefahren werden. Bei der Häckselernte wird das Stroh vom Feld z.B. durch eine Pick-up-Trommel aufgenommen, gehäckselt, direkt auf einen Kipper verladen und dezentral bei den Landwirten eingelagert. Der Arbeitsaufwand der Häckselernte ist zwar bedeutend geringer als bei der Ballenernte, jedoch ist eine Lagerung am Feldrand praktisch nicht möglich, so daß entsprechend große Lagerkapazitäten beim Abnehmer in Rechnung gestellt werden müssen. Die Lagerkosten werden mit spezifischen Investitionskosten von 88 DM/m^3 [46] und einer Nutzungsdauer der Lagerkapazitäten von 20 bis 40 Jahren geschätzt (8 % Kalkulationszinssatz, 3 % Inflation). Vor der dauerhaften Einlagerung oder längeren Transportwegen kann eine Pelletierung der Häcksel in Pressen erfolgen, um entsprechende Kosten zu mindern. Die Feuchte muß dazu unter 20 % liegen. Der Aufwand pro Tonne Biomasse beträgt ca. 65 bis 80 kWh elektrischer Energie und ungefähr 50 bis 85 DM, d.h. zu den Häckselkosten nach Tabelle 4.17 müssen 1,1 bis 2,3 Pf/kWh für ein anschließendes Pressen berücksichtigt werden[45, 45, 48, 49].

Bei einer energetischen Nutzung von Getreideganzpflanzen müssen neben den Erntekosten auch die jährlichen Kosten für Saatgut, Dünge- und Pflanzenschutzmittel sowie Bewirtschaftung dem Energieträger angelastet werden. Die Häckselernte gestaltet sich etwas effizienter, da die Pflanzen mit einem selbstfahrenden Feldhäcksler geerntet werden können.

Tabelle 4.17. Bereitstellungskosten für Stroh, Getreideganzpflanzen und Miscanthus

Kosten [Pf/kWh]		Stroh Häcksel	Stroh Pellets	Stroh Ballen	Getreideganzpflanzen Häcksel	Getreideganzpflanzen Pellets	Getreideganzpflanzen Ballen	Miscanthus Häcksel	Miscanthus Pellets	Miscanthus Ballen
Anlage	Pflanzen-bzw. Saatgut					0,4			2,56	
	Dünger								0,05	
	Pflanzenschutzmittel					entfällt				
	Arbeit		0,0			0,73			0,18	
Betrieb	Dünger					0,41			0,36	
	Pflanzenschutzmittel								0,00	
	Arbeit					0,79			0,05-0,06	
Ballenernte	Mähen			1,01-1,35			0,14-0,21			0,04-0,07
	Pressen			0,16-0,21			0,54-0,72			0,27-0,37
	Bergen, Stapeln am Feldrand		-		-		0,08-0,11	-		0,04-0,06
	Laden,Abfahren, Einlagern			0,30-0,38			0,16-0,20			0,08-0,10
Holzernte	Mähen bzw. Aufnehmen und Häckseln	0,44- 0,52			0,19 - 0,23			0,14- 0,16		
	Abfahren, Einlagern	0,64- 0,74		-	0,27- 0,34		-	0,14- 0,18		-
	Pelletierung	-	1,32-2,26		-	1,32-2,26		-	1,14-1,94	
	Lagerung	3,0 -4,23	0,23-0,32	0,1 -0,2	1,19-1,65	0,23-0,32	0,03-0,07	0,84-1,16	0,20-0,27	0,0 -0,02
	Brennstoffkostenfrei Verbraucher	4,08-5,46	2,63-3,84	1,57-2,14	3,98-4,55	5,26-6,72	3,28-3,67	4,32-4,70	4,82-5,75	3,64-3,83

Bei der Anlage einer Miscanthusplantage ist zu beachten, daß diese nach heutigen Schätzungen ca. 15 Jahre besteht und somit einmalige Kosten in den ersten 2 Jahren anfallen, die unter Annahme eines Zinssatzes (von z.b. 8 %) und einer Inflationsrate von 3 % auf die folgenden 13 Jahre der Nutzung verteilt werden müssen. Besonders zu Buche schlägt hierbei das Pflanzengut, da ein Aussäen von Miscanthus heute noch nicht möglich ist und deshalb Setzlinge gepflanzt werden müssen. Im Gegensatz zur Häckselernte bei Getreideganzpflanzen muß der Feldhäcksler bei der Miscanthusernte zusätzlich mit einem reihenunabhängigen Maisgebiß ausgerüstet sein[6].

Die energetische Nutzung organischer Reststoffe wie Maisspindeln, Sonnenblumenschalen, Flachsabfälle, Weizenspreu und Tresterrückstände sollte im jeweiligen Betrieb geschehen. Diese Form der Entsorgung wird in manchen Branchen schon häufig praktiziert, so z.B. in der Nahrungsmittelindustrie. Kosten für Aufbereitung, Transport und Lagerung sollen dementsprechend nicht in Ansatz gebracht werden. Vielmehr wäre es möglich, vermiedene Entsorgungskosten zu betrachten, die jedoch regional und in Abhängigkeit des Stoffes erheblich variieren können.

Tabelle 4.17 zeigt die Rohstoffbereitstellungskosten für Stroh, Getreideganzpflanzen und Miscanthus jeweils als Ballen, Häcksel und Pellets frei Heiz- bzw. Heizkraftwerk.

4.2.2
Vergasung fester Biomassen

Die Vergasung ist eine verhältnismäßig wenig verbreitete Form der Aufbereitung und Verwertung fester Biomassen. Das grundsätzliche Verfahren der Holzvergasung ist jedoch relativ alt und wurde bereits im 2. Weltkrieg zum Antrieb von Gasmotoren verwendet, danach allerdings kaum noch eingesetzt. Heutzutage gewinnt die Biomassevergasungstechnik vor allem im Bereich der Abfallentsorgung an Bedeutung, da mit ihr im Gegensatz zur Verbrennung auch stark kontaminierte organische Substanzen beherrscht werden können [47].

Die Umwandlung von fester Biomasse in ein brennbares Gas unter Verwendung eines Vergasungsmittels wie Luftsauerstoff und Wasserdampf wird Vergasung genannt. Der Prozeß läuft in 5 Schritten, wie in der Tabelle 4.18 dargestellt, bei verschiedenen Temperaturen ab [47].

Nach der Trocknung des Brennstoffs und dem Entweichen flüchtiger Bestandteile (Schwelen) verkohlt der Brennstoff bei Temperaturen bis ca. 700 °C. Bei der anschließenden Oxidation des Kohlenstoffs entsteht CO_2, die dabei freiwerdende Wärme wird ggf. wiederum zur Trocknung und Entgasung des Materials genutzt. Das während der Oxidation entstehende Kohlendioxid wird teilweise durch Kohlenstoff wieder zu Kohlenmonoxid reduziert (Boudouardreaktion). Holz besteht z.B. zu 70–85 % aus flüchtigen Bestandteilen. Ab Temperaturen von 200–300 °C

---

[6] Persönliche Information von Dr. H. Hartmann,
von der Landtechnik Weihenstephan.

Tabelle 4.18. Prozeßschritte der Vergasung fester organischer Brennstoffe

Prozeßschritt	Temperatur [°C]	Anmerkung bzw. Reaktionen
Trocknung	bis 200	Verdampfung von Wasser
Schwelen	bis 500	Entgasung flüchtiger Bestandteile
Verkohlung	bis 700	Zersetzung der Kohlenwasserstoffe
Oxidation	bis ca. 1400	$C + O_2 \rightarrow CO_2$ $406.000 kJ/kmol$
Reduktion	bis 500	Boudouardreaktion: $CO_2 + C \leftrightarrow 2CO + 172.600 kJ/kmol$ Wassergasreaktion: $C + H_2O \leftrightarrow CO + H_2 + 131.400 kJ/kmol$ Methanreaktion: $C + 2H_2 \leftrightarrow CH_4$ $79.930 kJ/kmol$

werden die Holzbestandteile Zellulose, Lignin, Harze, Fette und Wachse zersetzt und entweichen als Kohlendioxid, Kohlenmonoxid, Methanol, Teere, leichtflüchtige Teere und organische Säuren bzw. bleiben bei der Verkohlung als fester Kohlenstoff zurück. Während der Reduktion wird das Gas unter Anwesenheit von Wasserdampf und Kohlenstoff zu CO_2, CO, H_2 und CH_4 reduziert. Wenn der Vergaser mit Luftsauerstoff betrieben wird, entsteht ein stark stickstoffhaltiges (N_2–Anteil von 45–60 Vol.-%) sogenanntes Schwach- oder Generatorgas. Neben dem Stickstoff bedingen auch die hohen Anteile an CO (ca. 20 Vol.-%) und CO_2 (ca. 10 Vol.-%) einen im Vergleich zu Methan (Hu=32 MJ/m³) geringen Heizwert von 5 bis 8 MJ/m³. Die brennbaren Bestandteile des Gases beschränken sich auf ca. 15 Vol.-% Wasserstoff und 5 Vol.-% Methan (und weitere gasförmige Kohlenwasserstoffe). Wird hingegen unter Druck mit reinem Sauerstoff und Wasserdampf vergast, entsteht ein Gemisch aus überwiegend CO und H_2. Der Wassergehalt des Synthesegases und somit auch der gesamte Wirkungsgrad einer Vergaseranlage hängen maßgeblich von der Feuchte der eingebrachten Biomasse ab.

Prinzipiell werden 3 Vergasungsvarianten nach der Führung des Vergasungsmittels relativ zur Feststoffbewegung unterschieden: die Gegenstromvergasung, auch aufsteigende Vergasung genannt, die Gleichstromvergasung (absteigende Vergasung) sowie die Wirbelschichtvergasung. Während bei den ersten beiden Bauformen der Brennstoff schichtenweise die einzelnen Prozeßschritte durchläuft, finden bei der Wirbelschichtvergasung die Reaktionen bei ca. 800 °C im Wirbelbett statt.

Bei der Gegenstromvergasung wird der Brennstoff von oben in den Prozessor gefüllt, während das Vergasungsmittel die Reaktionszonen von unten her durchstreicht. Der Vorteil dieses Verfahrens ist, daß der Gasstrom die bei der Verbrennung aufgenommene Wärme direkt auf den frischen Brennstoff zur Trocknung und Zersetzung übertragen kann. Dieses Verfahren ist unempfindlich gegenüber feuchten Brennstoffen, da nur der getrocknete Brennstoff die Oxidationszone erreicht. Es werden Wirkungsgrade von 55–85 % – bezogen auf den Heizwert der eingesetzten Biomasse – erreicht. Nachteilig ist jedoch aufgrund der ungenügenden Reduktion der hohe Anteil an leichtflüchtigen Teeren im Gas, der den Einsatz in Gasmotoren behindert bzw. der Erfüllung von Emissionsauflagen entgegensteht.

Bei der Gleichstromvergasung wird das Vergasungsmittel von oben durch den Brennstoff gesaugt. Dies wird entweder durch Sauggebläse oder lastabhängig durch den Gasmotor realisiert. Der energetische Wirkungsgrad des absteigenden Verfahrens ist zwar geringer, doch werden die längerkettigen Gasbestandteile wie Teere und Phenole beim Durchströmen der heißen Oxidationszone gespalten, so daß nach der Reduktion ein nahezu teerfreies Gas vorliegt, das im Gasmotor schadstoffarm verbrennt. Zur Rückgewinnung der fühlbaren Wärme kann das Gas an der Außenseite des Reaktors entlanggeführt werden.

Für eine Vergasung in der Wirbelschicht wird die Biomasse kleinstückig in die Reaktorkammer eingeblasen und durch das aufsteigende Vergasungsmittel im Schwebezustand gehalten. Die Wirbelschichtvergasung hat einen der Gegenstromvergasung vergleichbaren Wirkungsgrad [47].

Der Abgasstrom der o.g. Verfahren ist staubbeladen, so daß das Gas vor einer Verbrennung einem Staubabscheider zugeführt werden muß. Besondere Anforderungen an das erzeugte Brenngas werden dann gestellt, wenn es im Anschluß einer Gasturbine oder einem Gasmotor zugeführt wird.

4.2.2.1
Der Wamsler-Thermo-Prozessor

Der Wamsler-Thermo-Prozessor ist ein Beispiel für ein absteigendes (Gleichstrom) Vergasungsverfahren. Das zu vergasende Material, zumeist Altholz, wird dem Prozessor automatisch zugeführt. Die Korngröße muß unter 100 mm liegen und die Feuchte des Brennstoffes kleiner als 75 % betragen. Der Brennstoff durchläuft zonenweise die in Tabelle 4.18 aufgeführten Prozeßschritte und danach die Crackungszone, in der die langkettigen Kohlenwasserstoffe gespalten werden. Die noch Kohlenstoff-belastete Asche gelangt in das Asche-Nachvergasungsmodul, wo der Kohlenstoff in einer stationären Wirbelschicht umgesetzt wird. Die Asche muß je nach Kontamination ggf. auf Sonderabfalldeponien gelagert werden. Der Staubabscheider sowie eine günstige Führung des Schwelgases gewährleisten eine geringe Belastung des Brenngases durch Staub. Das Schwelgas kann in einem Zyklonbrenner bei 1200–1600 °C verbrannt oder wahlweise in einem Gasmotor eingesetzt werden [50].

Bisher existiert eine Pilotanlage mit einer Nennleistung von 600 kW; Anlagen in einer Größenordnung bis zu 6 MW werden erwartet. Die Investitionskosten werden auf 400 bis 900 DM/kw$_{th}$ geschätzt (vgl. auch [50]). Spezifische Energiegestehungskosten hängen im wesentlichen von der nachgeschalteten Technik und deren Auslastung ab und werden in Kapitel 5.1.1 diskutiert.

4.2.2.2
Der Flugstromvergaser von Noell

Der Flugstromvergaser vergast das Altholz mit reinem Sauerstoff als Vergasungsmittel zu einem Synthesegas. Das Altholz muß dafür auf eine Korngröße von unter 1 mm zerkleinert werden und darf nur eine Feuchte von höchstens 5 % aufweisen. Der staubförmige Brennstoff wird dem Brenner der Vergasungskammer als „dichtes Fluid" zugeführt, wo bei Temperaturen von 1500–1700 °C die Vergasung stattfindet. Während die organischen Substanzen verbrennen oder vergasen, schmelzen die mineralischen Bestandteile und bilden einen Schlackefilm an der wassergekühlten Wand des Reaktors. Bei einem Anteil Inertmaterial von mindestens 5 % vom Einsatzstoff bildet sich ein kontinuierlicher Schlackefluß aus, der den Reaktor zusammen mit dem Heißgas durch eine Öffnung am Boden verläßt. Schlacke und Heißgas werden unterhalb des Reaktorbodens mit Wasser in Kontakt gebracht. Die Schlacke erstarrt und kann auf der Deponie abgelagert oder als Baustoffzusatz verwendet werden. Das Synthesegas wird durch den Kontakt mit Wasser vorgereinigt und kann nach einer weitergehenden Gasbehandlung in einer Gasturbine zur Stromerzeugung genutzt werden.

Dieses Verfahren eignet sich vor allem für die Verwertung von stark mit Chlor-, Schwefel- und Stickstoffverbindungen belastetem Altholz, da durch die Verwendung von reinem Sauerstoff als Vergasungsmittel der zu reinigende Abgasstrom reduziert wird und, bedingt durch die relativ hohen Temperaturen, Schadstoffe in der verglasten Schlacke eingebunden werden [50].

Die Investitionskosten entsprechender Anlagen müssen als verhältnismäßig hoch eingestuft werden. Grund hierfür ist die Tatsache, daß diese Technik in erster Linie für die Abfallbehandlung und weniger zur Energiegestehung konzipiert ist.

4.2.2.3
Die Wirbelschichtvergasung von Lurgi

Die zirkulierende atmosphärische Wirbelschichtvergasung eignet sich zur Vergasung von festen Biomassen, die eine Feuchtigkeit von 12–15 % und eine maximale Stückigkeit von 30 mm aufweisen. Erfüllen die eingesetzten Biomassen diese Anforderungen nicht, so müssen sie entsprechend konditioniert, also ggf. in einem stationären Hacker oder einer Hammermühle (vgl. Kap. 4.2.1) zerkleinert und beispielsweise in einem Trommel- oder Dampfwirbelschicht-Trockner getrocknet werden. Die Palette der einsetzbaren Stoffe reicht von Abfällen aus der Zellstoff- und Holzindustrie (Rinden, Restholz, Faserschlamm etc.), der Nahrungs- und Genußmittelindustrie (z.B. ausgelaugte Zuckerrübenschnitzel) bis hin zu kontaminierten Althölzern und organischen Müllfraktionen. Außerdem ist auch die Vergasung minderwertiger Braunkohle möglich [44].

Bisher ausgeführte Anlagen besitzen eine thermische Leistung von 27 MW bzw. 100 MW und einen Wirkungsgrad der Vergasung von praktisch 99,3 % [44]. In den Anlagen wird Rinde und Faserschlamm einer Zellstoffabrik (Pölz in Österreich) bzw. Rohbraunkohle zur Versorgung einer Zementfabrik (in Rüdersdorf bei

Berlin) eingesetzt. Die maximale Leistung des Vergasers ist auf 150 MW begrenzt. Die Anlagenkosten der reinen Wirbelschichtvergasung können auf 180 bis 220 DM/kW_{th} geschätzt werden. Soll das Synthesegas in einer Gasturbine eingesetzt werden, ist eine aufwendigere Gaswäsche insbesondere zur Einhaltung der Alkaligehalte erforderlich [44]. Die Investitionskosten für eine Anlage inkl. Dampfwirbelschicht-Trockner und Gasreinigung können mit 500 DM/kW_{th} angegeben werden[7]. Erreichbare Energiegestehungskosten hängen von den Preisen bzw. vermiedenen Entsorgungskosten der eingesetzten Brennstoffe, den nachgeschalteten Techniken und der Auslastung ab.

4.2.3
Anaerobe Fermentation feuchter Biomasse (Vergärung, Biogaserzeugung)

In der Bundesrepublik Deutschland beträgt das technisch nutzbare Biomassepotential ohne den Anbau von Energiepflanzen jährlich rund 113 Mrd. kWh, die sich aus der Nutzung von Stroh (ca. 30 Mrd. kWh), Waldrestholz (ca. 40 Mrd. kWh), Be- und Verarbeitungsrestholz (ca. 20 Mrd. kWh) und aus tierischen Exkrementen (22,5 Mrd. kWh) rekrutieren könnten [51]. Dazu kommen noch Potentiale aus dem organischen Haus-, Industrie- und Gewerbemüll und aus Klärschlämmen.

Im Bereich der Nutzung tierischer Exkremente speisten 1994 bspw. 101 Anlagen mit einer gesamten elektrischen Leistung von 3,7 MW rund 5,7 Mio. kWh in das öffentliche Versorgungsnetz ein. Gegenüber 1992 sind das rund fünfmal mehr elektrische Energie, wobei sich die Zahl der Anlagen jedoch nur verdreifacht hat [52-54]. Müll-, Deponie- und Klärgasanlagen speisten dagegen 2.77 Mio. kWh ein, wobei jedoch der Hauptteil der Energie 1994 mit 2.26 Mio kWh aus ca. 50 Müllkraftwerken generiert wurde [52].

4.2.3.1
Biogasgestehung

Die wichtigste Voraussetzung für die anaerobe Zersetzung von Biomasse ist der Ausschluß von Luftsauerstoff, da die anaeroben Mikroorganismen empfindlich auf bereits geringe Mengen Sauerstoff reagieren. Die aktiven Mikroorganismen sind in ihrer Anzahl und Funktion weitgehend bekannt [35]. Von besonderer Bedeutung sind die methanbildenden Bakterien, die aus organischen Zwischenprodukten anderer Bakterien das nutzbare Gas erzeugen.
Der Zersetzungsprozeß erfolgt in 3 Stufen, die zeitgleich ablaufen:
1. Spaltung hochmolekularer Verbindungen wie Proteine, Kohlenhydrate und Fette (Hydrolyse) zu flüchtigen Fettsäuren und Alkoholen (keine Methanbildung).
2. Umwandlung der flüchtigen Substanzen in eine für die Methanbakterien nutzbare Verbindung (Essigsäure, Kohlendioxid und Wasserstoff) durch acetogene Bakterien.

---

[7] Die Anhaltswerte für Investitionskosten wurden uns freundlicherweise von Herrn Gericke, Fa. Standardkessel Duisburg, genannt.

3. Methanbildung durch Reduktion von Kohlendioxid und Spaltung der Essigsäure (ca. 70% des Methans entstehen aus der Essigsäure).

Bei der anaeroben Fermentation von Biomasse entsteht ein Gas (Bio- oder Faulgas), in welchem neben dem Methan noch Kohlendioxid und geringe Mengen Wasserstoff und Schwe-felwasserstoff enthalten sind. Die durchschnittliche chemische Zusammensetzung des entstehenden Gases ist in Tabelle 4.19 dargestellt.

Tabelle 4.19. Mittlere chemische Zusammensetzung von Biogas

Komponente	Massenanteil [%]
CH_4	65,0
CO_2	34,6
H_2S	0,4

Das Substrat bleibt ebenfalls fast vollständig erhalten, so daß neben dem Gas der fermentierte Rückstand nutzbar ist. Dieses Substrat weist nach der Vergärung, also der Methanproduktion, die gleichen oder nur geringfügig andere Eigenschaften auf, so daß prinzipiell jedes Substrat, das z.B. zur Düngung in der Landwirtschaft eingesetzt werden soll, vor dem Ausbringen vergärt werden kann [55, 57, 58]. Die den Düngewert bestimmenden Elemente „Stickstoff", „Phosphor" und „Kalium" erfahren während des anaeroben Abbaus des organischen Materials kaum Konzentrationsunterschiede. Durch die Umwandlung von Kohlenstoff und organischen Säuren wird sogar im Gegenteil ein günstigeres C/N-Verhältnis zur Düngung erreicht, wodurch eine Lösung von Schwermetallen und Nährstoffen, verbunden mit einer Reduktion des pH-Wertes, vermieden wird. Der hohe Wassergehalt des Substrats kommt außerdem der Düngewirkung entgegen, da flüssige Dünger grundsätzlich bessere Düngeeigenschaften aufweisen [55, 59].

Der Zersetzungsprozeß ist ein komplexer Vorgang, der leicht durch viele Einflußparameter gestört bzw. gehemmt werden kann. So haben bspw. die Feuchtigkeit des Substrats (der Trockensubstanzgehalt sollte zwischen 3–10 % liegen [47]), der Sauerstoffgehalt im Reaktor, die hydraulische Verweilzeit, der pH-Wert, der H_2S-Gehalt sowie der Anteil an Inertstoffen (z.B. Schwermetalle), Chemikalien (z.B. Antibiotika o.ä. aus der Tierhaltung) und die Faultemperatur einen Einfluß auf den Prozeßablauf.

Die Faultemperatur unterteilt die anaerobe Fermentation in 2 Gruppen (meso- und thermophile Reaktion). Die mesophilen Bakterien sind in einem Temperaturbereich von 20–40 °C aktiv [47], wobei das Optimum der Tätigkeit bei 30–35 °C liegt [55]. Die thermophilen Bakterien erreichen ihr Optimum bei einer Temperatur von 55–60 °C, wobei der thermophile Bereich der Fermentation im Temperaturintervall von 50–75 °C definiert wird. Generell sollte die Gärtemperatur konstant gehalten werden, um ein eingestelltes Gleichgewicht der Mikroorganismen nicht zu zerstören, denn die erneute Regeneration der Organismen ist mit Verzögerungen des Zersetzungsprozesses verbunden. Die Gasausbeute ist im thermophilen Bereich deutlich höher, da hier bei gleicher Verweilzeit des Substrats im Reaktor eine schnellere Zersetzung erfolgt.

In der Praxis kommen sowohl mesophile als auch thermophile Reaktoren zum Einsatz, jedoch sind in Europa thermophile Anlagen aufgrund der hohen Prozeß-energieverbräuche (Substratbeheizung) umstritten. Der Großteil der bestehenden Anlagen wird mesophil betrieben. Da jedoch im thermophilen Bereich mit deutlich höheren bzw. schnelleren Abbauvorgängen gerechnet werden kann, werden Verfahren erprobt, die eine weniger energieintensive Beheizung ermöglichen. Eine seit mehreren Jahren erprobte Möglichkeit stellt die „Biologische Wärmepumpe"[8] dar, die den Eigenbedarf der Biogasanlage auf 10–15 % reduziert [60, 61].

Moderne Biogasreaktoren können auf eine Durchmischung nicht verzichten, da während des Gärprozesses eine Schichtbildung einsetzt, die den Zersetzungs-prozeß hemmt. So setzt sich am Behälterboden eine Schlammschicht ab, in der große Teile der Feststoffe des Substrats enthalten sind. An der Substratoberfläche kommt es zu Schaumbildungen bzw. zum Aufschwimmen von Schwebeteilchen. Ebenso wird mit einer Durchmischung eine homogene Temperaturverteilung und gleichmäßige Nährstoffversorgung der Bakterien erreicht. Zur Umwälzung werden konventionelle Rührer, Umwälzpumpen oder Gaskompressoren eingesetzt, die das Biogas erneut in den Reaktor bringen, wo es dann zur Oberfläche diffundiert.

Die Beheizung des Reaktors hingegen bedeutet einen deutlich höheren Eigen-energiebedarf, der häufig mit einem Teil des erzeugten Biogases direkt gedeckt wird. Je nach Reaktorbauart und Prozeßführung (Wirbelschichtsysteme, Kontakt- oder Schlammbettsysteme) beträgt der Eigenbedarf zwischen 20 und 50 %. Dies reduziert die nutzbare Energie, doch kann in vielen Fällen auf eine Beheizung nicht verzichtet werden, weil die zur mesophilen Zersetzung erforderlichen hydraulischen Verweilzeiten aufgrund der langsameren Zersetzungsgeschwindigkeit große Reaktorvolumina benötigen. Neuere Konzepte gehen von einer Kombination aerober und anaerober Zersetzung aus, wobei die Niedertemperaturwärme der Rotte zur Beheizung der Biogasreaktoren genutzt werden soll. Eine Möglichkeit liegt dabei in der Kombination der aeroben Stufe der Klärschlammstabilisierung mit Biogasreaktoren. Dabei weist die räumliche Verteilung der vorhandenen Klärwerke eine günstige Ausgangssituation auf [62].

Die Beheizung kann durch innenliegende Wärmetauscher (hoher Reinigungs-bedarf) oder über den Reaktormantel erfolgen. Eine gute Wärmedämmung muß vorgesehen werden, um Wärmeverluste, die aufgrund großer Oberflächen beacht-liche Größenordnungen annehmen können, zu vermeiden.

Die Substratzufuhr kann kontinuierlich oder periodisch erfolgen. Entsprechend der zeitlichen Substratzufuhr heißen die Reaktoren Durchfluß- oder Chargen-reaktoren (teilweise auch kontinuierliche bzw. semikontinuierliche Biogasreaktoren). Das Substrat kann in einstufigen bzw. mehrstufigen Anlagen mit eventueller Trockenfermentation vergoren werden. Diskontinuierliche Anlagen werden teilweise mit Wechselbehältern betrieben, die wechselweise beladen und entleert werden.

---

[8] Eine Biologische Wärmepumpe wird mit der Stallabwärme zur Reaktorbeheizung betrieben.

Aufgrund der Vielfalt der Anlagen und der verschiedenen Substrate ist eine spezielle Auswahl mit Optimierung der Anlagen und Substrateigenschaften unerläßlich. Pauschale Aussagen über Gasausbeuten und Wirkungsgrade sind daher nur schwer möglich, so daß hier auf Mittelwerte der unter speziellen Bedingungen gemessenen Werte zurückgegriffen werden muß.

Tabelle 4.20 zeigt die Bereiche mittlerer Biogasausbeuten, Gärdauern, Methangehalte sowie Heizwerte von Gasen verschiedener Substrate.

Tabelle 4.20. Mittlere Biogasausbeuten, Gärdauern, Methangehalte sowie Heizwerte von Gasen verschiedener Substrate

Substrat	Gasausbeute $[m^3/t_{Roh}]$ bzw. $[m^3/GVE\ d]$	Gärdauer [d]	Methangehalt [%]	Heizwert $[MJ/m^3]$
Organ. Müll	90,0 - 140	10 - 30	70	23,8
Klärschlamm	12,0 - 14	4 - 10	65	22,1
Schweinegülle	1,6 - 2,2	48	65	22,1
Rindergülle	0,6 - 1,5	15	65	22,1
Geflügelmist	2,5 *	25	65	22,1

* Hoher Trockensubstanzgehalt, (1 GVE entspricht 500 kg Lebendgewicht).

4.2.3.2
Kosten der biologischen Konversion von feuchter Biomasse

Die Kosten der biologischen Konversion von feuchter Biomasse, genauer der mesophilen Vergärung organischer Substrate, wird für die bereits bestehenden Technologien abgeschätzt.

Tierische Exkremente

Die spezifischen Kosten von Biogasanlagen zur Verwertung tierischer Exkremente hängen in hohem Maße von der Kapazität, d.h. vom Substrataufkommen, ab. Die Kosten einer Biogasanlage werden als einzelbetriebliche Kleinst-, Klein- oder Mittelanlage ausgewiesen, wobei die Investitions- oder Betriebskosten wegen der hohen Eigenleistung nicht ohne weiteres kalkulierbar sind. Weiterhin kommt hinzu, daß Biogasanlagen nicht in Serie, sondern als Einzelanlagen für den speziellen Fall des Auftraggebers gefertigt werden. Momentan werden – von wenigen Kleinunternehmen abgesehen – nur Großanlagen angeboten, wobei das Anbieterspektrum sehr begrenzt ist. Eine eindeutige Kostenabschätzung ist auch gerade bei Kleinanlagen schlecht möglich, da z.B. bei nachträglichem Einbau von Gärbehältern das oft schon vorhandene Güllelager genutzt werden kann. Um jedoch trotz dieser Unsicherheiten die Energiegestehungskosten ausweisen zu können, werden die Investitions- und Betriebskosten über bestehende Referenzanlagen berechnet (vgl. Tab. 4.21).

Tabelle 4.21. Investitions- und Betriebskosten sowie Biogasgestehungskosten existierender Betriebe mit den Viehbestandsgrößen 20, 40 und 60 GVE

Viehbestand (Betriebsgröße)	GVE	20	41	60
Faulraumreaktor	[m³]	25	94	75
Investitionen:				
Gärbehälter*	[DM]	25.400	93.200	139.000
Gasspeicher*	[DM]	11.800	42.300	23.300
Sonstiges*	[DM]	2.600	15.800	29.100
Gesamt	[DM]	39.800	151.300	192.200
Betriebskosten:				
Betriebsmittel	[DM/a	240	492	720
Arbeitskosten	[DM/a]	1.728	1.728	1.728
Mittlere Energieerträge				
Rinder	[kWh/a]	37.000	75.000	111.000
Schweine	kWh/a]	64.000	128.000	192.000
Mittlere Biogasgestehungskosten (1. Betriebsjahr)				
Rinder	[Pf/kWh]	20	29	24
Schweine	[Pf/kWh]	29	44	36

* Nutzungsdauer 20 Jahre, sonst 30 Jahre.

Für die hier vorliegende Abschätzung werden nur Betriebe betrachtet, die pro Betrieb mehr als 20 GVE aufweisen. Die anderen Betriebe werden für eine energetische Verwertung der Gülle als zu klein angesehen, d.h., daß für diese Betriebe eine rentable Energiegestehung nicht möglich sein wird. Eine Verwertung der Exkremente in Großanlagen, die von vielen Kleinviehhaltern beliefert wird, ist zwar prinzipiell möglich, aber der Gülletransport ist einerseits durch die niedrige Energiedichte (ca. 1 MJ/kg) und andererseits durch den hohen Aufwand (z.B. Logistik, um einen kontinuierlichen Betrieb zu ermöglichen) nicht empfehlenswert.

Für die Gemeinden des als Beispiel herangezogenen Bundeslandes Nordrhein-Westfalen sind im wesentlichen nur 3 unterschiedliche Biogasanlagen mit den Kapazitäten von ca. 20, 40 und 60 GVE zu betrachten, da Betriebe mit höherer GVE-Zahl in diesem Bundesland praktisch nicht vorkommen [63]. Für diese Kapazitäten werden nach [40] und [64] die Kosten abgeschätzt. Tabelle 4.21 gibt die Investitions- und Betriebskosten sowie die Energieproduktion für Betriebe mit den Viehbestandsgrößen 20, 40 und 60 GVE wieder.

Aus Tabelle 4.21 wird die hohe Spreizung bei dem Biogasgestehungspreis deutlich. So belaufen sich die Kosten pro kWh Biogas von ca. 20 Pf bei der Verwertung von Rindergülle bis ca. 44 Pf bei der Nutzung von Exkrementen von Schweinen. Die Preise lassen sich noch um ca. 30 % senken, wenn von der Einzelproduktion der Vergärungsanlage auf eine Serienfertigung umgestellt wird [64].

Müll

Organischer Müll kann zur Biogaserzeugung herangezogen werden. Das sind zum einen organische Abfälle aus Haushalten, Industrie und Gewerbe, zum anderen auch Abfälle aus kommunalen und öffentlichen Einrichtungen.

Der Bau einer Großanlage, in der sämtliche organische Reststoffe eines Betriebs (oder Kommune) fermentiert werden können, soll als Grundlage der Investitionsrechnung dienen. Dabei soll jedoch angenommen werden, daß eine Biomüll-vergärungsanlage max. 20.000 t/a Biomüll durchsetzen kann[9].

Investitionskosten

Die Investitionskosten für große neue Müllvergärungsanlagen sind bei 2 Referenzanlagen (Jahressubstratdurchsatz: 5000 t/a und 10.000 t/a) bekannt [64]. Auf Basis dieser Referenzanlagen können die Investitionskosten abgeschätzt werden.

Die Investitionskosten teilen sich in die Kosten für die Kompostieranlage, die Gebäude und die Substrataufbereitung auf.

Die Kompostieranlagenkosten verursachen dabei die weitaus höchsten Investitionskosten, wohingegen die Kosten für die Gebäude und die Substrataufbereitung in etwa derselben Größenordnung liegen. Die Nutzungsdauer der einzelnen Anlagenteile differiert zwischen 7 Jahren bei der Substrataufbereitung und 25 Jahren bei den Gebäuden.

Durch die Betrachtung zweier Großanlagen ergeben sich insgesamt die annuitätischen Investitionskosten (1. Betriebsjahr) in Abhängigkeit vom jährlichen Mülldurchsatz (vgl. [65]). Die Investitionskosten für 2 Jahresmülldurchsätze sind in nachstehender Tabelle 4.22 dargestellt.

Tabelle 4.22. Investitionskosten zur Verwertung organischen Mülls am Beispiel zweier Großanlagen

Anlage	Jahresmülldurchsatz (org. Fragmente)	
	5.000 t/a	10.000 t/a
Kompostieranlage [Mio. DM]	3,10	6,20
Gebäude [Mio. DM]	0,85	1,00
Substrataufbereitung [Mio. DM]	0,25	0,50
Summe [Mio. DM]	4,20	7,70

Betriebskosten

Die Betriebskosten können als Teil der Investitionskosten betrachtet werden [64]. Die jeweiligen Prozentanteile an den Investitionskosten bei Müllverwertungsanlagen veranschaulicht Tabelle 4.23.

---

[9] Größere Anlagen wurden bisher nicht gebaut.

Für die Betriebskosten ergibt sich mit Tabelle 4.23 entsprechend eine lineare Abhängigkeit der Betriebskosten im ersten Betriebsjahr von dem Substratdurchsatz des organischen Mülls (vgl. [64]). Die Werte für Versicherung und Sonstiges gelten für die Gesamtinvestition.

Für einen Mülldurchsatz im Intervall von 5.000 bis 20.000 t/a lassen sich mit den Tabellen 4.22 und 4.23 die spezifischen Kosten pro erzeugte kWh Gas bestimmen. Sie variieren je nach Mülldurchsatz zwischen 15 und 25 Pf/kWh. Das bedeutet, daß allein die Gasgestehungskosten erheblich über dem Preisniveau der konventionellen Wärme- und Stromgestehung liegen.

Tabelle 4.23. Anteilige Betriebskosten an den Investitionskosten bei Müllverwertungsanlagen

Anlage	Betriebskosten [% der Investition/a]
Kompostieranlage	3,0
Gebäude	3,0
Substrataufbereitung	6,0
Versicherung, Sonstiges	1,5

Klärschlämme

Klärschlamm fällt als Nebenprodukt bei der Reinigung von Abwässern an. Das bei der Faulung der Schlämme anfallende Klärgas wird bereits bei den meisten Kläranlagen für den Eigenbedarf (rd. 60 %) genutzt, und zwar im wesentlichen für die Beheizung von Faulbehälter und Betriebsgebäude, die Beheizung von Klärschlammtrocknungsanlagen und die Stützfeuerung von Klärschlammverbrennungsanlagen. Das verbleibende Klärgas wird entweder als Gas oder elektrischer Strom an das Netz oder an benachbarte Betriebe abgegeben.

Investitionskosten

Die Investitionen für eine Anaerobklärschlammanlage (Index KS) können anders als bei der Fermentation von tierischen Exkrementen oder organischem Müll in Abhängigkeit des Reaktorvolumens V_R und der verschiedenen Anlagentechniken i als hyperbolische Funktion der Form

$$k_{KS,i} \left[\frac{DM}{m^3_{Reaktor}} \right] = \frac{a_{KS,i}}{V_R \left[m^3_{Reaktor} \right]} + b_{KS,i} \quad (4.1)$$

wiedergegeben werden [65]. Dabei bedeuten: $k_{KS,i}$: auf das Reaktorvolumen bezogene Investition der Maschinen bzw. der Klärschlammanlage; $a_{KS,i}$, $b_{KS,i}$: Konstanten des Reaktorsystems i, wobei die Konstanten $a_{KS,i}$ und $b_{KS,i}$ in Tabelle 4.24 für die verschiedenen Reaktorsysteme angegeben sind.

Dabei wird die Größe des Reaktorvolumens durch die durchschnittliche Verweilzeit des Klärschlamms im Reaktor und aus dem täglichen Substratzulauf bestimmt [47].

Die Verweilzeit hat einen entscheidenden Einfluß auf den Biogasanfall im

Tabelle 4.24. Konstanten $a_{KS,i}$ und $b_{KS,i}$ für verschiedene Klärschlamm-reaktorsysteme

Reaktorsystem	i	spez. Investition der Maschinen [DM]		ges. spez. Investition der Anlage [DM]	
		$a_{KS,i}$	$b_{KS,i}$	$a_{KS,i}$	$b_{KS,i}$
Ausschwemmreaktor	1	286.124	122,02	622.769	409,95
Anaerobe Belebung	2	300.934	152,16	635.792	511,62
Festbettreaktor	3	282.434	392,00	618.978	688,03
Teilfestbettreaktor	4	306.734	250,71	643.834	541,52
Zweistufige anaerobe Belebung	5	434.252	188,69	947.052	650,03
Festbettsystem	6	284.705	225,58	592.615	511,31

Reaktorbehälter. Bis zu einer Verweilzeit von 6 Tagen wächst die Biogasausbeute überproportional an. Nach etwa 8 Tagen Verweilzeit erhöht sich der Biogasanfall etwas geringer und nach ca. 15 Tagen stagniert er fast. Um möglichst die gesamte erzielbare Methanerzeugung zu nutzen, wird bei der Berechnung des Reaktorvolumens von einer durchschnittlichen Verweilzeit von 15 Tagen ausgegangen. Die höchste Abbauleistung wird bei kontinuierlich beschickten Anlagen wie Festbett- und Teilfestbettreaktoren erreicht.

Betriebs- und Wartungskosten

Die Betriebs- und Wartungskosten setzen sich im wesentlichen aus den jährlichen Aufwendungen des Personals, der elektrischen und thermischen Energie sowie dem Verbrauchsmaterial (z.B. Schaumbekämpfungsmittel, Nährsalze) zusammen. Für die Berechnung der Personalkosten können Lohnkosten für das Personal in Höhe von ca. 70.000 DM angesetzt werden, für Instandhaltung und Wartung (Ersatzteile, Fremdarbeiten) sind rd. 2 % der Investitionskosten als Jahresaufwendungen zu berechnen [65].

Für die jährlichen, auf den Jahresdurchsatz Substrat bezogenen Behandlungskosten für die einzelnen Reaktortypen kann näherungsweise – wie im Fall der Investitionskosten – ein hyperbolischer Ansatz als Funktion des Reaktorvolumens zugrunde gelegt werden (vgl. [65]). Für den Fall des Teilfestbettreaktors (Index TFB) ergeben sich bspw. die spezifischen Behandlungskosten $k_{Beh,KS,TFB}$ zu:

$$k_{Beh,KS,TFB}\left[\frac{DM}{m^3_{Durchsatz}/a}\right] = \frac{1.052,995}{V_R\left[m^3_{Reaktor}\right]} + 0,607 \quad (4.2)$$

Die Kosten für das Verbrauchsmaterial können mit noch einmal ca. 3,5 % der Jahreskosten für Personal, Wartung und Behandlung abgeschätzt werden (vgl. [65]).

Mit den oben dargestellten Randbedingungen können Energiegestehungskosten incl. BHKW berechnet werden. Hieraus ergibt sich, daß bei den großen Klärschlammanlagen u.U. eine wirtschaftliche Stromgestehung möglich ist. So läßt sich die kWh Strom für große Klärschlammanlagen zu ca. 15 Pf (1. Betriebsjahr) erzeugen, wohingegen die Stromgestehung aus kleinen Anlagen mit ca. 52 Pf/ kWh (1. Betriebsjahr) sehr viel teurer als konventionell erzeugter Strom ist.

4.2.4
Aerobe Zersetzung feuchter Biomasse (Kompostierung)

In der Bundesrepublik Deutschland werden ca. 3 % des Hausmülls in Kompostanlagen verarbeitet. Dabei fallen jährlich ca. 280.000 t Kompost an, die durch die Erfassung des organischen Mülls von ca. 2,3 Mio. Bürgern entstehen [58, 62].

Unter dem Begriff „aerobe Zersetzung" wird der natürliche Zerfall abgestorbener organischer Materie an der Luft verstanden. Durch Pilze, Bakterien und andere Mikroorganismen wird die organische Substanz (Kohlenhydrate, Eiweiße und Fette) durch einen exothermen Prozeß zersetzt. Die dabei frei werdende Niedertemperaturwärme ist beträchtlich, da ca. 82 % der in der organischen Trockensubstanz enthaltenen chemischen Energie als Wärme freigesetzt werden kann [66]. Unter günstigen Bedingungen (geschlossene Kompostierung mit guter Wärmedämmung, ausreichender Sauerstoffgehalt im Substrat) werden Temperaturen bis ca. 80 °C erreicht [62]. Die freigesetzte Wärmemenge beträgt ca. 1,1 kWh/kg organischer Trockensubstanz (OTS) [66]. Der Großteil der Wärme wird relativ schnell durch die Heißrotte des mechanisch aufbereiteten Rohkomposts freigesetzt, während die Wärmeentwicklung der anschließenden Nachrotte abnimmt und die weitere Zersetzung wesentlich mehr Zeit braucht [67]. Daher werden oft die Heiß- und Nachrotte räumlich getrennt und der Frischkompost zur Nachrotte umgeladen.

Die aerobe Zersetzung organischen Materials setzt dabei einige grundlegende Substrateigenschaften voraus. So muß eine ausreichende Feuchtigkeit von mind. 55 %, ein C/N-Verhältnis von ungefähr 20 und eine ausreichende Durchlüftung vorgesehen werden [68].

Die Kompostierung organischer Substanzen kann ohne großen technischen Aufwand geschehen. Die einfachste Möglichkeit ist der herkömmliche Komposthaufen, der in vielen privaten Gärten zu finden ist.

Generell wird zwischen der geschlossenen und der offenen Kompostierung unterschieden. Die offene Kompostierung erfordert bis auf eine eventuelle Luftzufuhr in das Innere der Miete oder des Komposthaufens keinerlei technischen Aufwand. Unter dem Begriff Miete wird eine haldenähnliche Anordnung des Rottematerials im Freien verstanden. Der Querschnitt solcher Mieten ist meist trapezförmig oder dreieckig. Häufig werden die Mieten auf betoniertem Untergrund mit Sickerwassererfassung und untenliegender Luftzufuhr konzipiert, da dies eine einfache und effektive Anordnung ist. Die Schütthöhen der Mieten werden im allgemeinen durch die Sauerstoffversorgung des Rottematerials begrenzt. Unbelüftete Zonen können zu anaeroben Zersetzungsprozessen mit deutlicher Geruchsentwicklung führen. Somit werden Schütthöhen von 1–1,5 m für unbelüftete und max. 2,5 m für belüftete Mieten angegeben [62].

Weitere Möglichkeiten der effektiveren Kompostierung bestehen in mehrstufigen geschlossenen Anlagen, in denen das Material entsprechend seines Rottegrades

(Heißrotte, Nachrotte) verschiedene Etappen durchläuft, um einerseits den Zersetzungsprozeß zu beschleunigen und andererseits einen homogeneren Kompost zu gewinnen. Dieses Prinzip wird in Anlagen realisiert, die nach dem Jersey-Verfahren, dem Drehtrommel-Verfahren arbeiten oder als Bioreaktoren (Multibacto-Verfahren) ausgeführt sind. Weiterhin besteht die Möglichkeit der Stapelrotte, bei der das Rottegut zu Pellets bzw. Preßlingen gepreßt wird. Die Preßlinge werden zu großen Stapeln aufgeschichtet, wo sie dann platzsparend zersetzt werden. Dieses Verfahren weist eine Reihe von Vorteilen auf [67], denen jedoch ein erhöhter Aufwand an Vorbehandlung entgegensteht.

Die geschlossenen Verfahren weisen gegenüber den offenen deutliche Vorteile auf. So ist z.B. der Temperaturgradient zur Behälterwand wesentlich geringer als bei einer freien Rotte. Der Vorteil ist darin zu sehen, daß das Material auch in den Randzonen des Behälters noch ausreichend hygienisiert wird, womit eine Vermehrung von Keimen oder Krankheitserregern vermieden werden kann. Ebenso ist durch die notwendige Be- und Entlüftung geschlossener Systeme eine Geruchsbelästigung der Umgebung ausgeschlossen.

In den meisten Praxisanlagen zur Kompostierung der organischen Hausmüllfraktionen wird neben der eigentlichen Kompostierung auch die allgemeine Aufbereitung des Haus- und Industriemülls übernommen. So ist die Trennung der organischen und der anorganischen Substanzen wie Metalle, Glas etc. eine im Grunde genommen vermeidbare Arbeit, denn die Trennung dieser Müllfraktionen beim Verursacher und die getrennte Abfuhr durch die Entsorgungseinrichtungen würde nicht nur möglicherweise wirtschaftlicher, sondern auch für beide Müllfraktionen von Vorteil sein. Die organische Substanz wäre vor einer Kontamination mit Schwermetallen beim Transport (z.B. durch Batterien, Bleianteile in Kugelschreiberminen etc.) bewahrt, während der Restmüll vor der hohen Feuchtigkeit des organischen Mülls (Wassergehalt etwa 50–60 %) geschützt würde, wodurch eine deutliche Heizwertsteigerung bei der Müllverbrennung erreicht werden könnte. Die Steigerung des Heizwertes des Restmülls bei einer Trennung der organischen und der anorganischen Substanzen wird mit ca. 0,8 MJ/kg Hausmüll angegeben (Heizwertsteigerung von ca. 2 auf ca. 3 kWh/kg) [38].

Tabelle 4.25. Vor- und Nachteile der aeroben Zersetzung der Biomasse

Vorteile	Nachteile
Nutzung von Niedertemperaturwärme ohne großen technischen Aufwand.	Schlechte Nutzungsmöglichkeiten von Niedertemperaturwärme von dezentralen Kompostwerken.
Kompostproduktion als wertvoller Dünger zur eventuellen Substitution von Torf o.ä. Naturprodukten.	Einfache Anlagen weisen Geruchsemissionen auf, keine vollständige Hygienisierung des Substrats (Gefahr von Krankheitserregern).
80 % der organischen Sustanz werden in Wärme umgewandelt.	Schlechte Absatzmöglichkeiten des Komposts aufgrund möglicher Schwermetallbelastungen.

Die existierenden Müllkompostwerke können daher eher als ein Nebenprodukt der Müllverbrennung angesehen werden, denn der Energiegewinn der Heizwert-verbesserung in der Müllverbrennung ist aufgrund der weitverbreiteten, aber um-strittenen Müllverbrennung von größerer Bedeutung als die erzeugte Rottewärme bei der aeroben Zersetzung der Biomasse. Die Vor- und Nachteile der aeroben Biomassennutzung zeigt Tabelle 4.25.

4.2.5
Treibstoffgewinnung (Äthanolerzeugung)

Eine weitere Fermentationstechnologie besteht in der Alkoholgärung (Äthanol C_2H_5OH) von zuckerhaltigen Substanzen pflanzlicher Herkunft. Dabei handelt es sich um eine anaerobe Fermentation der zuckerhaltigen Lösungen durch Hefe-bakterien. Geeignet für diesen Umwandlungsprozeß sind prinzipiell alle zucker-, stärke- oder zellulosehaltigen Substanzen. Dabei ist bei den beiden letztgenann-ten Substanzen ein Zwischenschritt (Verzuckerung) bei der Fermentation notwen-dig. Bei stärkehaltigen Pflanzen muß die Stärke zunächst der Pflanze entzogen werden. Dies geschieht durch Zusatz von warmem Wasser, in dem sie sich löst. Es entsteht eine Substanz, die zu Traubenzucker umgewandelt wird. Danach ist eine Vergärung durch Hefebakterien möglich.

Die anschließende Fermentation in Anlagen, die prinzipiell den Biogasreaktoren entsprechen, liefert dann das gewünschte Endprodukt Äthanol. Der Fermentations-prozeß wird ebenso durch zahlreiche Parameter beeinflußt, wie die aerobe bzw. anaerobe Fermentation durch andere Bakterien. So bestimmen die Temperatur, der pH-Wert, die Gärzeit, der Hefeanteil und der Zuckergehalt im Substrat die Äthanolausbeute. Ein geeignetes Substrat sollte einen Zuckergehalt zwischen 10 und 18 %, einen pH-Wert von 4,0 und eine Hefekonzentration von 40–60 g pro Liter Substrat aufweisen [47]. Die Gärdauer ist stark vom Verfahren abhängig und variiert zwischen 5 und 50 Stunden. Im Gegensatz zur Biogasvergärung fällt bei der Äthanolgärung eine beachtliche Wärmemenge an, wodurch eine Kühlung des Gärbehälters erforderlich wird. Die Gärtemperatur sollte zwischen 30 und 40 °C liegen.

Die Gesamtenergiebilanz der Äthanolvergärung ist nur bei wenigen Rohstof-fen positiv, da häufig große Mengen Prozeßenergie zugeführt werden müssen. So ist z.B. auch zur Äthanolproduktion aus Zuckerrüben Fremdenergie im Überschuß erforderlich.

4.3
Erneuerbare Energiequellen

Während in den vorangegangen Abschnitten die Beschreibung von Energieträ-gern erfolgte, deren Energieinhalt lang- (fossile Brennstoffe) oder kurzfristig (bio-gene Energieträger) chemisch gespeicherte, solare Strahlungsenergie darstellt, wird in diesem Kapitel auf die Darbietung der erneuerbaren Energieträger „Wasserkraft", „Windkraft" und „solare Strahlung" näher eingegangen. Kenntnisse über die räumliche und zeitliche Verteilung des fluktuierenden Angebots dieser Energieträger bilden eine notwendige Voraussetzung für eine sinnvolle Auslegung von Anlagen zur Nutzung des physikalischen Energieinhalts regenerativer Energien.

4.3.1.
Solare Strahlungsenergie

Das extraterrestrische Strahlungsangebot wird primär durch die astronomischen Gesetzmäßigkeiten der Erddrehung um die Sonne bestimmt. Die Solarkonstante ist dabei als die bei mittlerem Abstand der Erde von der Sonne pro Sekunde und Quadratmeter oberhalb der Erdatmosphäre auf eine zur Einfallsrichtung normal ausgerichtete Fläche einfallende Strahlungsenergie aller Wellenlängen definiert. Aufgrund unterschiedlicher Meßergebnisse (vgl. [69–71]) wurde die Solarkonstante 1982 von der WMO (World Meteorological Organization) zu 1.367 W/m^2 festgelegt [72].

Die Sonnenstrahlung unterliegt beim Durchgang durch die Erdatmosphäre verschiedenen Streu- und Absorptionsprozessen, die Intensität und Spektrum beeinflussen. Die wesentlichen Einflüsse sind [73, 74]:

1. Streuung an den Luftmolekülen (Rayleigh-Streuung),
2. Streuung und Absorption an und im Aerosol,
3. Absorption in verschiedenen Gasen der Atmosphäre (CO_2, O_3, H_2O),
4. Streuung und Absorption an und in Wolken.

Im weltweiten Mittel erreicht daher nur etwa ein Anteil von 50 % der extraterrestrischen Sonnenenergie als diffuse (gestreute) und direkte Strahlung die Erdoberfläche, wovon ca. 6 % durch Reflexion (Albedo) wiederum abgestrahlt werden [75].

Die großen räumlichen und zeitlichen Schwankungen des solaren Strahlungsangebotes werden durch klimaspezifische Faktoren und die geographische Lage verursacht. Der dominierende Einfluß wird dabei einerseits durch die Häufigkeit, Art und Form der Bewölkung und andererseits durch die Höhe der relativ durchstrahlten Luftmasse (Air Mass) ausgeübt. Sekundäre Effekte treten durch die Luftzusammensetzung (Trübungsfaktor), die Bodenbeschaffenheit (Albedo) und die geographische Höhenlage auf.

Räumliche Verteilung

Weltweit werden die höchsten Einstrahlungssummen in Äquatornähe mit ca. 3.900 kWh/(m^{2}a) am Boden erreicht, dies entspricht etwa der dreifachen Einstrahlung im Vergleich zu einem Standort in der Bundesrepublik Deutschland. Die wesentlichen Kriterien zur Nutzung der solaren Strahlung durch photovoltaische Anlagen sind einerseits eine hohe Jahressumme und andererseits ein möglichst ausgeglichener Jahresgang. Bevorzugte Gebiete zur effizienten Ausschöpfung des solaren Strahlungspotentials sind wegen der Äquatornähe Südamerika, Zentralafrika und Südostasien. Ebenfalls hohe Jahressummen, verbunden mit größeren saisonalen Schwankungen, liegen in Nordafrika, Kleinasien, Indien, im Südwesten der USA und Mexico, im Westen Perus und Chiles, in Zentral- und Nordaustralien sowie in Südafrika [76] vor.

Innerhalb der Europäischen Union schwankt das Strahlungsangebot im Mittel zwischen ca. 850 kWh/(m²a) im Norden Großbritanniens und Schwedens und 1.750 kWh/(m²a) in Südspanien, Portugal, Sizilien und im Süden Griechenlands [77, 78].

In der Bundesrepublik Deutschland werden auf den vorgelagerten Nordseeinseln Werte bis zu 1.100 kWh/(m²a), in der norddeutschen Tiefebene zwischen 950 und ca. 1.050 kWh/(m²a) und in Mitteldeutschland zwischen 950 und 1.000 kWh/(m²a) im Mittel registriert. Die höchsten Jahressummen der Globalstrahlung (bis zu ca. 1.200 kWh/[m²a]) werden von horizontalen Flächen in Süddeutschland empfangen. Insgesamt kann das jährliche Strahlungsangebot in der Bundesrepublik Deutschland im räumlichen und zeitlichen Mittel mit ca. 1.075 kWh/(m²a) angegeben werden. Die räumliche Variationsbreite beträgt dabei rund ±12 %, was

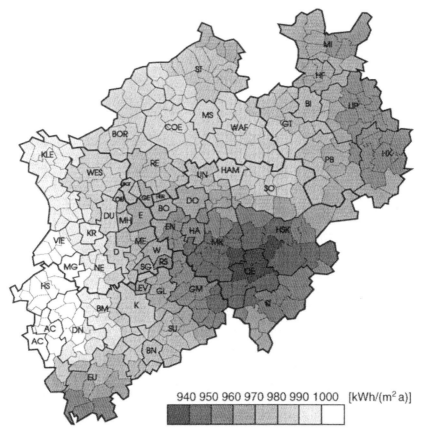

940 950 960 970 980 990 1000 [kWh/(m² a)]

Abb. 4.3. Räumliche Verteilung der mittleren Jahressumme der Globalstrahlung in Nordrhein-Westfalen

in etwa auch der zeitlichen Streuung der Jahressummen unterschiedlicher Jahrgänge entspricht.

Detaillierte Kartierungen der solaren Einstrahlung wurden bisher für die Bundesländer Baden-Württemberg, Bayern und Nordrhein-Westfalen durchgeführt [77, 80]. Stellvertretend hierfür zeigt Abbildung 4.3 die räumliche Verteilung der Globalstrahlung im Jahresmittel in Nordrhein-Westfalen (vgl. [81]).

Die Verteilung der globalen Strahlungsintensität im Jahresmittel in Nordrhein-Westfalen richtet sich deutlich ausgeprägt nach den geographischen Merkmalen der Region. Während im Hochsauerland eine ausgeprägte Senke feststellbar ist, steigt im Flachland (Münsterland, Niederrheinische Tiefebene) die globale Strahlungsintensität kontinuierlich zu höheren Werten an. Der Grund hierfür liegt darin, daß sich die Bewölkungsdichte aufgrund der Abkühlung aufsteigender Luftmassen in den Mittelgebirgslagen (Rothaargebirge) stark erhöht. Dies führt in der Folge zu einer niedrigeren Sonnenscheindauer und geringerer Einstrahlung [70].

Der Anteil der diffusen Strahlung an der Globalstrahlung variiert in der Bundesrepublik Deutschland zwischen rd. 50 % und 60 %, wodurch der Einsatz von konzentrierenden Systemen zur Stromerzeugung wie bspw. Solarturmkraftwerken erheblich eingeschränkt wird.

Zeitliche Verteilung

Neben der räumlichen Variationsbreite spielt die zeitliche Verteilung der solaren Einstrahlung eine erhebliche Rolle beim Einsatz solartechnischer Anlagen. Abbildung 4.4 zeigt exemplarisch einen typischen Jahresgang gemessener Tages-

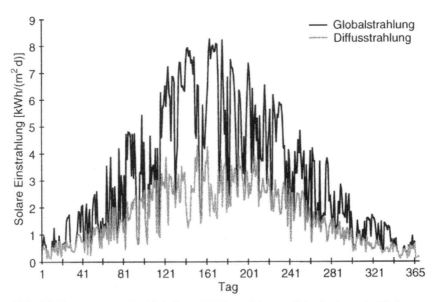

Abb. 4.4. Tagessummen der Global- und Diffusstrahlung auf eine horizontale Fläche (Hamburg, 1972)

summen solarer Global- und Diffusstrahlung auf eine horizontale Fläche in Hamburg [82].

Die niedrigste Tagessumme wurde am 20.12. mit 0,1 kWh/(m²d), die höchste am 13.07. mit 8,3 kWh/(m²d) gemessen. Insgesamt entfallen von der Jahressumme (1.079 kWh/[m²a]) ca. 60 % auf die Monate Mai, Juni, Juli und August. Deutlich erkennbar ist der ausgeprägte Jahresgang mit ständig wechselnden mehrtägigen Schlecht- und Schönwetterperioden.

Bedingt durch ständig wechselnde Bewölkungssituationen können sich die zeitlichen Fluktuationen solarer Einstrahlung ebenso im Tagesgang fortsetzen. Diese Schwankungen müssen bei der Planung und Auslegung solartechnischer Anlagen, insbesondere der Speicher, berücksichtigt werden.

Sonstige Aspekte

Bei einer intensiven Nutzung der Solarenergie durch netzgekoppelte photovoltaische Anlagen können räumliche Ausgleichseffekte der solaren Einstrahlung auftreten. Verschiedene Untersuchungen [83–85] gemessener Strahlung an unterschiedlichen Standorten zeigen, daß auch kleinräumige Anordnungen vieler Photovoltaikanlagen bereits wesentlich zur Vergleichmäßigung des Energieinputs in das Netz beitragen können. Grundlegende Erkenntnisse auf diesem relativ jungen Forschungsgebiet werden durch die Auswertung von Satellitenbildern erwartet [86, 87].

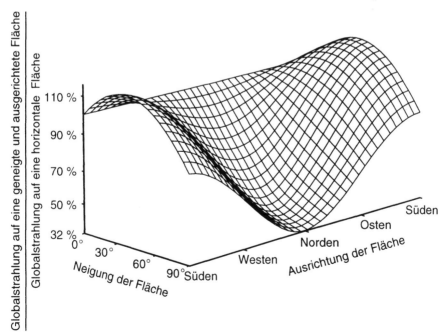

Abb. 4.5. Jahressumme der Globalstrahlung für einen repräsentativen Standort in der Bundesrepublik Deutschland in Abhängigkeit von Neigung und Ausrichtung der Fläche

Die solare Einstrahlung auf eine Fläche kann durch Ausrichtung und Neigung derselben erhöht werden. Abbildung 4.5 zeigt für einen repräsentativen Standort in der Bundesrepublik Deutschland das Verhältnis zwischen der Jahressumme der Globalstrahlung auf eine geneigte und ausgerichtete sowie eine horizontale Fläche in Abhängigkeit der Ausrichtung und Neigung.

Der hinsichtlich einer maximalen Jahressumme der Globalstrahlung optimale Neigungswinkel liegt nach Abbildung 4.5 bei ca. 35 °, wobei die Fläche nach Süden orientiert ist und eine Erhöhung der Einstrahlung auf rd. 117 % erreicht wird.

Eine weitere Möglichkeit zur Leistungssteigerung photovoltaischer Anlagen stellen Nachführsysteme dar. Abbildung 4.6 zeigt für verschiedene Nachführsysteme die gegenüber einer horizontalen Empfangsfläche prozentuale Steigerung der Jahressumme globaler Strahlung in der Bundesrepublik Deutschland [78]. Die eingezeichneten Grenzen werden durch verschiedene Standorte und verschiedene Modelle [88–92] zur Beschreibung der diffusen Strahlung auf eine geneigte und ausgerichtete Fläche verursacht.

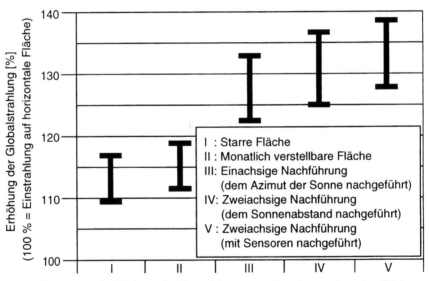

Abb. 4.6. Prozentuale Erhöhung der Einstrahlung gegenüber einer horizontalen Fläche für verschiedene Nachführmöglichkeiten in der Bundesrepublik Deutschland

Liegen am geplanten Standort einer solartechnischen Anlage Horizonteinschränkungen durch umgebende Gebäude, Vegetation oder topographische Gegebenheiten vor, muß die hierdurch verursachte Minderung der Einstrahlung durch Abschattung in die Auslegung und Projektierung einfließen. Eine genaue Standortanalyse verbunden mit einem Standortgutachten sollte in diesem Fall angefertigt werden.

Aufgrund der Notwendigkeit der Verwendung von Zeitreihen solarer Einstrahlung für die Planung, Auslegung und Optimierung solartechnischer Anlagen erfolgt abschließend ein kurzer Überblick über die nationalen Standards zur Simulation der solaren Einstrahlung.

1. Testreferenzjahre (TRY)
Für die Bundesrepublik Deutschland wurden im Auftrag des ehemaligen BMFT Jahresdatensätze verschiedener meteorologischer Parameter für 13 Klimaregionen entwickelt [93]. Ein Testreferenzjahr einer Region umfaßt 14 Parameter, die in einem Zeitschritt von einer Stunde angegeben werden. Neben der diffusen und direkten Strahlungsintensität auf eine horizontale Fläche enthält die Datensammlung weitere zur Simulation solartechnischer Anlagen wichtige Größen, wie Windgeschwindigkeit und -richtung, Lufttemperatur und -feuchtigkeit. Ein Testreferenzjahr repräsentiert das typische Klima einer Region, wobei die Daten größtenteils auf Meßwerten aus unterschiedlichen Jahren basieren. Derzeit in der Durchführung befindet sich die Erstellung von Testreferenzjahren für die neuen Bundesländer. Die Testreferenzjahre können auf Datenträger vom Fachinformationszentrum (FIZ) in Karlsruhe bezogen werden.

2. DIN 4710: Meteorologische Daten
Diese DIN-Norm enthält in einem umfangreichen Tabellenwerk Angaben zu meteorologischen Parametern an 13 Wetterstationen in der Bundesrepublik Deutschland [94]. Alle Daten stellen langjährige Mittelwerte dar, wobei überwiegend monatlich mittlere Tagesgänge angegeben werden. Für unterschiedliche Trübungszustände der Atmosphäre (Großstadtatmosphäre, Industrieatmosphäre und reine Atmosphäre) werden die – über ein Strahlungsmodell generierten – monatlich mittleren Tagesgänge und Tagessummen der Global- und Diffusstrahlung bei unbewölktem Himmel für verschieden orientierte vertikale Einstrahlungsflächen angegeben. Darüber hinaus werden Meßwerte der Globalstrahlung auf horizontale Flächen an 5 Stationen des Deutschen Wetterdienstes anhand von Monatssummen und monatlich mittleren Tagesgängen ausgewiesen.

3. VDI 3789, Blatt 2: Umweltmeteorologie
Diese VDI-Richtlinie beschreibt unter anderem Rechenalgorithmen zur Bestimmung von Stundenmittelwerten der diffusen, direkten und globalen Strahlungsintensität für beliebig orientierte und geneigte Flächen unter Berücksichtigung von Horizonteinschränkungen [95].
Die Anwendung des Modells setzt im wesentlichen lediglich die Kenntnis des Bedeckungsgrads, welcher den durch Wolken bedeckten Anteil der Hemisphäre im Intervall von 0/8 (vollständig klarer Himmel) und 8/8 (vollständig bedeckter Himmel) angibt, voraus.

4.3.2
Windenergie

Das Windenergieangebot unterliegt ähnlich der solaren Einstrahlung großen räumlichen und zeitlichen Schwankungen. Die Entstehung des Windes läßt sich auf die global unterschiedliche Erwärmung der Erdoberfläche zurückführen. Die hierdurch bedingten Druck- und Temperaturgradienten in der Erdatmosphäre verursachen im Zusammenspiel mit der Erdrotation Ausgleichsströmungen, welche je nach Art ihrer Ausprägung als „Geostrophischer Wind" (gekrümmte Luftströmung um einen Hoch- bzw. Tiefdruckkern) bzw. „Gradientenwind" (geradlinige Luftströmung) bezeichnet werden. Durch die so entstehenden Luftströmungen bildet sich in Bodennähe eine Strömungsgrenzschicht aus, deren Eigenschaften wesentlich von der Reibung der Luftmassen an den Rauhigkeiten der Oberfläche (geographische Struktur, Bebauung etc.) bestimmt werden. Die technische Nutzung der Windenergie findet ausschließlich in der Grenzschicht statt, da sich diese – je nach Wetterlage – zwischen der Erdoberfläche und einer Höhe von mind. 300m bis max. 1.000 m ausbildet [96–98].

Räumliche Verteilung

Abbildung 4.7 zeigt die räumliche Verteilung der jahresmittleren Windgeschwindigkeit in der Bundesrepublik Deutschland [99].

Gebiete mit mittleren Windgeschwindigkeiten über 6 m/s sind ausschließlich an den ost- und westfriesischen Inseln bzw. im Wattenmeer vorhanden. Über der Nord- bzw. Ostsee, im Offshore-Bereich, werden sogar Jahresmittelwerte von 8 m/s erreicht [100]. Wenige Kilometer landeinwärts aber auch teilweise in der Nähe der höchsten Erhebungen der Mittelgebirgslagen werden mittleren Windgeschwindigkeiten zwischen 5 und 6 m/s registriert. Diese Gebiete eignen sich daher grundsätzlich besonders für die Windenergienutzung. Geeignete Standorte befinden sich auch im Harz, der Eifel, dem Hunsrück aber auch im Sauerland, in der südlichen schwäbischen Alb, im hessischen Bergland und Südschwarzwald, wo mittlere Windgeschwindigkeiten von 4 bis 5 m/s vorliegen.

Für die Bundesländer Bayern, Brandenburg und Baden-Württemberg sind mittlerweile mit dem statistischen Windfeldmodell SWM Karten der mittleren Windgeschwindigkeit im Maßstab 1:25.000 vom DWD erstellt worden [79, 80, 101]. Im Rahmen eines vom BMBF geförderten Forschungsprojektes erfolgt derzeit vom DWD eine Kartierung der Windgeschwindigkeiten in den bundesdeutschen Mittelgebirgslagen. Weiterhin existieren für einzelne Regionen detaillierte Kartierungen, die im Rahmen verschiedener Untersuchungen erstellt wurden (vgl. beispielsweise [102, 103]). Zur Beurteilung, ob ein Standort für die Aufstellung einer Windkraftanlage geeignet ist, liefert Abb. 4.7 jedoch nur erste Hinweise. Die kleinräumigen Windverhältnisse werden stark von der unmittelbar umgebenden Topologie beeinflußt. So können die mittleren Windgeschwindigkeiten lokal erheblich von den in Abb. 4.7 eingezeichneten Zonen abweichen. Eine detaillierte Standortanalyse ist bei der Planung einer Windkraftanlage daher unumgänglich.

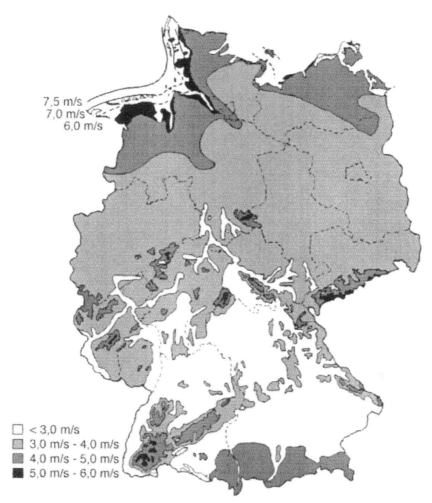

7,5 m/s
7,0 m/s
6,0 m/s

☐ < 3,0 m/s
▨ 3,0 m/s - 4,0 m/s
▦ 4,0 m/s - 5,0 m/s
■ 5,0 m/s - 6,0 m/s

Abb. 4.7. Räumliche Verteilung der mittleren jährlichen Windgeschwindigkeiten in 10 m Höhe über Grund in der Bundesrepublik Deutschland, nach 1991

Zeitliche Verteilung

Das zeitliche Spektrum reicht von kurzzeitigen Böen bis zu mehrtägigen Flauten. Zur Verdeutlichung dieser extremen Schwankungen zeigt Abbildung 4.8 einen Monatsgang der gemessenen Windgeschwindigkeiten in 10 m Höhe über Grund in Travemünde auf der Basis von 15 Min.-Mittelungen [104].

Die mittlere Windgeschwindigkeit beträgt im Beobachtungszeitraum rd. 3,5 m/s, während die Maximalwerte bei rd. 14 m/s liegen. Am 24.04.1992 fällt an dem Standort die Windgeschwindigkeit auf 0 m/s zurück.

Um die Windverhältnisse an einem beliebigen Standort klassifizieren und ohne hohen Aufwand charakterisieren zu können, wird die relative Häufigkeit der Windgeschwindigkeiten ermittelt und durch die sog. „Weibull-Verteilung" mathematisch beschrieben. Hierzu werden die Windgeschwindigkeiten in Klassen aufgeteilt und deren relative Häufigkeit des Auftretens ermittelt sowie letztlich über der Windgeschwindigkeit aufgetragen.

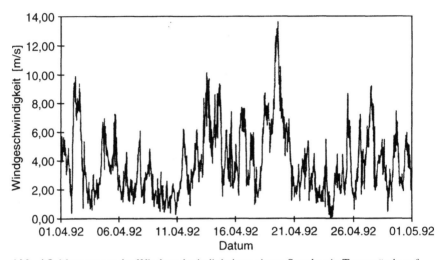

Abb. 4.8. Monatsgang der Windgeschwindigkeit an einem Standort in Travemünde auf der Basis von 15 Min.-Mittelungen, nach [104]

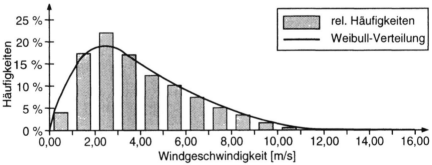

Abb. 4.9. Relative Häufigkeitsverteilung der Windgeschwindigkeiten und deren Approximation durch eine Weibull-Verteilung an einem Standort in Travemünde, nach [104]

Abbildung 4.9 zeigt exemplarisch die relative Häufigkeitsverteilung der Windgeschwindigkeitsklassen sowie gleichzeitig die an die Verhältnisse angepaßte Weibullverteilung für den in Abbildung 4.8 betrachten Beobachtungszeitraum.

Obwohl der Meßzeitraum nur einen Monat umfaßt, ist bereits die gute Übereinstimmung der Weibullverteilungsfunktion mit den Meßwerten zu erkennen.

Sonstige Aspekte

Werden die Meßreihen an den Meßstationen über einen langen Zeitraum gemittelt und zu monatlichen Mittelwerten zusammengefaßt, zeigt sich ein typischer mittlerer Jahresgang der Windgeschwindigkeit. In Abbildung 4.10 sind exemplarisch die an den Wetterstationen in Hamburg und Trier ermittelten langjährigen Monatsmittelwerte der Windgeschwindigkeit und der Globalstrahlung ausgewiesen [94]. Die Jahresgänge der Windgeschwindigkeit weisen ein nahezu komplementäres Verhalten zu den Jahresgängen der solaren Einstrahlung auf. In den Zeiten höchster Sonneneinstrahlung (Juni–August) werden die niedrigsten Windgeschwindigkeiten erreicht, während im Frühjahr und Herbst mit einer relativ geringen solaren Einstrahlung die höchsten Windgeschwindigkeiten auftreten. Dies führt bei gleichzeitiger Nutzung beider erneuerbarer Energieträger u.U. zu einer Vergleichmäßigung des Energieangebots und somit auch der Energieerträge.

Die in den vorangegangenen Abschnitten dargestellten Ausführungen über die räumliche und temporäre Verteilung der Windgeschwindigkeiten in der Bundesrepublik Deutschland können bei der Planung von Windkraftkonvertern bereits hilfreich sein. Eine exakte Standortanalyse können sie jedoch nicht ersetzen, da die Windverhältnisse auch kleinräumig starken Variationen ausgesetzt sind. Ins

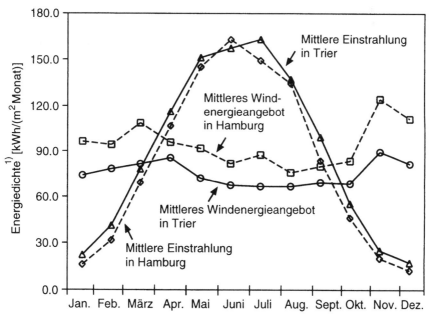

[1] Bei Betrachtung der solaren Einstrahlung ist die Bezugsfläche eine horizontale Ebene, bei der Windgeschwindigkeit eine Fläche normal zur Strömungsrichtung.

Abb. 4.10. Monatlich mittlere Windgeschwindigkeit und solare Einstrahlung an Meßstationen in Hamburg und Trier (Mittelungszeitraum: 1969-1974)

besondere die vorhandene Baustruktur beeinflußt die Windgeschwindigkeiten in erheblichem Maße. Üblicherweise werden daher im Zuge der ohnehin langen Planungsphasen von Windkraftanlagen Testmessungen und eine spezielle Standortqualifikation durchgeführt.

4.3.3
Wasserenergie

Im Gegensatz zur Nutzung von Wind- und Sonnenenergie steht die Wasserenergie nicht flächendeckend zur Verfügung. Vielmehr erfolgt durch den natürlichen Wasserkreislauf eine Konzentration der Wassermengen und damit des physikalischen Energieinhalts in den Fließgewässern. Hiermit verbunden ist die wesentlich höhere flächenspezifische Energiedichte der Wasserenergie.

Kenntnisse über das Abflußverhalten der fließenden oberirdischen Gewässer sowie des Wasserangebots, welches durch Abflußmengenmessungen ermittelt wird, stellen eine wesentliche Grundlage für die Planung von Wasserkraftanlagen dar. Eine weitere bedeutende hydrographische Größe ist die sog. „Abflußspende". Sie ist als das Verhältnis aus Abfluß [m³/s] und dem zugehörigen Einzugsgebiet [km²] definiert. Wenn an einem konkreten Standort keine Abflußdaten vorhanden sind, kann für eine erste Abschätzung des Wasserangebots der Abfluß durch Multiplikation der Größe des Einzugsgebiets mit der Abflußspende eines benachbarten Gebietes überschlägig bestimmt werden. Die Größe der Gesamt- und Teileinzugsgebiete aller Fließgewässer in der Bundesrepublik Deutschland sind in den Deutschen Gewässerkundlichen Jahrbüchern (vgl. bspw. [105]) ausgewiesen und kartiert.

Der physikalische Energieinhalt der Fließgewässer kann durch das Produkt aus Abfluß, Wasserwichte und nutzbarer Höhendifferenz (potentielle Energie) bestimmt werden.

Für die Bewertung der Nutzungsmöglichkeiten eines Fließgewässers hinsichtlich seines Leistungs- und Energiepotentials und der damit verbundenen Konzeption einer Wasserkraftanlage ist auch die temporäre Verteilung des Wasserangebots von Bedeutung. Neben Erläuterungen zur räumlichen Verteilung der Wasserenergie erfolgt daher in diesem Kapitel auch eine Darstellung der zeitlichen Verteilung sowie der wichtigsten Kennzahlen zur Charakterisierung und Klassifizierung von Fließgewässern.

Räumliche Verteilung

Die räumliche Verteilung des Angebots an Wasserenergie ist gekoppelt an die oberirdischen Fließgewässer. Tabelle 4.26 zeigt die langjährigen Mittelwerte des mittleren Abflusses sowie der mittleren Abflußspende verschiedener ausgewählter Flüsse in der Bundesrepublik Deutschland.

Die in der Tabelle ausgewiesenen Werte verdeutlichen die hohe Variation der Abflüsse der verschiedenen Flüsse. So beträgt bspw. der Abfluß des Rheins bei Rees ca. das 250fache desjenigen der Ruhr bei Meschede, wobei die Abflußspende

Tabelle 4.26. Mittlerer Abfluß und Abflußspende ausgewählter Fließgewässer in der Bundesrepublik Deutschland

Rhein	Pegel	Rheinfelden[1]	Mainz[2]	Rees[2]
	Abfluß [m^3/s]	1.030,00	1.590,00	2.260,00
	Abflußspende [$l/(s\ km^2)$]	29,80	16,20	14,20
Donau	Pegel	Berg[3]	Schwabelweis[3]	Achleiten[3]
	Abfluß [m^3/s]	38,30	444,00	1.420,00
	Abflußspende [$l/(s\ km^2)$]	9,49	12,50	18,50
Weser	Pegel	Hann.-Münden[4]	Bodenwerder[4]	Intschede[4]
	Abfluß [m^3/s]	113,00	148,00	321,00
	Abflußspende [$l/(s\ km^2)$]	9,08	9,29	8,56
Main	Pegel	Schwuerbitz[5]	Steinbach[5]	Frankfurt a. M.[5]
	Abfluß [m^3/s]	29,60	147,00	196,00
	Abflußspende [$l/(s\ km^2)$]	12,20	8,22	7,91
Ruhr	Pegel	Meschede[2]	Villigst[2]	Hattingen[2]
	Abfluß [m^3/s]	9,10	28,00	68,50
	Abflußspende [$l/(s\ km^2)$]	21,40	13,90	16,60
Aller	Pegel	Alleringsleben[4]	Celle[4]	Rethem[4]
	Abfluß [m^3/s]	0,40	27,10	115,00
	Abflußspende [$l/(s\ km^2)$]	2,66	6,56	7,94
Fulda	Pegel	Hettenhausen[4]	Bad Hersfeld 1[4]	Guntershausen[4]
	Abfluß [m^3/s]	0,94	20,00	57,50
	Abflußspende [$l/(s\ km^2)$]	16,90	9,43	9,06
Wupper	Pegel	Wuppertal Kluserbrücke[2]	Glüder[2]	Opladen[2]
	Abfluß [m^3/s]	7,68	13,10	14,20
	Abflußspende [$l/(s\ km^2)$]	22,70	26,60	23,40

1): Landesamt für Umwelschutz Baden Württemberg, Deutsches Gewässerkundliches Jahrbuch, Rheingebiet, Teil I 1993, Landesamt für Umwelschutz Baden Württemberg, Karlsruhe, Dezember, 1995.
2): Landesumweltamt Nordrhein-Westfalen, Deutsches Gewässerkundliches Jahrbuch, Rheingebiet, Teil III 1991, Landesumweltamt Nordrhein-Westfalen, Essen, Januar, 1996.
3): Bayerisches Landesamt für Wasserwirtschaft, Deutsches Gewässerkundliches Jahrbuch, Donaugebiet 1990, Bayerisches Landesamt für Wasserwirtschaft, München, Mai, 1995.
4): Niedersächsisches Landesamt für Ökologie, Deutsches Gewässerkundliches Jahrbuch, Weser- und Emsgebiet 1992, Niedersächsisches Landesamt für Ökologie, Hannover, Mai, 1996.
5): Bayerisches Landesamt für Wasserwirtschaft, Deutsches Gewässerkundliches Jahrbuch, Rhein II 1989, Bayerisches Landesamt für Wasserwirtschaft, München, Februar, 1992.

der Ruhr das 1,5fache derjenigen des Rheins aufweist.

Auf der gesamten Gebietsfläche der Bundesrepublik Deutschland sind mehrere tausend oberirdische Fließgewässer registriert und katalogisiert. Da bei vielen Fließgewässern keine Abflußmessungen durchgeführt werden, ist es oft nicht möglich, präzise Aussagen über eine energiewirtschaftliche Nutzung treffen zu können.

Aus diesem Grund, aber auch im Zusammenhang mit der anhaltenden Diskussion über die Reaktivierung stillgelegter Kleinwasserkraftanlagen, befassen sich verschiedene Studien mit einer kleinräumigen Analyse der Nutzungsmöglichkeiten innerhalb einzelner Regionen (vgl. bspw. [106, 107]).

Zeitliche Verteilung

Die wesentliche Informationsquelle für die Analyse der zeitlichen Fluktuationen des Wasserangebots stellen die Deutschen Gewässerkundlichen Jahrbücher dar. Hierin enthalten sind insbesondere für jeden Pegel die Tages-, Jahres- und Extremwerte von Abflüssen und Abflußspenden sowie eine Dauertabelle zur Konstruktion von Dauerlinien des Abflusses. Die Angaben werden mit Ausnahme der Tageswerte jeweils für das betreffende Abflußjahr sowie für einen längeren Meßzeitraum (Mittelwerte) angegeben.

Abbildung 4.11 zeigt exemplarisch den Jahresgang der Abflüsse und Abflußspenden des Rheins bei Köln im Jahr 1989. Gleichzeitig ist hier auch die Dauerlinie des Abflußjahres und des Mittelungszeitraums von 1931 bis 1989 eingetragen [108].

Die in den Dauerlinien enthaltenen Informationen über den Abfluß geben wesentliche Hinweise zur Abschätzung von Wasserkraftpotentialen und somit auch für die Konzeption von Wasserkraftanlagen. Um eine optimale Ausnutzung der verfügbaren Wassermenge an einem Wasserkraftstandort zu erreichen, ist es notwendig, bei der Planung den Ausbaugrad festzulegen. Mittels Über- und Unterschreitungsanalysen für gewählte Ausbaugrade anhand von Dauerlinien kann die optimale Ausbauwassermenge und die damit gekoppelte Ausbauleistung bestimmt werden.

Des weiteren sind bei der Projektierung Kenntnisse über die jahreszeitliche Verteilung des Abflusses und der Häufigkeit, mit der Maxima und Minima in der Wasserführung eines Fließgewässers auftreten, von Bedeutung. Die Gewässerkundlichen Jahrbücher enthalten hierzu neben dem Tagesgang des Abflusses folgende gewässerkundliche Hauptzahlen:

1. NQ (HQ): Niedrigstes (höchstes) Tagesmittel eines Abflusses im Abflußjahr oder einem über einen längeren Zeitraum arithmetisch gemittelten Abflußjahr.
2. MNQ (MHQ): Mittlerer niedrigster (höchster) Wert des Abflusses gleichartiger Unterabschnitte im betrachteten Zeitraum. Der Wert wird durch arithmetische Mittelung aus den im Beobachtungszeitraum auftretenden niedrigsten (höchsten), einen bestimmten Schwellenwert unterschreitenden (überschreitenden) Abflüssen gebildet.
3. MQ: Arithmetisches Mittel aller Meßwerte im Beobachtungszeitraum.

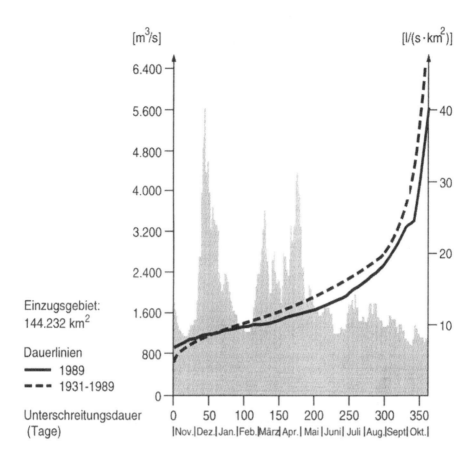

Abb. 4.11. Abflüsse, Abflußspenden und Dauerlinien des Rheins bei Köln, nach [108]

4. NNQ (HHQ): Niedrigster (höchster) Wert des Abflusses, der jemals registriert wurde. Die Angabe erfolgt stets im Zusammenhang mit dem Datum
   der Messung. Darüber hinaus erfolgt zusätzlich die Angabe 9 weiterer
   Niedrigst- bzw. Höchstwerte in der Reihenfolge der Höhe des Wertes in Verbindung mit dem Datum.
5. WMQ (SMQ): Arithmetisches Mittel aller Winter- bzw. Sommermeßwerte
   im Beobachtungszeitraum. Die Angabe erfolgt nicht bei jedem Fließgewässer,
   sie kann jedoch aus den Monatsmittelwerten errechnet werden.

Die genannten Hauptzahlen werden in den meisten Fällen auch für die Abflußspenden angegeben. Aus diesen Zahlen können bspw. überschlägig der Ausbaugrad (über WMQ), die Restwassermenge (über SMQ) oder das theoretische Potential (über MQ) bestimmt werden. Die Hauptzahlen MNQ und MHQ dienen als
Bemessungsgrundlage bei der Konzeption der baulichen Elemente einer Wasserkraftanlage, wie z.B. Triebwasserleitungen und Stauelemente.

5 Energieumwandlungssysteme

Theoretische und technische Grundlagen, Einsatzmöglichkeiten, Emissionen, Ökonomie und Optimierungspotentiale

In diesem Kapitel werden sowohl theoretische und technische Grundlagen, Einsatzmöglichkeiten in der Industrie und die Emissionen als auch die Ökonomie und Optimierungspotentiale für die konventionellen primärenergiesparenden Energieumwandlungssysteme „Motorheizkraftwerke", „Gasturbinenanlagen", „Dampfheizkraftwerke" und „Biomasse-Heizwerke" dargestellt und diskutiert. Verschiedene Beispiele ausgeführter Anlagen der verschiedenen Techniken sind in Kapitel 5.2 dargestellt. Darüber hinaus wird die Wärmepumpen- und Brennstoffzellentechnologie betrachtet. Für den Bereich der Energieumwandlungssysteme auf der Basis regenerativer Energiequellen werden solarthermische und photovoltaische Anlagen sowie Wind- und Wasserkraftwerke abgehandelt.

5.1 Primärenergiesparende Energieumwandlungssysteme

Primärenergiesparende Energieumwandlungssysteme bezeichnen einerseits solche Techniken, die eingesetzte Primärenergie mit einem möglichst hohen Wirkungsgrad in Nutzenergie überführen und andererseits Systeme, die erneuerbare Energieträger zur Energiebereitstellung einsetzen. Beide Varianten sind Gegenstand dieses Kapitels.

Eine effiziente Form der Energiewandlung stellt die Kraft-Wärme-Kopplung dar, die durch eine gleichzeitige Gestehung von Wärme und Strom höhere Wirkungsgrade erreicht als die separate Wärme- und Stromgestehung. Als mögliche Kraft-Wärme-Kopplungsanlagen für industrielle Anwendungen werden in den Kapiteln 5.1.1 bis 5.1.4 Motor-, Gasturbinen- und Dampfheizkraftwerke sowie Gas- und Dampfturbinenanlagen (mit und ohne Zusatzfeuerung) vorgestellt. Biomassebefeuerte Heizwerke werden in Kapitel 5.1.5 diskutiert.

Die ökonomischen Aspekte einer möglicherweise zukünftigen Energieversorgung einzelner Industriebetriebe durch primärenergiesparende Techniken werden anhand der spezifischen Wärmegestehungskosten [Pf/kWh] erörtert. Die Berechnung der spezifischen Energie- bzw. Wärmegestehungskosten lehnt sich dabei an einen Vorschlag der VDI-Richtlinie 2067 an [109]. Hierzu werden zunächst die jährlichen Kapital-, Betriebs- (Instandhaltungs-, Wartungs- und Personalkosten) sowie Brennstoffkosten ermittelt und zu jährlichen Gesamtkosten addiert. Für Kraft-Wärme-Kopplungsanlagen wird ferner eine Stromgutschrift errechnet, welche die eingesparten Strombezugskosten bei einer Eigenstromerzeugung beschreibt.

Die Brennstoffkosten werden ebenso wie die anzusetzende Stromgutschrift für

3 verschiedene Industriebetriebstypen errechnet, da beide Größen maßgeblich von der jährlichen Betriebsstundenzahl bestimmt werden. Zu ihrer Berechnung wird daher nachfolgend ein Modell zugrunde gelegt, welches die zeitlichen Energiebedarfsstrukturen der Industrie näherungsweise wiedergibt.

1. Einschichtbetrieb: ca. 2.000 Vollaststunden pro Jahr (5 Tage pro Woche, 8 Stunden pro Tag, 49 Wochen pro Jahr), mittlerer Stromarbeitspreis: 15 Pf/kWh,
2. Zweischichtbetrieb: ca. 4.500 Vollaststunden pro Jahr (5,5 Tage pro Woche, 16 Stunden pro Tag, 49 Wochen pro Jahr), mittlerer Stromarbeitspreis: 12 Pf/kWh,
3. Dreischichtbetrieb: ca. 7.000 Vollaststunden pro Jahr (6 Tage pro Woche, 24 Stunden pro Tag, 49 Wochen pro Jahr), mittlerer Stromarbeitspreis: 10 Pf/kWh.

Die spezifischen Strombezugskosten eines Betriebes nehmen mit steigender Betriebsstundenzahl ab, da – bedingt durch einen höheren Strombezug – günstigere Bezugskosten möglich sind (vgl. hierzu Kapitel 4). Dementsprechend werden bei der Berechnung der Stromgutschrift bei höheren Vollaststundenzahlen niedrigere spezifische Stromkosten zugrunde gelegt. Bei einer Einspeisung von überschüssigem KWK-Strom in das elektrische Verbundnetz ist eine geringere Vergütung anzusetzen. Es soll jedoch davon ausgegangen werden, daß aufgrund der Wärmeführung der hier betrachteten Kraft-Wärme-Kopplungsanlagen der erzeugte Strom weitestgehend zur Deckung des Eigenbedarfs genutzt wird.

5.1.1
Blockheizkraftwerke

Der Begriff „Blockheizkraftwerk" bezeichnet die Verwendung von Verbrennungsmotoren (Diesel- bzw. Ottomotoren) zur dezentralen und stationären Energiewandlung [110]. Dabei kommen Gas-Otto-, Diesel- oder Gas-Dieselmotoren in Motorheizkraftwerken zum Einsatz.

Gasmotorblockheizkraftwerke werden durch Ottomotoren angetrieben, die für die Verbrennung von Brenngasen optimiert sind. Prinzipiell kann jedes hochkalorige Gas als Treibstoff eingesetzt werden. In den meisten Fällen wird jedoch Erdgas verwendet. Die Flexibilität der Gasmotorblockheizkraftwerke hinsichtlich der Auswahl eines Brenngases wird jedoch dadurch eingeschränkt, daß schon vor der Planung eines Gasmotorblockheizkraftwerkes geklärt sein muß, mit welchem Brenngas dieses betrieben werden soll. Eine spätere Umstellung eines Gasmotors auf ein anderes Gas ist – bedingt durch notwendige Modifikationen am Motor selbst – technisch aufwendig und wirtschaftlich kaum vertretbar [111].

Dieselmotorblockheizkraftwerke werden i.d.R. mit Seriendieselmotoren betrieben, die bspw. aus der LKW- oder Schiffsmotorproduktion stammen und mit Diesel oder Heizöl befeuert werden können. Die notwendige Tankbevorratung des Treibstoffes erfordert höhere Investitionen, doch weisen Dieselaggregate dennoch die geringsten spezifischen Investitionskosten aller Motorheizkraftwerke auf [111, 112].

Gas-Dieselmotorblockheizkraftwerke werden durch einen Zweistoffmotor angetrieben, der sowohl mit Gas als auch mit Diesel betrieben werden kann. Der Regelfall ist dabei der Gasbetrieb, wobei die Zündung des Gases durch die Einspritzung einer kleinen Menge Diesel erreicht wird. Sinkt der Gasdruck unter einen Mindestdruck ab, stellt die Anlage so lange auf Dieselbetrieb um, bis wieder ein ausreichender Gasdruck vorhanden ist. Neben einer aufwendigen Motorkonstruktion erfordert der Einsatz von Gas-Dieselmotorblockheizkraftwerken sowohl einen Anschluß an das Gasnetz als auch eine Dieselbevorratung. Dies führt im Vergleich zu Gas-Otto- bzw. Dieselmotorblockheizkraftwerken zu den höchsten spezifischen Investitionskosten aller Motorblockheizkraftwerke. Anwendung findet diese Technik daher vorwiegend bei Gas-Unterbrechungskunden mit entsprechend günstigen Gasbezugspreisen (vgl. Kapitel 4), [18, 111].

Theoretische und technische Grundlagen

Trotz unterschiedlicher Antriebsmaschinen zeigen Motorheizkraftwerke einen einheitlichen Aufbau und eine gleiche Funktionsweise. Abbildung 5.1 zeigt das Blockschaltbild eines Motorheizkraftwerkes.

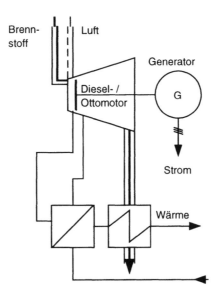

Abb. 5.1. Blockschaltbild eines Blockheizkraftwerkes

Die beim Betrieb der Motoren entstehende Abwärme wird dem Kühlwasser, dem Schmieröl sowie dem Abgas über Wärmetauscher bzw. Abhitzekessel entzogen. Die mechanische Leistung der Motoren dient meist der Stromerzeugung durch den Antrieb von Generatoren, sie kann in Ausnahmefällen aber auch zur Kraftgestehung, z.B. dem Antrieb von Pumpen oder Verdichtern, eingesetzt werden [111, 112].

Der Leistungsbereich von Blockheizkraftwerken erstreckt sich von wenigen kW elektrischer Leistung wie beispielsweise zur Versorgung eines Haushaltes bis hin zu Anlagen mit einer Leistung von mehreren MW. Die in Anlagen mit größeren Leistungen zum Einsatz kommende Modultechnik, d.h. die Kombination mehrerer Motoreinheiten, besitzt einige über die bloße Leistungsbereitstellung hinausgehende Vorteile. So steigt die Anlagenverfügbarkeit, da einzelne Module unabhängig von der Gesamtanlage abgeschaltet werden können und Defekte an einer Antriebsmaschine nicht den Stillstand der gesamten Anlage zur Folge haben. Die Modultechnik besitzt ferner einen mindernden Einfluß auf die Investitionskosten, da – bedingt durch eine Standardisierung der Moduleinheiten – die Verwendung von Serienbauteilen möglich wird [111, 112].

Bei der Auslegung eines Blockheizkraftwerkes ist besondere Aufmerksamkeit auf Energieverbrauch und Leistungsbedarf zu legen, da die Erfahrung mit bestehenden Anlagen gezeigt hat, daß es häufig zu einer Überdimensionierung aufgrund von im Vorfeld unzulänglich durchgeführten Datenerhebungen gekommen ist. Ferner ist zu entscheiden, ob Wärme oder Strom als Führungsgröße des Motorblockheizkraftwerkes dient. Wird Wärme als Auslegungsgröße festgelegt, bedeutet dies, daß die Anlagenmodule gerade soviel Wärmeenergie gestehen müssen, wie zur Abdeckung des Bedarfs notwendig ist. Der dabei ebenfalls erzeugte Strom wird zur Deckung des Eigenbedarfs genutzt. Liegt der Eigenstrombedarf über der Stromlieferung, so muß aus dem Versorgungsnetz zugekauft werden, liegt er darunter, wird ins öffentliche Stromnetz eingespeist. Für den Fall des stromgeführt betriebenen BHKW wird fehlende Wärme durch das konventionelle Heizungssystem, den sogenannten Spitzenkessel, erzeugt. Dieser ist, unabhängig von der Auslegungsgröße, in jedem Fall notwendig, denn die Dimensionierung der Motoren erfolgt unter dem Gesichtspunkt der Wirtschaftlichkeit [111]. Diesbezüglich kann auch die Speicherung von partiell überschüssiger Wärmeenergie, bspw. zur Deckung eines zeitlich versetzten Bedarfs, u.U. lohnenswert sein.

Blockheizkraftwerke werden i.d.R. netzparallel gefahren. Ein Inselbetrieb ist aufgrund der dabei notwendig werdenden Leistungsvorhaltung fast immer unwirtschaftlich. Unter bestimmten Voraussetzungen, z.B. bei Verbrauchern, die auf ein Notstromaggregat nicht verzichten können, kann die alternative Anschaffung eines Motorheizkraftwerkes mit einem teureren Sychrongenerator wirtschaftlich interessant sein. Im Gegensatz zu üblichen Blockheizkraftwerken mit Asynchrongeneratoren, die einen Blindleistungsbezug aus dem öffentlichen Netz zur Stromgestehung benötigen, können diese Blockheizkraftwerke auch ohne den Blindleistungsbezug unabhängig vom öffentlichen Netz Strom erzeugen. Die durch die Verwendung von Synchrongeneratoren entstehenden Mehrkosten werden u.U. durch den dann möglichen Verzicht auf das Notstromaggregat ausgeglichen [111].

Blockheizkraftwerke werden hauptsächlich zur Wärmeerzeugung im Niedertemperaturbereich bei Temperaturen bis 100 °C, d.h. zur Deckung des Raumwärme-, Brauchwarmwasser- oder Niedertemperaturprozeßwärmebedarfs, eingesetzt. Durch konstruktive Änderungen am Motor ist zudem eine Niederdruckdampferzeugung möglich. Die Wärmeauskopplung kann dabei in 2 Heizkreise aufgespalten werden. Zum einen versorgen ein Kühlwasser- und ein Schmierölwärmetauscher den Niedertemperaturkreislauf mit ca. 75 °C und andererseits bewirkt ein Abgaswärmetauscher das höhere Temperaturniveau. Hierbei kann Dampf bis zu 165 °C und 7 bar erzeugt werden, bei größeren Anlagen im MW-Bereich bis 320 °C und 20 bar, wobei für höhere Dampfzustände eine direkte Konkurrenz mit den Gasturbinenanlagen besteht [111].

Die Wirkungs- bzw. Nutzungsgrade von Blockheizkraftwerken hängen vom Motorkonzept, dem eingesetzten Brennstoff und der Betriebsweise ab. Tabelle 5.1 gibt einen Überblick über die elektrischen, thermischen sowie die Gesamtwirkungsgrade bei Nennlast, die entsprechenden Nutzungsgrade sowie die Stromkennzahl (Verhältnis von bereitgestellter elektrischer Energie zur gleichzeitig gewonnenen Wärme innerhalb einer betrachteten Zeitspanne), wie sie in der VDI-Richtlinie 2067 für die 3 genannten Motorvarianten angegeben werden [109].

Tabelle 5.1. Technische Kennzahlen von Blockheizkraftwerken

Kennzahl	Motorvariante		
	Gas-Otto	Gas-Diesel	Diesel
Elektrischer Wirkungsgrad bei Nennlast	0,31 - 0,36	0,33 - 0,38	0,35 - 0,40
Thermischer Wirkungsgrad bei Nennlast	0,53 - 0,54	0,46 - 0,47	0,42 - 0,43
Gesamtwirkungsgrad bei Nennlast	0,85 - 0,89	0,80 - 0,84	0,78 - 0,82
Elektrischer Nutzungsgrad	0,30 - 0,35	0,32 - 0,37	0,34 - 0,39
Thermischer Nutzungsgrad	0,51 - 0,52	0,44 - 0,45	0,40 - 0,41
Gesamtnutzungsgrad	0,82 - 0,86	0,77 - 0,81	0,75 - 0,79
Stromkennzahl	0,58 - 0,69	0,71 - 0,84	0,83 - 0,98

Tabelle 5.1 ist zu entnehmen, daß Gas-Ottomotorheizkraftwerke geringfügig höhere Wirkungs- bzw. Nutzungsgrade aufweisen als Dieselmotoranlagen; ihr elektrischer Wirkungs- bzw. Nutzungsgrad ist dagegen geringer, was auch durch die geringere Stromkennzahl ausgedrückt wird. Die Kennzahlen der Gas-Diesel-Systeme liegen zwischen Gas-Ottomotor- und Dieselanlagen.

Einsatzgebiete und -möglichkeiten in der Industrie

Blockheizkraftwerke werden i.d.R. wärmegeführt ausgelegt, so daß die Voraussetzung für den Einsatz eines Motorblockheizkraftwerkes ein entsprechender industrieller Niedertemperaturwärmebedarf ist. Da Blockheizkraftwerke überwiegend Wärmeenergie unterhalb von 100 °C bereitstellen, sind sie zur Bereitstellung von Raumwärme oder Prozeßwärme geeignet [6]. Prozeßwärme im Temperaturbereich kleiner 100 °C wird bspw. für Trocknungsprozesse in der Zellstoff- und Papierindustrie, dem Textilgewerbe, dem Investitionsgüter produzierenden Gewerbe oder aber in der Nahrungs- und Genußmittelindustrie z.B. für Gär- oder Reifeprozesse eingesetzt. Ferner zeigt die chemische Industrie einen beachtlichen Niedertemperaturwärmebedarf. Ein wichtiges Kriterium zum wirtschaftlichen Betrieb von Motorheizkraftwerken ist – aufgrund relativ hoher

Investitionskosten – eine hohe Auslastung der Anlage, so daß neben dem entsprechenden Temperaturniveau des Wärmebedarfs eine kontinuierliche Nachfrage notwendig ist. Inbesondere Anlagen größerer Leistung erfordern einen Einsatz in der Grund- bzw. Mittellastversorgung [18]. Ferner ist ein entsprechender Bedarf an elektrischer Energie Voraussetzung für einen ökonomischen Betrieb von Blockheizkraftwerken, da die Vergütung der Stromlieferung bei vollständiger Einspeisung der durch das Motorheizkraftwerk erzeugten elektrischen Energie in das Versorgungsnetz die zusätzlichen Investitionskosten eines Blockheizkraftwerkes, z.B. gegenüber einem herkömmlichen Heizkessel, zumeist wirtschaftlich nicht kompensieren kann [6]. Die Stromlieferung des Blockheizkraftwerkes sollte daher den Strombedarf des Betriebes möglichst selten übersteigen.

Überaus günstige Randbedingungen zum Einsatz von Blockheizkraftwerken bietet der Wirtschaftszweig der Zellstoff- und Papiererzeugung, da einerseits ein entsprechender Niedertemperaturwärmebedarf gekoppelt mit einem Kraftbedarf vorliegt und andererseits hohe Auslastungen der Anlagen mit bis zu 8.000 Vollaststunden pro Jahr erreicht werden können [6]. Allerdings konkurrieren die Blockheizkraftwerke gerade in größeren Betrieben mit entsprechend hohen Energieverbräuchen und -leistungen mit Gas-, Kombi- und Dampfturbinenanlagen. In kleineren Firmen ist der Betrieb von Kombi- und Dampfkraftwerken dagegen kaum wirtschaftlich zu realisieren, so daß sich der Einsatz von Blockheizkraftwerken und Gasturbinen auf diese Betriebe konzentrieren wird [6].

Ein weiteres Einsatzfeld von Blockheizkraftwerken stellt mit den Brauereien ein Teilbereich des Nahrungs- und Genußmittelgewerbes dar [6]. Analog zur Zellstoffindustrie verbinden die Brauereibetriebe eine für den Betrieb von Blockheizkraftwerken geeignete Kombination von Wärme- und Stromnachfrage mit einer hohen Auslastung der Energieumwandlung. In größeren Brauereien erreichen Kraft-Wärme-Kopplungsanlagen eine Auslastung von 4.300 bis 4.800 Vollaststunden pro Jahr [6]. Ferner bietet sich die Verknüpfung eines Blockheizkraftwerkes oder einer Gasturbine mit einem mechanischen Brüdenverdichter an, der den Energiebedarf der Würzekochung deutlich reduzieren kann [6].

Über die aufgeführten Sonderfälle des industriellen Einsatzes von Blockheizkraftwerken hinaus bieten sich vielfältige Einsatzbereiche der Kraft-Wärme-Kopplung durch Blockheizkraftwerke in der industriellen Energieumwandlung an. Aufgrund der individuellen Randbedingungen innerhalb einzelner Branchen und des signifikanten Einflusses der Betriebsgröße auf den zeitlichen Verlauf der Energienachfrage sind diese Möglichkeiten jedoch kaum pauschal zu bewerten. Hofer kommt in einer Abschätzung des technischen und wirtschaftlichen Potentials der Kraft-Wärme-Kopplung in der industriellen Energieversorgung in der Bundesrepublik Deutschland zu dem Ergebnis, daß – im Vergleich zum heutigen Stand der Kraft-Wärme-Kopplung – ein Ausbau der industriellen Kraft-Wärme-Kopplung um weitere ca. 80 % möglich ist [6]. Perspektiven zum vermehrten Einsatz von Blockheizkraftwerken bestehen dabei vor allem in der Zellstoff- und Papiererzeugung, der Textilindustrie und dem Nahrungs- und Genußmittelgewerbe [6]. Darüber hinaus bestehen weiterhin in nahezu allen Industriebereichen Möglichkeiten zum Einsatz von Motorheizkraftwerken zur kombinierten Strom- und Raumwärmeversorgung wie bspw. im Investitionsgüter produzierenden Gewerbe.

Schadstoffemissionen

In Blockheizkraftwerken finden vorwiegend hochwertige, d.h. hochkalorische und schadstoffunbelastete Brennstoffe, wie bspw. Gas oder leichtes Heizöl Verwendung, wodurch geringe Emissionen von Luftschadstoffen zu erwarten sind. So zeichnen sich die in Blockheizkraftwerken eingesetzten Brennstoffe durch geringe CO_2-Emissionsfaktoren und Schwefelgehalte aus (vgl. Kapitel 4). Da sowohl die Gase als auch das Heizöl keine Ascheanteile aufweisen, fallen keine festen Verbrennungsrückstände an. Aufgrund der geringen Schwefelanteile in den genannten Brennstoffen bewegen sich die Schwefeldioxidemissionen auf niedrigem Niveau (vgl. hierzu Tabelle 5.2). Die wesentlichen Schadstoffkomponenten der Blockheizkraftwerke sind – ebenso wie in Kraftfahrzeugmotoren – Kohlenmonoxid, Stickoxide und Kohlenwasserstoffe.

Die Abgasmenge und deren Zusammensetzung, insbesondere der Anteil der Kohlenmonoxid- und Kohlenwasserstoffemissionen, hängt entscheidend vom Brennstoff, der Anlagenleistung, dem Betriebspunkt (z.B. Nennlast) sowie der Auslastung einer Anlage ab. Nicht schadstoffgeminderte Blockheizkraftwerke können u.U. aufgrund einer instationären Verbrennung bei einzelnen Schadstoffen im Vergleich mit konventionellen Heizsystemen spezifisch höhere Emissionen verursachen. Kritisch zu bewerten sind in diesem Zusammenhang insbesondere die Stickoxide bei allen Motoren und Brennstoffen sowie Partikel- und Kohlenwasserstoffemissionen bei Diesel- und Gas-Diesel-Motoren [110]. Eine Aussage zu diesen Luftschadstoffen ist daher nur insoweit möglich, als daß die in den gesetzlichen Regelungen vorgeschriebenen Grenzwerte (vgl. hierzu Kapitel 3) einzuhalten sind. Angaben zu Schadstoffemissionen von Motorheizkraftwerken bleiben in der Literatur auf die Stickoxid- und Schwefeldioxidemissionen begrenzt. In Tabelle 5.2 sind entsprechende Daten zusammengestellt, wobei jeweils die z.Zt. bestmöglichen Emissionswerte einer Motorvariante zugrunde gelegt werden, die allerdings nur in Blockheizkraftwerken mit integrierten Schadstoffminderungsmaßnahmen erreicht werden [18,111]. Da der Betrieb von Gas-Dieselmotorblockheizkraftwerken überwiegend mit Gas und nur in Ausnahmefällen mit Heizöl erfolgt, werden für Gas- und Gas-Dieselmotorblockheizkraftwerke gleiche Emissionswerte angegeben.

Tabelle 5.2. Schadstoffemissionen von Blockheizkraftwerken

Luftschadstoffe	Gasmotor, Gas-Dieselmotor [g/kWh$_{th,Hu}$]	Dieselmotor [g/kWh$_{th,Hu}$]
SO_2	0,001	0,27
NO_x	0,23 - 0,45	0,52 - 1,15

Tabelle 5.2 zeigt, daß die Schwefeldioxid- und Stickoxidemissionen der Gas-und Gas-Dieselmotorblockheizkraftwerke deutlich unter denen der Dieselanlagen liegen. Ursache der geringeren Schwefelemissionen der gasbefeuerten Anlagen ist dabei in erster Linie der geringere Schwefelgehalt des Erdgases im Vergleich zum Heizöl. Die geringeren NO_x-Emissionen sind auf die deutlich besseren Möglichkeiten der Abgasreinigung bei Gas- und Gas-Dieselmotoren z.b. durch den Drei-Wege-Katalysator zurückzuführen, während für Dieselaggregate nur bedingt Minderungsmaßnahmen verfügbar sind.

Eine Schadstoffreduzierung kann bei gasbetriebenen Blockheizkraftwerken einerseits durch einen geregelten Dreiwegekatalysator ($\lambda = 1$) oder einen Magermotorbetrieb ($\lambda > 1$) erreicht werden. Systeme mit geregeltem Dreiwegekatalysator ermöglichen dabei niedrigere Abgasemissionen. Ihr Einsatzbereich sind die Motoren bis 500 kW Leistung. Bei größeren Leistungen ist die Umsetzung der stöchiometrischen Verbrennung ($\lambda = 1$) schwierig, da sich die Motoren dann der Klopfgrenze nähern. Ferner besteht beim Einsatz von Gasen, die Schwefel-, Phosphor-, Chlor- oder Fluorverbindungen enthalten, die Gefahr des kompletten Katalysatorausfalls.

Bei Dieselmotoren ist das SCR-Verfahren (selected catalytic reaction), d.h. eine Ammoniakeindüsung, derzeit neben den konstruktiven Maßnahmen an der Maschine (z.B. Vorkammermotor) das einzig praktikable Verfahren zur Reduzierung von Stickoxiden. Bedingt durch hohe spezifische Kosten, kommt dieses Verfahren jedoch erst bei größeren Motoren zum Einsatz. Zur Minderung von Kohlenmonoxid und Kohlenwasserstoffen kann ferner ein Oxidationskatalysator nachgeschaltet werden.

Ökonomie

Die Investitionskosten von Blockheizkraftwerken sind in erster Linie von der installierten Motorleistung abhängig, wobei mit steigender Leistung der Anlage ein deutlicher Rückgang der spezifischen Investitionskosten [DM/kW] erkennbar ist. Der überwiegende Teil der Investitionskosten wird durch die Motortechnik einschließlich Wärmetauscher, Generator und deren Steuerung bedingt, während die Kosten für Installation und Baumaßnahmen eine untergeordnete Rolle spielen [113]. Die mit dem Betrieb von Blockheizkraftwerken verbundenen Betriebskosten werden in Anlehnung an die VDI-Richtlinie 2067 (vgl. [109]) als Kostenpauschale in Abhängigkeit von den Investitionskosten der Anlage angesetzt. Für Anlagen mit einer Leistung bis zu 2 MW_{th} sind dabei ca. 3,3 % der Investitionskosten, bei Anlagen mit größeren Leistungen 5,5 % als jährliche Betriebskosten anzunehmen [109].

Blockheizkraftwerke unterscheiden sich im Rahmen der Kostenrechnung von den übrigen Kraft-Wärme-Kopplungstechniken deutlich durch ihre zu kalkulierende technische Nutzungsdauer. Bedingt durch die Vielzahl mechanisch bewegter Baukomponenten in Verbrennungsmotoren (Kolbenmaschinen), ist im Vergleich zu den Turbomaschinen mit erheblich kürzeren Nutzungsdauern zu rechnen. Da in diesem Fall die Auslastung maßgeblich die technische Nutzungsdauer einer

Anlage bestimmt, wird für die verschiedenen Referenzfälle eine unterschiedliche technische Nutzungsdauer der Motorheizkraftwerke angesetzt. Bei einer Auslastung von 2.000 Vollaststunden pro Jahr wird eine Nutzungsdauer von 20 Jahren, für 4.500 h/a eine technische Nutzungsdauer von 10 Jahren und für 7.000 h/a eine Nutzungsdauer von 7 Jahren angenommen.

In Tabelle 5.3 sind die Ergebnisse der Kostenbetrachtungen beispielhaft für eine 500-kW-, eine 1-MW- und eine 10-MW-Anlage dargestellt.

Die Wärmegestehungskosten der Motorheizkraftwerke variieren zwischen maximal 2,8 Pf/kWh bei einem Gas-Ottomotor mit einer Leistung von 10 MW und einer Auslastung von 7.000 h/a und -1 Pf kWh/a bei einem 500-kW-Dieselaggregat bei einer jährlichen Auslastung von 2.000 h/a. Das heißt, bei diesen Gegebenheiten fällt Wärme als wirtschaftliches Nebenprodukt zur Stromerzeugung an, so daß der Einsatz von Motorblockheizkraftwerken in der Industrie auch bei geringer Auslastung empfohlen werden kann. Die Gesamtkosten setzen sich in etwa zu zwei Dritteln aus den Brennstoffkosten und zu etwa einem Drittel aus Kapital- und Betriebskosten zusammen. Die hohen Brennstoffkosten werden durch den Einsatz der relativ teuren Energieträger Gas und Öl bedingt (vgl. Kapitel 4).

Ferner zeigt sich, daß die Stromgutschrift einen wesentlichen Einfluß auf die Wirtschaftlichkeit der Blockheizkraftwerke besitzt. Durch den zugrundegelegten Arbeitspreis von 15 Pf pro kWh Strom bei einer Vollaststundenzahl von 2.000 h/a

Tabelle 5.3. Kostenstrukturen von Blockheizkraftwerken in der Industrie

Vollast-stunden [h/a]	Kostenanteil	Feuerungswärmeleistung [kW]		
		500	1.000	10.000
Vollaststd.-unabhängig	Betriebskosten [TDM/a]	6,8 - 8,7	13,2 - 17,0	203,0 - 267,0
	Investitionskosten [TDM]	205,0 - 263,0	400,0 - 516,0	3700,0 - 4870,0
2.000[a], 20[b]	Kapitaldienst [TDM/a]	16,3 - 20,8	31,7 - 40,9	293,0 - 386,0
	Brennstoffkosten [TDM/a]	29,2 - 38,4	58,4 - 76,8	584,0 - 768,0
	Stromgutschrift [TDM/a]	49,5 - 55,5	99,0 - 111,0	990,0 - 1110,0
	Wärmegestehungskosten [Pf/kWh]	- 0,8 - 3,0	- 1,0 - 2,9	- 0,4 - 3,5
4.500[a], 10[b]	Kapitaldienst [TDM/a]	26,3 - 33,8	51,4 - 66,3	475,3 - 625,4
	Brennstoffkosten [TDM/a]	65,7 - 77,4	131,4 - 154,8	1314,0 - 1549,0
	Stromgutschrift [TDM/a]	89,1 - 99,9	178,2 - 199,8	1782,0 - 1998,0
	Wärmegestehungskosten [Pf/kWh]	- 0,1 - 2,3	- 0,2 - 2,2	0,0 - 2,4
7.000[a], 7[b]	Kapitaldienst [TDM/a]	35,2 - 45,1	68,7 - 88,7	635,4 - 836,1
	Brennstoffkosten [TDM/a]	102,2 - 124,3	204,4 - 248,7	2044,0 - 2487,0
	Stromgutschrift [TDM/a]	115,5 - 129,5	231,0 - 259,0	2310,0 - 2590,0
	Wärmegestehungskosten [Pf/kWh]	1,3 - 2,7	1,0 - 2,7	1,0 - 2,8

[a] Vollaststundenzahl [h/a].
[b] Nutzungsdauer [a].

errechnen sich gegenüber den Varianten mit höheren Auslastungen und einer geringeren Stromgutschrift die niedrigsten Wärmegestehungskosten. Ferner ist die zugrundegelegte Staffelung der Arbeitspreise eine Ursache der günstigsten Wärmegestehungskosten bei einer Auslastung von 4.500 h/a. Der Arbeitspreis bei einer Anlagenauslastung von 7.000 h/a liegt 2 Pfennig unter dem Arbeitspreis bei 4.500 h/a, wodurch die Stromgutschrift im Verhältnis zu den jährlichen Gesamtkosten aus Kapitaldienst, Brennstoffbezug und Betrieb kleiner ausfällt. Eine zweite Ursache ist die für Anlagen mit hoher Auslastung kurze technische Lebensdauer bzw. der damit verbundene hohe Kapitaldienst.

Insgesamt zeigen die Kostenbetrachtungen, daß die Blockheizkraftwerke im industriellen Einsatz und unter den genannten Einsatzbedingungen Wärme zu günstigen Kosten anbieten. Dieselanlagen stellen dabei, bedingt durch die geringsten Investitionskosten, die niedrigsten Brennstoffkosten und die höchste Stromkennzahl bzw. der damit verbundenen hohen Stromgutschrift, die günstigste Technik dar. Die höchsten Wärmegestehungskosten errechnen sich aufgrund der hohen Brennstoffkosten für die erdgasbefeuerten Gas-Ottomotoranlagen. Gas-Diesel-Anlagen liegen zwischen beiden Werten, wobei sich insbesondere für höhere Vollaststundenzahlen der deutlich niedrigere Gaspreis für Unterbrechungskunden auswirkt. Die Ergebnisse zeigen auch, daß Blockheizkraftwerke besonders für kleinere Betriebe geeignet sind.

Optimierungspotentiale

Die technische Entwicklung der Blockheizkraftwerke steht in einem engen Zusammenhang zur technologischen Entwicklung der Fahrzeugmotoren. Ebenso wie bei der Steuerung der Module, des Generatorbetriebs oder der Wärme- und Stromverteilung sind dabei in absehbarer Zeit keine grundlegenden technischen Innovationen zu erwarten. Optimierungspotentiale bestehen aber dennoch im Bereich der Wirkungsgrade der Motoren selbst (z.B. Direkteinspritzung bei Dieselmotoren, Vierventiltechnik etc.) und der Wärmeübertragung und -nutzung. Ziel dieser Entwicklung ist neben geringeren Brennstoffverbräuchen vor allem eine weitere Reduktion der Schadstoffemissionen.

Als regenerative Energieträger finden neben flüssigen Treibstoffsubstituten (z.B. Rapsölmethylester) vermehrt auch sog. Biogase, d.h. Gase, die aus der Vergasung fester und feuchter Biomasse resultieren, Verwendung in der dezentralen Energieumwandlung mit Blockheizkraftwerken [114]. Hinsichtlich der energetischen Nutzung unterscheiden sich die Biogase lediglich durch ihren zumeist geringeren Heizwert vom Erdgas. Vor einem Einsatz von Biogasen in Verbrennungsmotoren ist allerdings deren Reinigung von korrosiven Schadstoffen wie bspw. Schwefel oder Phospor vorzusehen. Erfahrungen mit ausgeführten Anlagen zeigen, daß trotz der teilweise aufwendigen Reinigung der Biogase eine günstige Bereitstellung von Wärme und Strom möglich ist (vgl. Kapitel 4 S. 136), [114].

5.1.2
Gasturbinenanlagen

Gasturbinenanlagen werden aufgrund ihres hohen Wärmeangebots i.d.R. nur in großen Industriebetrieben eingesetzt. So ist die Gasturbinentechnologie insbesondere für die chemische Industrie interessant.

Theoretische und technische Grundlagen

Gasturbinenanlagen bestehen in ihrer einfachsten Bauform – dem offenen Gasturbinenprozeß – aus einem Verdichter, Brennkammer, Gasturbine und Generator und ggf. einem Abhitzekessel. Abbildung 5.2 zeigt das Blockschaltbild einer Gasturbinenanlage.

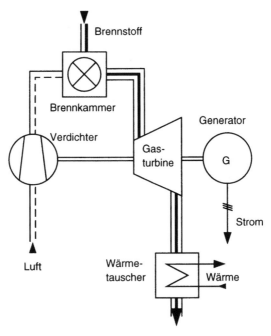

Abb. 5.2. Blockschaltbild einer Gasturbinenanlage mit Abwärmenutzung

Die vom Verdichter angesaugte Frischluft wird komprimiert und der Brennkammer zugeführt. Der ebenfalls in die Brennkammer eingebrachte Brennstoff – eingesetzt werden Gase oder Heizöl EL – wird in der Brennkammer unter Druck verbrannt. Die heißen Abgase expandieren anschließend in der Gasturbine, die sowohl Verdichter als auch Generator antreibt.

Der Einsatz von Gasturbinen in der Kraft-Wärme-Kopplung basiert auf der Integration von Abgaswärmetauschern (vgl. Abbildung 5.2). Die heißen Rauchgase – ihr Temperaturniveau liegt im Bereich von 450–600 °C [18, 24, 112] –

können in vielfältigen technischen Anwendungen genutzt werden. Einerseits ist eine direkte Nutzung der Abgase, z.B. in Trocknungsprozessen, andererseits eine indirekte Nutzung, d.h. die Übertragung der Abgaswärme an andere Wärmeträger, möglich. Die letztere Variante eröffnet die Möglichkeit zur Wärmeaus- und Dampfgestehung. Soll Wärme oberhalb des durch einen einfachen Wärmetausch erzielbaren Temperaturniveaus bereitgestellt werden, kann eine Zusatzfeuerung zur weiteren Aufheizung des Wärmeträgers installiert werden. Der Leistungsbereich von Gasturbinen erstreckt sich von etwa 500 kW_{el} bis rund 100 MW_{el}. Durch das große Leistungsspektrum ergeben sich für Gasturbinenanlagen vielfältige industrielle Anwendungsmöglichkeiten.

Der maximale elektrische Wirkungsgrad moderner Gasturbinenanlagen mit einer Leistung über 5 MW_{el} liegt bei einer reinen Stromgestehung bei ca 38 % [18]. Anlagen mit einer Leistung von 0,5 bis 5 MW weisen elektrische Wirkungsgrade von etwa 25 % auf, da mit sinkender Baugröße die verschiedenen Verlustquellen wie bspw. Reibung oder Spaltverluste überproportional ansteigen [4]. Im Teillastbereich können Gasturbinen ohne nennenswerte Wirkungsgradeinbußen bis auf etwa 80 % der Dauerleistung heruntergefahren werden. Ebenso sind kurzzeitige Überlastungen bis zu 110 % der Dauerleistung möglich [18, 112]. Im Kraft-Wärme-Kopplungsbetrieb erreichen Gasturbinenanlagen Gesamtnutzungsgrade zwischen 75 und 85 %. Der elektrische Nutzungsgrad beträgt dabei etwa 20–32 %, der thermische etwa 50–60 % [24, 112]. Tabelle 5.4 faßt die Kennwerte einer Gasturbinenanlage zusammen.

Tabelle 5.4. Technische Kennzahlen von Gasturbinenanlagen

Betriebsart	Kennzahl	Feuerungswärmeleistung [MW]	
		1-5	>5
Stromgestehung	mittlerer elektr. Wirkungsgrad	0,25	0,32
	maximaler elektr. Wirkungsgrad	0,27 - 0,30	0,38
Kraft-Wärme-Kopplung	elektrischer Nutzungsgrad	0,20 - 0,25	0,30 - 0,32
	thermischer Nutzungsgrad	0,50 - 0,60	0,50 - 0,55
	Gesamtnutzungsgrad	0,75 - 0,85	0,75 - 0,85
	Stromkennzahl	0,3 - 0,4	0,4 - 0,6

Einsatzgebiete und -möglichkeiten in der Industrie

Gasturbinen sind nur dann ökonomisch sinnvoll zu betreiben, wenn ein Strom- und Wärmebedarf unterhalb von etwa 400 °C zeitgleich und mit einer hohen Auslastung vorliegen. Die gegenüber den Motorheizkraftwerken geringeren Stromkennzahlen der Gasturbinenanlagen erfordern ferner einen im Verhältnis zum Kraft- bzw. Strombedarf größeren Wärmebedarf.

Gasturbinen stellen im Gegensatz zu Motorheizkraftwerken Abgaswärme mit einer Temperatur von ca. 400–600 °C zur Verfügung, die über einen Abgaswärmetauscher eine Gestehung von Prozeßwärme bis etwa 570 °C ermöglicht

[18]. Durch eine Zusatzfeuerung können die Abgase der Turbine ferner wieder aufgeheizt werden, so daß Prozeßwärme mit Temperaturen bis zu 650 °C durch eine zusatzgefeuerte Gasturbine bereitgestellt werden kann [18]. Allerdings erfordert die Zusatzfeuerung teilweise erhebliche Zusatzinvestitionen nicht nur für die Feuerung selbst, sondern u.U. auch für eine nachzuschaltende Abgasreinigung. Die ökonomische Integration einer Zusatzfeuerung in den Gasturbinenprozeß erfordert daher einen Einsatz der Anlage im Grundlastbereich, um eine hohe Auslastung zu erreichen.

Industrielle Einsatzmöglichkeiten für Gasturbinenanlagen ergeben sich aufgrund einer möglichen Bereitstellung von Prozeßwärme bis etwa 400 °C sowie Kraft bzw. Strom in der chemischen Industrie, größeren Betrieben der Zellstoff- und Papierherstellung sowie der Nahrungs- und Genußmittelindustrie (vgl. [6]) oder ggf. auch dem Investitionsgüter produzierenden Gewerbe. Dabei ist davon auszugehen, daß die alleinige Versorgung der Stromnachfrage den Einsatz einer Gasturbine nicht rechtfertigt. Zusätzliche Vorteile entstehen, wenn der eingesetzte Brennstoff im jeweiligen Industriezweig als Reststoff anfällt bzw. – wie in Kapitel 4.2.2 erörtert – durch Vergasung gewonnen werden kann.

Schadstoffemissionen

Zum Betrieb von Gasturbinenanlagen kommen überwiegend gasförmige Brennstoffe zum Einsatz. Die Verwendung von Heizöl wird nachfolgend nicht näher betrachtet, da durch höhere Investitionskosten für die Lagerhaltung des Brennstoffs eine Wirtschaftlichkeit nur schwierig zu erreichen ist. Darüber hinaus lassen sich Emissionsvorschriften bei dem Einsatz von Erdgas auf kostengünstige Weise (z.B. durch Primärmaßnahmen) unterschreiten. Die bei der Verbrennung von Erdgas entstehenden, hauptsächlich von der Verbrennungsreaktion abhängigen Schadstoffe sind im wesentlichen die Reaktionsprodukte CO und NO_x. Die Abgaszusammensetzung ist einerseits von der Anlagenleistung abhängig, andererseits variiert sie aufgrund der primärseitigen Einflußnahme. Die in Tabelle 5.5 aufgeführten Emissionen stellen durchschnittliche Emissionswerte einer erdgasbefeuerten Gasturbinenanlage dar [23, 115].

Tabelle 5.5. Emissionen von erdgasgefeuerten Gasturbinenanlagen

Luftschadstoffe [g/kWh$_{th,Hu}$]	Feuerungswärmeleistung [MW]	
	1-5	>5
NO_x	0,450	0,300
SO_2	0,001	0,001
CO	0,300	0,150
C_nH_m	0,020	0,020

Tabelle 5.5 zeigt, daß im Bereich der kleineren Anlagen höhere spezifische NO- und CO-Emissionen auftreten. Die Schwefeldioxidemissionen sind unabhängig

von der Anlagenleistung und bewegen sich – ebenso wie die Freisetzung von C_nH_m – auf äußerst niedrigem Niveau. Die Ursache der erhöhten NO_x- und CO-Emissionen bei kleineren Gasturbinenanlagen ist in erster Linie auf die deutlich schlechteren Anlagenkenndaten und die gegenüber den Großanlagen i.d.R. geringere Auslastung zurückzuführen.

Hauptursache der hohen spezifischen NO_x-Emissionen sind die hohen Verbrennungstemperaturen in der Turbine, so daß die entsprechenden Prozesse zur Bildung von thermischen Stickoxiden begünstigt werden. Kohlenmonoxid entsteht bei der unvollständigen Oxidation des Brennstoffkohlenstoffs entweder durch unterstöchiometrische Verbrennungsprozesse insbesondere im Teillastbetrieb oder durch zu kurze Verweilzeiten des Brenn- bzw. Rauchgases in der Brennkammer. Zur Reduktion der genannten Schadstoffkomponenten sind verschiedene technische Verfahren denkbar.

Eine Verringerung der spezifischen Kohlenmonoxidemissionen kann in erster Linie durch eine Optimierung der Brenneranordnung sowie der Brennkammergeometrie erreicht werden [116, 117]. Ziel dieser konstruktiven Maßnahmen ist dabei die Vermeidung von unterstöchiometrischen Verbrennungszonen sowie die Verlängerung der Verweilzeiten der Rauchgase in der Brennkammer.

Zur Reduktion der spezifischen Stickoxidemissionen werden verschiedene Verfahren angewendet. Bei den sog. „Naßverfahren" wird die Verbrennungstemperatur durch das gezielte Eindüsen von Wasser bzw. Wasserdampf reduziert und so die Bildung von thermischem NO_x eingeschränkt. Der Nachteil dieses Verfahrens besteht in einer teilweise erheblichen Reduktion des Wirkungsgrades, da einerseits niedrigere Verbrennungstemperaturen die energetische Bilanz der Brennkammer negativ beeinflussen und andererseits der vergrößerte Rauchgasstrom entsprechende Abgasverluste bedingt. Ferner geht durch die Zugabe von Wasser latente Wärme verloren. Ein weiterer Nachteil der nassen Verfahren besteht in der möglichen Kondensation des Wassers in den Wärmetauschern sowie in der Gefahr der Säurebildung durch Reaktion mit Schwefel oder Stickstoff [116, 117]. „Trockenverfahren" dagegen sehen den sog. „Magerbetrieb" der Gasturbinen, d.h. die Verbrennung mit hohen Luftzahlen, vor. Analog zur Wassereindüsung führen hohe Luftzahlen zu geringenen Verbrennungstemperaturen. Bei Luftzahlen von ca. 2 ergeben sich allerdings durch „kalte" Verbrennungszonen erhöhte Kohlenmonoxidemissionen. Reichen weder Trocken- noch Naßverfahren zur Reduzierung der spezifischen Schadstoffemissionen aus, so kann der Einbau eines Abgaskatalysators vorgesehen werden. Dabei wirken sich allerdings die hohen Abgastemperaturen der Gasturbine ungünstig aus, da Katalysatoren i.d.R. für Gastemperaturen über 400 °C ungeeignet sind [116].

Ökonomie

Die spezifischen Investitionskosten der Gasturbinenanlagen liegen im Leistungsbereich von 1 MW bis zu 10 MW in etwa auf dem Niveau von Motorheizkraftwerken vergleichbarer Leistung [18]. Die mit dem Betrieb der Gasturbinen verbundenen Kosten werden in Abhängigkeit der Investitionskosten und der Auslastung bestimmt. Die Instandhaltungskosten setzen sich dabei aus einer Pauschale (1 % der Investitionskosten jährlich) sowie einem von der Auslastung der Anlage abhängigen Anteil zusammen, da mit zunehmender Auslastung der Gasturbinen eine häufigere Wartung vorzusehen ist. Die Personalkosten errechnen sich i.allg. in Abhängigkeit von der installierten Anlagenleistung.

Ein weiterer Unterschied zur Kostenbetrachtung der Motorheizkraftwerke besteht darin, daß für die Gasturbinenanlagen unabhängig von der jährlichen Betriebsstundenzahl eine einheitliche Nutzungsdauer von 20 Jahren angesetzt werden kann, da sie auch bei hoher Auslastung entsprechende Nutzungsdauern erreichen.

Tabelle 5.6. Kostenstrukturen von Gasturbinen in der Industrie

Vollaststunden [h/a]	Kostenanteil	Wärmeleistung [MW]		
		1	10	100
Vollaststunden- unabhängig	Investitionskosten [TDM]	600	5000	40000
	Kapitaldienst [TDM/a]	48	396	3170
2.000	Betriebskosten [TDM/a]	49	161	1188
	Brennstoffkosten [TDM/a]	76	760	7598
	Stromgutschrift [TDM/a]	68	930	9300
	Wärmegestehungskosten [Pf/kWh]	10,0	3,4	2,3
4.500	Betriebskosten [TDM/a]	58	249	2063
	Brennstoffkosten [TDM/a]	153	1531	15308
	Stromgutschrift [TDM/a]	122	1674	16740
	Wärmegestehungskosten [Pf/kWh]	5,8	1,9	1,5
7.000	Betriebskosten [TDM/a]	67	336	2938
	Brennstoffkosten [TDM/a]	230	2302	23018
	Stromgutschrift [TDM/a]	158	2170	21700
	Wärmegestehungskosten [Pf/kWh]	5,1	2,2	1,9

Tabelle 5.6 zeigt die Ergebnisse der Kostenrechnung für Gasturbinen im industriellen Einsatz beispielhaft für eine installierte Leistung von 1, 10 und 100 MW$_{th}$. Die Wärmegestehungskosten der Gasturbinen variieren zwischen 1,5 Pf/kWh für eine 100-MW-Turbine bei einer Auslastung von 4.500 h/a und 10 Pf/kWh für eine 1-MW-Anlage bei einer Auslastung von 2.000 h/a. Kleinere Gasturbinenanlagen mit ca. 1 MW thermischer Leistung weisen die höchsten Wärmegestehungskosten auf, während Großanlagen die günstigsten Alternativen darstellen. Ursachen sind dabei einerseits die deutliche Degression der Investitionskosten sowie höhere Nutzungsgrade der Großanlagen. Die Brennstoffkosten stellen auch beim Betrieb von Gasturbinenanlagen den wesentlichen Kostenpunkt dar, so daß insbesondere bei hohen Auslastungen der Kapitaldienst und die Betriebskosten gegenüber den Brennstoffkosten kaum ins Gewicht fallen.

Die errechneten Wärmepreise liegen teilweise deutlich über denen der Motorheizkraftwerke (vgl. Kapitel 5.1.1). Motorheizkraftwerke und Gasturbinenanlagen konkurrieren im Leistungsbereich zwischen 1 MW und 10 MW miteinander, so daß ein Vergleich der Wärmegestehungskosten in diesem Bereich besonders interessant ist. Bei einer installierten Leistung von 1 MW_{th} liegen die unter den genannten Voraussetzungen errechneten Wärmegestehungskosten der Gasturbinen deutlich über denen der Motorheizkraftwerke. Es zeigt sich, daß unabhängig von der Auslastung der Anlagen die spezifischen Wärmepreise der Gasturbinen etwa um den Faktor 2 bis 3 über der teuersten Variante (Gas-Ottomotor-Anlagen) vergleichbarer Motorheizkraftwerke liegen. Im Leistungsbereich von etwa 10 MW_{th} dagegen bewegen sich die errechneten Wärmegestehungskosten der Gasturbinenanlagen innerhalb der Spannbreite der verschiedenen Motorheizkraftwerke. Heizölbefeuerte Diesel-Motorheizkraftwerke bieten jedoch auch in diesem Leistungsbereich günstigere Wärmepreise an, während für Gas-Dieselmotoren etwa gleiche Wärmegestehungskosten und für Gasmotoren höhere spezifische Wärmepreise errechnet werden als für vergleichbare Gasturbinenanlagen.

Ein Vergleich der Kostenstrukturen beider Techniken zeigt, daß sich Brennstoffkosten und Kapitaldienst auf etwa gleichem Niveau bewegen. Deutliche Unterschiede zeigen dagegen die Betriebskosten und die errechnete Stromgutschrift. Während die Betriebskosten der Gasturbinenanlagen für eine Leistung von etwa 1 MW deutlich über denen vergleichbarer Motorheizkraftwerke liegen, gleichen sie sich für eine Anlage von 10 MW nahezu an. Bedingt durch die geringeren Betriebskosten und höheren Gutschriften, weisen die Motorheizkraftwerke bis ca. 1 MW Leistung, unabhängig von der Anlagenauslastung, niedrigere Energiegestehungskosten auf. Für Gasturbinenanlagen mit einer Leistung von 10 MW liegen die Betriebskosten unter denen der Motorheizkraftwerke. Ferner wächst die Stromkennzahl der Gasturbinenanlagen mit zunehmender Leistung, so daß die für kleinere Anlagen diskutierten Kostenvorteile der Motorheizkraftwerke für größere Leistungen zunehmend ausgeglichen werden. Im Leistungsbereich von etwa 10 MW liegen die errechneten Energiegestehungskosten der Gasturbinenanlagen in der Preisspanne vergleichbarer Motorheizkraftwerke. Die Anwendung von Gasturbinen in der industriellen Kraft-Wärme-Kopplung zeigt insbesondere für größere Leistungseinheiten wirtschaftliche Einsatzmöglichkeiten.

Eine besonders in Industriezweigen mit organischen Reststoffen interessante Möglichkeit des Gasturbineneinsatzes stellt die in Kapitel 4.2.2 beschriebene vorgeschaltete Vergasung dar. Unter der Annahme von spezifischen Investitionskosten von 900 $DM/kW_{th,Hu}$ und einem kostenfreien Brennstoff lassen sich Stromgestehungspreise von ca. 15 Pf/kWh_{el} bei 2000 Vollaststunden und ca. 5 Pf/kWh_{el} bei 7000 Vollaststunden bestimmen. Die erzielten Preise lassen im Vergleich zu üblichen Strompreisen aufgrund der vermiedenen hohen Gaskosten einen wirtschaftlichen Betrieb erwarten und fallen noch geringer aus, wenn vermiedene Entsorgungskosten für den eingesetzten Industriereststoff angesetzt werden. Eine Wärmeauskopplung findet nicht statt bzw. muß zur Konditionierung des eingesetzten Brennstoffes genutzt werden.

Optimierungspotentiale

Die technische Entwicklung der Gasturbinenanlagen dient im wesentlichen dem Ziel, das Teillastverhalten zu verbessern sowie die Schadstoffemissionen der Anlagen zu reduzieren. Neben den bereits erörterten Techniken zur Schadstoffminderung wird vor allem an der Optimierung der Prozeßführung in der Brennkammer sowie der Verbesserung der Wärmeübertragung, d.h. letztlich an der Optimierung der Wirkungsgrade, gearbeitet. Weitere Optimierungsmöglichkeiten bestehen in der Verfeinerung der Kühl- und Regelungstechnik sowie vereinzelt im Einsatz modernster Werkstofftechnik (z.B. Einkristallschaufeln). Grundlegende technische Innovationen sind dabei allerdings nicht zu erwarten.

Der Einsatz von Synthesegas aus fester Biomasse in Gasturbinen ist bisher praktisch nicht erprobt, so daß Optimierungspotentiale unterstellt werden können. Da die zirkulierende Wirbelschichtvergasung separat im Einsatz ist, sind lediglich Probleme bzw. Anpassungen an der Schnittstelle zur Gasturbine zu erwarten.

5.1.3
Heizkraftwerke

Heizkraftwerke sind wegen ihrer hohen Investitionskosten nur für große Industriebetriebe interessant. Obwohl sich die Studie auf KMU konzentriert, werden die Heizkraftwerke hier dennoch der Vollständigkeit halber mit behandelt.

Theoretische und technische Grundlagen

Heizkraftwerke bezeichnen Kraft-Wärme-Kopplungsanlagen, in denen die Energieumwandlung, d.h. die Erzeugung von Wärme und Strom über den Wärmeträger „Wasser", erfolgt.

Das Arbeitsfluid „Wasser" wird, ausgehend vom Kondensator, im flüssigen Zustand durch die Speisewasserpumpe in den Dampferzeuger gefördert. Im Dampferzeuger wird das Wasser erwärmt, verdampft und ggf. nachfolgend überhitzt. Übliche Frischdampfparameter industrieller Heizkraftwerke, dies sind i.d.R. Anlagen mit einer thermischen Leistung zwischen etwa 10 MW und 200 MW, sind Frischdampfdrücke zwischen 40 bar (10 MW) und 115 bar (200 MW) bzw. Frischdampftemperaturen zwischen 400 °C und 535 °C [18, 112]. Der Frischdampf wird im Dampfturbinensatz enspannt. Je nach Leistung der Maschine erfolgt diese Expansion mehrstufig (Hoch-, Mittel- und Niederdruckteil). In Heizkraftwerken wird ein Teil des Dampfes zwischen den einzelnen Druckstufen (bei Kondensations-Entnahme-Betrieb) oder nach der Turbine (Gegendruck-Betrieb) entnommen, den Heizwasserwärmetauschern zugeführt und zur Bereitstellung von Prozeßwärme (meist durch die Anbindung an ein Wärmeversorgungsnetz) genutzt. Sowohl das in den Heizwasserwärmetauschern als auch das im Kondensator kondensierte Arbeitsfluid durchläuft im Anschluß den skizzierten Kreislauf erneut. Die Komponenten des Dampfkreislaufes zeigt Abbildung 5.3.

Die technischen Möglichkeiten zur praktischen Ausführung von Heizkraftwer-

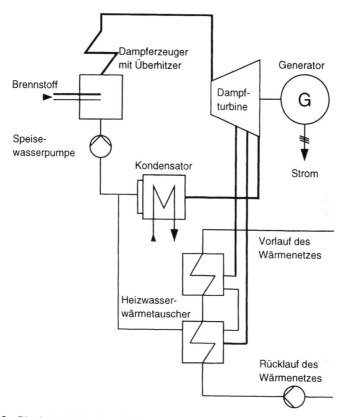

Abb. 5.3. Blockschaltbild eines Heizkraftwerkes

ken mit integriertem Dampfkreislauf sind vielfältig. Sowohl die Dampferzeugung, die Befeuerung der Dampferzeuger als auch die Entspannung des Arbeitsmediums im Turbosatz mit entsprechender Dampfentnahme oder Gegendrucktechnik zur Bereitstellung von Wärme kann durch verschiedene technische Varianten realisiert werden. Nachfolgend wird ein kurzer Überblick über die verfügbare Technik dargestellt.

Dampferzeuger

In Kombination mit Dampfturbinenanlagen finden zur Dampferzeugung vielfach Kleinwasserraumkessel (Wasserrohrkessel) Verwendung. Sie sind durch ein geringes Verhältnis von Wasservolumen zu thermischer Leistung gekennzeichnet. Dampferzeuger, deren Verhältnis von Leistung zu Wasserinhalt gering ist, werden der Gruppe der Großwasserraumkessel zugeordnet und vor allem zur industriellen Niederdruckdampfgestehung sowie in Heizwerken zur Bereitstellung von Heizwasser eingesetzt. Die Dampfparameter (Druck, Temperatur) liegen deutlich unter den Werten der Kleinwasserraumkessel, so daß ihre Anwendung in Dampfturbinenanlagen äußerst selten ist [118]. Die im Zusammenhang mit Heizkraftwerken beschriebenen Dampferzeugersysteme beschränken sich daher auf die Kleinwasserraumkessel, wobei zwischen Naturumlauf-, Zwangsumlauf- sowie Zwangsdurchlaufsystemen zu differenzieren ist.

Hauptbestandteile des Naturumlaufdampferzeugers sind die Kesseltrommel sowie das Fall- und Steigrohrsystem. Die Kesseltrommel verbindet das Fall- und Steigrohrsystem miteinander, nimmt das Speisewasser auf und trennt dieses vom Frischdampf. Das in der Kesseltrommel enthaltene Wasser sinkt aufgrund der Schwerkraft in die Fallrohre und gelangt in das Steigrohrsystem. Die Steigrohre führen durch die Brennkammer, wo das Wasser verdampft. Das Wasser-Dampf-Gemisch wird spezifisch leichter und erfährt einen Auftrieb (Naturumlauf). Die Vorteile des Naturumlaufs sind ein günstiges Teillastverhalten, geringe Anfahrverluste, reduzierte Speisepumpenarbeit und die selbständige Anpassung der Massenstromdichte an die Feuerungsleistung. Der Hauptnachteil der Naturumlaufsysteme ist die Begrenzung der Dampfleistungen durch maximale Betriebsdrücke von 180 bar. Bei höheren Drücken ist der für den Naturumlauf notwendige Dichteunterschied zwischen Dampf und Wasser zu gering und die Gefahr der Filmverdampfung und daraus resultierender überhöhter Wandtemperaturen in den Steigrohren, bedingt durch zu geringe Durchsätze, groß. Übliche Dampfleistungen von Naturumlaufsystemen liegen bei ca. 1.100 t/h mit Temperaturen von ca. 540–550 °C [119].

Beim Zwangsumlauf wird die Zirkulaton des Arbeitsfluids nicht mehr durch den Gewichtsunterschied des Wassers in den Steig- und Fallrohren bewirkt, sondern von Pumpen unterstützt. Diese saugen das Kesselwasser am tiefsten Punkt des Fallrohrsystems an und fördern es in die Siederohre. Dadurch erhöht sich die umgewälzte Wassermenge, und der Kesseldruck kann auf 200 bar steigen. Die Kesselumwälzpumpe ist jedoch ein zusätzlicher Energieverbraucher im Dampferzeuger, weshalb Zwangsumlauf-Dampferzeuger kaum zur Anwendung kommen.

Die Optimierung der Kesselwirkungsgrade führt zu hohen Frischdampfdrücken, -temperaturen und -leistungen. Zwangsdurchlauf-Dampferzeuger, bei denen das Speisewasser in einem Zuge vorgewärmt, verdampft und überhitzt wird, werden dieser Forderung am besten gerecht. Überkritische Drücke über 200 bar und Überhitzungstemperaturen von annähernd 700 °C bei Leistungen von über 2.000 t Dampf pro Stunde sind in großen Dampferzeugern technisch möglich, werden jedoch aufgrund erhöhter Materialanforderungen und der damit verbundenen zusätzlichen Kosten z.Zt. nicht forciert [118].

Dampferzeugerfeuerungen

Sowohl in den Dampferzeugern öffentlicher Stromerzeugungsanlagen als auch in industriellen Dampfturbinenanlagen werden überwiegend Festbrennstoffe eingesetzt. Die Ursache hierfür ist, daß Dampfprozesse nur bei einer hohen Auslastung sinnvoll zu betreiben sind und die Brennstoffkosten – aufgrund des damit verbundenen hohen Brennstoffbedarfs – einen wesentlichen Anteil der Gesamtkosten ausmachen. Teure Brennstoffe wie Öl und Gas finden daher nur in Ausnahmefällen, z.B. zur Reservevorhaltung oder als Zusatz- oder Zündfeuerungen, Verwendung in Dampferzeugern. Eine Ausnahme bildet dagegen der in der Industrie oftmals praktizierte Einsatz von schwerem Heizöl, da dieses Produkt relativ günstig zur Verbrennung angeboten wird. Der Einsatz von schwerem Heizöl in Feuerungen ist aufgrund einer hohen Schwefelbelastung des Brennstoffs (vgl. hierzu Kapitel 4) i.allg. nur durch den Einsatz entsprechender Rauchgasreinigungsmaßnahmen möglich. Durch schärfere Umweltschutzauflagen und die damit notwendigen aufwendigen Rauchgasreinigungsverfahren (z.B. Rauchgasentschwefelung) hat das schwere Heizöl seinen Kostenvorteil allerdings weitgehend eingebüßt. Seit Mitte der achtziger Jahre nimmt die in der Industrie zur Verbrennung eingesetzte Menge an schwerem Heizöl kontinuierlich ab [112]. Da sich diese Entwicklung auch zukünftig fortsetzen wird, soll dieser Sonderfall im Zuge der hier durchgeführten Untersuchungen nicht weiter berücksichtigt und die nachfolgenden Betrachtungen auf den Einsatz fossiler und biogener Festbrennstoffe begrenzt werden.

Unterschiedliche Festbrennstoffe, deren Aufbereitungsformen und variable Brennstoffeigenschaften erfordern verschiedene, an den jeweiligen Brennstoff angepaßte Feuerungen. Insbesondere im Bereich der Dampferzeugerfeuerungen, die vorwiegend thermische Leistungen über 10 MW aufweisen, ist eine Optimierung der Feuerung und deren Anpassung an den Dampferzeuger aus ökonomischen und ökologischen Gründen unverzichtbar. In der Praxis ausgeführte Dampferzeuger werden in der betrachteten Leistungsklasse (10–200 MW$_{th}$) i.d.R. mit einer Rost-, Einblas- oder Wirbelschichtfeuerung ausgeführt. Spezielle Biomasseverbrennungsanlagen wie bspw. Unterschubfeuerungen oder Zigarrenbrenner finden dagegen in Einheiten kleiner Leistung Verwendung und werden daher meist nicht in Heizkraftwerken eingesetzt. Ihr Einsatzgebiet sind vielmehr biogen befeuerte Heizwerke (vgl. Kapitel 5.1.5), wo sie in Kombination mit Großwasserraumkesseln betrieben werden.

Das zentrale Element einer Rostfeuerung ist der Brennrost. Die Varianten dieses Systems sind vielfältig und reichen von ruhenden Rosten in Kleinfeuerungsanlagen bis hin zu großflächigen Transportrosten mit integrierter Entaschung und Brennstoffdurchmischung in Großanlagen. Die Roste erfüllen dennoch in allen Rostfeuerungen prinzipiell gleiche Aufgaben. Zunächst dient das Rost als Brennstoffauflage, um diesen von unten mit Verbrennungsluft zu versorgen. Die zweite Aufgabe des Rostes besteht in der Entaschung. Der abgebrannte Brennstoff fällt durch das Rost in den Ascheabzug oder wird, wie bspw. beim Wanderrost, an das Ende des Verbrennungsrostes und in einen Abzugtrichter befördert.

Im hier betrachteten Leistungsbereich über 10 MW kommen ausschließlich mechanisch bewegte Rostsysteme zum Einsatz, die den Brennstoff durch den Brennraum transportieren. Unterschiede zeigen sich vor allem im Transport des Brennstoffes. Bei Vor- und Rückschubrosten wird der Brennstoff durch Relativbewegungen benachbarter Roststäbe zueinander gefördert. In Anlagen mit Schrägrosten wird diese Bewegung durch die Schwerkraft unterstützt. Wanderroste dagegen transportieren das Brennmaterial wie ein Fließband anhand einer umlaufenden Kette, die durch 2 Walzen angetrieben wird.

Rostfeuerungen mit bewegten Rostesystemen werden mit Feuerungsleistungen bis zu über 100 MW gebaut [112, 119]. Ihr Einsatz bleibt aufgrund der erforderlichen Rostauflage des Brennstoffs auf stückige Brennstoffe beschränkt. Allerdings können auch feuchte und damit problematische Brennstoffe wie z.b. erntefeuchte Biomasse oder Brennstoffe mit einem hohen Gehalt an flüchtigen Bestandteilen in Rostfeuerungen eingesetzt werden. Da der Brennstoff – wie bereits erläutert – während der Verbrennung durch den Brennraum transportiert und dabei durchmischt wird, bildet sich eine dünne Brennstoffschicht, die i.d.R. nur wenige Zentimeter beträgt, mit einer entsprechend großen Reaktionsoberfläche aus. Höhere Reaktionsgeschwindigkeiten und kürzere Trocknungs- und Erwärmungszeiten sind die Folge. Aufgrund einer räumlichen Trennung der verschiedenen Verbrennungsstufen (Trockung, Pyrolyse, Feststoffreaktion etc.) in der Brennkammer, kann – im Gegensatz zu anderen Feuerungsvarianten – eine dosierte und an die Verbrennungszone angepaßte Luftzufuhr erfolgen [119]. Daher finden Rostsysteme häufig Anwendung bei der Verbrennung von Holz, Haus- und Industriemüll, Gasflamm- oder Weichbraunkohlen.

Der Nachteil mechanisch bewegter Roste besteht in der erforderlichen Größe des Brennraums, da neben einem erhöhten Bauaufwand die Wärmeverluste durch Abgas und Strahlung relativ hoch sind. Des weiteren ist aufgrund der großen Brennstoffmengen im Brennraum eine entsprechend hoch dimensionierte Luftzufuhr notwendig. So werden bspw. bei der Müllverbrennung Luftzahlen von $\lambda=2,2$ realisiert, die das Abgasvolumen vergrößern und zusätzliche Wärmeverluste bewirken [119]. Die Feuerungswirkungsgrade von Rostfeuerungen liegen daher zumeist unter denen anderer Feuerungsvarianten wie bspw. Wirbelschichtanlagen und variieren deutlich mit dem verwendeten Brennstoff. Für Kohlebrennstoffe können Wirkungsgrade zwischen 80 und 85 %, für Biomasse etwa 75 bis 80 % zugrunde gelegt werden [112, 119].

Die Verbrennungstemperaturen variieren ebenso wie der Feuerungswirkungsgrad bei Rostfeuerungen in Abhängigkeit vom verwendeten Brennstoff. Ferner beeinflussen die Rostbauform und die Auslastung der Anlage diese Parameter. In Kohlerostfeuerungen werden Verbrennungstemperaturen – direkt oberhalb des Rostes – bis zu etwa 1.000 °C erreicht. In Biomassefeuerungen werden die entsprechenden Temperaturen erheblich unter diesem Wert liegen, da mit zunehmender Luftzufuhr und Feuchtigkeit die Verbrennung „kälter" wird.

Die Verbrennung feinkörniger oder aber staubförmiger Materialien erfolgt in Einblasfeuerungen. Diese Systeme führen den Brennstoff überwiegend mit der Primärluft durch ein entsprechendes Fördergebläse der Feuerung zu. Durch eine geeignete Anordnung der Brenner im Brennraum wird eine gute Verwirbelung bzw. Zerstäubung des Brennstoffs erreicht. Einblasfeuerungen finden oft als Ergänzung zu anderen Feuerungssystemen wie bspw. einer Rostfeuerung Verwendung. Während Kohle für einen Einsatz in Einblasfeuerungen zunächst gemahlen werden muß (0,09–0,2 mm Korndurchmesser), können biogene Brennstoffe aufgrund ihres schnelleren Abbrandverhaltens (hohe Reaktivität der Biomasse) auch in grobkörnigerer Form der Verbrennung zugeführt werden [120].

Mit Einblasfeuerungen werden die größten Feuerungsleistungen bis zu 1000 MW erreicht [119, 121]. Sie sind für nahezu alle Kohlebrennstoffe, andere brennbare

Industriereststoffe und auch Biomassebrennstoffe wie bspw. Holzstäube, Schalen o.ä. geeignet. Wesentliche Nachteile der Einblasfeuerung bestehen einerseits in der erforderlichen Brennstoffaufbereitung und andererseits in der notwendigen, sehr aufwendigen Rauchgasreinigung. Aufgrund der feinen Brennstoffpartikel muß eine leistungsfähige Staubabscheidung vorgesehen werden. Der Feuerungswirkungsgrad einer Einblasfeuerung liegt bei etwa 90 % [112].

Wirbelschichtanlagen eignen sich für die Verbrennung eines breiten Brennstoffspektrums. Aufgrund der aufwendigen Feuerungstechnik werden auch für problematische Brennstoffe geringe Emissionen gemessen. Die Feuerungsleistungen der Wirbelschichtanlagen bewegen sich im Bereich von 10 bis 240 MW.

Das wichtigste Element der Wirbelschichtfeuerung ist der Düsenboden. Durch ihn werden je nach Anlagentyp ca. 60–100 % der Verbrennungsluft zugeführt [119]. Oberhalb des Düsenbodens befindet sich eine Schüttung aus einem Inertstoff, Brennstoff und Asche. Der Inertstoff dient der Wärmespeicherung und der Brennstoffzerkleinerung. Durch die mit hoher Geschwindigkeit durch den Düsenboden zugeführte Verbrennungsluft werden Feststoffpartikel aus der Schüttung mitgerissen. Nach Erreichen der Lockerungsgeschwindigkeit dehnt sich die Schüttung aus. Bleibt die Luftgeschwindigkeit innerhalb der Grenzen einer stationären Wirbelschicht – d.h. zwischen Lockerungspunkt ($w_{Luft} > 2 - 3$ m/s) und der Austragsgrenze ($w_{Luft} > 5 - 8$ m/s) –, dehnt sich die Schüttung zu einer Wirbelschicht bis zur Betriebsdicke aus und kann dann stationär betrieben werden. Die verschiedenen Konzepte von Wirbelschichtfeuerungen unterscheiden sich im wesentlichen hinsichtlich der Ausbreitung des Wirbelbetts. Stationäre Systeme zeichnen sich durch eine ortsfeste Lage und eine konstante Dicke des Feststoffbetts aus, während bei der zirkulierenden Wirbelschichtfeuerung durch das Überschreiten der Austragsgrenze die Feststoffpartikel den Feuerungsraum vollständig ausfüllen und teilweise aus der Schüttung mit den Rauchgasen ausgetragen werden. Im Transportreaktor – als letzte Variante der Wirbelschichtsysteme – erfolgt dann ein konstanter Feststoffumlauf in der Feuerung bzw. den Rauchgaszügen. Die zirkulierende Wirbelschicht stellt daher einen Übergang des stationären Feststoffbetts zur pneumatischen Förderung des Transportreaktors dar [121, 122].

In der Schüttung wird in unmittelbarer Nähe des Düsenbodens der Brennstoff zugeführt, der sich intensiv mit dem Inertstoff vermischt sowie erwärmt, getrocknet und zerkleinert wird. Aufgrund der intensiven Durchmischung und der starken Verwirbelung ergeben sich lange Verweilzeiten sowohl der Feststoffe als auch der Verbrennungsgase im Brennraum. Beides führt zu niedrigen Emissionswerten [123]. Die Feuerungswirkungsgrade von Wirbelschichtanlagen variieren in Abhängigkeit von Anlagenprinzip, Brennstoff, Leistung und Betriebsdruck zwischen 92 und 99 %. Die höchsten Wirkungsgrade erreichen dabei druckaufgeladene Wirbelschichtfeuerungen (bei einem Überdruck von 5 bis 6 bar). Die heißen Abgase können bei dieser Variante zusätzlich zum Antrieb einer Gasturbine verwendet werden. Die mittleren Verbrennungstemperaturen liegen bei ca. 850 °C.

Die Wirbelschichtfeuerung zeichnet sich durch geringe Umweltbelastung aus. Das Einbringen von Kalk bewirkt die Bindung des freiwerdenden SO_2, niedrige Verbrennungstemperaturen verursachen geringe Stickoxidemissionen [118].

Turbinen

Hinsichtlich der Dampfentnahme an den Turbinen zur Wärmeauskopplung wird zwischen Gegendruckanlagen und Entnahmekondensationsanlagen unterschieden. Bei Gegendruckanlagen expandiert der Dampf in der Turbine auf einen festgelegten Druck und verläßt die Turbinen vollständig, um z.B. in einem angeschlossenen Produktionsprozeß genutzt zu werden. Der Dampf kondensiert dabei bei annähernd konstanter Temperatur. Aufgrund der nun vollständigen Expansion des Dampfes in Gegendruckanlagen erreichen diese zumeist geringere Leistungen und Wirkungsgrade als reine Kondensationsturbinen.

Energetisch günstiger ist die Wärmeauskopplung aus Entnahme-Kondensationsturbinen. Hierbei wird lediglich ein Teil des Dampfstroms an verschiedenen Anzapfstellen im Hoch- bzw. Mitteldruckteil der Turbine entnommen, während der überwiegende Teil des Dampfes nahezu vollständig entspannt. Teilweise wird der Turbinenabdampf mit den energetisch hochwertigen Anzapfmengen gemischt. Je nach gefordertem Temperaturniveau der angeschlossenen Wärmeverbraucher wird das Verhältnis der Anzapfmengen variiert. Üblich sind 3 Heizwasserwärmetauscher, wobei einer i.d.R. zur Spitzenlastdeckung genutzt wird. Verbleibender Dampf, der nicht der Wärmeauskopplung dient, wird nach der vollständigen Expansion in der Turbine dem Kondensator zugeführt [18, 24, 112].

Technische Daten

Die technischen Kennzahlen der Heizkraftwerke variieren aufgrund der Vielzahl der technischen Möglichkeiten, verschiedenen Brennstoffen sowie unterschiedlichen Einsatzbereichen (z.B. Auslastung) und Leistungsklassen in einem breiten Spektrum. Für industrielle Anwendungen werden im Rahmen der vorliegenden Studie Anlagen in einem Leistungsspektrum zwischen 10 und 100 MW näher betrachtet. In Tabelle 5.7 sind elektrische und thermische Nutzungsgrade für die im Rahmen der Kostenbetrachtungen untersuchten Referenzanlagen mit einer thermischen Leistung von 10, 25 und 100 MW zusammengestellt. Wirkungsgrade fallen entsprechend geringfügig höher aus. Die Zahlenwerte stellen Literaturangaben dar und können u.U. deutlich variieren. Eine Aufschlüsselung der dargestellten Anlagenkennzahlen nach Feuerungs-, Dampferzeuger- und Turbinenbauart wäre wünschenswert, ist jedoch an dieser Stelle nicht zu realisieren.

Tabelle 5.7. Technische Kennzahlen von Heizkraftwerken

| Kennzahl | Feuerungswärmeleistung [MW] | | |
	10	25	100
Elektrischer Nutzungsgrad	0,25	0,26	0,31
Thermischer Nutzungsgrad	0,58	0,60	0,61
Gesamtnutzungsgrad	0,83	0,86	0,92
Stromkennzahl	0,43	0,44	0,51

Tabelle 5.7 zeigt, daß mit zunehmender Anlagenleistung sämtliche Kennzahlen ansteigen. Hauptursache dieser Entwicklung ist – neben einer effektiveren Isolierung – die zunehmende Optimierung der Dampfkreisläufe in größeren Anlagen (gestufte Speisewasservorwärmung, mehrfache Zwischenüberhitzung, Ecomomicer etc.), die für Kleinanlagen kaum zu realisieren ist. Die in Tabelle 5.7 dargestellte Zunahme des thermischen Nennwirkungsgrades unterstellt, daß auch industrielle Großanlagen häufig ohne Zwischenüberhitzung ausgeführt werden.

Einsatzgebiete und -möglichkeiten in der Industrie

Der industrielle Einsatz von Dampf-Heizkraftwerken ist prinzipiell überall dort denkbar, wo mit ausreichend hoher Auslastung ein kontinuierlicher Kraft- bzw. Strom- und Wärmebedarf besteht. Die zur Errichtung eines Dampfheizkraftwerkes aufzuwendenden Investitionen liegen aufgrund der komplexen Anlagentechnik erheblich über denen der Motorheizkraftwerke oder Gasturbinen. Eine hohe Auslastung industriell betriebener Anlagen ist zur Amortisation der Investitionen daher unabdingbar [112]. Bedingt durch die hohe Anlagenleistung der Dampfturbinenanlagen bleibt ihr Einsatz i.d.R. auf Großbetriebe beschränkt.

1988 waren in der Bundesrepublik Deutschland industrielle Dampfturbinenanlagen mit einer Nennleistung von rund 7,5 GW in Betrieb [112]. Etwa 42 % dieser Anlagen wurden allein in der chemischen Industrie eingesetzt. Weitere 16 % der Anlagenleistung entfielen auf die Papier- und Zellstoffindustrie. Während in der chemischen Industrie überwiegend Gegendruckanlagen betrieben wurden, fanden Entnahme-Kondensationsmaschinen und Gegendruckturbinen in der Papier- und Zellstoffindustrie etwa gleich häufig Verwendung. Dies spiegelt die unterschiedlichen Anforderungen an das Temperaturniveau und den Wärmebedarf in beiden Industriebereichen wieder. Während die Chemie zur Deckung ihres Wärmebedarfs sehr unterschiedliche Temperaturbereiche durch Gegendruckanlagen abdeckt, werden in der Papier- und Zellstoffindustrie häufig Entnahme-Kondensationsmaschinen zur Deckung des Wärmebedarfs überwiegend im Niedertemperaturbereich genutzt.

Dampfturbinenanlagen wurden 1988 in nahezu allen Bereichen der Industrie eingesetzt, wobei die Gegendruckanlagen etwa 60 % der industriellen Nennleistung ausmachten [112]. Neben den genannten Einsatzgebieten der Chemie und Zellstoff- und Papiererzeugung bildeten die Zuckerindustrie, der Kohlebergbau, die Mineralölverarbeitung und das Textilgewerbe weitere Schwerpunkte der industriellen Dampfturbinenanwendung.

Für die industrielle Kraft-Wärme-Kopplung bedeutet diese Entwicklung, daß zukünftig zunehmend Anlagen mit hohen Stromkennzahlen zum Einsatz kommen [6]. Dampfturbinenanlagen, insbesondere Gegendruckmaschinen, werden daher in Großunternehmen zunehmend in Konkurrenz zu Kombianlagen, in mittelständischen Unternehmen u.U. zu Gasturbinen und Motorheizkraftwerken treten [6, 112].

Schadstoffemissionen

Ein ebenso breites Spektrum wie die Heizkraftwerke selbst nehmen auch die durch sie emittierten Luftschadstoffe ein. Maßgeblich für die Menge und die Zusammensetzung der Schadstoffe sind dabei der verwendete Brennstoff, die Leistung der Anlage sowie die integrierten Rauchgasreinigungsmaßnahmen. Eine geschlossene Darstellung der zu erwartenden Emissionen ist kaum zu realisieren, so daß nur exemplarische Angaben, basierend auf Literatur- und Herstellerangaben, möglich sind.

Beim Einsatz von Kohlebrennstoffen in Dampferzeugerfeuerungen entstehen hauptsächlich die Oxidationsprodukte Wasserdampf, Kohlendioxid, Stickoxide und Schwefeloxide. Ferner ist mit nicht vollständig oxidierten Schadstoffen, d.h. unverbrannten Kohlenwasserstoffen (C_nH_m), und Flugstaubemissionen zu rechnen. Die pro umgesetzter Menge Brennstoff emittierten Schadstoffe hängen maßgeblich von dessen Zusammensetzung ab. Da Kohlebrennstoffe einen teilweise beachtlichen Anteil an Schwefel enthalten (vgl. hierzu Kapitel 4), ist bei der Verbrennung mit einer entsprechenden Schwefeloxidemission zu rechnen. In Tabelle 5.8 sind für 4 verschiedene Feuerungssysteme unterschiedlicher Leistung die zu erwartenden Luftschadstoffemissionen aufgeführt [13, 112, 124].

Tabelle 5.8. Emissionen kohlebefeuerter Heizkraftwerke

Luftschadstoffe [g/kWh$_{th,Hu}$]	Rostfeuerung		Zirkulierende, atm. Wirbelschicht	
	5-50 MW$_{th}$	>50 MW$_{th}$	5-50 MW$_{th}$	>50 MW$_{th}$
SO$_2$	0,881	0,385	0,440	0,220
NO$_x$	0,509	0,509	0,409	0,273
CO	0,191	0,191	0,204	0,204
C_nH_m	0,006	0,006	0,007	0,001
Staub	0,034	0,032	0,051	0,055

Tabelle 5.9. Emissionen biomassebefeuerter Heizkraftwerke[10]

Luftschadstoffe [g/kWh$_{th,Hu}$]	Rostfeuerung ca. 20 MW$_{th}$	Zirkulierende atm. Wirbelschicht 30 MW$_{th}$
SO$_2$	praktisch 0	0,040
NO$_x$	1,006	0,350
CO	0,249	0,200
C_nH_m	0,031	0,008
Staub	0,040	0,004

---

[10] Herstellerangaben der Firma ESP Heizwerke GmbH, München.

Die in den Tabellen 5.8 und 5.9 dargestellten spezifischen Emissionen verdeutlichen die Streubreite dieser Angaben sowohl für kohlebefeuerte als auch für biomassebefeuerte Systeme. Maßgeblich ist dabei der Umfang bzw. die Güte der vorgesehenen Rauchgasreinigungsmaßnahmen. Solange die Emissionsvorschriften eingehalten werden, liegt letztlich die Güte der Abgasreinigung im Ermessen des Betreibers. So sind bspw. auch die sehr hohen Schwefeldioxidemissionen der kleineren kohlebefeuerten Rostfeuerungen zu begründen, da die Anlagenbetreiber aus wirtschaftlichen Gründen eine Entschwefelung nur zum Unterschreiten der Grenzwerte vorsehen.

Ein Vergleich der Emissionen kohle- und biomassebefeuerter Anlagen läßt trotz der erheblichen Schwankungen tendenzielle Unterschiede erkennen. So liegen die Schwefeldioxidemissionen der Biomassefeuerungen unter denen der Kohlefeuerungen, was auf die geringeren Schwefelgehalte der Biomasse zurückzuführen ist. Die spezifischen Stickoxidemissionen liegen dagegen bei der Verbrennung von Biomasse über denen der Kohleanlagen, wobei dieser Aspekt in dem feuerungstechnisch schwierigeren Abbrandverhalten der Biomasse begründet liegt. Die Kohlenmonoxidemissionen liegen dagegen – mit Ausnahme der biomassegefeuerten Rostanlagen – auf etwa gleichem Niveau. Gleiches gilt für die Staubemissionen, wobei diesmal die biomassebefeuerten Wirbelschichtanlagen eine Ausnahme bilden.

Maßnahmen zur Minderung von Luftschadstoffen wurden in den letzten Jahren in vielfältiger Weise in Großkraftwerken realisiert. Zu nennen sind hier im wesentlichen die Entstaubung, die Entschwefelung und die Entstickung (DENOX). Die Entstaubung erfolgt in Großanlagen entweder durch Gewebe- oder Elektrofilter. Durch die Staubfilterung werden die Staubemissionen bis zu ca. 99 % zurückgehalten. Die Entschwefelung kann prinzipiell durch primäre Maßnahmen im Brennraum bspw. durch Zusatz von Kalk bzw. Kalkhydrat erfolgen, oder aber – falls primäre Maßnahmen aus feuerungstechnischen Gründen ausscheiden – durch eine Rauchgaswäsche (REA) geschehen. Die Rauchgasentschwefelung ist allerdings mit erheblichen Mehrkosten verbunden. Gleiches gilt für die Ent-stickung der Abgase. Auch hier bestehen durch die Einbringung von Harnstoff oder Ammoniak Möglichkeiten der primärseitigen Schadstoffminderung. Anders als bei der Rauchgasentschwefelung sind primärseitige Maßnahmen bei der Entstickung allerdings nur für kleinere Leistungseinheiten geeignet.

In industriellen Heizkraftwerken finden aufwendige Rauchgasreinigungsverfahren kaum Anwendung, da die mit einer Rauchgaswäsche verbundenen Kosten den Einsatz einer entsprechenden Kraft-Wärme-Kopplungsanlage häufig unwirtschaftlich gestalten. In Industrieanlagen werden daher häufig Primärmaßnahmen zur Schadstoffreduktion angewendet oder aber unbelastete bzw. unproblematischere und teurere Brennstoffe verwandt. Der Einsatz von Rauchgasreinigungssytemen, wie sie in Großkraftwerken eingesetzt werden, wird auch zukünftig für industrielle Anlagen die Ausnahme darstellen. Wirtschaftliche Maßnahmen zur Reduktion der spezifischen Schadstoffemissionen bestehen daher eher in der Optimierung der Brennstoffausnutzung [112].

Ökonomie

Festbrennstoffeuerungen werden insbesondere in der Industrie den spezifischen Anforderungen eines Betreibers z.b. hinsichtlich der Feuerungsleistung, der Auslastung oder des einzusetzenden Brennstoffs angepaßt und unter den gegebenen Rahmenbedingungen individuell ausgelegt. Die Investitionskosten dieser Anlagen unterliegen einer großen Spannbreite. Die im folgenden genannten Investitionskosten stellen Richtwerte dar.

Dabei zeigt sich, daß biomassebefeuerte Dampferzeugersysteme, d.h. Feuerung und Kessel, aufgrund der Verbrennungseigenschaften der Biomasse i.allg. größer und aufwendiger ausgeführt werden müssen als vergleichbare Kohlefeuerungen. Daher wird, sofern keine genaueren Daten verfügbar sind, ein Kostenvorteil der Kohlefeuerung bei der Anschaffung eines entsprechenden Dampferzeugers von 20 % gegenüber der Biomassefeuerung angenommen [13, 18, 35, 125]. Für die übrigen Baukomponenten des Heizkraftwerkes (z.B. Turbosatz, Dampfverteilung, Regelungstechnik etc.) werden gleiche Investitionskosten angesetzt [112].

Ein weiterer Kostenfaktor, der Unterschiede zwischen Kohle- und Biomassefeuerungen zeigt, ist die zur Einhaltung der Emissionsvorschriften erforderliche Rauchgasreinigung (vgl. z.B. [35]). Dabei ergeben sich im Gegensatz zu den Investitionskosten für Feuerung und Kesselanlage teilweise deutliche Vorteile für Biomassefeuerungen. Schwierigkeiten bei der Verbrennung von biogenen Brennstoffen bereiten zumeist die Staubemissionen, so daß im hier betrachteten Leistungsbereich der Anlagen über 10 MW Feuerungsleistung eine Staubabscheidung in die Verbrennungsanlage zu integrieren ist. Kostenvorteile bei der Anschaffung und im Betrieb bieten gegenüber den Gewebe- und Elektrofiltern Multizyklonentstauber (ca. 35 DM/kW), die allerdings ab etwa 5 MW Feuerungsleistung an ihre Leistungsgrenze stoßen [123]. Biomasseverbrennungsanlagen mit einer Feuerungsleistung über 5 MW sind daher i.d.R. mit einem Elektro- oder Gewebefilter (ca. 50 DM/kW) und Staubfeuerungen ab 25 MW, aufgrund der hohen Verbrennungstemperaturen zusätzlich mit einer Entstickungsanlage auszurüsten.

Rauchgase aus Kohlefeuerungen werden im betrachteten Leistungsbereich sowohl entstaubt als auch entstickt. Hinzu kommt ein erheblicher Kostenaufwand für eine ebenfalls erforderliche Rauchgasentschwefelung, falls primäre Maßnahmen eine ausreichende Entschwefelung nicht gewährleisten können. Die Investitionskosten einer Rauchgasentschwefelung betragen je nach Verfahren zwischen 70 DM/kW für Rostfeuerungen und 150 DM/kW für Staubfeuerungen [112]. Wirbelschichtfeuerungen hingegen benötigen aufgrund der Möglichkeiten einer primärseitigen Schadstoffreduzierung auch beim Einsatz von Kohlebrennstoffen weder eine Entstickung noch eine Entschwefelung. Lediglich eine Entstaubung ist vorzusehen [13, 18, 35, 125].

Feststoffeuerungen benötigen im Gegensatz zu Gas- oder Ölfeuerungen ein höheres Maß an Pflege und Wartung, so daß für ihre Instandhaltung jährlich 4 % der Investitionskosten anzusetzen sind [125]. Die Personalkosten werden nach [35] geschätzt. Die Personal- und Brennstoffkosten hängen von der Auslastung

der Anlage, d.h. den jährlichen Betriebsstunden, ab. Analog zu den Kostenbetrachtungen in den vorhergehenden Kapiteln werden auch die Betriebs- und
Brennstoffkosten daher für die 3 Referenzfälle (I: Einschichtbetrieb [2.000 h/a],
II: Zweischichtbetrieb [4.500 h/a] und III: Dreischichtbetrieb [7.000 h/a]) ausgewiesen (s.S. 155).

Die Brennstoffkosten variieren in erster Linie in Abhängigkeit vom Brennstoff,
aber auch mit der Feuerungs- bzw. Dampferzeugerleistung, der Auslastung und
der verwendeten Feuerungsvariante. Für kohlebefeuerte Heizkraftwerke wird im
Rahmen der Kostenbetrachtungen vorausgesetzt, daß jeweils der günstigste verfügbare Brennstoff eingesetzt wird, sofern dieser keine zusätzlichen Rauchgasreinigungsmaßnahmen erfordert (z.b. durch hohe Schwefelkonzentrationen). Die
entsprechenden Bezugskosten für verschiedene Kohlenbrennstoffe sind in Kapitel
4 aufgeschlüsselt. Der spezifische Bezugspreis errechnet sich in Abhängigkeit
von der jährlichen Abnahmemenge.

Brennstoff Kohle

Im Rahmen der Kostenbetrachtungen für kohlebefeuerte Dampfheizkraftwerke
werden 6 verschiedene Anlagenkonzepte, d.h. 3 Rostfeuerungen, 2 Wirbelschichtanlagen sowie 1 Einblasfeuerung berechnet. Für die 3 betrachteten Rostfeuerungs-
anlagen mit einer Wärmeleistung von 10 MW, 25 MW und 100 MW wird der
Einsatz der kostengünstigen Importsteinkohle vorgesehen. Für die betrachtete
Einblasfeuerung mit einer Leistung von 100 MW wird der Einsatz von Braun-
kohlenstaub, für die 25-MW- und 100-MW-Wirbelschichtanlagen die Verwendung
von Wirbelschichtbraunkohle unterstellt. Die Vorteile der für die verschiedenen
Feuerungen ausgewählten Brennstoffe liegen in der Tatsache, daß sie einsatzfertig
bezogen werden können und somit eine Aufbereitung (z.B. Mahlen) bzw. die Anschaffung entsprechender Aufbereitungsanlagen entfällt. Tabelle 5.10 gibt die
Ergebnisse der Kostenrechnung für die obengenannten kohlebefeuerten Dampferzeuger wieder.

Die spezifischen Wärmegestehungskosten kohlebefeuerter Heizkraftwerke errechnen sich in einem Spektrum von -0,1 Pf/kWh für eine 100-MW-Rost-
feuerungsanlage bei einer Vollaststundenzahl von 4.500 h/a und 8,3 Pf/kWh für
eine 25-MW-Wirbelschichtanlage bei einer Auslastung von 2.000 h/a. Die höchsten Wärmepreise errechnen sich unabhängig von der Anlagenleistung für geringe Vollaststundenzahlen. Mit zunehmender Auslastung reduzieren sich die Wärmegestehungskosten deutlich. Ferner zeigt sich, daß mit zunehmender Anlagengröße
bzw. -leistung die wirtschaftlichen Rahmenbedingungen für einen industriellen
Einsatz von Dampfheizkraftwerken günstiger werden. So weisen die betrachteten
100-MW-Anlagen in allen Auslastungsbereichen die jeweils günstigsten Wärmepreise auf. Für eine Auslastung der Dampfheizkraftwerke von mehr als 4.500 h/a
liegen die spezifischen Wärmegestehungskosten durchgehend auf dem errechneten Niveau der Gasturbinen und Motorheizkraftwerke, wobei für den kleinsten
gemeinsamen Leistungsbereich aller Techniken (10 MW$_{th}$) die Motorheizkraftwerke
immer noch die güngstigste Alternative darstellen. Für eine Auslastung der Heiz-

kraftwerke von 7.000 h/a errechnen sich analog zu den Blockheizkraftwerken höhere spezifische Wärmegestehungskosten, die mit der geringeren spezifischen Stromgutschrift zu begründen sind. Im Vergleich zu Gasturbinenanlagen zeigen größere Heizkraftwerke auch noch bei hoher Auslastung z.T. deutliche Kostenvorteile.

Tabelle 5.10. Kostenstrukturen kohlebefeuerter Heizkraftwerke in der Industrie

Vollaststunden [h/a]	Kostenanteil	Feuerungswärmeleistung [MW]		
		10	25	100
Vollaststunden-unabhängig	Investitionskosten [Mio. DM]	10,8	24,90 - 29,40	87,2 - 120,8
	Kapitaldienst [Mio. DM/a]	0,86	1,97 - 2,33	6,91 - 9,57
2.000	Betriebskosten [Mio. DM/a]	0,55	1,17 - 1,35	4,34 - 5,68
	Brennstoffkosten [Mio. DM/a]	0,18	0,46 - 0,76	1,84 - 4,79
	Stromgutschrift [Mio. DM/a]	0,75	1,95	9,30
	Wärmegestehungskosten [Pf/kWh]	7,2	5,40 - 8,30	3,10 - 7,40
4.500	Betriebskosten [Mio. DM/a]	0,69	1,38 - 1,56	5,41 - 6,75
	Brennstoffkosten [Mio. DM/a]	0,42	1,04 - 1,65	4,14 - 7,02
	Stromgutschrift [Mio. DM/a]	1,35	3,51	16,74
	Wärmegestehungskosten [Pf/kWh]	2,3	1,30 - 3,00	0,10 - 3,00
7.000	Betriebskosten [Mio. DM/a]	0,83	1,59 - 1,77	7,16 - 11,54
	Brennstoffkosten [Mio. DM/a]	0,65	1,61 - 2,56	6,45 - 10,84
	Stromgutschrift [Mio. DM/a]	1,75	4,55	21,7
	Wärmegestehungskosten [Pf/kWh]	1,4	0,60 - 2,00	0,40 - 2,40

Ein Vergleich der Kostenkomponenten Kapitaldienst, Betriebs- und Brennstoffkosten der Heizkraftwerke zeigt, daß insbesondere für kleine Dampfheizkraftwerke der Kapitaldienst der bestimmende Faktor ist. Ursache sind die hohen Investitionskosten, die durchschnittlich den vier- bis fünffachen Wert vergleichbarer Gasturbinenanlagen betragen. Ferner liegen die Betriebskosten für Kleinanlagen wie z.B. der hier betrachteten 10-MW-Rostfeuerung ebenso wie für Großanlagen bei geringer Auslastung deutlich über den errechneten Brennstoffkosten. Erst für höhere Vollaststundenzahlen liegen Brennstoff- und Betriebskosten auf etwa gleichem Niveau.

Die Kostenbetrachtung der Heizkraftwerke zeigt, daß aufgrund der hohen Investitionen zur Errichtung einer solchen Anlage der jährliche Kapitaldienst nur durch die – im Vergleich zu Gasturbinen und Motorheizkraftwerken – niedrigeren Brennstoffkosten ausgeglichen werden kann. Die Brennstoffkosten fallen jedoch erst für hohe Auslastungen ins Gewicht, so daß der Betrieb von Dampfheizkraftwerken bei einer jährlichen Auslastung unter 4.500 h/a unter den hier betrachteten Randbedingungen im Vergleich zu entsprechenden Motorheizkraftwerken und Gasturbinenanlagen i.d.R. unwirtschaftlich ist. Die zugrundegelegte gestufte Stromgutschrift beeinflußt das Ergebnis der Kostenbetrachtungen für die Dampfheizkraftwerke insofern, als daß aufgrund einer höheren spezifischen Strom-gutschrift bei einer Anlagenauslastung von 4.500 h/a teilweise geringere Wärme-preise errechnet werden als bei einer Auslastung von 7.000 h/a.

Brennstoff Biomasse

Im Bereich der Biomasseverbrennung bietet sich gegenüber der Kohlefeuerung ein sehr breites Brennstoffspektrum mit entsprechend variablen Kostenstrukturen an (vgl. hierzu Kapitel 4). Die zugrundeliegende Anlagentechnik bleibt gegen-über den Kohlefeuerungen unverändert, d.h. es werden vergleichbare Anlagen-konzepte betrachtet, die sich lediglich aufgrund unterschiedlicher Ausstattungen in der Rauchgasreinigung und unterschiedlicher Dampferzeuger – die biomasse-befeuerten Systeme sind dabei größer ausgeführt – in ihren Investitionskosten voneinander unterscheiden. Um ein möglichst umfassendes Bild der industriellen Möglichkeiten zur Nutzung von Biomassebrennstoffen in Dampfheizkraftwerken darzustellen, werden für solche Feuerungstechniken, die verschiedene Brennstof-fe nutzen können (z.B. Rostfeuerungen), Kostenrechnungen mit verschiedenen Brennstoffen durchgeführt. Bedingt durch die bereits erheblich differierenden Brennstoffkosten, variieren die errechneten spezifischen Wärmegestehungskosten stärker als bei den kohlebefeuerten Vergleichsanlagen.

Während in Staubfeuerungen vorwiegend Holzstäube oder Sägemehl Verwen-dung finden, für die teilweise sogar vermiedene Entsorgungskosten anzusetzen

Tabelle 5.11. Kostenstrukturen biomassebefeuerter Heizkraftwerke in der Industrie

Vollaststunden [h/a]	Kostenanteil	Feuerungswärmeleistung [MW]		
		10	25	100
Vollaststunden-unabhängig	Investitionskosten [Mio. DM]	11,2	23,4 - 27,1	95,9 - 118,1
	Kapitaldienst [Mio. DM/a]	0,89	1,86 - 2,14	7,60 - 9,36
2.000	Betriebskosten [Mio. DM/a]	0,56	1,11 - 1,25	4,69 - 5,58
	Brennstoffkosten [Mio. DM/a]	0,06 - 1,2	0,15 - 3,0	0,60 - 12,0
	Stromgutschrift [Mio. DM/a]	0,75	1,95	9,3
	Wärmegestehungskosten [Pf/kWh]	5,6 - 15,4	3,9 - 14,8	2,9 - 14,7
4.500	Betriebskosten [Mio. DM/a]	0,70	1,32 - 1,21	5,75 - 6,64
	Brennstoffkosten [Mio. DM/a]	0,14 - 2,7	0,34 - 6,75	1,35 - 27,0
	Stromgutschrift [Mio. DM/a]	1,35	3,51	16,74
	Wärmegestehungskosten [Pf/kWh]	1,5 - 11,3	0,0 - 10,2	0,7 - 9,6
7.000	Betriebskosten [Mio. DM/a]	0,84	1,53 - 1,69	10,55 - 11,43
	Brennstoffkosten [Mio. DM/a]	0,21 - 4,2	0,53 - 10,5	2,1 - 42,0
	Stromgutschrift [Mio. DM/a]	1,75	4,55	21,7
	Wärmegestehungskosten [Pf/kWh]	0,5 - 10,3	-0,2 - 9,3	-0,3 - 15,3

sind, können Rost- und Wirbelschichtsysteme verschiedene Brennstoffe nutzen. In Wirbelschichtsystemen wird der Einsatz eines Brennstoffes lediglich durch die Stückgröße begrenzt. Im Gegensatz zu den Rostfeuerungen scheidet daher der Einsatz von Scheitholz in Wirbelschichtanlagen aus. Das Brennstoffspektrum der Wirbelschichtanlagen reicht somit von Rinde über Hackschnitzel und Späne bis hin zu Häckseln. Die Kosten verschiedener biogener Brennstoffe sind in Kapitel 4 ausführlich erläutert und dienen den nachfolgenden Berechnungen der Brennstoffkosten als Grundlage, so daß minimale Brennstoffpreise von ca. 0,3 Pf/kWh$_{Hu}$ für den Einsatz von Rinde und maximale Brennstoffkosten beim Einsatz von Energieholz aus Energieplantagen von ca. 7 Pf/kWh$_{Hu}$ angenommen werden. Tabelle 5.11 faßt die Ergebnisse der Kostenbetrachtung zusammen.

Die spezifischen Wärmegestehungskosten biomassebefeuerter Dampfheizkraftwerke variieren zwischen -0,7 Pf/kWh bei der Verbrennung von Rinde (ca. 0,3 Pf/kWh$_{Hu}$) in einer 100-MW-Rostfeuerungsanlage bei einer Vollaststundenzahl von 4.500 h/a und 15,4 Pf/kWh beim Einsatz von Energieholz (ca. 7 Pf/kWh$_{Hu}$) in einer 10-MW-Rostfeuerungsanlage und einer jährlichen Auslastung von 2.000 h/a. Auch hier bewirkt die gestaffelte Stromgutschrift, d.h. 12 Pf/kWh bei 4.500 h/a Benutzungsstunden pro Jahr, die geringsten Wärmegestehungskosten.

Ferner zeigt sich, daß verschiedene kostengünstige Brennstoffe, wie bspw. Rinde oder Industrierestholz, überaus günstige Einsatzmöglichkeiten in Dampfheizkraftwerken bieten. Durch ihre durchschnittlichen Bezugskosten zwischen 0,3 und etwa 2 Pf/kWh$_{Hu}$ errechnen sich spezifische Wärmegestehungskosten, die unter denen der fossilbefeuerten Alternativen liegen. Die Preisgrenze liegt bei ca. 2,5 Pf/kWh$_{Hu}$, da dann die errechneten Wärmepreise über dem Niveau der kohlebefeuerten Anlagen liegen. Somit zeigen die Kostenrechnungen, daß unter den in Kapitel 4 dargestellten Voraussetzungen z.Zt. Biomassebrennstoffe aus Energiepflanzen (z.B. Miscanthus sinensis, Energiehölzer oder Getreideganzpflanzen) in der Industrie derzeit nicht wirtschaftlich in Dampfheizkraftwerken einzusetzen sind. Die günstigsten Einsatzmöglichkeiten bieten in jedem Fall leistungsstarke Anlagen bei einer möglichst hohen Auslastung.

Optimierungspotentiale

Heizkraftwerke sind im Vergleich zu Blockheizkraftwerken und Gasturbinenanlagen eine vergleichsweise alte Technik. Dementsprechend sind die Optimierungspotentiale größtenteils ausgeschöpft [112]. Möglichkeiten zur weiteren Optimierung der Dampfprozesse liegen vor allem in einer Steigerung der Frischdampftemperaturen (bis zu etwa 700 °C), wobei z.T. Werkstoffe aus der Gasturbinentechnologie zum Einsatz kommen. Der technische Aufbau einer Dampfkraftanlage und somit die Umsetzung entsprechender Optimierungsmöglichkeiten in Industrieanlagen wird maßgeblich durch die Betriebsstrukturen bestimmt. Insbesondere ein Vergleich der notwendigen Investitionen für technische Verbesserungen und der damit erzielten wirtschaftlichen Vorteile ist dabei erforderlich [6]. Als effiziente Maßnahme zur Wirkungsgradverbesserung im Dampfkreislauf bei gleichzeitig geringen Zusatzinvestitionen gilt die Zwischenüberhitzung in Kombination

mit der regenerativen Speisewasservorwärmung, wie sie in Großkraftwerken praktiziert wird. Gleiches gilt für Bestrebungen zur Steigerung der Frischdampfzustände in Großanlagen, die jedoch aufgrund steigender Materialanforderungen
mit teilweise erheblichen Mehrkosten verbunden sind.

In industriellen Anlagen ist die individuelle Betrachtung einer optimalen Verwendung der Kraft-Wärme-Kopplungsanlagen hinsichtlich der Optimierung des
KWK-Betriebes häufig deutlich erfolgversprechender. So zeigt nahezu jedes
Industriekraftwerk individuelle Auslegungskenngrößen zur Gewährleistung der
betrieblichen Energieversorgung. Häufig werden mehrere Anlagen in einem Betrieb genutzt, so daß deren Abstimmung aufeinander einen wesentlichen Aspekt
zur Betriebsoptimierung darstellt.

Abgesehen von Holzfeuerungsanlagen existieren für die Verbrennung fester
Biomasse noch relativ wenig Erfahrungen, so daß hier noch weitere Optimierungs-
potentiale zu erwarten sind. Ein typisches Beispiel für eine neue Technologie zur
Verbrennung spezieller Biomassen ist der sog. Zigarrenbrenner (s. Kap. 5.1.5)

5.1.4.
GuD-Anlagen

Gas- und Dampfturbinenanlagen sind eine vergleichsweise junge Technologie,
sie werden bisher für industrielle Zwecke noch nicht in vollem Umfang genutzt.
Ein Einsatz der GuD-Anlagen ist dabei prinzipiell in allen Industriezweigen möglich.

Theoretische und technische Grundlagen

Die Verknüpfung einer Gas- und einer Dampfturbine in einem „Gas- und Dampfturbinenprozeß" führt zu Anlagenwirkungsgraden, die weder mit einer reinen
Gasturbine noch mit einem Dampfkraftwerk zu erreichen sind [18, 125]. Die Abgaswärme einer Gasturbine wird dabei einem Dampfprozeß zugeführt, um in einem Abhitzekessel Dampf zu erzeugen, so daß die Abwärme der Gasturbine weitgehend genutzt wird [126]. Die einfachste Form einer solchen Kombianlage stellt
der Gas- und Dampfturbinenprozeß (GuD) ohne Zusatzfeuerung dar, wobei der
Prozeß allein durch die Brennkammer der Gasturbine befeuert wird. Bedingt durch
die deutliche Leistungssteigerung der Gasturbinenanlagen erreichen Gas- und
Dampftubinen heute in der Elektrizitätswirtschaft Leistungen bis zu einigen hundert MW [126]. Häufig werden in Kombianlagen ohne Zusatzfeuerung mehrere
Gasturbinen in Kombination mit einer Dampfturbine betrieben [126]. Abbildung
5.4 zeigt den prinzipiellen Aufbau eines Gas- und Dampfturbinenkraftwerkes.

Moderne Gas- und Dampfturbinenanlagen erreichen bei reiner Stromerzeugung
elektrische Wirkungsgrade zwischen 52 und 58 % und liegen somit weit über den
vergleichbaren Kennzahlen reiner Gasturbinenanlagen oder Kondensationskraft-
werke [127]. Eine reine Stromerzeugung durch Gas- und Dampfturbinenanlagen
ist allerdings für industrielle Anwendungen aufgrund zu hoher Investitionen nicht
interessant.

Höhere Gesamtwirkungsgrade erlauben auch für die Gas- und Dampfturbinen-anlagen den Einsatz als Kraft-Wärme-Kopplungsanlagen. Analog zu Dampf-heizkraftwerken ist eine Wärmeauskopplung aus der Dampfturbine (Gegendruck- oder Entnahme-Kondensationsanlagen) möglich. In Abbildung 5.4 ist dies durch Wärmetauscher angedeutet.

Kombinierte Gas- und Dampfturbinenanlagen finden vielfach Verwendung zur industriellen Wärme- und Stromgestehung. Allerdings handelt es sich bei den aus-geführten Anlagen nur selten um reine Gas- und Dampfturbinenanlagen mit aus-schließlicher Brennstoffzufuhr in der Gasturbine, sondern vielfach werden zu-satzgefeuerte Anlagen betrieben [126]. Dabei wird dem Abhitzekessel zusätzli-cher Brennstoff zugeführt, um die Dampferzeugung durch die Gasturbine zu un-terstützen. Neben der energetischen Optimierung des Dampfkreislaufes durch höhere Frischdampfzustände basiert die Zusatzfeuerung in vielen Praxisanlagen auf der Tatsache, daß bestehende Dampferzeuger kostengünstig durch die Inte-gration einer Gasturbinenanlage erweitert werden können. Ferner werden häufig Reststoffe verbrannt, um den Erdgasbedarf und somit die Brennstoffkosten zu reduzieren. Strenggenommen handelt es sich dabei nicht mehr um Gas- und Dampfturbinenanlagen, sondern um zusatzgefeuerte Kombianlagen. Da der Be-

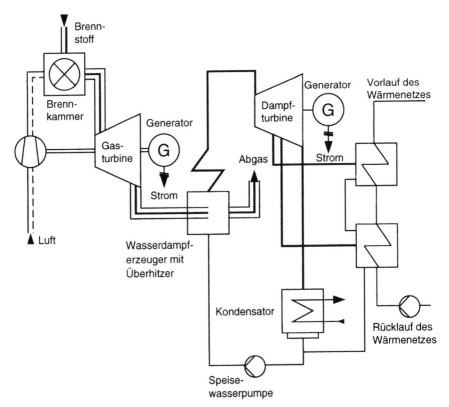

Abb. 5.4. Blockschaltbild eines Gas- und Dampfturbinenkraftwerkes

griff „Gas- und Dampfturbinenanlage" jedoch häufig für alle Prozesse, in denen sowohl eine Gas- als auch eine Dampfturbine betrieben wird, angewendet wird, sind auch Kombianlagen Gegenstand dieses Kapitels.

Der Leistungsbereich von Kombianlagen erstreckt sich von ca. 30 MW Feuerungsleistung bis zu mehreren hundert MW [126]. Die derzeit in reinen Gas- und Dampfturbinenanlagen einsetzbaren Brennstoffe beschränken sich auf Heizöl und Erdgas. Durch die Weiterentwicklung der Kohlevergasung wird in Zukunft auch der Einsatz von Kohlegas in Gasturbinen erwartet. Interessant erscheint in diesem Zusammenhang auch der Einsatz von Synthesegas aus biogenen Industriereststoffen (s. Kap. 4.2.2).

Zur Auslegung einer Gas- und Dampfturbinenanlage für den industriellen Einsatz als Kraft-Wärme-Kopplungsanlage ist das Temperaturniveau der bereitzustellenden Wärme von besonderer Bedeutung [126]. Wird Wärme bei einer hohen Temperatur benötigt, ist diese nur durch einen Gegendruckbetrieb der Anlage bereitzustellen. Ein weiteres Auslegungskriterium stellt die Größe einer Zusatzfeuerung dar, welche höhere Wärmeauskopplungen ermöglicht oder den Dampfkraftprozeß stärker hervorhebt. Tabelle 5.12 stellt Spannbreiten für elektrische und thermische Nutzungsgrade bei reiner Stromerzeugung und bei Kraft-Wärme-Kopplungsbetrieb dar [112, 116].

Tabelle 5.12. Technische Kennzahlen von Gas- und Dampfturbinenanlagen

Energiegestehung	Kennzahl	Feuerungsleistung 100 - 300 [MW]
Stromgestehung	elektr. Nutzungsgrad	0,52 - 0,58
Kraft-Wärme-Kopplung	elektr. Nutzungsgrad	0,35 - 0,41
(ggf. Zusatzfeuerung)	therm. Nutzungsgrad	0,45 - 0,49
	Gesamtnutzungsgrad	0,84 - 0,86
	Stromkennzahl	0,7 - 0,9

Einsatzgebiete und -möglichkeiten in der Industrie

Gas- und Dampfturbinenanlagen können in der Praxis in vielfältiger Weise realisiert werden. Neben der Variation der Anlagenleistung durch die nahezu beliebige Kombination von Gas- und Dampfturbinen gestalten sich auch die Möglichkeiten der Wärmeauskopplung aus dem Dampfkreislauf überaus flexibel. Bedingt durch diese Flexibilität, decken Kombianlagen einerseits ein breites Leistungsspektrum ab und konkurrieren andererseits mit nahezu allen anderen Techniken der Kraft-Wärme-Kopplung. Einschränkungen ergeben sich dabei durch die relativ hohen Investitionskosten, die einen Einsatz von Kombianlagen in kleinen Betrieben ausschließen. Die hohen Investitionskosten und der integrierte Dampfprozeß setzen ferner eine hohe Auslastung der Anlage voraus. Kombianlagen konkurrieren daher im wesentlichen mit Dampfheizkraftwerken [6]. Durch die hohen Stromkennzahlen erscheinen Kombianlagen ferner für Industriezweige bzw. -betriebe besonders geeignet, die einen im Vergleich zum Niedertemperaturwärmebedarf hohen Stromverbrauch aufweisen. Besonders günstige Einsatzbedingungen bieten daher erneut die Großbetriebe der Zellstoff- und Papiererzeugung sowie der chemischen Industrie [6]. Besonders interessant werden entsprechende Anlagen, wenn der eingesetzte Brennstoff im jeweiligen Industriebetrieb als Reststoff anfällt, z.B. Raffineriegas oder organische Reststoffe, die einer Vergasung unterzogen werden. Dem Trend eines steigenden Strombedarfs in der Industrie folgend, werden zukünftig Kombianlagen zunehmend Dampfheizkraftwerke ersetzen und ihren Anteil an der industriellen Kraft-Wärme-Kopplung ausbauen.

Schadstoffemissionen

Gas- und Dampfturbinenanlagen werden z.Zt. ebenso wie reine Gasturbinenanlagen ausschließlich mit Erdgas und Heizöl betrieben. Da der Brennstoff der Gasturbinenbrennkammer zugeführt wird, ist mit gleichen Emissionskomponenten zu rechnen, wie sie von Gasturbinenanlagen emittiert werden. Die deutlich höheren Gesamtwirkungsgrade von Kombianlagen lassen jedoch geringere spezifische Emissionen, bezogen auf den umgesetzten Brennstoff, erwarten. Wie schon bei den Gasturbinen sind als wesentliche Schadstoffkomponenten Kohlenmonoxid und unverbrannte Kohlenwasserstoffe sowie Stickoxide zu nennen [126]. Die in GuD-Anlagen eingesetzten Gasturbinen werden i.d.R. mit hohen Luftzahlen gefahren, so daß eine praktisch vollständige Verbrennung erfolgt und unvollständig verbrannte Schadstoffe wie CO oder C_nH_m nur in sehr geringen Konzentrationen auftreten [126]. Als wesentliche Emissionskomponente der Kombianlagen sind somit nur die Stickoxide zu betrachten.

Emissionen von zusatzbefeuerten Gas- und Dampfturbinenanlagen variieren aufgrund beliebig einsetzbarer Zusatzbrennstoffe derart, daß an dieser Stelle lediglich Emissionen reiner GuD-Anlagen betrachtet werden. In Tabelle 5.13 sind durchschnittliche Schadstoffemissionen von Gas- und Dampfturbinenanlagen zusammengestellt [23, 126].

Die möglichen Maßnahmen zur Verringerung der spezifischen Stickoxidemissionen in GuD-Anlagen entsprechen denen der Gasturbinenanlagen (vgl. Kapitel 5.1.2). Naverfahren reduzieren teilweise die Verbrennungstemperaturen in der Brennkammer durch Eindüsen von Wasser bzw.

Tabelle 5.13. Emissionen von GuD-Anlagen ohne Zusatzfeuerung

Luftschadstoffe	Emission [g/kWh$_{th,Hu}$]
NO$_x$	0,151
SO$_2$	0,001
CO	≈ 0
C$_n$H$_m$	≈ 0

Wasserdampf (Begrenzung der thermischen NO$_x$-Bildung) [116, 112]. Die Reduktion der Verbrennungstemperaturen ist in Kombianlagen jedoch nur bedingt sinnvoll, da geringere Abgastemperaturen der Gasturbinen deutliche Auswirkungen auf die Leistung des nachgeschalteten Dampfkreislaufes haben. Trockenverfahren dagegen sehen den Magerbetrieb der Gasturbinen, d.h. die Verbrennung mit hohen Luftzahlen, vor. Ferner werden Brennkammern mit einer gestuften Brennstoffzufuhr und Vormischbrennern eingesetzt, die bereits heute gute Emissionswerte erreichen [116, 117]. Letzteres ist in Kombianlagen üblich, weshalb die in Tabelle 5.13 dargestellten NO_x-Emissionen bereits deutlich unter denen der Gasturbinenanlagen liegen (vgl. Tabelle 5.5).

Ökonomie

Die Investitionskosten von Gas- und Dampfturbinenanlagen können nur grob abgeschätzt werden , da – trotz einer Vielzahl bereits betriebener Anlagen – Angaben zu entsprechenden Kosten kaum verfügbar sind. Spezifische Investitionskosten werden daher pauschal mit 1.800 DM/kW Feuerungsleistung angesetzt. Die Betriebs- und Brennstoffkosten errechnen sich analog zu den Dampfheizkraft-werken. Tabelle 5.14 zeigt die Ergebnisse der Kostenbetrachtung.

Die spezifischen Wärmegestehungskosten der Gas- und Dampfturbinenanlagen variieren zwischen 5,7 Pf/kWh für eine 100-MW-Anlage bei einer Auslastung von 7.000 h/a und 18,8 Pf/kWh für eine 10-MW-Anlage bei 2.000 Volllaststunden pro Jahr. Die errechneten Wärmepreise der Gas- und Dampfturbinenanlagen liegen insbesondere für niedrigere Auslastungen von etwa 2.000 h/a deutlich über denen der Dampfheizkraftwerke und Gasturbinenanlagen. Analog zu den Dampfheizkraftwerken sinken die spezifischen Wärmepreise mit zunehmender Anlagengröße und einer hohen Volllaststundenzahl.

Ursache der hohen spezifischen Energiegestehungskosten sind in erster Linie die hohen Investitionen bzw. ist der daraus resultierende Kapitaldienst. Ferner

Tabelle 5.14. Kostenstrukturen von Gas- und Dampfturbinenanlagen in der Industrie

Vollaststunden[h/a]	Kostenanteil	Wärmeleistung [MW]		
		10	25	100
Vollaststunden-unabhängig	Investitionskosten [Mio. DM]	18	45	180
	Kapitaldienst [Mio. DM/a]	1,4	3,4	14,3
2.000	Betriebskosten [Mio. DM/a]	0,7	1,4	4,8
	Brennstoffkosten [Mio. DM/a]	0,8	1,9	7,6
	Stromgutschrift [Mio. DM/a]	1,1	2,9	11,4
	Wärmegestehungskosten [Pf/kWh]	18,8	17,1	16,2
4.500	Betriebskosten [Mio. DM/a]	0,9	1,8	6,4
	Brennstoffkosten [Mio. DM/a]	1,5	3,8	15,3
	Stromgutschrift [Mio. DM/a]	2,1	5,1	20,5
	Wärmegestehungskosten [Pf/kWh]	8,5	7,7	7,3
7.000	Betriebskosten [Mio. DM/a]	1,0	2,2	8,0
	Brennstoffkosten [Mio. DM/a]	2,3	5,8	23,0
	Stromgutschrift [Mio. DM/a]	2,7	6,7	26,6
	Wärmegestehungskosten [Pf/kWh]	6,4	5,9	5,7

schlagen hohe Brennstoffkosten zu Buche, die durch den erforderlichen Einsatz von Erdgas verursacht werden. Positiv wirkt sich dagegen die hohe Stromkennzahl der Anlagen aus, da die erzielte Stromgutschrift einen Großteil der Kapital- und Brennstoffkosten kompensieren kann. Insgesamt jedoch ist der Einsatz von Gas- und Dampfturbinenanlagen in der Industrie im Vergleich zu den Dampfheizkraftwerken und Gasturbinenanlagen deutlich teurer. Möglichkeiten zur Reduktion der beachtlichen Brennstoffkosten bestehen durch die Zusatzfeuerung, wobei günstigere Brennstoffe in einem Kombikessel eingebracht werden können.

Als bisher nicht ausgeführte, aber sehr interessante Anlagenvariante für industrielle Anwendungen stellt sich ein GuD-Prozeß ohne Zusatzfeuerung mit vorgeschalteter Vergasung fester industrieller Reststoffe dar. Unter der Annahme eines kostenfreien Reststoffs und spezifischen Investitionskosten von 2200 DM/kW$_{th,Hu}$ ergeben sich ca. 30 Pf/kWh$_{el}$ bei 2000 Vollaststunden pro Jahr, bei einer Vollaststundenzahl von 7000 sind es jedoch lediglich 5 Pf/kWh$_{el}$. Entsprechende Anlagen könnten also in Großbetrieben der Papier- und Zellstoff- oder der Nahrungs- und Genußmittelindustrie wirtschaftlich betrieben werden.

Optimierungspotentiale

Kombianlagen gelten in der Energietechnik als relativ neue und zukunftsträchtige Techologie der Kraft-Wärme-Kopplung. Sie besitzen einerseits durch ihre thermodynamischen Vorteile und andererseits durch die nicht erforderliche Rauchgasreinigung deutlich höhere Wirkungsgrade als reine Dampf- oder Gasturbinenprozesse. Durch die technische Weiterentwicklung der Gasturbinenanlagen haben Kombianlagen in der jüngsten Vergangenheit einen erheblichen Aufschwung erfahren, der sich in Zukunft fortsetzen wird [126]. Als wesentlicher Aspekt der technischen Entwicklung der Gasturbinen ist dabei die Leistungssteigerung der Gasturbinenanlagen, verbunden mit deutlich verbesserten Wirkungsgraden, zu nennen [122].

Die mit einer zunehmenden Anlagenleistung verknüpfte Erhöhung der Abgastemperaturen kommt einem Einsatz in Gas- und Dampfturbinenanlagen dabei entgegen. Auch in Zukunft wird durch den Einsatz neuer Materialien mit einer weiteren Erhöhung der möglichen Verbrennungstemperaturen in Gasturbinen gerechnet [126]. Gleichzeitig wird eine Optimierung des Verdichters forciert mit dem Ziel, das Druckverhältnis der Maschinen zu steigern. Durch neue Beschaufelungen und Geometrien soll ferner die Förderleistung des Verdichters und damit die Leistung der Turbinen optimiert und gesteigert werden [126]. Weitere Optimierungspotentiale der Gas- und Dampfturbinenanlagen bestehen in der Abstimmung von Gas- und Dampfprozeß sowie in der Verbesserung der Wärmeauskopplung aus dem Dampfkreislauf.

Neben den dargestellten Bestrebungen zur Verbesserung der Gas- und Dampfturbinenanlagen zeichnet sich eine zweite Entwicklungstendenz, d.h. der Einsatz von Kohle- und Ölbrennstoffen sowie eine teilweise „Rückkehr" zu den zusatzbefeuerten Abhitzekesseln, ab. Der Einsatz von Kohle und Öl in Kombianlagen geht dabei einher mit der Entwicklung der entsprechenden Vergasungstechnologien. Dabei werden sowohl Konzepte zum Betrieb reiner Gas- und Dampfturbinenanlagen ohne Zusatzfeuerung durch den ausschließlichen Einsatz von Kohle- bzw. Ölgasen als auch der Einsatz von zusatzgefeuerten Kohle-Kombianlagen verfolgt, wobei die Gasturbine mit Kohlegasen und der Kombikessel mit Vergasungsrückständen bzw. Kohlebrennstoffen befeuert werden. Ein Zukunftspotential – gerade in der Industrie – muß auch der Vergasung fester biogener Reststoffe beigemessen werden.

5.1.5
Biomasse-Heizwerke

Heizwerke dienen der ausschließlichen Gestehung von Niedertemperaturwärme. Im Gegensatz zu den bislang diskutierten Techniken erfolgt in Heizwerken keine Kraft-Wärme-Kopplung. Heizwerke können daher nur dann als primärenergiesparend eingestuft werden, wenn sie mit regenerativen Brennstoffen, d.h. mit Biomasse, befeuert werden. Die in diesem Kapitel vorgestellten Heizwerke sehen daher ausschließlich den Einsatz biogener Brennstoffe vor. Heizwerke dienen dabei i.d.R. der Raumwärme-, Brauchwarmwasser- und Niedertemperaturprozeßwärmeversorgung als Insel- oder Verbundsystem.

Theoretische und technische Grundlagen

Heizwerke bestehen hauptsächlich aus einer Kesselanlage und einer Feuerung. Der wesentliche Unterschied zwischen Heizkraft- und Heizwerken besteht darin, daß in Heizwerken i.d.R. Heizwasser bzw. Heizdampf (Niederdruckdampf) erzeugt wird, während Dampf-Heizkraftwerke überhitzten Dampf als Arbeitsmedium für den nachfolgenden Dampfturbosatz gestehen. Die in Heizwerken gewonnene Wärme wird zumeist über eine mehrstufige Wärmeübetragung an ein Wärmenetz abgegeben. Abbildung 5.5 zeigt den prinzipiellen Aufbau eines Heizwerkes.

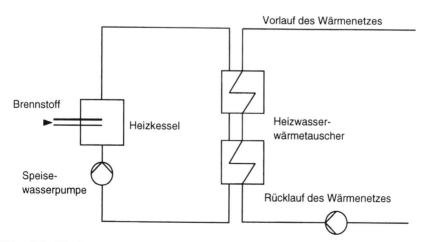

Abb. 5.5. Blockschaltbild eines Heizwerkes

Zur technischen Realisierung von Heizwerken bestehen aufgrund unterschiedlicher Kessel-Feuerungs-Kombinationen verschiedene Möglichkeiten. Während sich die Kesselsysteme i.d.R. nur in ihrer Leistung und Detailausführung unterscheiden, finden bei der Verbrennung biogener Brennstoffe unterschiedliche, teilweise speziell für die Biomasseverbrennung konzipierte Techniken Verwendung. Die wesentlichen technischen Komponenten von Heizwerken sollen nachfolgend kurz vorgestellt werden.

Kesselsystem

In Heizwerken finden überwiegend Großwasserraumkessel Verwendung, die ausreichende Heizleistungen bei gleichzeitig günstigen Investitionskosten bereitstellen. Da keine Dampfüberhitzung erforderlich ist, sind die mit Großwasserraumkesseln zu erreichenden Sattdampfzustände ausreichend.

Großwasserraumkessel werden vornehmlich als Flammrohr-Rauchrohrkessel mit 3 Zügen gebaut. Sie bestehen aus einem zylindrischen Druckbehälter, in dessen Wasserraum sich 1 oder 2 Flammrohre befinden. An die Flammrohre schließen sich die Rauchrohre an, die ebenso wie die Flammrohre von Kesselwasser umgeben sind. Die Rauchgase durchströmen nach Verlassen der Flammrohre die Rauchgasrohre und gelangen über deren unteren Zug zum Rauchgasaustritt. Im Rauchgaszug wird häufig ein Wärmetauscher integriert, der die in den Rauchgasen vorhandene Abwärme entweder zur Dampfüberhitzung oder zur Speisewasservorwärmung nutzt.

Mit einem Flammrohr pro Kessel kann eine Dampfleistung von 12 t/h erreicht werden, durch die Anordnung zweier Flammrohre läßt sich die Dampfleistung etwa verdoppeln. Die erreichbaren Sattdampftemperaturen hängen von dem maximalen Betriebsüberdruck ab. Mit Niederdruckdampfkesseln (bis 1 bar Überdruck) lassen sich z.B. Sattdampftemperaturen von 120 °C realisieren. Durch den Einbau eines Überhitzers können unabhängig vom Betriebsdruck höhere Dampftemperaturen erreicht werden [119]. Die üblichen maximalen Dampfparameter für Heizwerke liegen bei einer Temperatur von ca. 400 °C und einem Druck von ca. 20–25 bar [119].

Feuerungen

In biomassebefeuerten Heizwerken finden für die Verbrennung biogener Brennstoffe konzipierte Verbrennungssysteme Verwendung. Dabei handelt es sich i.d.R. um Rost- oder Unterschubfeuerungen sowie um Zigarrenbrenner für Halmgutballen.

Bei der Unterschubfeuerung gelangt der Brennstoff über eine Fördereinrichtung (Förderschnecke) unterhalb des Glutstocks in den Brennraum. Die Verbrennung erfolgt in einer Feuerungsmulde, in der neben dem Brennstoff auch die Primärluft zugeführt wird. Da der Brennstoff von unten nachgeführt wird, gelangt kein frischer Brennstoff von oben auf den Glutstock, so daß die Schwelgase durch den heißen Glutstock wandern und dort verbrannt werden. Trotz des oberen Abbrands und seiner Verbrennungsvorteile wird i.d.R. auf eine heiße Nachbrennzone mit Zufuhr von Sekundärluft nicht verzichtet. Unterschubfeuerungen erzielen – im Vergleich zu Rostanlagen – geringere Schadstoffemissionen.

Unterschubsysteme sind hinsichtlich der Anforderungen an den Brennstoff relativ flexibel. Lediglich die Förderung des Materials durch einen Schubboden oder eine Förderschnecke sowie eine ausreichende Durchmischung des Brennstoffs mit der Verbrennungsluft in der Retorte muß gewährleistet sein. Unterschubfeuerungen sind somit für die Verbrennung von Hackschnitzeln und Spänen geeignet. Der Einsatz von stückigen Reststoffen oder Stäuben hingegen ist nicht möglich. Neben den guten Verbrennungsqualitäten, der robusten und verschleißarmen Bauweise sowie den flexiblen Einsatzmöglichkeiten zählen des weiteren die gute Regelbarkeit der Feuerungsleistung über die Schneckendrehzahl und die weitgehende Automatisierung der Anlage zu den Vorteilen dieser Feuerungsvariante. Die wärmespeichernde Funktion der Feuerungsmulde reduziert einerseits den Abfall der Verbrennungstemperatur im Teillastbereich und erleichert andererseits das erneute Anfahren einer Anlage nach deren Stillstand. Aufgrund dieser Vorzüge findet daher die Unterschubfeuerung im Leistungsbereich von 50 kW bis 5 MW Verwendung [13, 119].

Im sog. Zigarrenbrenner werden Halmgutballen (d.h. Stroh-, Miscanthus- oder Getreideganzpflanzenballen) hydraulisch über einen horizontalen Förderschacht in den Brennraum vorgeschoben und kontinuierlich von der Front her abgebrannt. Während der Verbrennung gelangen Teile des Ballens auf einen im Brennraum befindlichen Rost und brennen dort vollständig aus.

Die Aufbereitung des Brennstoffes ist gering und der Aufbau der Anlage relativ einfach. Bei trockenen und nicht zu fest gepreßten Ballen können die vorgegebenen Emissionsgrenzwerte unterschritten werden. Nachteilig gestaltet sich jedoch das enge Brennstoffband mit Ballen bestimmter Abmessung und die schwierige Automatisierung der Brennstoffzufuhr in den Förderschacht [120, 128].

Technische Kennzahlen

Das Leistungsspektrum von Heizwerken erstreckt sich von mehreren hundert kW zur Versorgung von Nahwärmeinseln bis hin zu kommunalen Heizwerken mit einer thermischen Leistung von über 25 MW.

Die Jahresnutzungsgrade von Heizwerken hängen einerseits von der Anlagengröße und andererseits von der Brennstoffbeschaffenheit, d.h. insbesondere der Feuchte, ab. Sie liegen für Holzverbrennungsanlagen in einem Bereich von 70–85 %. Zigarrenbrenner besitzen aufgrund ihrer Optimierung auf den Brennstoff Stroh einen Wirkungsgrad von bis zu 90 %.

Einsatzgebiete und -möglichkeiten in der Industrie

Der Ersatz fossil befeuerter Heizwerke in der prozeßwärmeintensiven Industrie durch Biomasse-Heizwerke bietet sich immer dann an, wenn im jeweiligen Industriebetrieb biogene Reststoffe anfallen und nicht anderweitig lukrativ abgesetzt werden können. Typische Beispiele sind hier das holzver- und -bearbeitende Gewerbe sowie die Papier- und Zellstoffindustrie, aber auch in der Nahrungsmittelindustrie fallen geeignete Reststoffe, wie Maisspindeln etc., an. Zusätzlich besteht die Möglichkeit, weitere Biomassen, wie Waldrestholz, Stroh oder Energiepflanzen, im Heizwerk einzusetzen. Sinnvoll ist oft auch die Wärmeversorgung verschiedener Industriebetriebe in einem Gewerbegebiet, wobei hier nicht nur überschüssige Reststoffe sinnvoll eingesetzt werden können, sondern auch die Einspeisung von Abwärme möglich ist.

Schadstoffemissionen

Aufgrund der im Vergleich zu biomassebefeuerten Dampfheizkraftwerken ähnlichen Feuerungstechnik der biomassebefeuerten Heizwerke unterscheiden sich die auf die Feuerungswärmeleistung bezogenen Emissionen nicht. Relevante Emissionen sind NO_x, CO, unverbrannte Kohlenwasserstoffe sowie Staub. Primäre Maßnahmen zur Schadstoffminderung bestehen in der Eindüsung von Ammoniak; sekundäre im wesentlichen in der Entstaubung durch Fliehkraftabscheider bzw. bei größeren Anlagen im Einbau von Gewebe- oder Elektrofiltern (vgl. Kap. 5.1.3).

Ökonomie

Zur Bewertung der ökonomischen Situation der Biomasse-Heizwerke werden 3 Anlagengrößen – 5, 10 und 25 $MW_{th,Hu}$ – unter Annahme der in Kapitel 4 dargestellten Brennstoffkosten diskutiert. Die 3 Feuerungstypen, d.h. Rostfeuerung, Unterschubfeuerung und Zigarrenbrenner, werden bei einer Feuerungswärmeleistung der Anlage von 5 MW verglichen, während für größere Leistungen heute nur Rostfeuerungen zur Verfügung stehen. Bedingt durch die starke Streuung der Energie-

Tabelle 5.15. Kostenstrukturen von biomassebefeuerten Heizwerken in der Industrie

Vollast- stunden [h/a]	Kostenanteil	Feuerungswärmeleistung [MW]		
		5	10	25
Vollaststd.- unabhängig	Investitionskosten [Mio. DM]	2,1 - 7,1	7,5	21,3
	Kapitaldienst [Mio. DM/a]	0,17 - 0,56	0,59	1,68
2.000	Betriebskosten [Mio. DM/a]	0,20 - 0,40	0,41	1,02
	Brennstoffkosten [Mio. DM/a]	0,03 - 0,69	0,06 - 1,39	0,15 - 3,4
	Wärmegestehungskosten [Pf/kWh]	6,0 - 19,4	6,0 - 14,3	6,7 - 15,0
4.500	Betriebskosten [Mio. DM/a]	0,34 - 0,54	0,55	1,23
	Brennstoffkosten [Mio. DM/a]	0,07 - 1,56	0,14 - 3,12	0,34 - 7,8
	Wärmegestehungskosten [Pf/kWh]	2,9 - 15,7	2,9 - 11,2	3,2 - 11,5
7.000	Betriebskosten [Mio. DM/a]	0,48 - 0,68	0,69	1,45
	Brennstoffkosten [Mio. DM/a]	0,11 - 2,43	2,1 - 4,8	0,53 - 1,2
	Wärmegestehungskosten [Pf/kWh]	2,0 - 11,4	2,0 - 10,3	2,2 - 10,5

trägerpreise von ca. 2 Pf/kWh für Rinde und ca. 7 Pf/kWh für Energieholz variieren auch die berechneten Wärmegestehungspreise beträchtlich. Tabelle 5.15 zeigt die Ergebnisse der Kostenbetrachtungen.

Unabhängig von der Auslastung und der Anlagengröße ist jedoch die Verbrennung von Rinde in einer Rostfeuerung die kostengünstigste Variante. Die obere Grenze der Wärmegestehungspreise ergibt sich durch die Verfeuerung von Miscanthus-Großpackenballen in einem Zigarrenbrenner bei 5 MW Feuerungswärmeleistung bzw. durch den Einsatz von Energieholz in einer Rostfeuerung bei Feuerungswärmeleistungen von 10 und 25 MW. Bedingt durch die im Verhältnis zu den Brennstoffkosten hohen Kapitalkosten, sinken die Wärmegestehungspreise mit der Auslastung deutlich.

Optimierungspotentiale

Heizwerke werden schon lange in der Industrie betrieben. Ihre Optimierungspotentiale sind daher schon weitgehend realisiert. Beim Einsatz von Biomasse ist jedoch zu beobachten, daß insbesondere die Personalkosten, bedingt durch eine verhältnismäßig aufwendige Brennstoffaufbereitung und -logistik, hoch sind. Hier sind sicherlich noch weitere Automatisierungsbestrebungen zu erwarten. Die hier beschriebene Feuerungstechnologie ist für den Brennstoff Holz erprobt; mit weiteren Fortschritten ist hinsichtlich der Strohverbrennung zu rechnen.

5.1.6
Wärmepumpen

Der Raum- und Prozeßwärmesektor in der Bundesrepublik Deutschland hat aufgrund des hohen Prozeßwärmebedarfs einen Anteil von ca. 82,7 % am gesamten Endenergieverbrauch. Damit ist dieser hinsichtlich einer möglichen CO_2-Emissionsreduktion von besonderer Bedeutung [129].

Wärme auf dem für die Raumheizung erforderlichen Temperaturniveau fällt bei der Stromerzeugung und bei industriellen Prozessen häufig als Abfallprodukt an, wobei diese Abwärme derzeit nur in geringem Maße genutzt wird. Diejenige Abwärme, welche auf einem nutzbaren Temperaturniveau in örtlicher und zeitlicher Nähe zum Bedarf anfällt, sollte vor allem mit Verfahren der Kraft-Wärme-Kopplung genutzt werden. In vielen Fällen ist das Temperaturniveau jedoch niedriger als benötigt, so daß eine direkte Nutzung der Abwärme nicht möglich ist. Eine Alternative dazu bietet die Wärmepumpentechnik, mit der Umgebungswärme und Abwärme für die Raumheizung, Warmwasserbereitung und Niedertemperaturprozesse nutzbar gemacht werden können.

Theoretische und technische Grundlagen

Der Kreisprozeß einer Wärmepumpe entspricht thermodynamisch dem eines Kühlschrankes, wobei die Wärmezufuhr und -abgabe i.d.R. auf einem höheren Temperaturniveau erfolgen und die Wärme, nicht jedoch die Kälte genutzt wird. Prinzipiell ist die Wärmepumpe ein Aggregat, mit dem der natürliche Wärmefluß von einem höheren zu einem tieferen Temperaturniveau durch Zufuhr von Arbeit umgekehrt werden kann.

Die meisten Wärmepumpen arbeiten heutzutage nach dem Kaltdampfprozeß. Die wesentlichen Komponenten einer Kompressionswärmepumpe sind ein Verdampfer, ein Kondensator, ein Verdichter mit externem Antrieb und ein Expansionsventil (vgl. Abbildung 5.6). Alle Bauteile sind mit einer Rohrleitung verbunden, in welcher der Arbeitsstoff, das sog. Kältemittel, zirkuliert (vgl. Abbildung 5.6).

Nach Abbildung 5.6 wird das Kältemittel im Verdampfer bei niedriger Temperatur und niedrigem Druck unter Wärmezufuhr von der gewählten Wärmequelle verdampft. Anschließend wird der Dampf verdichtet, wodurch sich seine Temperatur erhöht. Als Antrieb für den notwendigen Verdichter wird zumeist ein Elektromotor verwendet. Der heiße Dampf gelangt dann in den Kondensator, wobei er seine Nutzwärme an die gewünschte Wärmesenke wie z.B. eine Industriehalle abgibt. Schließlich durchströmt das Fluid ein Expansionsventil, wobei der Druck des Kältemittels wieder auf das Druckniveau im Verdampfer gesenkt wird.

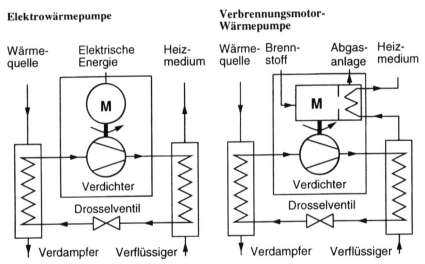

Abb. 5.6. Funktionsprinzip von Kompressionswärmepumpen

Für den Verdampfungsprozeß eignen sich insbesondere die Wärmequellen, die eine konstante Temperatur aufweisen, welche zudem möglichst hoch sein sollte. Zu nennen sind vor allem:

1. Grundwasser

    Es ist mit einer nahezu konstanten Temperatur von 10 °C eine ausgezeichnete Wärmequelle, wobei eine kostengünstige Erschließung jedoch meistens nicht möglich ist.

2. Oberflächenwasser

    In der Regel hat Oberflächenwasser den Nachteil einer stark schwankenden

Wassertemperatur. Günstig erweist sich eine Wärmepumpe an Flußläufen, in die hochtemperiertes Kühlwasser aus thermischen Kraftwerken geleitet wird.

3. Erdreich

Als Wärmequelle erfordert Erdreich große Flächen für die Installation der Erdkollektoren, wobei die Nutzungstemperatur ähnlich der des Grundwassers nahezu konstant ist.

4. Außenluft

Sie steht als einzige Wärmequelle überall und in unbegrenzter Menge zur Verfügung, wobei auch deren Erschließung praktisch überall problemlos erfolgen kann. Nachteilig wirkt sich bei der Gestehung von Heiz- bzw. niedrig temperierter Prozeßwärme die stark schwankende Temperatur aus.

5. Abwärme

Sie ist wohl die interessanteste Wärmequelle insbesondere für Industriebetriebe mit ungenutzten Abwärmepotentialen. Nach Abwärmenutzung mittels Wärmetauscher steht zur Hälfte Abwärme mit über 40 °C laufend zur Verfügung [130].

Dabei ist zu berücksichtigen, daß aufgrund der Grädigkeit der verwendeten Wärmetauscher an der Wärmequellen- und Wärmesenkenseite lediglich um ca. 5 K tiefere Temperaturen genutzt werden können. Neben dem elektrisch betriebenen Kompressionsantrieb werden praktisch auch – meist gasbetriebene – Verbrennungsmotoren verwendet, wobei in diesem Fall zusätzlich zur Wärme im Kondensator noch Wärme aus dem Motorkühlwasser und der Abgaskühlung zurückgewonnen werden kann.

Die Absorptions- oder auch Sorptionswärmepumpe als zweite Art der Wärmepumpentechnik unterscheidet sich von der Kompressionswärmepumpe im wesentlichen dadurch, daß der mechanische Verdichter durch einen Lösungsmittelkreislauf mit den Komponenten Absorber, Lösungsmittelpumpe, Austreiber und Drossel-

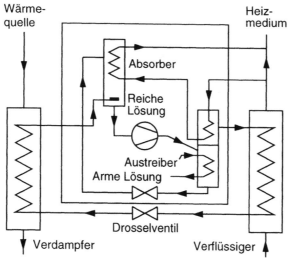

Abb. 5.7. Funktionsprinzip einer Absorptionswärmepumpe

ventil ersetzt ist und die thermische Verdichtung des Arbeitsmittels nicht im gasförmigen, sondern im flüssigen Zustand mit Hilfe eines Lösungsmittels erfolgt [131]. In Abbildung 5.7 ist das Funktionsprinzip einer Absorptionswärmepumpe dargestellt [132].

Wie aus Abbildung 5.7 ersichtlich, hat der Absorptionsprozeß anstatt des Verdichters zusätzlich einen Sekundärkreislauf mit einem flüssigen Absorptions- oder Lösungsmittel, von dem das verdampfte Kältemittel bei niedrigem Druck unter Freisetzung von Kondensations- und Lösungsmittelwärme absorbiert wird. Das durch das aufgenommene Kältemittel verdünnte Lösungsmittel wird mit Hilfe einer Flüssigkeitspumpe auf den erforderlichen hohen Druck gebracht, um im Austreiber unter Wärmezufuhr zur reichen Lösung unter hohem Druck stehenden Kältemitteldampf erzeugen zu können. Nach der Kondensation kann dieser mit Hilfe einer Drossel entspannt und gleichzeitig abgekühlt werden. Wie beim Kompressionsprozeß ist die Nutzwärme größer als die zugeführte Primärenergie.

Die erforderliche Pumpenarbeit ist äußerst gering und kann von Energiequellen innerhalb des Systems geleistet werden, da das flüssige Lösungsmittel/Kältemittel-Gemisch nahezu inkompressibel ist. Dabei ist die Primärenergiequelle die Wärme, die im Austreiber benötigt wird. Sie kann durch einen Gasbrenner, aber auch von anderen Wärmequellen wie bspw. Abwärmeströmen geliefert werden, was gerade für Anwendungen in der Industrie interessant ist.

Die Wärmepumpe kann also durch von außen zugeführte Arbeit Energie durch Temperaturerhöhung nutzen, welche sonst nicht weiter nutzbar wäre. Die an die Wärmesenke abgegebene Wärme ist damit wesentlich höher als die aufgewendete Arbeit, wofür bei Kompressionswärmepumpen die Leistungszahl ε definiert wird, welche das Verhältnis der Wärmepumpen-Heizleistung zur Leistungsaufnahme des Verdichters in einem bestimmten Betriebspunkt der Wärmepumpe angibt. Wird dieses Verhältnis über einen längeren Zeitraum integriert, dann findet dafür der Begriff Arbeitszahl Verwendung.

$$\varepsilon = \xi \cdot \frac{T}{(T - T_0)} \qquad (5.1)$$

Der in Gleichung 5.1 angegebene exergetische Wirkungsgrad ξ, welcher i.d.R. zwischen 0,5 und 0,6 liegt, beinhaltet bei der Berechnung der realen Leistungszahl (auch COP = coefficient of performance) die Differenz zwischen realem und idealem Prozeß, welche sich aufgrund der mechanischen Verluste und der Verluste in den Wärmetauschern (Grädigkeit) ergibt. Aus Gleichung 5.1 wird ersichtlich, daß für eine große Leistungszahl die Wärmequellentemperatur T_0 möglichst hoch und die Wärmesenkentemperatur T möglichst niedrig gehalten werden muß.

Wird die Wärmepumpe als alleiniger Wärmeerzeuger eingesetzt, dann wird sie als monovalent betriebene Wärmepumpenanlage bezeichnet. Zur Unterstützung der Wärmepumpen werden bei der sogenannten bivalenten Betriebsweise jedoch oft konventionelle Heiztechniken hinzugezogen. Im Alternativbetrieb löst die Wärmepumpe erst die konventionelle Technik ab, wenn die Außenlufttemperatur über einer bestimmten Einsatztemperatur liegt. Beim Parallelbetrieb arbeitet die Wärmepumpe durchgehend und wird ab einer bestimmten Temperatur konventionell unterstützt. Der sogenannte Mischbetrieb ist eine Kombination der beiden oben vorgestellten bivalenten Betriebsweisen.

Bei Kompressionswärmepumpen mit Verbrennungsmotorantrieb und bei Absorptionswärmepumpen wird anstelle der Leistungszahl die Heizzahl φ verwendet, um das Verhältnis von Heizleistung Q_h und eingesetzter Primärenergieleistung Q_{pr} zu beschreiben, da bei diesen Techniken auch Wärmeenergie dem System von außen zugeführt wird.

$$\varphi = \frac{\dot{Q}}{\dot{Q}_{pr}} \quad (5.2)$$

Werden die erzielbaren Nutzungsgrade der verschiedenen Wärmepumpentechnologien mit anderen konventionellen Heizsystemen verglichen, zeigt sich die besondere Stellung der Wärmepumpen [132]:

Tabelle 5.16. Vergleich der Wirkungsgrade verschiedener Heizsysteme

Heizsystem	Wirkungsgrad (erzeugte Nutzwärme pro eingesetzte Primärenergie) [%]
Elektro-Speicherheizung	35
Elektro-Direktheizung	35
Gas-Raumheizung	80
Öl-Kessel mit Warmwasserbereitung	80
Gas-Kessel mit Warmwasserbereitung	80
Gas-Brennwertkessel	95
Elektro-Wärmepumpe	110
Gas-Wärmepumpe (Absorption)	130
Gas-Wärmepumpe (Verbrennungsmotor)	150

Von den in Tabelle 5.16 aufgeführten Systemen haben lediglich die Wärmepumpen einen Nutzungsgrad von über 100 %, da sie als einzige Techniken sonst verlorene Umgebungs- oder Abwärme nutzen können. Vor allem an Standpunkten, an denen Abwärme, wie bei vielen Industriebetrieben, auf einem relativ hohen Temperaturniveau anfällt, können Wärmepumpen effiziente Anwendung finden.

Einsatzgebiete und -möglichkeiten in der Industrie

Neben dem Einsatz der Wärmepumpentechnik für Heizzwecke in privaten Haushalten und öffentlichen Gebäuden bietet gerade der industrielle Bereich mit seinem großen, bisher kaum genutzten Abwärmepotential auf niedrigem Temperaturniveau interessante Einsatzmöglichkeiten für Wärmepumpen. In den Industriebetrieben der Bundesrepublik Deutschland wurden 1991 immerhin mehr als 800·10^{12} Joule an Abwärme nicht genutzt, wobei ein gutes Drittel dieser industriellen Abwärme in einem Temperaturbereich über 100 °C lag [130]. Sie entsteht i.d.R. bei sämtlichen thermischen Trennprozessen, wie bspw. bei Destillations- und

Rektifikationsprozessen der chemischen Industrie und der Mineralölverarbeitung, oder bei industriellen Prozessen, wie z.B. Waschen, Färben und Appretieren, in der Textil- und Nahrungsmittelindustrie oder bei der Zellstoffherstellung sowie bei vielen Trocknungsvorgängen [133]. Gleichzeitig existiert in diesen Betrieben häufig ein Wärmebedarf bei relativ niedrigen Temperaturen von 110–150 °C.

Sofern die anfallenden Abwärmemengen mittels einfacher Wärmetauscher im Betrieb wirtschaftlich wieder einsetzbar sind, wird dies häufig realisiert. Da die Abwärme jedoch häufig auf einem für die Wiedernutzung um 10–50 °C zu niedrigen Temperaturniveau anfällt, werden diese Wärmepotentiale bisher kaum genutzt. Der Einsatz von Wärmepumpen, insbesondere von Absorptionswärmepumpen, kann jedoch die in der Abwärme vorhandene Energie wieder verwendbar machen. Aufgrund der Möglichkeit, die vorhandene Abwärme einerseits als Wärmequelle und andererseits aber auch zur Kältemitteldampferzeugung im Austreiber nutzen zu können, stellt die Absorptionswärmepumpe eine ideale Technologie der rationellen Energienutzung dar, die die Arbeitsfähigkeit der in der Industrie eingesetzten Brennstoffe besser nutzt und somit den Nutzungsgrad in der Industrie wesentlich verbessern könnte.

Tabelle 5.17. Technologische Gebiete des Absorptionswärmepumpeneinsatzes in ausgewählten Branchen der Industrie

Technologische Gebiete	Chemische Industrie	Nahrungs-mittel	Mineralöl-industrie	Textil-industrie	Zellstoff und Papier	Holzver-arbeitung
Destillation	mittel	gering	hoch	gering		
Verdampfung	mittel	mittel		mittel	mittel	gering
Trocknung	mittel	mittel		mittel	mittel	mittel
Dämpfen, Sterilisieren	gering	mittel		gering		gering
Kochen, Waschen	mittel	hoch		mittel	mittel	
Färben, Appretieren	gering			hoch		
Einspeisung ins Fernwärmenetz	gering	mittel	gering	mittel	gering	

Anwendungspotential: ● *hoch*   ▨ *mittel*   ○ *gering*

Für den wirtschaftlichen Einsatz einer Wärmepumpe in Bereichen der Industrie sind folgende Einsatzbedingungen günstig [133]: kontinuierliche Abwärme von mindestens 2,5 bis 5 MW bei T = 8 – 100 °C mit möglichst 6000 – 7000 Betriebsstunden pro Jahr, kontinuierlicher Nutzwärmebedarf von ca. 40 % der Abwärmemenge bei 110–140 °C, Kühlmedium von 12–20 °C für 60 % der Abwärme, und die Nutzwärme sollte in der gleichen Verfahrensstufe des Produktionsprozesses verwendet werden (vgl. Tabelle 5.17).

Aus Tabelle 5.17 wird deutlich, wie vielfältig die Einsatzgebiete der Absorptions-wärmepumpe in den verschiedenen Bereichen der Industrie sind, wobei vor allem die Industriebereiche geeignet für den Einsatz von Wärmepumpen sind, welche Prozeßwärmebedarf im Temperaturbereich bis ca. 140 °C haben. Hier sind vor allem die chemische und mineralölverarbeitende Industrie, aber auch die Nahrungsmittel-, die Zellstoff- und die Textilindustrie mit häufigen Anwendungen auf diesem Temperaturniveau zu nennen.

Die Prozeßschritte der Destillation und Rektifikation sind als thermische Trennverfahren dabei besonders für den Einsatz einer Wärmepumpe geeignet, da hier die Wärme vom Kopf einer Kolonne für den Energiebedarf des Verdampfers eingesetzt werden kann. Weitere Verfahren mit hohen Abwärmepotentialen sind sämtliche thermische Trocknungs- und Verdampfungsprozesse sowie viele Koch- und Waschvorgänge, selbst wenn diese teilweise in diskontinuierlichen Prozessen eingesetzt werden, da die Nutzung eines Abwasserspeichers einen für den Wärmepumpeneinsatz notwendigen koninuierlichen Betrieb ermöglichen kann.

Schließlich stellt die Einbindung industrieller Abwärme in das örtliche Fernwärmenetz eine interessante Einsatzmöglichkeit der Wärmepumpe dar. Oft wollen oder können industrielle Betriebe ihre Abwärme nicht nutzen, weil entweder ihr Temperaturniveau unterhalb der innerbetrieblich nutzbaren Temperaturgrenze liegt oder die mittels Wärmetauschern möglichen Temperaturniveaus nicht ausreichend hoch für ihre Zwecke sind. In diesen Fällen kann mit Hilfe des Einsatzes einer Wärmepumpe die sonst an die Umwelt abgegebene Abwärme thermisch veredelt und für die Fernwärmeversorgung genutzt werden.

Schließlich lassen sich Wärmepumpen und hier bei industriellen Anwendungen insbesondere wieder die Absorptionswärmepumpen auch als Absorptionskältemaschine nutzen. Mit der Kombination Kältemittel Lithiumbromid und Lösungsmittel Wasser sind sie bspw. auch für Klimakälte mit Nutztemperaturen über 0 °C einsetzbar. Mit dem Gemisch Ammoniak/Wasser sind sogar noch weit tiefere Temperaturen erreichbar [134]. Anwendungen können derartige Kältemaschinen nahezu bei allen Kühlprozessen wie bspw. in der Nahrungsmittelindustrie finden.

Schadstoffemissionen

Neben der Möglichkeit, bisher nicht genutzte Abwärmepotentiale wieder zu verwenden, können durch den Einsatz von Wärmepumpen zudem erhebliche Mengen an Schadstoffemissionen vermieden werden, wobei vor allem die Emissionen von CO_2 zu nennen sind. Zu unterscheiden sind dabei die verschiedenen Typen von Wärmepumpen. Während den Absorptions- und elektrisch betriebenen Kompressionswärmepumpen lediglich die bei der Stromerzeugung anfallenden Emissionen zuzurechnen sind, verursachen mit einem Verbrennungsmotor betriebene Wärmepumpen direkte Schadstoffemissionen.

Werden die in Kapitel 4 angegebenen spezifischen Schadstoffemissionen in Höhe von 0,825 kg CO_2 je kWh für den Verbrauch an Strom für den Einsatz einer Elektrowärmepumpe bzw. ca. 0,2 kg CO_2 je kWh für den Verbrauch an Erdgas beim Einsatz eines gasbetriebenen Verbrennungsmotors zugrunde gelegt, lassen sich mit Hilfe der jeweiligen Wärmepumpenleistung, der geleisteten Arbeitsstunden pro Jahr und der jeweiligen Leistungs- bzw. Heizzahlen die von der Wärmepumpe emittierten Kohlendioxidmengen bestimmen.

Bei einer Nutzung der Wärmepumpe für die Raumheizung wurden an ca. 1.600 monovalent betriebenen Elektrowärmepumpen praxisbezogen Schadstoffemissionen gemessen und mit denen einer öl- bzw. gasbetriebenen Heizungsanlage verglichen (vgl. Abbildung 5.8) [135].

Aus Abbildung 5.8 wird deutlich, daß sich mit Hilfe einer monovalent betriebenen Elektrowärmepumpe zur Raumwärmegestehung im Vergleich zu einer ölbetriebenen Heizung ca. 33 % und zu einer gasbefeuerten Heizungsanlage ca. 15 % an Kohlendioxidemissionen einsparen lassen, wobei sich diese Reduktionspotentiale beim praktischen Beispiel der 1.600 eingesetzten Wärmepumpen ergeben. Auf Nordrhein-Westfalen bezogen, gelten diese Werte nur, wenn für elektrisch betriebene Wärmepumpen von einem – schon erreichbaren – COP > 4 ausgegangen wird, da im Vergleich zur Bundesrepublik Deutschland dort durchschnittlich höhere spezifische Kohlendioxidemissionen bei der Stromerzeugung anfallen. Weiterhin wird aus Abbildung 5.8 ersichtlich, daß besonders im Vergleich zur ölbetriebenen Heizungsanlage die Einsparungen an Schwefeldioxid und Stickoxiden ebenfalls beträchtlich sind. Hier lassen sich für den Fall der elektrisch angetriebenen Wärmepumpe durchschnittlich nahezu 60 % der Schwefeldioxidemissionen und ca. 40 % der Stickoxidemissionen einsparen.

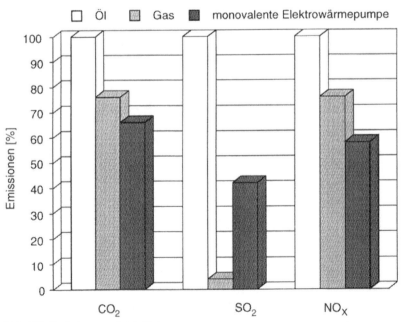

Abb. 5.8. Emissionsvergleich Heizung

Ökonomie

Zur Ermittlung und Diskussion der spezifischen Stromgestehungskosten von Wärmepumpenanlagen werden die jeweiligen Investitions- und Betriebskosten dargestellt, wobei bei der Bestimmung der Investitionskosten einerseits unterschieden werden muß, welche Art von Wärmepumpe verwendet wird, andererseits jedoch auch der Aufwand berücksichtigt werden muß, der zur Erschließung der Wärmequelle notwendig ist. Für den Fall der Außenluft als Wärmequelle sind dabei i.allg. die geringsten Investitionskosten zu erwarten. Die spezifischen Investitionskosten zeigen bei allen Wärmepumpenanlagen einen deutlichen Degressionseffekt [136]. Beispielhaft werden in Tabelle 5.18 die Kostenanteile für verschiedene Wärmepumenkonzepte dargestellt. Dabei wird bei den jeweiligen Instandhaltungskosten auf Angaben in folgenden Literaturquellen [157, 138] und bei der Bestimmung der Brennstoffkosten auf die Angaben in Kapitel 4 zurückgegriffen.

Tabelle 5.18. Durchschnittliche Investitions- und Betriebskosten verschiedener Wärmepumpenkonzepte

Wärmepumpenkonzept	Investitionskosten [DM/kW$_{th}$]	Instandhaltung [% der Investition]	Brennstoffkosten [Pf/kWh$_{th}$]
Elektrowärmepumpe (5 kW - Luft)	2.500	5	11 - 17
Elektrowärmepumpe (35 kW - Erdreich)	2.000	5	11 - 17
Elektrowärmepumpe (115 kW - Grundwasser)	1.150	4	11 - 17
Gasmotorwärmepumpe (100 kW - Grundwasser)	2.700	6	3
Gasmotorwärmepumpe (1.000 kW - Luft)	1.300	5	3
Absorptionswärmepumpe (25 kW - Erdreich)	3.100	6	Nur für Flüssig-
Absorptionswärmepumpe (300 kW Grundwasser)	1.700	6	keitspumpe, Abwärmenutzung im Austreiber. Brennstoffkosten vernach-
Absorptionswärmepumpe (4.000 kW - Luft)	775	6	lässigbar klein.

Mit Hilfe der in Tabelle 5.18 für die 3 verschiedenen Wärmepumpenkonzepte beispielhaft aufgeführten Leistungsklassen und Auslegungsformen können nun die spezifischen Wärmegestehungskosten nach der dynamischen Investitionsmethode berechnet werden. Ausgegangen wird dabei für alle 3 Wärmepumpenkonzepte von:

1. einer Nutzungsdauer von 20 Jahren,
2. einem Zinssatz von 8 %,
3. einer durchschnittlichen Inflation von 3 %,
4. einer mittleren Auslastung von 2.000 h/a, 4.500 h/a und 7.000 h/a bei 1-, 2- bzw. 3-Schicht-Betrieben,

5. einer Leistungs- bzw. Heizzahl von 3,

6. einem mittleren Strompreis von 15 Pf/kWh für 2.000 Bh/a, 12 Pf/kWh
   für 4.500 und 10 Pf/kWh bei 7.000 Bh/a und

7. den in Kap. 4 angegebenen mittleren Grundpreisen für Strom- und Gasbezug.

Mit den oben getroffenen Annahmen und den in Tabelle 5.18 dargestellten
Investi-tions- und Betriebskosten lassen sich die durchschnittlichen spezifischen
Wärmegestehungskosten berechnen.

Aus Tabelle 5.19 wird deutlich, wie unterschiedlich der Wärmegestehungspreis
bei verschiedenen Wärmepumpenkonzepten ausfällt. Wie zu erwarten, fällt der
Wärmegestehungspreis mit steigender jährlicher Betriebsstundenzahl und steigender Leistung der einzelnen Wärmepumpen. Bei allen betrachteten Wärmepumpen sinkt der Wärmegestehungspreis beim Übergang vom 1- auf den 3-Schicht-
Betrieb, d.h. beim Übergang von 2.000 auf 7.000 Betriebsstunden pro Jahr, um
bis zu ca. 70 %. Dabei zeichnet sich bei vergleichbaren thermischen Leistungen
kein Wärmepumpenkonzept als auffällig kostengünstiger als die übrigen aus.

Deutlich wird auch, daß eine Absorptionswärmepumpe, bei der die Wärme-
aufnahme, wie bei industrieller Abwärmenutzung wahrscheinlich, an der Luft er-

Tabelle 5.19. Wärmegestehungspreise verschiedener Wärmepumpenkonzepte bei 2.000,
4.500 und 7.000 Betriebsstunden pro Jahr

Wärmepumpen-konzept	P_{th} [kW]	Wärme-quelle	Betriebs-stunden [h/a]	Wärmegestehungs-preis [Pf/kWh]
Elektrowärme-pumpe	5	Luft	2.000	21,2
			4.500	11,2
			7.000	7,9
Elektrowärme-pumpe	35	Erdreich	2.000	13,4
			4.500	7,7
			7.000	5,7
Elektrowärme-pumpe	115	Grundwasser	2.000	11,9
			4.500	7,0
			7.000	5,3
Gasmotor-wärmepumpe	100	Grundwasser	2.000	20,1
			4.500	9,5
			7.000	6,5
Gasmotor-wärmepumpe	1.000	Luft	2.000	9,7
			4.500	4,9
			7.000	3,5
Absorptions-wärmepumpe	25	Erdreich	2.000	21,6
			4.500	9,6
			7.000	6,2
Absorptions-wärmepumpe	300	Grundwasser	2.000	11,8
			4.500	5,3
			7.000	3,4
Absorptions-wärmepumpe	4.000	Luft	2.000	5,4
			4.500	2,4
			7.000	1,5

folgt, die geringsten Wärmegestehungskosten aufweist, was auf die fehlenden Brennstoffkosten zurückzuführen ist. Im Fall einer industriellen Nutzung im 3-Schicht-Betrieb kann bei diesem Wärmepumpenkonzept mit Wärmegestehungskosten in Höhe von 1,5 Pf pro kWh ein zu anderen Techniken zur Prozesswärmegestehung vergleichsweise niedriger Preis erzielt werden.

Optimierungspotentiale

Um den Einsatz der Wärmepumpen wirtschaftlicher und damit für die industrielle Anwendung interessanter zu machen, ist es vor allem sinnvoll, höhere Maximaltemperaturen, d.h. eine höhere Temperaturanhebung, zu erreichen [139]. Ein Optimierungspotential zur Umsetzung dieser höheren Einsatztemperaturen liegt vor allem in der Entwicklung mehrstufiger Wärmepumpenanlagen, bei denen bspw. der Absorber der ersten Stufe den Verdampfer der zweiten Stufe beheizt. Mit einer derartigen Schaltung können z.B. Temperaturdifferenzen von 80 K bei allerdings zurückgehenden Wirkungsgraden überbrückt werden. Dabei kann jedoch davon ausgegangen werden, daß beim Vorliegen gewisser Voraussetzungen die zweistufige Anlage wirtschaftlicher arbeitet als der einstufige Wärmetransformator [140].

Eine interessante Entwicklung, die ebenfalls die Erhöhung der nutzbaren Temperaturen ermöglicht, ist in der Feststoff/Gas-Adsorptionswärmepumpe zu sehen. Sie ist zwar noch nicht so weit entwickelt wie die Systeme mit flüssigen Absorptionsmitteln, eröffnet jedoch Möglichkeiten, wie sie konventionelle Wärmepumpensysteme gewöhnlich nicht bieten, so u.a. die Speicherung der erzeugten Wärme (bzw. Kälte) und die Möglichkeit zur Erzeugung von Wärme mit Temperaturen bis zu 300 °C. Aufgrund dieses Merkmals eignen sich die Feststoff/Gas-Systeme in hohem Maße für die Anwendung in industriellen Prozessen [132].

5.1.7
Brennstoffzellen

Das Funktionsprinzip der elektrochemischen Energiewandlung bei Brennstoffzellen ist vergleichbar mit dem herkömmlicher Batterien. Während diese nach Ablauf der chemischen Reaktion aber nicht mehr verwendbar sind oder regeneriert werden müssen, sind Brennstoffzellen wegen der kontinuierlichen Zufuhr der Brennstoffe im Prinzip unbegrenzt einsetzbar.

Die kommerzielle Anwendung der Brennstoffzelle wurde erst in diesem Jahrhundert zunächst durch die Raumfahrt vorangetrieben. Die Möglichkeit, Elektrizität ohne verlustreiche Umwandlungsprozesse effektiv aus den ohnehin in der Raumfahrt verwendeten Gasen Sauerstoff und Wasserstoff erzeugen zu können, führte zu einem Einsatz der Brennstoffzellen an Bord von Raumschiffen. Terrestrische Anwendungen blieben dagegen lange Zeit auf wenige spezielle Fälle – im militärischen Bereich oder in der Telekommunikation – beschränkt.

Aufgrund der raschen Fortschritte der letzten Jahre in den Bereichen der Materialwissenschaften und Verfahrenstechnik konnten die bisherigen Materialprobleme größtenteils überwunden werden, wodurch nach heutiger Einschätzung die Brennstoffzellentechnik noch in diesem Jahrzehnt einige Nischen auch unter Kostengesichtspunkten besetzen kann. Einsatzmöglichkeiten für diese Technik gibt es im industriellen Bereich immer dann, wenn als industrielles Beiprodukt wasserstoffreiche Gase zur Verfügung stehen, die als Brennstoffe für die Brennstoffzelle eingesetzt werden können [141].

Theoretische und technische Grundlagen

Der Brennstoffzelle können im Gegensatz zu der ihr verwandten Primärzelle (Batterie) die Reaktionsstoffe kontinuierlich zugeführt und die entstehenden Reaktionsprodukte abgeführt werden, wodurch keine Kapazitätseinschränkungen auftreten. Als Reaktionspartner kommen diejenigen Gase oder Flüssigkeiten in Betracht, deren Reaktionsprodukte ebenfalls flüssig oder gasförmig sind.

Grundsätzlich bestehen Brennstoffzellen aus 2 porösen Elektrodenflächen mit Gaszuführung, wobei beide nur durch einen Elektrolyten, d.h. ein elektronenleitendes Medium, voneinander getrennt sind. Die schematische Darstellung einer Wasserstoff-Sauerstoff-Brennstoffzelle mit saurem Elektrolyten sowie Erläuterungen zum Funktionsprinzip sind in Abbildung 5.9 wiedergegeben [142].

Bei der Brennstoffzelle wird der Brennstoff Wasserstoff (H_2) katalytisch oxidiert ("kalte" Verbrennung), wobei während der exothermen Reaktion sowohl elektri-

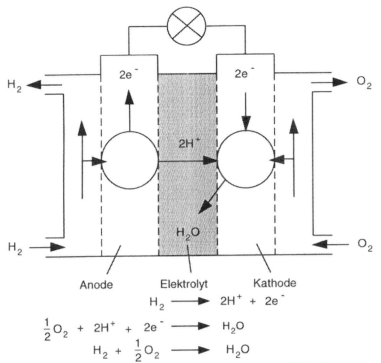

$$H_2 \longrightarrow 2H^+ + 2e^-$$
$$\tfrac{1}{2}O_2 + 2H^+ + 2e^- \longrightarrow H_2O$$
$$H_2 + \tfrac{1}{2}O_2 \longrightarrow H_2O$$

Abb. 5.9. Wirkungsweise einer Brennstoffzelle mit saurem Elektrolyten

sche als auch thermische Energie freigesetzt wird. Aus Abbildung 5.9 wird deutlich, daß elektrochemische Prozesse an den beiden Elektroden ablaufen und die bei der Anodenteilreaktion freiwerdenden Elektronen (e⁻) nur über den äußeren elektrischen Kreis zur Kathode gelangen können, wobei ein nutzbarer elektrischer Strom fließt. Die verbleibenden Wasserstoff-Ionen (H⁺) diffundieren durch den Elektrolyten (bspw. aus Schwefel- oder Phosphorsäure) zur Kathode, wo sie sich in der Kathodenreaktion mit Sauerstoff und den über den äußeren elektrischen Kreis eintreffenden Elektronen zu Wassermolekülen (H_2O) verbinden [142].

An den Elektroden läßt sich somit eine elektrische Spannung (im Idealfall 1,18 V) abgreifen, und über einen geschlossenen Stromkreis kann ein elektrischer Verbraucher angeschlossen und betrieben werden. Hohe Anforderungen werden dabei an das Elektrodenmaterial gestellt, denn die Qualität und die Anordnung der Elektrodenflächen bestimmen die Reaktions- und Transportvorgänge in der Brennstoffzelle und damit ihre Leistungsfähigkeit in entscheidender Weise. Wichtig sind daher poröse Elektroden mit großen inneren Oberflächen, die für einen guten Kontakt von eindringendem Gas und Elektrolyt mit dem elektronenleitenden Elektrodenmaterial sorgen und einen schnellen Gas- und Wasserabtransport ermöglichen. Das Elektrodenmaterial sollte darüber hinaus gute katalytische Eigenschaften und ausreichende Stabilität gegenüber mechanischen, chemischen und thermischen Einflüssen aufweisen.

In der Praxis werden viele einzelne, flächenhafte Zellen zu sogenannten „Stacks" aufeinandergeschichtet, um zu hohen Leistungen zu gelangen, wobei zwischen den einzelnen Zellen eine bipolare Trennfläche als Verbindungselement gelegt wird. Um niedrige elektrische Innenwiderstände und hohe Packungsdichten zu erhalten, sollten die Schichtdicken möglichst klein sein.

Üblicherweise werden Brennstoffzellen nach der Art des Elektrolyten und der sich ergebenden Betriebstemperaturen eingeteilt. Unterschieden werden norma-

Tabelle 5.20. Verschiedene Typen von Brennstoffzellen

Brennstoffzelle	Zelltemperatur	Elektrolyt	Brenngas	Oxydant
AFC Alkaline Fuel Cell	70° C - 90° C	Kalilauge (30 Gew.-% KOH)	H_2 (reinst)	O_2 (reinst)
PEMFC Polymer Electrolyte Membrane Fuel Cell	60° C - 80 ° C	Festpolymer Elektrolyt	Erdgas, Kohlegas, Biogas, H_2, externe Reformierung	O_2, Luft
PAFC Phosphoric Acid Fuel Cell	180° C - 220° C	konzentrierte Phosphorsäure H_3PO_4	Erdgas, Kohlegas, Biogas, H_2, externe Reformierung	O_2, Luft
MCFC Molten Carbonate Fuel Cell	650° C	Alkalikarbonat-Schmelzelektrolyt Li_2CO_3 & K_2CO_3	Erdgas, Kohlegas, Biogas, H_2, interne Reformierung	O_2, Luft
SOFC Solid Oxide Fuel cell	900° C - 1.000° C	Yttriumstabilisierendes Zinkoxid (ZrO_2/YO_3)	Erdgas, Kohlegas, Biogas, H_2, interne Reformierung	O_2, Luft

lerweise 5 verschiedene Typen von Brennstoffzellen, welche in Tabelle 5.20 übersichtlich dargestellt sind.

Hinsichtlich der Temperaturbereiche und der möglichen daraus resultierenden Anwendungsgebiete der Brennstoffzellen lassen sich nach Tabelle 5.20 Nieder-, Mittel- und Hochtemperaturbrennstoffzellen unterscheiden. Niedertemperturbrennstoffzellen mit Leistungen bis 100 kW und kleinem Gewicht sind dabei noch sehr teuer und könnten Anwendung in der Elektrotraktion, in Transportsystemen oder als H_2-Speichersystem finden [143]. Während Mitteltemperatur-Brennstoffzellen mit Temperaturen im Bereich von 180 °C bis 220 °C und Leistungen bis 200 kW bei einem möglichen Gesamtwirkungsgrad von bis zu 80 % in BHKWs eingesetzt werden oder zur dezentralen Stromversorgung dienen können, eignen sich Hochtemperatur-Brennstoffzellen mit Zelltemperaturen von 660 °C bis 1000 °C zudem auch für den Einsatz im Heizkraftwerksbereich, da sich die durch den Innenwiderstand der Zelle erzeugte Abwärme nutzen läßt und die Leistungen bis einige MW betragen können.

Der technisch ausgereifteste Brennstoffzellentyp ist z.Zt. die PAFC. Die Leistung der mit diesen Brennstoffzellen betriebenen Testanlagen liegt sowohl elektrisch als auch thermisch bei ca. 200 kW. PAFC-Brennstoffzellen gelten aber nur als Zwischenlösung für die nächsten 2 Jahrzehnte.

MCFC-Brennstoffzellen liefern dagegen Temperaturen von bis zu 650 °C, was ihnen Anwendungsfelder im industriellen Bereich eröffnet. Sie befinden sich derzeit noch im Prototyp-Vorstadium und werden erst in einigen Jahren Marktreife erlangen.

Aufgrund des hohen Abwärmenutzungspotentials kommt den SOFC-Brennstoffzellen hinsichtlich einer industriellen und wirtschaftlichen Nutzung zukünftig die technisch größte Bedeutung zu. Sie befinden sich jedoch derzeit in der ersten Entwicklungsphase und bedürfen noch eines erheblichen Forschungs- und Entwicklungsaufwandes.

Zu unterscheiden sind die o.a. Brennstoffzellentypen auch hinsichtlich des Einsatzgases, d.h. des Brenngases vor einer evtl. notwendigen Aufbereitung. Wie oben dargestellt, wird der elektrische Strom und die thermische Energie durch die exotherme Oxidation des eingesetzten Wasserstoffes gewonnen. Als Brenngas ist also bei jedem Brennstoffzellentyp reiner Wasserstoff bzw. stark wasserstoffhaltiges Gas vorzusehen. Aus Tab. 5.20 geht hervor, daß nur die AFC mit reinem Wasserstoff, alle anderen Brennstoffzellentypen auch mit Brenngasen betrieben werden können, welche entweder extern, oder bei genügend hoher Zelltemperatur vorzugsweise intern, zu wasserstoffhaltigen Gasen reformiert werden.

Unter dem Begriff des „Reforming"-Prozesses wird dabei die Reaktion von Wasserdampf mit Kohlenwasserstoffen in Mischungen aus Wasserstoff, Kohlenmonoxid, Kohlendioxid und Methan verstanden, wobei bspw. für den Einsatz von Methan gilt:

$$CH_4 + H_2O \rightarrow CO + 3H_2$$
$$CO + H_2O \rightarrow CO_2 + H_2 \qquad (5.3)$$

Endprodukt des stark endothermen Reforming-Prozesses ist immer ein Gasgemisch aus den Komponenten H_2, CO, CO_2 und CH_4 sowie unzersetztem Wasserdampf. Das Mischungsverhältnis ist dabei abhängig vom Druck und von der Temperatur, welche im Bereich von 800–1200 °C liegt [140]. Die einzelnen Reaktionen laufen unter Wärmezufuhr an Katalysatoren ab, wobei die Bildung von Wasserstoff durch Temperaturerhöhung begünstigt und durch Druckerhöhung gehemmt wird [144].

Neben dem aufgrund des hohen Methangehaltes für die Reformierung am häufigsten verwendeten Erdgas, können auch Kohle- oder Biogas eingesetzt werden, wobei darauf zu achten ist, daß durch vorgeschaltete Prozesse die Einsatzgase von sogenannten „Katalysatorgiften" wie bspw. Schwefel, Chlor oder, im Falle der AFC, Kohlendioxid gereinigt werden. Den gesamten Prozeß der Aufbereitung des Einsatzgases zeigt Abb. 5.10 [144].

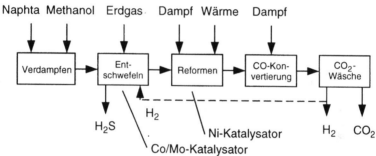

Abb. 5.10. Schritte bei der H_2-Erzeugung

Weitere Unterschiede zwischen den einzelnen Brennstoffzellentypen lassen sich in den erreichbaren elektrischen Wirkungsgraden feststellen. Anders als in konventionellen Kraftwerken, in denen Elektrizität erst nach zwar technisch beherrschbaren, aber verlustreichen Umwandlungsschritten gewonnen wird, entsteht in Brennstoffzellen direkt elektrische Energie aus der in den Brenngasen enthaltenen chemischen Energie mit erheblich besserer Effizienz der Umwandlung und deutlich geringeren Schadstoffemissionen. Während die theoretische Grenze des elektrischen Wirkungsgrades nach Reformieren bei η_{el} = 95 % liegt, könnten mit Brennstoffzellen sogar elektrische Wirkungsgrade von η_{el} > 100 % erreicht werden, da das System auch der Umgebung entnommene Wärme in elektrische Energie umsetzt [145]. Praktisch wurden bislang jedoch erst Wirkungsgrade von η_{el} = 60–70 % erreicht [142].

Die o.a. 5 verschiedenen Brennstoffzellen unterscheiden sich dabei in ihren durchschnittlichen elektrischen Systemwirkungsgraden einschließlich Reformieren, welche in Tab. 5.21 dargestellt sind.

Während sich bspw. mit PAFC elektrische Systemwirkungsgrade von 45 % erzielen lassen, zeichnen sich die oxidkeramischen Hochtemperaturbrennstoffzellen (SOFC) durch die höchsten elektrischen Systemwirkungsgrade von bis

Tabelle 5.21. Durchschnittliche Systemwirkungsgrade bei den verschiedenen Brennstoffzellentypen

BZ-Typ	AFC	PEMFC	PAFC	MCFC	SOFC
η_{el} [%]	62	43-58	45	60	68

zu 68 % aus [142]. Dabei sind die erreichbaren Wirkungsgrade einerseits abhängig von Faktoren wie bspw. dem elektrischen Eigenbedarf oder der externen bzw. internen Reformierung des Einsatzgases. Andererseits zeigt sich aber auch eine Abhängigkeit des elektrischen Systemwirkungsgrades von der gesamten Kraftwerksleistung. Diese wird in Abb. 5.11 im Vergleich zu verschiedenen erdgasbetriebenen Stromerzeugungsanlagen dargestellt.

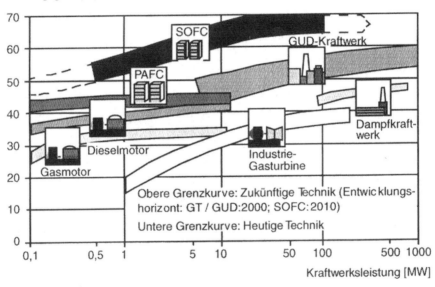

Abb. 5.11. Vergleich der Wirkungsgrade verschiedener erdgasbetriebener Energiewandler [11]

In Abb. 5.11 sind die derzeit mit verschiedenen erdgasbetriebenen Technologien erreichbaren bzw. prognostizierten elektrischen Wirkungsgrade in Abhängigkeit von der elektrischen Leistung dargestellt. Im Rahmen einer geeigneten Anwendung der Brennstoffzellentechnik in der dezentralen Kraft-Wärme-Kopplung, d.h. im Leistungsbereich von ca. 10 MW, kann dabei am ehesten von einer entstehenden Konkurrenz der Brennstoffzellen-Systeme gegenüber herkömmlichen KWK-Systemen gesprochen werden. Es zeigt sich, daß die Brennstoffzellen-

---

[11] Information der Siemens KWU, 1993.

techniken gegenüber Gasmotoren bzw. Gasturbinen hinsichtlich des erzielbaren elektrischen Wirkungsgrades Vorteile besitzen.

Darüber hinaus wirkt sich bei der Brennstoffzellentechnik vorteilhaft aus, daß sich bei nahezu identischen Gesamtwirkungsgraden von ca. $\eta_{ges} = 85\ \%$ Brennstoffzellen gegenüber Gasmotoren und -turbinen durch sehr hohe Stromkennzahlen auszeichnen (vgl. Abb. 5,12) [146].

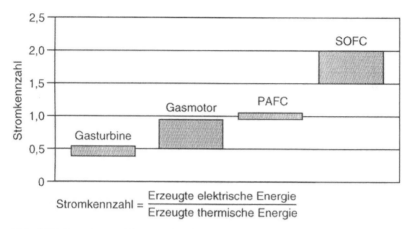

Abb. 5.12. Stromkennzahlen verschiedener KWK-Technologien

Da die Stromkennzahlen das Verhältnis der erzeugten elektrischen zur erzeugten thermischen Energie wiedergeben und Strom generell höher bewertet wird als thermische Energie, zeigt sich auch hier ein deutlicher Vorteil der Brennstoffzellentechnik [146]. Weiterhin zeichnen sich Brennstoffzellen im anwendungstechnisch relevanten Bereich von 50 bis 100 % Vollast durch ein exzellentes Teillastverhalten aus, da der elektrische Wirkungsgrad in diesem Bereich für Brennstoffzellen nahezu konstant bleibt. Da auch Lastwechsel im Sekundenbereich ohne Wirkungsgradeinbußen möglich sind und somit auch das dynamische Verhalten von Brennstoffzellen sehr gut ist, eignet sich diese Technik auch für einen netzunabhängigen Betrieb mit sprunghaften Lastwechseln [146].

Einsatzgebiete und -möglichkeiten in der Industrie

Großtechnische Brennstoffzellensysteme befinden sich z.Zt. in der Erprobungsphase. Aus diesem Grund sind sie bislang noch nicht in der Industrie, sondern nur zu Testzwecken in Feldversuchen betrieben worden. Generell sind Brennstoffzellen im Gegensatz zu vielen anderen Stromerzeugungsanlagen standortungebunden und könnten deshalb gut für die dezentrale Einspeisung elektrischer Energie ins Netz oder für den Inselbetrieb verwendet werden. Die Abwärme kann für die Warmwasseraufbereitung, Raumheizung oder für die Prozeßwärmegestehung genutzt werden [147].

Bis heute sind Brennstoffzellen nur in Marktnischen als Prototypen oder zu
Erprobungszwecken eingesetzt worden. Die bislang verwendeten Niedertempera-
turbrennstoffzellen sind bei geringem Gewicht zwar sehr leistungsfähig, aufgrund
der teuren Edelmetall-Katalysatoren aber für die meisten Anwendungen unwirtschaftlich. Dadurch ist diese Technik für den Einsatz z.B. in Elektro-Nutzfahr-
zeugen oder in regenerativen Wasserstoff-Speichersystemen z.Zt. noch uninteres-
sant [142].

Mittel- und Hochtemperaturbrennstoffzellen werden aufgrund nicht erforderli-
cher Katalysatoren und der höheren Zelltemperaturen weitaus größere Chancen
für wirtschaftliche Anwendungen eingeräumt. Da sie neben reinem Wasserstoff
auch den in Erd- und Kohlegas gebundenen fossilen Wasserstoff zu Strom ver-
wandeln können und sich meist durch hohe elektrische Wirkungsgrade auszeichnen, können diese Brennstoffzellen eine wichtige Stellung in der zukünftigen Energiewirtschaft oder bei industriellen Anwendungen einnehmen.

Werden Brennstoffzellen in größeren Kraftwerken als reine Stromerzeugungsanlagen eingesetzt, welche keine Wärme benötigen, könnte die Nachschaltung
einer Gas- und Dampfturbinen-Anlage dafür benutzt werden, die überschüssige
Hochtemperatur-Wärme und das von den Zellen nicht vollständig verwertete Rest-
gas zur zusätzlichen Stromerzeugung zu nutzen. Wird ein Teil der Abwärme zusätzlich dazu verwendet, die Brenngase und die Verbrennungsluft vorzuwärmen,
können so theoretisch Gesamtnutzungsgrade von bis zu 80 % erreicht werden
[148]. Ebenso interessante Anwendungen kann die Brennstoffzelle jedoch auch
im Bereich der Kraft-Wärme-Kopplung finden, da sie im Vergleich zu den konventionellen Technologien auf Basis von Gasmotoren und -turbinen sowie Dampfheizkraftwerken die chemische gebundene Energie effizienter nutzen kann.

Neben diesen Anwendungen zur reinen Stromgewinnung und im Bereich von
KWK-Anlagen wird der Einsatz von Mittel- und Hochtemperaturbrennstoffzellen
aber auch im industriellen Bereich interessant, da der in vielen Fällen benötigte
Prozeßdampf ausgekoppelt werden kann. Brennstoffzellenstacks (meist im Leistungsbereich 50–800 kW) werden dabei, in beliebiger Anzahl in Containern installiert, zu Modulen angeordnet, von denen leistungsabhängig beliebig viele im
Industriebetrieb zusammengefaßt werden können. Dieses modulare Auf- und Aus-
bauprinzip begünstigt zunächst die Erprobung in Nischenbereichen der KWK-
Technik.

Aufgrund des weiten Temperaturbereichs der Brennstoffzellen kommen zur Nutzung von Prozeßwärme eine Vielzahl von industriellen Anwendungen in Frage.
Neben der Nahrungs- und Genußmittelindustrie, dem Textil- und Investitionsgüter-
gewerbe sowie der Zellstoffindustrie benötigt vor allem die chemische Industrie
Prozeßwärme im Temperaturbereich bis 200 °C. In diesen Bereichen könnte die
PAFC als bislang am weitesten entwickelter Brennstoffzellentyp die Prozeßwärmegestehung übernehmen, zumal in der chemischen Industrie wasserstoffreiche Gase
zur Verfügung stehen, die als Einsatzgase für die Brennstoffzellen benutzt werden
können. Höhere Prozeßwärmetemperaturen werden fast ausschließlich von chemischen Industriebetrieben benötigt, wobei eine praktische Bereitstellung der
Prozeßwärme in diesem Temperaturbereich den Einsatz von MCFC- und SOFC-

Brennstoffzellen voraussetzt. Aufgrund des bislang geringen Entwicklungsstandes im Bereich der Mittel- und Hochtemperaturbrennstoffzellen wird dies in den nächsten Jahren jedoch noch nicht realisiert werden.

Schadstoffemissionen

Da als Brenngas Wasserstoff zusammen mit Sauerstoff eingesetzt wird, entsteht bei der Verbrennung lediglich Wasser bzw. Wasserdampf, wodurch grundsätzlich jede Schadstoffemission vermieden werden kann. Aufgrund des hohen elektrischen Wirkungsgrades von Brennstoffzellen sind zudem auch die CO_2-Emissionen pro erzeugter kWh relativ gering. Ein vorgesehener Einsatz der Hochtemperatur-Brennstoffzellentechnik mit angekoppeltem GuD-System bringt sowohl bei der Erdgas- als auch bei der Kohlegasverstromung infolge der Steigerung des Gesamtwirkungsgrades eine Verminderung des CO_2-Ausstoßes um rund 15 % [149].
Werden die in Kapitel 4 angegebenen spezifischen Schadstoffemissionen in Höhe von ca. 0,2 kg CO_2 je kWh für den Verbrauch an Erdgas zugrunde gelegt, lassen sich mit Hilfe der Leistungsabgabe der Brennstoffzellen und der geleisteten Arbeitsstunden pro Jahr die von der Brennstoffzelle emittierten Kohlendioxidmengen bestimmen.
Einen Überblick über die Größenordnung der Schadstoffemissionen von Brennstoffzellenkraftwerken im Vergleich zu anderen Kraftwerkstechniken gibt Abb. 5.13, in der Emissionsmessungen der durch die TA Luft limitierten Schadstoffe im Vergleich zu den Grenzwerten für Gasmotoren und Gasturbinen dargestellt werden [150].
Der maßgebliche Vorteil der Brennstoffzellen gegenüber der konventionellen Kraftwerkstechnik sind, wie in Abb. 5.13 dargestellt, die vergleichsweise geringen Stickoxid-Emissionen (NO_x). Selbst im ungünstigsten Fall einer 1000 °C heißen Oxidkeramikzelle werden beim Einsatz von Luft als Oxidant nur maximal 7 % der theoretisch zu erwartenden NO_x-Menge frei, also rund 0,7 mg NO_x pro erzeugter kWh [149].
Die in Abb. 5.13 dargestellten Werte der Brennstoffzellentechnik wurden an der von der Ruhrgas betriebenen 200-kW-Anlage für Stickoxide, Kohlenmonoxid und Nicht-Methan-Kohlenwasserstoffe (NMHC) im Leistungsbereich zwischen 50 und 200 kW_{el} gemessen, wobei die Schadstoffe in der Brennstoffzelle lediglich bei der Erdgasaufbereitung, d.h. bei der Erzeugung des wasserstoffreichen Prozeßgases, erzeugt werden [150].
Im Fall eines phosphorsauren Systems im BHKW-Bereich muß mit maximal 15 bis 20 % der NO_x-Emissionen eines erdgasbefeuerten modernen Kraftwerks gerechnet werden. Dabei betragen die NO_x-Emissionen eines erdgasbetriebenen phosphorsauren Systems mit konventionellen Reformerbrennern maximal 90 mg NO_x/kWh_{el}, welche durch den Einsatz moderner Brenner noch auf 10–30 mg NO_x/kWh_{el} reduziert werden können.
Die SO_2-Emissionen werden durch den Schwefelgehalt des eingesetzten Rohstoffes bestimmt. Aufgrund des niedrigen Schwefelgehalts des eingesetzten Erd-

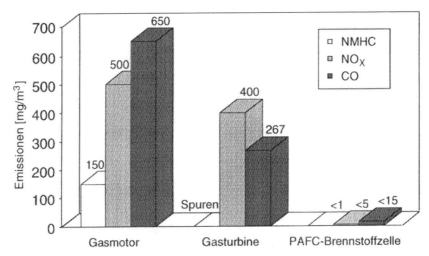

Abb. 5.13. Vergleich wichtiger Kraftwerksemissionen

gases verursacht die phosphorsaure Brennstoffzellen-Anlage praktisch vernachlässigbare SO_2-Emissionen.

Auch an den Geräuschemissionen der Gesamtanlage ist der elektrochemische Prozeß nicht beteiligt. Zu hören sind nur Peripheriegeräte wie Pumpen, Lüfter und Inverter. Diese Nebenaggregate verursachen mit bis zu 60 dB in 10 m Entfernung allerdings Schallemissionen, welche die Standortwahl beim heutigen Stand der Technik einschränken [149]. Schalldämmende Maßnahmen wie bspw. der Einsatz von wasser- statt luftgekühlten Geräten lassen aber auch hier Verbesserungen erwarten.

Ökonomie

Die besten Chancen auf eine wirtschaftliche Anwendung bestehen derzeit für die erdgasgespeiste phosphorsaure Brennstoffzelle im Betrieb als Blockheizkraftwerk [142]. Die spezifischen Investitionskosten des einzigen, derzeit kommerziell erhältlichen Brennstoffzellen-BHKW, einer 200 kW PAFC der Fa. ONSI, USA, liegen bei ca. 4500 DM/kW$_{el}$. Signifikante Kostenreduktionen werden hier mit der Einführung einer weitgehend automatisierten Fertigung erwartet. Der prognostizierte Kostenrahmen bewegt sich zwischen 2200–2500 DM/kW$_{el}$ bei einem Produktionsrahmen von 400 MW pro Jahr, wobei geringfügig höhere Preise der Brennstoffzellenanlagen im Vergleich zu herkömmlichen KWK-Anlagen aufgrund des höheren elektrischen Wirkungsgrades vom Markt akzeptiert werden.

Die spezifischen Brennstoffkosten hängen außer vom Gaspreis, welcher für alle KWK-Anlagen identisch ist, auch von den Systemkosten der Peripheriegeräte und vom jeweiligen elektrischen Wirkungsgrad ab. Brennstoffzellen haben hier eindeutige Vorteile gegenüber herkömmlichen Techniken. Auch die betriebsgebundenen Kosten werden für Brennstoffzellen-BHKW aufgrund der geringen

Anzahl bewegter Teile mit geschätzten 2,4 Pf/kWh gering sein, auch wenn statistisch abgesicherte Daten bislang fehlen.

Nachfolgend werden für ein beispielhaftes Brennstoffzellen-BHKW die wahrscheinlichen Stromgestehungskosten berechnet. Es zeigt sich, daß hinsichtlich der Stromgestehungskosten mittel- bis langfristig durchaus ein wirtschaftlicher Betrieb mit PAFC möglich sein wird. Unter den Annahmen:

1. Nutzungsdauer: 12 Jahre,
2. Austausch des Brennstoffzellenstacks nach 40.000 Betriebsstunden,
3. Zinssatz: 8 %,
4. Annuität: 13,27 %,
5. Auslastung: 65 %,
6. Gaspreis: 3,35 Pf/kWh und
7. Betriebskosten: 2,4 Pf/kWh

ergeben sich für ein 1-MW-Kraftwerk Stromgestehungskosten von 15,95 Pf/kWh, die sich im Bereich der herkömmlichen KWK-Techniken mit Gasmotoren und Gasturbinen bewegen [146]. Aufgrund der Tatsache, daß die zukünftigen Stromgestehungskosten aber auch abhängig von der monetären Bewertung von Ressourcenverknappungen und Schadstoffemissionen sein werden, sind Aussagen zur Wirtschaftlichkeit für Brennstoffzellenanlagen mit einigen Unwägbarkeiten behaftet, die nicht nur von der weiteren technischen Entwicklung der Brennstoffzellen abhängen.

Optimierungspotentiale

Aussagen zu Optimierungspotentialen im Bereich der Brennstoffzellentechnik sind kaum möglich, da sie sich bisher in der Praxis noch nicht durchgesetzt hat. Für wirtschaftliche zukünftige Anlagenkonzepte werden jedoch neben dem notwendigen Übergang zu einer Serienfertigung von Brennstoffzellen-Modulen und einer wartungsfreundlichen Ausführung vor allem die Auswahl und Abstimmung der peripheren Anlagenkomponenten entscheidende Kriterien sein, insbesondere da bei der heutigen Brennstoffzellentechnologie ca. 70 % der entstehenden Gesamtkosten durch die notwendigen – einzeln gefertigten – Peripheriegeräte, wie z.B. Kompressoren, Gebläse, Reformieranlage, Nachbrenner und Wechselrichter, verursacht werden [151].

Diesbezüglich wird evtl. eine neue Entwicklung zukunftsweisend, welche ein Konsortium verschiedener Unternehmen Ende 1996 auf der Jahrestagung der Brennstoffzellenbranche vorstellte. Diskussionsobjekt war ein neuer Brennstoffzellentyp auf der Basis einer Schmelzkarbonat-Zelle (MCFC), bei welcher die Peripheriegeräte mit der eigentlichen Brennstoffzelle „verschmolzen" wurden. Es entstand so eine „Eintopf-Konstruktion" anstelle separater Zu- und Ableitungen an Anode und Kathode. 2 Gebläse an der Oberseite lassen das Gasgemisch in der Hülle zirkulieren, und von den zuvor 4 Gashauben ist nur noch eine ohne Spannvorrichtung vorhanden. Die vorgestellte Gesamtanlage besteht nur noch aus 3 Baublöcken, dem sogenannten „Hot Module" als eigentlicher Brennstoffzelle, einer Gasreinigungsanlage und einem Elektroschrank mit Wechselrichter und Steuerelektronik. Neben der gewonnenen Mobilität der Brennstoffzelle aufgrund des geringeren Volumens werden bei dieser neuen Brennstoffzelle vor allem geringere Systemkosten zu erheblich niedrigeren und so zukünftig evtl. konkurrenzfähigen spezifischen Stromgestehungspreisen führen [151].

Grundsätzlich ist der Betrieb einer Brennstoffzellenanlage bei möglichst hoher elektrischer Leistung ohne allzu häufige Abschalt- und Lastwechselvorgänge anzustreben. Die wichtigsten Gründe sind die Belastungen des Zellblocks bei An- und Abfahrvorgängen durch elektrische Spannungsspitzen sowie die generelle Verbesserung des Gesamtwirkungsgrades bei hoher elektrischer Leistung, da der elektrische Eigenbedarf sich mit der Last nur geringfügig ändert [152].

Weitere Optimierungspotentiale hinsichtlich der Verbesserung der Energiebilanz ergeben sich aufgrund von Feldversuchen durch:

1. einen unterproportionalen Anstieg des elektrischen Eigenbedarfs gegenüber einer größeren Leistungsausbeute,
2. Verbesserung des Wärmehaushalts durch Nutzung der Kathodenabgaswärme und weitere thermische Ausnutzung des Reformerabgases sowie
3. eine allgemeine Erhöhung des Umwandlungsgrades von Erdgas zum Reinwasserstoff während der Reformierung des Einsatzgases.

Ihre hervorragenden Emissionseigenschaften und ihr hoher Wirkungsgrad machen die Brennstoffzellentechnologie zu einem aussichtsreichen Kandidaten für den Einsatz in der Kraft-Wärme-Kopplung. Besonders im Bereich unter 10 MW$_{el}$ Anlagengröße werden Brennstoffzellen ihren Platz neben den herkömmlichen Technologien finden, wenn es gelingt, die bislang noch hohen Investitionskosten weiter deutlich zu senken.

5.2
Energieumwandlungssysteme auf der Basis regenerativer Energiequellen

In diesem Kapitel werden die Energieumwandlungssysteme, die erneuerbare Energiequellen als Energieträger verwenden, dargestellt. Dabei werden einerseits Techniken, welche die Solarenergie direkt nutzen (d.h. solarthermische und photovoltaische Anlagen), betrachtet und andererseits Konvertertechnologien, die als Input sekundäre Formen der Solarenergie (Wind und Wasser) verwenden.

5.2.1
Solarthermische Anlagen und Speichersysteme

Unter solarthermischen Anwendungssystemen werden Anlagen verstanden, welche die solare Einstrahlung in Wärme umwandeln. Grundsätzlich werden konzentrierende und nicht konzentrierende Systeme unterschieden.

Konzentrierende Systeme bündeln die direkten Sonnenstrahlen auf einen Absorber bzw. Receiver und können so Prozeßtemperaturen bis ca. 1.000 °C und höher erreichen, d.h. zur Stromerzeugung und Hochtemperaturprozeßwärme-

gestehung eingesetzt werden. In Nordrhein-Westfalen beträgt jedoch der Diffus-
anteil der solaren Strahlung ca. 60 % (d.h. ca. 400 kWh/(m²a) Direktstrahlung), so
daß eine effiziente Nutzung dieser Systeme im Gegensatz zu Standorten in Südspanien oder Marokko (z.T. mehr als 2.000 kWh/(m²a) direkte Einstrahlung auf
die horizontale Fläche) kaum möglich ist.

Nicht konzentrierende Systeme hingegen erreichen Temperaturen bis max. 200 °C
(Stillstandstemperatur) und eignen sich dementsprechend zur Raumwärme-,
Brauchwarmwasser- und Niedertemperaturprozeßwärmeerzeugung. Sie nutzen
neben der Direkt- auch die Diffusstrahlung und sind deshalb auch in Nordrhein-
Westfalen sinnvoll einsetzbar. Konkret ausgeführte Anlagen sind im Anhang ab-
gebildet.

Theoretische und technische Grundlagen der dezentralen solaren Brauchwasser-, Prozeßwärme- und Raumwärmeversorgung

Zur dezentralen Gestehung von Raum- und Brauchwasserwärme eignen sich prinzipiell verschiedene Kollektorsysteme. Sie können sinnvoll auf allen Gebäuden
mit Flachdächern (meist industrielle Gebäude) und auf Gebäuden mit Schräg-
dächern (meist Satteldächer), die im Viertelkreis um die Südrichtung streuen, installiert werden. Alle Kollektorsysteme lassen sich durch das in Abbildung 5.14
dargestellte Blockschaltbild beschreiben.

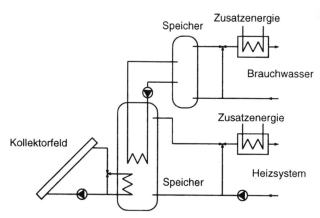

Abb. 5.14. Blockschaltbild einer solaren Brauchwarmwasser-, Prozeß- und Raumwärmegestehung

Nach Abb. 5.14 beheizt das Kollektorfeld einen zentralen Schichtenspeicher,
dem sowohl die Wärme für das Heizsystem als auch für das Brauchwasser oder
Prozeßwärme entnommen wird. Die Zapfstellen sind dem Temperaturbedarf angepaßt, d.h. Brauchwasserwärme wird der Speichermitte entnommen, während
die Heizwärme aus dem Speicherkopf stammt. Das Brauchwassersystem ist über
einen zweiten Speicher vom Heizsystem entkoppelt. Beide Systeme enthalten Zu-
satzenergielieferanten, welche die fehlende Wärme – vorwiegend im Winter –

ergänzen. Die Systemkomponenten Speicher und Kollektorfeld besitzen einen Bypass, um für den Fall zu geringer Temperaturen überbrückt werden zu können.

Die Komponente, die im wesentlichen die Leistungsfähigkeit des solaren Heizsystems bestimmt, ist der Kollektor. Grundsätzlich können z.Zt. 3 verschiedene Kollektortypen unterschieden werden[12]:

1. Flachkollektor,
2. Vakuumflachkollektor,
3. Vakuumröhrenkollektor.

Der Wirkungsgrad von Flachkollektoren nimmt bei steigender Kollektortemperatur stark ab, was zu ungünstigeren Jahreswirkungsgraden führt. Die Wirkungsgrade der beiden Vakuumkollektortypen dagegen fallen mit steigender Absorbertemperatur weniger stark ab, weil die Konvektionsverluste durch das Vakuum herabgesetzt werden. Vakuumkollektoren erreichen somit eine höhere Energieausbeute der Solarstrahlung, da der Exergieanteil der erzeugten Wärme und die Betriebsstundenzahl[13] höher sind. Der Nachteil des Vakuumröhrenkollektors besteht in der geringen Flächenausnutzung, da aufgrund der Röhrenform nur ein Teil der Modulfläche als Absorberfläche zur Verfügung steht. Während der Anteil der Absorberfläche bei Vakuumröhrenkollektoren je nach Hersteller zwischen 48 % und 72 % liegt, beträgt er für Flachkollektoren (inklusive Vakuumflachkollektoren) 85 % bis 90 %. Dabei weist der Vakuumflachkollektor eine hohe Flächenausnutzung bei hohen Jahreswirkungsgraden auf.

Theoretische und technische Grundlagen der solaren Nah- und Prozeßwärmegestehung

Zur Ausnutzung der Freiflächen können Nahwärmesysteme installiert werden, die einerseits z.B. Industriegebäude mit Raum- und Brauchwasserwärme versorgen, andererseits aber auch Prozeßwärme bis 100 °C bereitstellen können.

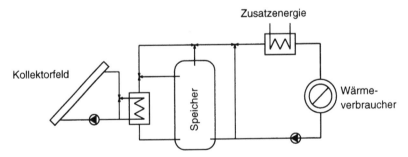

Abb. 5.15. Blockschaltbild zur solaren Nah- und Prozeßwärmegestehung

---

[12] Bei allen 3 Kollektortypen wird von einer selektiven Beschichtung des Absorbers ausgegangen.
[13] Das erforderliche Temperaturniveau wird häufiger im Vergleich zu Flachkollektoren überschritten.

Das Referenzkonzept als Blockschaltbild für die Gebäudeversorgung zeigt Abbildung 5.15. Der Vorteil dieses Systems besteht insbesondere darin, daß aufgrund der nachgeschalteten Zusatzheizung die Speichertemperatur unter der Netztemperatur liegen kann [153]. Hieraus resultieren geringere Speicherverluste und höhere Nutzungsgrade des Kollektorfeldes.

Ein System zur Deckung der Prozeßwärme ist ebenso aufgebaut, kann aber höhere Vorlauftemperaturen erreichen.

Für beide Systeme sind hocheffiziente Kollektoren unumgänglich, da das Temperaturniveau i.d.R. höher sein muß als bei individuellen Systemen. Das bedeutet, daß der Einsatz von Vakuumflach- oder -röhrenkollektoren gerade für die Deckung des industriellen Prozeßwärmebedarfs empfehlenswert ist.

Deckungsgrade

Die energetischen Deckungsgrade[14] solarthermischer Anlagen, insbesondere solarer Raumwärmesysteme, liegen aufgrund der Inkongruenz von Strahlungsangebot und Wärmebedarf i.d.R. weit unter 100 % des Wärmebedarfs. Nur bei Prozessen oder Wärmeanwendungen, deren Bedarf sich weitgehend dem solaren Angebot anpaßt, läßt sich die Wärmeversorgung vollständig durch Kollektoren sicherstellen (z.B. Freibadbeheizung).

Vergleichsweise kostengünstig sind Kollektorsysteme mit Deckungsgraden zwischen 25 % und 30 % [154]. Höhere Deckungsgrade können aber bei dezentralen solarthermischen Systemen unter Zuhilfenahme größerer Speicher bis 50 % für Raumwärmedeckung erreicht werden. Durch den im Jahresgang gleichmäßigeren Brauchwarmwasserbedarf läßt sich für diesen Anwendungsfall ein Deckungsgrad von bis zu 70 % realisieren. Im Gegensatz dazu stehen die zentralen solarther-

Tabelle 5.22. Klassifikation verschiedener Wärmeversorgungskonzepte

System	Dezentrale Systeme		Zentrale Systeme	
	Industrielles Brauchwasser	Industrielle Raumwärme	Industrielle Prozeßwärme	Industrielle Nahwärme
Kollektor	Vakuumflach- und Röhren- kollektoren	Vakuumflach- kollektoren und Transparente Wärme- dämmungen	Vakuumflach- kollektoren	Vakuumflach- kollektoren
Genutzte Flächen	Dachflächen	Dach- und Wandflächen	Gebäudeun- gebundene und bebauungs- untergeordnete Flächen	Gebäudeun- gebundene Flächen
Deckungsgrad [%]	70	50	50 bis 100	80

---

[14] Der Deckungsgrad ist das Verhältnis zwischen jährlich erzeugter Nutzwärme einer solaren Anlage und dem gesamten jährlichen Nutzwärmebedarf eines Verbrauchers.

mischen Systeme, die aufgrund ihrer Flächenausdehnung über einen saisonalen Speicher verfügen sollten. Das bedeutet, daß die Deckungsgrade im Gegensatz zu den dezentralen Anlagen deutlich höher liegen (vgl. Tabelle 5.22).

Die Prozeßwärmegestehung bis 100 °C läßt sich ebenfalls aus Nahwärmesystemen realisieren. Hierbei variiert der Deckungsgrad je nach Anwendung zwischen 50 und 100 %, wobei aber aufgrund der Temperaturanforderungen der verschiedenen Niedertemperaturprozesse[15] die untere Grenze als Durchschnittswert anzusehen ist (vgl. [153, 154]). Jedoch ist zu bemerken, daß wegen des ausgeglichenen saisonalen Bedarfsprofils der Prozeßwärme diese einfacher zu decken ist als im Fall der Raumwärmeversorgung. Tabelle 5.22 zeigt die charakteristischen Daten der verschiedenen Wärmeversorgungssysteme.

Transparente Wärmedämmung

Ausbeute und erzielbare Deckungsgrade transparenter Wärmedämmungen können nur unzureichend abgeschätzt werden, da nur wenig Erfahrungswerte zu dieser Technologie vorliegen. Die meisten durchgeführten Projekte lassen keine separate Deckungsgradabschätzung für transparente Wärmedämmungen zu, da es sich dabei um spezielle „Solarhäuser" handelt, die nicht mit konventionellen Gebäuden vergleichbar sind. Genannt werden kann hier lediglich das Pilotprojekt „Sonnäckerweg", das vom Fraunhofer Institut für Solare Energiesysteme durchgeführt wurde. Mit Hilfe transparenter Wärmedämmungen an der Südost- und Südwestfassade konnte der Heizenergiebedarf des Mehrfamilienhauses, das Ende der fünfziger Jahre gebaut wurde, auf 39 kWh/am² Wohnfläche gesenkt werden, was einem solaren Deckungsgrad von 35 % bezüglich des hier definierten Mehrfamilienhauses entspricht.

Einsatzgebiete und -möglichkeiten in der Industrie

Solarthermische Anlagen können – wie schon erwähnt – Prozeßwärme im Niedertemperaturbereich erzeugen, da höhere Temperaturniveaus mit Hilfe nichtkonzentrierender solarer Anwendungssysteme quasi nicht erreicht werden können. Das bedeutet, daß hocheffiziente Vakuumröhrenkollektorsysteme bei einer vollständigen Deckung des Bedarfs an Niedertemperaturprozeßwärme einen Beitrag von max. 21 Mrd. kWh/a in Nordrhein-Westfalen leisten können. Das entspricht einem Anteil von ca. 10 % des gesamten Prozeßwärmeverbrauchs (vgl. Kap. 2).

Vorrangig sollten solarthermische Systeme bei der Nahrungs- und Genußmittelindustrie, dem Textil- und Bekleidungsgewerbe, dem Investitionsgüter produzierenden Gewerbe sowie der Zellstoff- und Papierindustrie eingesetzt werden. Diese Industriezweige benötigen ausschließlich Prozeßwärme bis max. 200 °C. So ist gerade die Nahrungs- und Genußmittelindustrie, die besonders durch sehr viele

---

[15] Der in [154] diskutierte Fall geht von einer Vorlauftemperatur von 90 °C und einer Rücklauftemperatur von 80 °C aus, was als repräsentativ für den hier betrachteten Temperaturbereich angesehen werden kann.

kleine und mittelständische Unternehmen in Nordrhein-Westfalen repräsentiert ist, besonders geeignet, Kollektoren in verschiedenen Produktionsprozessen einzusetzen. Besonders interessant sind dabei milchverarbeitende Betriebe (Butterherstellung, Käsereien) und zuckerweiterverarbeitende Industriebetriebe, da der Niedertemperaturwärmebedarf den Produktionsprozeß energetisch bestimmt. Aber auch Backwarenhersteller und Brauereien könnten z.T. sinnvoll solarthermische Anlagen einsetzen. Bei ihnen ist aber darauf zu achten, daß bei einigen Prozeßschritten auch ein hoher Kraftbedarf (z.B. Anrühren der Backmassen, Verarbeitung von Hopfen) zu verzeichnen ist. Sinnvollerweise sollte bei diesen Betrieben ein biogenes oder konventionelles Blockheizkraftwerk eingesetzt werden. Das Textil-und Bekleidungsgewerbe ist hinsichtlich der Industrie- und Energiebedarfsstruktur mit der Nahrungs- und Genußmittelindustrie vergleichbar. Auch hier sind sehr viele kleine Unternehmen zu finden, die vorwiegend Prozeßwärme für den Betrieb benötigen. Die hier verwendete Temperatur liegt dabei i.allg. unter 100 °C, so daß hier auch Flachkollektoren zum Einsatz kommen könnten.

Das Investitionsgüter produzierende Gewerbe sowie die Zellstoff- und Papierindustrie sind mit ihrem z.T. sehr hohen Kraftbedarf eher für Kraft-Wärme-Kopplungsanlagen geeignet. Jedoch gibt es, bedingt durch die heterogene Struktur – insbesondere bei dem Investitionsgüter produzierenden Gewerbe –, viele Möglichkeiten, solarthermische Anlagen zu installieren. So wäre z.B. eine solarthermische Trocknungsanlage in vielen Unternehmen denkbar. Einen großen Anteil (ca. 13 % der benötigten Wärme) verbraucht die chemische Industrie an Niedertemperaturwärme, wobei dieser prinzipiell über solarthermische Anlagen gedeckt werden könnte. Es ist jedoch davon auszugehen, daß gerade die großen Industriebetriebe mit mehr als 500 Mitarbeitern auch Prozeßschritte bei höheren Temperaturen (z.B. 500 bis 1.000 °C) für ihre Produkte benötigen. Eine Auskopplung der Abwärme würde sich am ehesten für diese Industriebetriebe an Stelle des Einsatzes erneuerbarer Energieträger eignen. Die rd. 250 kleinen chemischen Industriebetriebe in Nordrhein-Westfalen könnten solarthermische Systeme sinnvoll einsetzen. Diese verbrauchen aber mit knapp 5 Mrd. kWh/a nur einen Bruchteil des Energieumsatzes der gesamten Chemieindustrie in NRW.

Raumwärme und Brauchwarmwasser z.B. für die Betriebs- und Verwaltungsgebäude lassen sich dagegen für alle Industriezweige bis zu den in Tabelle 5.22 angegebenen Deckungsgraden über die verschiedenen solarthermischen Anlagen bereitstellen. Das bedeutet, daß sich im Mittel von der benötigten Energie zur Raum- und Brauchwasserbeheizung (ca. 23 Mrd. kWh/a) ca. 15 Mrd. kWh/a solarthermisch erzeugen ließen (vgl. Kap. 2).

Das genannte Potential sowohl bei der Prozeßwärme- als auch bei der Raum- und Brauchwarmwassergestehung wird erheblich durch die zur Installation solarthermischer Anlagen zur Verfügung stehenden Flächen eingeschränkt.

Möglichkeiten solarthermischer Stromerzeugung zur industriellen Krafterzeugung bestehen einerseits in der Anwendung konzentrierender Systeme und andererseits in der Nutzung hocheffizienter Vakuumkollektoren, die als Vorwärmer eingesetzt werden könnten. Da das von Vakuumkollektoren erreichte Temperaturniveau und die mit steigenden Austrittstemperaturen verbundene Wirkungsgraddegression dazu führen, daß selbst bei maximaler Einstrahlung nur ein geringer Anteil der thermischen Leistung eines Kondensationskraftwerks solar bereitgestellt werden könnte, ist von einer solarthermisch unterstützten Stromgestehung in Nordrhein-Westfalen abzusehen.

Schadstoffemission

Schadstoffemissionen fallen beim Betrieb solarthermischer Anlagen nicht an. Jedoch gibt es gerade im Bereich der Nahwärmesysteme Stützfeuerungen, mit der die Energienachfrage stets befriedigt werden kann. Alternativ dazu muß i.d.R. neben dem solarthermischen System ein konventionelles Heizsystem (z.B. im Bereich der Raumwärmeversorgung) eingesetzt werden. Dieses Back-up-System kann mit Erdgas, -öl oder sogar Kohle betrieben werden. Dabei bestimmen dann die Energieträger bzw. die dazugehörigen Feuerungsanlagen die Schadstoffemissionen von Solarthermieanlagen (vgl. Kap 4).

Bei der Herstellung solarthermischer Systeme werden Schadstoffe ähnlich wie bei der Glasherstellung und Metallbearbeitung freigesetzt, da der Kollektor zu einem überwiegenden Teil aus Glas (Abdeckung) und Metall (Absorber) besteht. Die Emissionen, die bei der Instandhaltung und Wartung anfallen (z.B. Fahrt des Installateurs zur Anlage), können – da die Anlage nahezu wartungsfrei ist – vernachlässigt werden.

Ökonomie

Die monetäre Bewertung solarthermischer Systeme erfolgt für die Bereiche Brauchwasser und Raumwärmegestehung für Industrie- und sonstige Nichtwohngebäude. Hierbei werden sowohl zentrale (Nahwärmenetze) als auch dezentrale Versorgungsvarianten betrachtet. Eine Bewertung der transparenten Wärmedämmung sowie der solaren Prozeßwärmegestehung kann nicht durchgeführt werden, da für diese Bereiche keine ausreichende praxisrelevante Datengrundlage existiert. Jedoch kann davon ausgegangen werden, daß die Investitionskosten der zentralen Brauchwarmwassergestehung sich ähnlich wie die der zentralen Prozeßwärmegestehung verhalten, so daß hier mit Näherungswerten kalkuliert werden kann.

Solare Brauchwassererwärmung

Die solare Brauchwassererwärmung zählt zu den klassischen solarthermischen Anwendungen, da aufgrund des relativ ausgeglichenen Jahresgangs des Brauchwasserwärmebedarfs ein wirtschaftlicher Einsatz hier am ehesten gewährleistet ist. Für Systeme zur solaren Brauchwassererwärmung existiert heute bereits – im Ge-gensatz zu anderen solarthermischen Anwendungen – ein großer Markt mit vielen Anbietern, wodurch ein Vergleich unterschiedlicher Systeme möglich ist (vgl. [155]).

Um eine gute Vergleichbarkeit der Anlagen zu gewährleisten, werden dabei nur solche Anlagen ausgewählt, deren Kollektormodule ein Prüfzeugnis nach DIN-

oder ISO-Norm aufweisen können. Als Vergleichsbasis stehen 85 Anlagen zur Verfügung, wobei 73 Anlagen mit Flachkollektoren, 5 mit Vakuumflach- und 7 mit Vakuumröhrenkollektoren ausgestattet sind (vgl. [155]). Zunächst werden hier die spezifischen Investitionskosten in Abhängigkeit der Modulfläche[16] betrachtet (siehe Abb. 5.16). Die Investitionskosten teilen sich hierbei im Durchschnitt zu 36 % auf das Kollektorfeld, zu 27 % auf den Speicher, zu 7 % auf Regelung und Zubehör und zu 30 % auf die Montage auf.

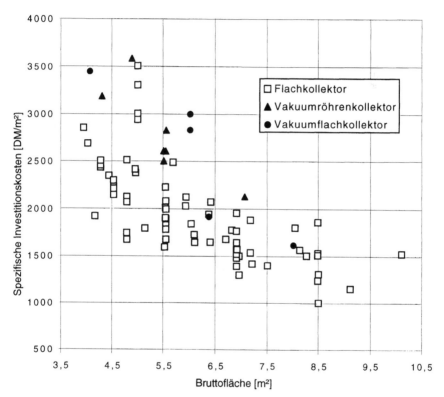

Abb. 5.16. Abhängigkeit der spezifischen Investitionskosten von der Modulfläche solarer Brauchwasseranlagen

Deutlich erkennbar ist die große Streuung der Angebote. Beispielsweise werden je nach Anbieter für eine Modulfläche von 5m² zwischen ca. 1.500 und 3.500 DM pro m² verlangt. Hierbei ist jedoch zu berücksichtigen, daß die erzielbaren Deckungsgrade bei gleicher Modulfläche und gleicher Kollektorart erheblich schwanken können. Anlagen unter Verwendung von Vakuumflach- oder Vakuumröhrenkollektoren sind im Durchschnitt um ca. 500 bis 1.000 DM/m² teurer als Flachkollektoren. Mit zunehmender Modulfläche setzt ein deutlich erkennbarer Degres-

---

[16] Mit „Modulfläche" ist im folgenden immer die Bruttomodulfläche gemeint.

sionseffekt der spezifischen Investitionskosten ein. Dieser wird hauptsächlich durch die mit zunehmender Fläche unterproportional sinkenden Kollektor- und Speicherkosten verursacht.

Bei der Berechnung des Wärmegestehungpreises werden die Systemkosten in Investitions- und Betriebskosten aufgeteilt. Die Wartungs- und Betriebskosten werden üblicherweise proportional zu den Investitionskosten angesetzt und unterliegen während der Nutzungsdauer der Anlage einer jährlichen Preissteigerung. Darüber hinaus wird angenommen, daß der Umwandlungsnutzungsgrad zwischen Nutz- und Endenergie ca. 75% beträgt.

Die Wirtschaftlichkeit einer industriellen Solaranlage hängt aber nicht nur von den Investitionskosten, sondern vom erzielbaren Deckungsgrad und der Flächenausnutzung der Anlagen ab, da das vorhandene Flächenpotential eine begrenzte Ressource darstellt, deren Ausnutzung möglichst effizient erfolgen soll.

In Abb. 5.17 sind 85 solarthermische Anlagen aufgetragen. Bei der ausschließlichen Betrachtung von Flachkollektoren fällt hier einerseits die hohe Streuung der Kenngröße f für die Flächenausnutzung auf, andererseits kann aufgrund der Lage der Punkte festgestellt werden, daß das Preis-Leistungs-Verhältnis durchweg als positiv bezeichnet werden kann. Die Vakuumröhrenkollektoren zeichnen

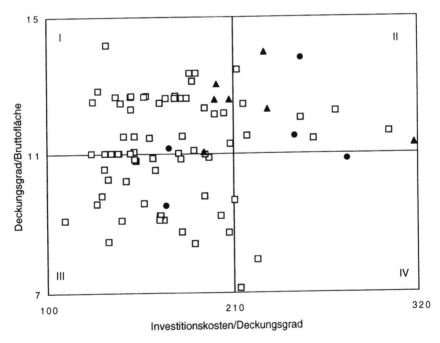

Bereich I: Hohe Flächenausnutzung, hohes Preis-Leistungs-Verhältnis,
Bereich II: Hohe Flächenausnutzung, geringes Preis-Leistungs-Verhältnis,
Bereich III: Geringe Flächenausnutzung, hohes Preis-Leistungs-Verhältnis,
Bereich IV: Geringe Flächenausnutzung, geringes Preis-Leistungs-Verhältnis.

Abb. 5.17. Verhältnis von Deckungsgrad zu Modulfläche in Abhängigkeit der spezifischen Investitionskosten bezogen auf den Deckungsgrad für 85 solare Brauchwarmwasseranlagen

sich durch eine hohe Flächenausnutzung aus, wobei die Wirtschaftlichkeit dieser Anlagen im Durchschnitt unter derjenigen der Flachkollektoren liegt. Die derzeit jüngste technologische Variante der Vakuumflachkollektoren weist ein stark differenziertes Verhalten auf. Dieser Umstand ist ein Hinweis auf die noch zu leistende Entwicklungsarbeit, wobei tendenziell eine hohe Flächenausnutzung bei weniger günstiger Wirtschaftlichkeit abzulesen ist.

Grundsätzlich kann jedoch davon ausgegangen werden, daß gut konzipierte solare Brauchwarmwasseranlagen unter Verwendung von Flachkollektoren im Vergleich zur Verwendung von Vakuumröhrenkollektoren bei gleich hoher Flächenausnutzung ein größeres Preis-Leistungs-Verhältnis aufweisen. Dieses Ergebnis ist insofern überraschend, da allgemein angenommen wird, daß Anlagen mit Flachkollektoren gegenüber Vakuumröhrenkollektoren bei gleichem Deckungsgrad etwa 50 % mehr Modulfläche benötigen, wobei die aufzubringenden Investitionskosten dann in etwa gleich hoch bleiben [157]. Diese Aussage ist nur richtig in bezug auf die technische Effizienz der verschiedenen Kollektorbauarten. Auf komplette Systeme läßt sie sich aber aufgrund des komplexen Zusammenspiels zwischen Kollektor, Speicher und Verbraucher nicht bestätigen.

Um auch einen quantitativen Vergleich der Brauchwarmwasseranlagen durchführen zu können, wird der Wärmegestehungspreis berechnet (Kalkulationszinssatz: 8 %, Nutzungsdauer: 20 a, Inflationsrate: 3 %). Der jährliche Wartungs- und Betriebskostenanteil wird bei Flach- und Vakuumröhrenkollektoren zu 1,5 % und bei Vakuumflachkollektoren aufgrund erhöhter Kosten durch die Notwendigkeit

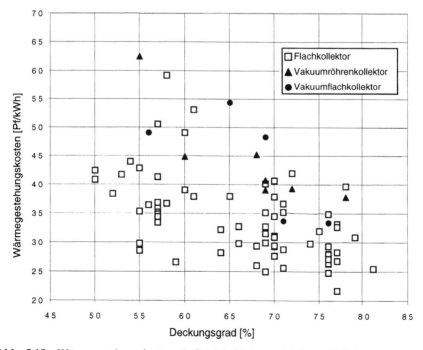

Abb. 5.18. Wärmegestehungskosten (1. Betriebsjahr) verschiedener Kollektorsysteme

zur regelmäßigen Erneuerung des Vakuums zu 2 % abgeschätzt. Abbildung 5.18 zeigt die Wärmegestehungskosten (1. Betriebsjahr) verschiedener Kollektorsysteme im Überblick.

Bei der Berechnung der Wärmegestehungskosten tritt eine große Streuung innerhalb der Gruppe von Systemen, welche mit Flachkollektoren ausgerüstet sind, auf. Ein Deckungsgrad von 70 % läßt sich beispielsweise mit spezifischen Kosten (1. Betriebsjahr) zwischen ca. 25 und 50 Pf/kWh erreichen. Tendenziell läßt sich jedoch ein Absinken der Wärmegestehungskosten aus solarthermischen Anlagen mit steigendem Deckungsgrad beobachten. Dies erfolgt aufgrund des beschriebenen Degressionseffektes der Investitionskosten (vgl. S. 223).

Raumwärme- und Brauchwarmwassergestehung

Im Gegensatz zur Nachfrage nach Brauchwasser unterliegt die Nachfrage nach Wärme zur Raumheizung z.B. von Produktionshallen oder Betriebsgebäuden starken saisonalen Schwankungen. Der Einsatz von Solarkollektoren zur Raumheizung steht vor dem Problem, in den Monaten des höchsten Wämebedarfs das niedrigste solare Energieangebot nutzen zu müssen, während in den Monaten günstiger Einstrahlung die Nachfrage nach Raumwärme gegen Null geht. Ohne den Einsatz großer saisonaler Wärmespeicher ist eine Nutzung thermischer Solarenergie mit hohen Deckungsgraden für diesen Bereich praktisch nur im Frühjahr und Herbst möglich. Da saisonale Wärmespeicher für Kleinanlagen bisher nicht kommerziell hergestellt werden, werden hier nur Systeme mit kleineren Speichern zur Überbrückung mehrtägiger Schwankungen des Energieangebotes betrachtet.

Die heute mit solaren Anlagen zur Raumwärmeversorgung erzielbaren Deckungsgrade liegen etwa zwischen 25 und 45 % des Raumwärmebedarfs. Die hierbei erreichbaren solaren Ausbeuten liegen bei Flachkollektoren zwischen 150 und 300 kWh pro m^2 und Jahr [156].

Die technische Auslegung der hier aufgeführten Referenzfälle orientiert sich innerhalb dieser Studie an den in der Literatur [157–159] dargestellten Systemen (siehe Tabelle 5.24). Der Deckungsgrad für Brauchwasserwärme beträgt 70 %, der für Raumwärme wird mit 40 % angenommen, um eine hohe Flächenausnutzung der betrachteten Gebäudeflächen zu erzielen. Gleichzeitig ist hierbei zu beachten, daß durch den verstärkten Wärmeschutz der Gebäude grundsätzlich höhere Deckungsgrade bei vertretbarem wirtschaftlichen Einsatz erzielbar sind [155]. Aufgrund des niedrigen Anteils des Brauchwasserwärmebedarfs am gesamten Wärmebedarf variiert der gesamte Deckungsgrad zwischen 42 und 48 % je nach Gebäudetyp. Da durch den Zusammenschluß mehrerer Verbraucher der Wärmebedarf ausgeglichener wird, können z.B. in Nichtwohngebäuden höhere solare Ausbeuten im Vergleich zu Ein- und Zweifamilienhäusern erzielt werden. In Nichtwohngebäuden führen die beschränkten Nutzungszeiten der Gebäude zusätzlich zu einer effizienteren Nutzung der solaren Einstrahlung.

Über die Kosten solarer Systeme zur gemeinsamen Brauchwasser- und Raumwärmebereitstellung wurde bisher keine Markterhebung durchgeführt. Anhaltspunkte finden sich in [157, 159]. Die in Tabelle 5.23 ausgewiesenen spezifischen

Kollektorkreiskosten setzen sich hierbei aus den Kosten für Kollektor, Wärmetauscher, Verbindungsleitungen, Regelungszubehör und Montage zusammmen. Die Speicherkreiskosten beinhalten Kosten für Wärmetauscher, isolierte Speicher, Temperaturdifferenzregelung, Pumpen, Montage etc., wobei bei den betrachteten Systemen getrennte Speicher zur Brauchwasser- und Raumwärmeversorgung eingesetzt werden (vgl. [160]). Die Betriebskosten setzen sich einerseits aus Wartungsund Instandhaltungskosten, andererseits aus den Kosten für den zum Betrieb der Anlage notwendigen Pumpstrom zusammen. In erster Näherung können diese Kosten mit 1,5 % der Investitionskosten veranschlagt werden. Kostendegressionseffekte bewirken sowohl bei den Kollektorkreiskosten als auch bei den Speicherkreiskosten einen starken Abfall der spezifischen Gesamtkosten mit zunehmender Kollektorfläche und Speichergröße.

Die Berechnung des solaren Wärmepreises (s. Tabelle 5.23) wird mit einem Kalkulationszinssatz von 8 %, einer Inflationsrate von 3 % und einer Nutzungsdauer von 20 Jahren des gesamten Systems durchgeführt.

Nach Tabelle 5.23 ergibt sich ein Wärmegestehungspreis (1. Betriebsjahr) für Nichtwohngebäude von ca. 33 Pf/kWh. Die Kosten liegen somit bedeutend höher als bei den konventionellen Wärmesystemen.

Tabelle 5.23. Ökonomische Parameter solarer Anlagen zur Raum- und Brauchwarmwassergestehung für Nichtwohngebäude

Technische Daten	Einheit	NWG
Vorlauftemperatur	[°C]	55 - 75
Deckungsgrad BW	[%]	70
Deckungsgrad RW	[%]	40
Solare Ausbeute	[kWh/(m^2 a)]	235
Speichergröße	[m^3]	20
Ökonomische Daten		
Spezifische Kollektorkreiskosten	[DM/m^2]	660
Spezifische Speicherkreiskosten	[DM/m^2]	250
Spezifische Gesamtinvestition	[DM/m^2]	910
Betriebskostenanteil	[%]	1,5
Wärmegestehungskosten[a]	[Pf/kWh]	32,8

[a] Nutzungsdauer: 20 a; Kalkulationszinssatz: 8 %; Inflationsrate: 3 %.

Solare Nahwärme

Solare Nahwärmesysteme zur Brauchwarmwasser- und/oder Raumwärmeversorgung haben sich in der Bundesrepublik Deutschland noch nicht durchgesetzt. In Dänemark und Schweden werden hingegen bereits größere Siedlungen mit solarer Nahwärme versorgt. Grundsätzlich können verschiedene Verbundsysteme unterschieden werden. Tabelle 5.24 zeigt eine Übersicht der verschiedenen Konzept-

Tabelle 5.24. Solare Nahwärmesysteme

Anwendung	Charakteristik	HZ: Heizwasserverteilung, SP: Speicher WE: Wärmeerzeuger, WW: Warmwasservert.	Beispielanlagen
Kurzzeitspeicherung für Warmwasserbereitung und Heizung	Kurzzeitige Speicherung solarer Gewinne zur Verringerung der Laufzeiten des Wärmeerzeugers, auch mit dezentraler Warmwasserbereitung.		2 MFH Asa, Schweden (Kollektor: 140 m^2, Speicher: 20 m^3) Volkshochschule Bornholm, Dänemark (Kollektor: 410 m^2)
Warmwasserbereitung	Vorwiegend für die sommerliche Deckung des Warmwasserbedarfs.		3 MFH Rodovre, Dänemark (Kollektor: 291 m^2) Siedlung Ravensburg, Deutschland (Kollektor: 120 m^2) mehrere MFH Hammarkulien, Schweden (Kollektor: 1500 m^2)
Direkteinspeisung in ein Fernwärmenetz	Kollektoranlage hebt die Rücklauftemperatur der Fernwärme an, bevor diese dem Wärmeerzeuger zugeführt wird.		Fernheizwerk Ry, Dänemark (Kollektor: 3000 m^2) Stadtwerke Göttingen, Deutschland (Kollektor: 800 m^2)
Heizung und Warmwasserbereitung in Verbindung mit saisonaler Speicherung	Sommerliche solare Gewinne werden eingespeichert und in der Heizperiode entladen. Bei unzureichender Vorlauftemperatur erfolgt Nachheizung über Wärmeerzeuger.		Lyckebo, Schweden (Kollektor: 4300 m^2, Gartenspeicher: 100000 m^3) Herlev, Dänemark (Kollektor: 1025 m^2, Speicher: 3000 m^3) Lykovrissi, Griechenland (Speicher: 500 m^2)

varianten und der umgesetzten Beispielanlagen [161]. Die in der Bundesrepublik Deutschland realisierten Vorhaben beschränken sich hierbei auf die Deckung des Brauchwarmwasserbedarfs zweier Siedlungen in Ravensburg sowie der Einspeisung solar erzeugter Wärme in ein Fernwärmenetz in Göttingen. Weiterhin werden in jüngster Zeit 72 Wohnungen in Köngen (Kreis Esslingen) von einer zentralen Solaranlage mit Warmwasser versorgt [162].

1993 war eine zentral solarunterstützte Warmwasserversorgung von 550 Wohneinheiten in Freital bei Dresden geplant [162]. Bislang liegen aber dem Lehrstuhl keine näheren Daten darüber vor.

Im Falle der Warmwasserversorgung zweier Siedlungen in Ravensburg können bereits erste Aussagen zur Wirtschaftlichkeit getroffen werden. Tabelle 5.25 zeigt die Auslegungsdaten der beiden Solaranlagen [162].

Tabelle 5.25. Auslegungsdaten zweier realer Solaranlagen zur Brauchwarmwasserversorgung in Ravensburg

	Einheit	29 Reihenhäuser	107 Wohneinheiten
Warmwasserbedarf	[MWh/a]	141	296
Kollektorfläche	[m^2]	120	135
Einstrahlung auf Kollektor	[MWh/(m^2 a)]	1,25	1,31
Solare Ausbeute	[kWh/(m^2 a)]	402	522
Deckungsgrad	[%]	32	24
Investitionskosten	[DM/m^2]	840	936
Betriebskostenanteil	[%]	1,5	1,5
Solarer Wärmepreis[a]	[Pf/kWh]	25,3	21,7

[a] Kalkulationszinssatz: 8 %, Inflationsrate: 3 %, Nutzungsdauer: 20 a.

Der hierbei erzielbare Wärmepreis liegt zwischen ca. 22 und 25 Pf/kWh. Anzumerken ist hier jedoch, daß es sich bei beiden Projekten um Neubausiedlungen handelt, wodurch die Investitionskosten deutlich gesenkt werden konnten. Die Übertragbarkeit dieser Vorhaben auf nordrhein-westfälische Verhältnisse ist zudem durch die nicht unerheblich geringere solare Einstrahlung (ca. 20 %) beeinträchtigt.

Am 16. Juni 1993 wurde die solare Pilotanlage der Stadtwerke Göttingen in Betrieb genommen. Hierbei sind auf dem Dach eines bereits bestehenden Heizkraftwerkes der Stadtwerke Göttingen 847 m² Kollektorfläche in 3 Feldern verbaut worden. Eingesetzt werden großflächige Module von Flachkollektoren mit selektiven Absorbern und einer Kunststofffolie zur Minderung von Konvektionsverlusten. Die Einspeisung der hiermit erzeugten Wärme erfolgt über einen Wärmeüberträger in den Rücklauf des Nahwärmenetzes. Letztlich wird dadurch eine Speisewasservorwärmung erreicht. Ein zusätzlich an der Südostfassade installierter 368 m² großer Luftkollektor sorgt für die Vorwärmung der Verbrennungsluft des Heizkraftwerkes. Insgesamt wird in der Literaturquelle [163] mit einem solaren Wärmepreis von 21 Pf/kWh bei einer Nutzungsdauer von 20 Jahren, einem Betriebskostenanteil von 1,5 % und einem Zinssatz von 8 % gerechnet. Die durchschnittliche Wärmeabgabe des Heizkraftwerkes liegt bei 100 Mio. kWh/a. Die voraussichtlichen Wärmegewinne des solaren Anlagenteils betragen insgesamt etwa 455.000 kWh/a, dies entspricht einem Deckungsgrad von ca. 0,5 %.

Optimierungspotentiale

Die Optimierungspotentiale bei dezentralen solarthermischen Anlagen sind – aufgrund der z.T. sehr langen Erfahrungen mit vielen anderen Absorberanlagen – sehr gering. Große Wirkungsgradsteigerungen sind nicht zu erwarten, Deckungsgradsteigerungen durch den Einsatz größerer Speicher sind jedoch möglich.
Im Bereich der zentralen Nahwärmesysteme gibt es bislang nur Pilotprojekte. Wirkungsgradsteigerungen werden bei diesen Anlagen – durch den Einsatz konventioneller Solarthermiesysteme – jedoch durch eine optimierte Anpassung der Kollektoren an die entsprechenden Randbedingungen des jeweiligen Standortes im Vergleich zu den dezentralen Systemen auftreten und so auch die ökonomische Seite beeinflussen. Inwieweit der Wärmegestehungspreis zukünftig gesenkt werden kann, müssen detaillierte Untersuchungen noch zeigen.

5.2.2
Photovoltaische Anlagen

Photovoltaische Anlagen wandeln das direkte und diffuse Sonnenlicht durch die Ausnutzung des photovoltaischen Effekts in elektrischen Gleichstrom um. Sie bestehen im wesentlichen aus den sog. Solarzellenmodulen oder Solargeneratoren, die zu beliebigen Leistungseinheiten zusammengeschaltet werden können, den Wechselrichtern und bei netzgekoppelten Anlagen den Netzanbindungseinheiten.
Photovoltaische Anlagen können durch ihr weites Anwendungsspektrum zur gesamten elektrischen Energieversorgung beitragen, d.h. beliebige Industrien können einen Teil ihrer Elektrifizierung durch photovoltaische Anlagen sicherstellen. Prinzipiell können photovoltaische Anlagen zentral und dezentral eingesetzt werden. Im wesentlichen werden dabei 3 verschiedene Anlagenkonzepte unterschieden, die je nach Bedarf zur Anwendung kommen:
1. Netzgekoppelte Systeme,
2. Inselsysteme mit Speichereinheit (z.B. Batterie) und
3. Inselsysteme ohne Speichereinheit.
Für die Industriebetriebe in Nordrhein-Westfalen sind ausschließlich netzgekoppelte Systeme interessant, da einerseits bei diesen Anlagen die niedrigsten Wirkungsgradverluste im Vergleich zu den beiden anderen Alternativen auftreten und andererseits die Industrie in NRW in allen Fällen über eine Netzanbindung verfügt. Darüber hinaus ist eine großtechnische Speicherung oder ein (autarker) Inselbetrieb technisch und wirtschaftlich z.Zt. nicht vertretbar. Konkret ausgeführte PV-Anlagen sind im Anhang abgebildet.

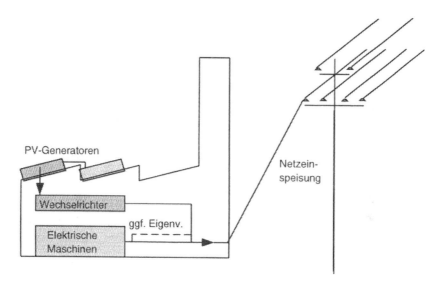

Abb. 5.19. Konzeption einer Photovoltaikanlage am Beispiel eines Industrieunternehmens

Theoretische und technische Grundlagen

Das Funktionsprinzip photovoltaischer Anlagen ist bei allen Anlagen dasselbe. Unterschiede kommen ausschließlich durch die Verwendung anderer Materialien (z.B. Einsatz von als Halbleiterbauelement an Stelle von Silizium) oder Gerätetypen entweder beim Generator selbst oder auch beim Wechselrichter zustande. Abbildung 5.19 zeigt das Grundkonzept einer photovoltaischen Anlage.

Danach liefern die Solargeneratoren (Solarzellen, die zu Modulen aufgebaut sind) Strom, der i.d.R. in das öffentliche Versorgungsnetz eingespeist wird. Dabei wird auch der Industrie von ihrem Energieversorgungsunternehmen (Stichwort „Demarkationsgebiete") für diese Einspeisung einer kWh elektrischer Energie derzeit 17,28 Pf vergütet. Alternativ ist aber auch die sofortige Eigennutzung des Photovoltaikstroms möglich, was u.U. bei sehr großen PV-Anlagen die Kosten der Reservehaltung drücken könnte. Üblicherweise ist davon aber nicht auszugehen, so daß die Industrieunternehmen sich i.d.R. den eingespeisten Strom bezahlen lassen. Für Industrieunternehmen, die in Nordrhein-Westfalen angesiedelt sind, besteht darüber hinaus die Möglichkeit der sog. kostendeckenden Einspeisevergütung (Aachener Modell). Das bedeutet, daß die elektrische Energie aus photovoltaischen Anlagen – wie auch die, welche aus den erneuerbaren Energiequellen Wind, Wasser, Biomasse erzeugt wird – zu Preisen von ca. 2 DM[17] veräußert werden kann. Unter diesem Gesichtspunkt der kostendeckenden Einspeise-

---

[17] Nur Strom aus PV-Anlagen. Beispielsweise wird Strom aus Wind in diesem Jahr mit max. 25 Pf/kWh vergütet, Einspeisungen aus anderen Energieerzeugungen mit erneuerbaren Energieträgern werden mit noch geringeren Preisen vom Energieversorgungsunternehmen abgenommen.

vergütung ist der Selbstbezug der Energie aus Photovoltaikmodulen ökonomisch abzulehnen.

Solargenerator

Die z.Zt. verwendeten Generatoren bestehen in erster Linie aus mono- und polykristallinem sowie amorphem Silizium. Während die amorphe Technologie insbesondere Klein- und Kleinstverbraucher anspricht (hohe Leerlaufspannungen, günstiges Verhalten bei künstlichem Licht), sind in einem Leistungsbereich von einigen Watt bis hin zu mehreren Megawatt kristalline Solarzellen wegen ihres höheren Wirkungsgrades interessant. Neben dem Halbleitermaterial Silizium als Basismaterial für PV-Module kommen mehr als hundert andere Materialien und Materialkombinationen (z.B. Galliumarsenid, Kupferindiumdiselenid, Kadmiumsulfid) in Frage. Dennoch dominiert in der Serienfertigung von PV-Modulen das Silizium als Grundelement. So werden ca. 99 % der weltweit produzierten Solarzellen aus kristallinem (64 %) oder aus amorphem (35 %) Silizium hergestellt.

Neben den genannten Zellen und Materialien gibt es auch noch andere, die aber noch im Forschungsstadium sind. Dabei spielen die sog. Dünnschichtsolarzellen eine übergeordnete Rolle, da diese aufgrund ihres deutlich verminderten Zellmaterials wesentlich niedrigere Kosten verursachen. Daneben ist die sog. „Grätzel-Zelle" – gerade für Nordrhein-Westfalen[18] – interessant. Die Grätzel-Zelle arbeitet im wesentlichen mit Farbstoffen (Jod-Jodid/ Titanoxyd) und ist den photoelektro-chemischen Zellen zuzurechnen. Des weiteren existieren noch eine Vielzahl anderer Zellentypen, die z.Zt. jedoch keine praktische Bedeutung haben.

Die Wirkungsgrade von PV-Modulen können nicht eindeutig bestimmt werden, da die Leistungsfähigkeit eines Moduls von seiner Lebensdauer unter verschiedenen Umweltbedingungen, wie Luftfeuchte, Temperatur, Regen etc. abhängt. Auch die Verschaltung zu großen Moduleinheiten zieht Wirkungsgradverluste nach sich. Der Wirkungsgrad der in Serie hergestellten Solarzellen liegt heute bei 17,5 % für monokristalline und bei ca. 14 % für polykristalline Silizium-Solarzellen [157, 164] (vgl. Tabelle 5.26), wobei der Modulwirkungsgrad von Seiten der Hersteller bei monokristallinen Siliziumsolarzellen zwischen 11,5–12,5 %, bei polykristallinen Zellen zwischen 9,5–11 % variiert [165].

Tabelle 5.26. Wirkungsgrade verschiedener Solarzellentypen

Material		η_{Labor} [%]	$\eta_{Produktion}$ [%]	Status
Silizium	monokristallin	23,3	17,5	++
	polykristallin	17,8	14,2	++
	amorph	11,5	5,0 - 8,0	++
GaAs	monokristallin	25,7	17	+

+ Kleinproduktion bis 100 kW/a, ++ Großfertigung (mehrere MW/a)

---

[18] NRW hat das Patent erworben, mit dem Ziel, sie bis zur Marktreife im Gelsenkirchener Forschungszentrum zu entwickeln.

Die technische Nutzungsdauer von Solarzellen differiert je nach Zellentyp. Schätzungen gehen von einer Lebensdauer von 20 bis 30 Jahren aus, wobei aber der Wirkungsgrad mit zunehmendem Alter durch die Rekombination der Ladungsträgerpaare an der Raumladungszone abnimmt [166]. Betriebserfahrungen haben gezeigt, daß ein Degradationseffekt durch Alterung einen Wirkungsgradverlust von ca. 2 % pro Jahr hervorruft. Bei Dünnschichtzellen liegt die Wirkungsgradabnahme in den ersten Tagen bei bis zu 30 %.

Auch die Erhöhung der Modultemperatur im Betrieb trägt deutlich zum Wirkungsgradverlust bei. So sinkt bei steigender Temperatur der Wirkungsgrad der Solarzelle um ca. 0,43 %/K [166].

Wechselrichter

Der Wechselrichter in einem netzgekoppelten PV-System richtet den vom Solarmodul kommenden Gleichstrom in Wechselstrom um, wobei er die Netzcharakteristika und -spezifikationen berücksichtigt.

Grundsätzlich werden 2 verschiedene Wechselrichterversionen (netz- und selbstgeführte Wechselrichter) angeboten, die untereinander kombinierbar sind. Während bei den netzgeführten Wechselrichtern (Netzeinspeisung) ein Verschiebungsfaktor von 1 angestrebt und somit eine Belastung des Netzes durch Blindstrom vermieden wird, ist bei selbstgeführten Wechselrichtern (Inselnetz) auf die Form des erzeugten Stroms zu achten [167].

Bei der energetischen Bewertung von Wechselrichtern ist der Umwandlungs- und Anpassungswirkungsgrad interessant. Bei modernen Wechselrichtern mit MPP-Steuerung auf der Gleichstromseite werden Anpassungswirkungsgrade von 95–98 % bei Vollast erreicht [167]. Der Umwandlungswirkungsgrad liegt bei einer Teillast von ca. 20 % bei über 90 %.

Jahresbetriebswirkungsgrade der gesamten PV-Anlage

Netzgekoppelte PV-Anlagen können als technisch zuverlässig arbeitende „Stromerzeugungsmaschinen" angesehen werden. Die Integration in das öffentliche Netz stellt prinzipiell kein Problem dar, sofern die Einspeisung unterhalb der PV-Maximallast (Stichwort „Netzpenetration") geschieht.

Der Betriebswirkungsgrad der Solarmodule im Praxiseinsatz ist jedoch im allgemeinen niedriger als der von den Herstellern angegebene nominale Wirkungsgrad, der unter Standardtestbedingungen (Einstrahlungsleistungsdichte 1000 W/m^2, 25 °C, Air Mass 1,5) gemessen wird. Internationale Erfahrungen zeigen durchschnittliche Modulbetriebswirkungsgrade bei kristallinen Modulen von 80–90 % der nominalen Wirkungsgrade [168]. Bei amorphen Modulen sind auch höhere Differenzen zu den Herstellerangaben gefunden worden.

Zusätzlich treten elektrische Systemverluste netzgekoppelter Anlagen, hervorgerufen durch Schmutz, „Mismatch", Leitungs-, Wechselrichter-, Transformator- und Regelungsverluste, auf, die bei mindestens 15 % liegen [168]. Unter Berücksichtigung des Modulbetriebswirkungsgrades liegen somit die Wirkungsgrade netzgekoppelter Anlagen bei ca. 70–80 % der nominalen Werte.

Das bedeutet, daß für das System mit einem Gesamtanlagenwirkungsgrad dezentraler Anlagen von 8–12 % je nach Zellentyp (monokristalline und polykristalline Solarzellen) gerechnet werden kann. Bei zentralen Großeinheiten, die aus zusammengesteckten Modulen bestehen, kann ein zusätzlicher Verlust von weiteren 10 % auftreten. Die Wirkungsgrade der Großanlagen belaufen sich somit auf ca. 7–11,5 %. Tabelle 5.27 veranschaulicht die Betriebsanlagenwirkungsgrade von PV-Anlagen für dezentrale und zentrale Anwendungen.

Tabelle 5.27. Jahresbetriebswirkungsgrade von PV-Anlagen für dezentrale und zentrale Anwendungen

Zelltyp	dezentrale Anlagen [%]	zentrale Anlagen [%]
Monokristallin	10 - 12	9 - 11,5
Polykristallin	8 - 10	7 - 10

Einsatzmöglichkeiten in der Industrie

Photovoltaische Anlagen erzeugen ausschließlich elektrischen Strom. Daher sind PV-Anlagen grundsätzlich für alle Industriebetriebe interessant. Besonders eignen sich jedoch sehr flächenintensive Industriebetriebe mit ausgedehnten Produktionshallen, so daß auch große PV-Anlagen installiert werden können. Von hoher ökologischer Bedeutung sind aber auch Industriebetriebe, die ihren Strom zu Kühlzwecken einsetzen, da die aufzubringende Kühlleistung oft mit dem Strahlungsangebot korreliert ist und so die elektrische Energie sofort – ohne den Umweg über das Versorgungsnetz gehen zu müssen – genutzt werden kann.

Emissionen

Wie bei den solarthermischen Systemen fallen bei dem Betrieb von Photovoltaikanlagen keine Emissionen an. Die freigesetzten Emissionen für die Wartung und Instandsetzung der Anlage können vernachlässigt werden. Die Emissionen aus den vorgelagerten Prozessen, d.h. die Schadstoffe, die bei der Herstellung der Solarmodule bzw. Wechselrichter anfallen, sind im Vergleich zu den verminderten Emissionen durch den Betrieb der PV-Anlagen deutlich geringer. Das bedeutet, daß sich vom ökologischen Standpunkt aus der Einsatz einer Photovoltaikanlage lohnt.

Ökonomie

Aufgrund der unterschiedlichen Datenlage für dezentrale und zentrale Photovoltaik-anlagen ist es notwendig, für die beiden Varianten getrennte Kostenanalysen durch-zuführen. Dabei ist zu bemerken, daß sich die Kosten zentraler Anlagen an die Werte des Gutachtens von der Bayernwerk AG, der RWE Energie AG, der Siemens KWU und von der Siemens Solar GmbH anlehnen [169].

Dezentrale photovoltaische Systeme

Die Investitionskosten photovoltaischer Module bzw. Systeme lassen sich am ehe-sten durch eine Markterhebung der bekannten Photovoltaikmodulhersteller ermit-teln. Das 1.000-Dächer-Programm des Bundes erhöhte die Zahl der Anbieter am Markt, so daß auf einen Datensatz von über 250 Firmen, die PV-Module kommer-ziell vertreiben, zurückgegriffen werden kann [164].

Die Investitionskosten des gesamten Photovoltaik-Systems liegen nach einer Markterhebung zwischen 21.000 DM/kW$_p$ bei 1 kW$_p$-Anlagen und bis zu 17.500 DM/kW$_p$ bei 5 kW$_p$-Anlagen. Die Systempreise enthalten dabei die Modulkosten, sämtliche Peripheriegeräte und Halterungen sowie Kosten für die Installation und Netzanbindung der Anlage [164].

Die Modulkosten sind mit 60–70 % des Systempreises am höchsten. Den zweit-höchsten Anteil haben mit über 20 % des Systempreises die Montagekosten (ca. 5.000–6.000 DM/kW$_p$), wobei aber darin auch die Kosten für das Montagegestell, Anschlußleitungen und Schaltkasten enthalten sind. Erst dann folgen die Kosten für den Wechselrichter, die im Mittel bei ca. 2.000 DM/kW$_p$ liegen.

Bei der Berechnung der Stromgestehungskosten wird – wie schon bei den Kollektoranlagen – von einem jährlichen Zinssatz von 8 % bei einer Nutzungs-dauer von 20 Jahren ausgegangen. Für regelmäßige Wartungs- und Reparaturar-beiten werden jährlich 0,5 % der Investitionskosten angesetzt, die einer jährlichen Inflationsrate von 3 % unterliegen.

Die jährliche Einstrahlung auf die Modulfläche variiert je nach Standort (vgl. Strahlungskarte in Kap. 4). Betrachtet werden hier für Nordrhein-Westfalen Sat-teldach- und Wandflächen, deren Ausrichtungen um maximal ± 45 ° von der Süd-richtung abweichen können, sowie Flachdachflächen, wobei die Module mit ei-nem Neigungswinkel von 29 ° aufgeständert sind. Auch bebauungsuntergeordnete Flächen eignen sich zur Bestückung mit aufgeständerten PV-Modulen (vgl. [160]).

Somit lassen sich für die verschiedenen Anwendungsgebiete die spezifischen Stromgestehungskosten ermitteln. Dabei werden jedoch nur die Kosten für poly-kristalline PV-Anlagen berechnet, da diese Technologie das günstigste Preis/Leistungsverhältnis aufweist. Dabei wird mit einem Wirkungsgrad der Module unter Standardtestbedingungen von 12 % und einem Systembetriebswirkungsgrad unabhängig vom Standort von 8,5 % gerechnet. Tab. 5.28 zeigt alle relevanten technischen und ökonomischen Parameter [169].

Die realen Stromgestehungskosten (1. Betriebsjahr) variieren zwischen ca. 1,80 DM/kWh (Satteldachflächen) und 3,10 DM/kWh (Wandflächen), wobei sich eine

Tabelle 5.28. Technische und ökonomische Auslegung dezentraler polykristalliner PV-Anlagen

Parameter	Einheit	Sattel-dachfläche	Flachdach- und bebauungsunter-geordnete Fäche	Wandfläche
Technische Daten				
Mittlere jährliche Einstrahlung	[kWh/(m^2 a)]	1.082	1.014	756
Wirkungsgrad STB[a]	[%]		Systemunabhängig 12	
Jahresbetriebswirkungsgrad	[%]		Systemunabhängig 8,5	
Spezifische Stromgestehung	[kWh/(kW$_p$ a)]	766	718	535
Ökonomische Daten[b]				
Gesamte spezifische Investition	[DM/kW$_p$]		Systemunabhängig 15.000 - 21.000	
Betriebskostenanteil	[%]		pauschal 1,0	
Stromgestehungskosten (1. Betriebsjahr)	[DM/kWh]	1,81 - 2,17	1,93 - 2,32	2,59 - 3,11

[a] STB: Standarttestbedingungen.
[b] Kalkulationszinssatz: 8 %, Preissteigerungsrate: 3 %, Nutzungsdauer 20 a.

Kostendegression durch die Größe der Anlage ergibt.

Dennoch liegen diese Stromgestehungspreise deutlich über denen des durchschnittlichen konventionellen Kraftwerksparks (13 Pf/kWh). Gegenüber den Verbraucherpreisen (ca. 25 Pf/kWh) liegen die Stromgestehungskosten durch den Einsatz von Photovoltaikmodulen um einen Faktor 7 bis 13 höher.

Zentrale Photovoltaikanlagen

Solartechnisch nutzbare Freiflächen können mit großen Photovoltaikanlagen belegt werden. Diese PV-Anlagen werden netzgekoppelt betrieben, so daß eine Speicherung der Energie z.B. als Wasserstoff entfällt. Das bestehende Netz soll den gesamten gelieferten PV-Strom abnehmen, wobei jedoch die Belastungsgrenze des Netzes nicht überschritten wird.

Die nachfolgende Abschätzung der Investitions- und Betriebskosten basiert auf einer Studie, die von der Bayernwerk AG, der RWE Energie AG, der Siemens KWU und von der Siemens Solar GmbH im April 1993 angefertigt wurde [169]. Durch den modularen Aufbau von PV-Anlagen kann bei dem Hauptposten „PV-Module" mit weit über 50 % der Gesamtkosten von Proportionalkosten von 9.000 DM/kW$_p$ ausgegangen werden. Auch bei der Verkabelung können in erster Näherung Proportionalkosten von 760 DM/kW$_p$ angesetzt werden. Die Kosten für das Fundament als weitere wichtige Einflußgröße auf die Gesamtkalkulation mit ca. 15 % der Gesamtkosten schwanken bei PV-Großanlagen zwischen 2.000 DM/kW$_p$ bei einer 100 kW$_p$-Anlage und 2500 DM/kW$_p$ bei einem 500 kW$_p$-PV-System. Tabelle 5.29 zeigt die Investitionskosten einer 500 kW$_p$-PV-Anlage bei einer Feldaufstellung.

Tabelle 5.29. Investitionskosten einer 500 kW$_p$-PV-Anlage bei einer Feldaufstellung

Systembestandteil	Anlagenkosten [TDM]	spez. Anlagenkosten [DM/kW$_p$]	Anteil an den Gesamtkosten [%]
Kristalline Module	4500	9000	62,4
Verkabelung	400	800	5,6
DC-Verteiler	130	260	1,8
Wechselrichter	230	460	3,2
Inbetriebsetzung	70	140	1,0
Engineering	130	260	1,8
Gestelle und Fundamente	1000	2000	13,9
Modulmontage	500	1000	6,9
Gebäude (incl. Fundamente)	8	20	0,1
Netzanschluß	140	280	1,9
Infrastruktur	100	200	1,4
Gesamt	7208	14420	100,0

Die Investitionskosten in Tabelle 5.29 unterliegen folgenden Randbedingungen:
1. Die Module können wegen der hohen Stückzahl direkt beim Hersteller bezogen werden und sind demzufolge preiswerter als Dachmodule.
2. Die Kosten für Verkabelung enthalten sowohl die Kabel vom Solarfeld zu den Feldverteilern und zum Betriebsgebäude incl. Anschluß als auch den Verlegeaufwand.
3. Die DC-Verteilung beinhaltet Feldverteiler, Schaltschrank, Überlastungsschutz sowie Sicherungs- und Freischaltelemente.
4. Die Wechselrichter sind als Thyristor- oder Transistorgeräte ausgelegt. Die o.a. Kosten enthalten die Kosten für die Bauteile selbst, die Montage und die Inbetriebsetzungskosten incl. Feldprüfung und Einweisung.
5. Die Engineering-Kosten setzen sich aus den Kosten für Planung, Abwicklung, Bauaufsicht und Dokumentation zusammen.
6. Die Gestelle sind aus feuerverzinktem Stahl.
7. Für die Aufwendungen des Gebäudes werden Kosten für eine Fertigbetongarage angesetzt.
8. Der Netzanschluß erfolgt an ein 1000 m weitergelegenes Mittelspannungsnetz. Die aufgeführten Kosten enthalten zusätzlich eine für die Größe der PV-Anlage notwendige Trafokompaktstation.
9. Die Kosten für die Bereitstellung der Infrastruktur können durchaus je nach Gegebenheiten höher liegen.

Die gesamte Anlage soll eine Nutzungsdauer von 20 Jahren aufweisen, die Betriebskosten sollen bei 1 % der Investitionskosten liegen. Aus diesen Angaben und Tabelle 5.29 können die Endenergiegestehungskosten bei einer 500-kW$_p$-Anlage berechnet werden. Tabelle 5.30 zeigt die annuitätischen Investitionskosten, Betriebskosten, erzeugte Endenergie sowie spezifische Stromgestehungskosten für PV-Großanlagen in Nordrhein-Westfalen (jeweils für das 1. Betriebsjahr).

Aus Tabelle 5.30 geht hervor, daß die spezifischen Stromgestehungskosten bei ca. 1,60 DM/kWh liegen. Diese Kosten können noch durch einen besseren Systemwirkungsgrad gedämpft werden, aber sie bleiben jedoch weit jenseits der Wirtschaftlichkeitsschwelle.

Tabelle 5.30. Annuitätische Investitionskosten, Betriebskosten, erzeugte Endenergie sowie spezifische Stromgestehungskosten für PV-Großanlagen (jeweils 1. Betriebsjahr)

Parameter	Einheit	PV-Großanlage
Annuitätische Investitionskosten (1. Betriebsjahr)	[1.000 DM]	504
Betriebskosten (1. Betriebsjahr)	[1.000 DM]	72
Endenergie	[1.000 kWh]	356
Spez. Energiegestehungskosten* (1. Betriebsjahr)	[Pf/kWh]	163

* Kalkulationszinssatz: 8 %, Preissteigerungsrate: 3%, Nutzungsdauer: 20 a.

Optimierungspotentiale

Die Optimierungspotentiale bei photovoltaischen Anlagen liegen einerseits im Bereich der Zelltechnologie, andererseits auch bei der Flächenausnutzung. Die theoretischen Wirkungsgrade einer einfachen Solarzelle (ohne Tandemstruktur) liegen mit ca. 30 % fast doppelt so hoch wie die beste Solarzelle in Serienfertigung. Die Bemühungen um effizientere Solarzellen sind Gegenstand vieler Forschungszentren, so daß mittel- bis langfristig mit deutlich besseren Wirkungsund Jahresnutzungsgraden gerechnet werden kann. So werden ggf. die „GrätzelZelle" oder andere Zelltechnologien Photovoltaikzellen und -anlagen an den Rand der Wirtschaftlichkeit führen.

Auch auf dem Sektor „Flächenausnutzung" werden große Anstrengungen unternommen. So wird bspw. der „solare Dachziegel" bereits kommerziell vertrieben und auch PV-Fassaden werden in naher Zukunft in Serie hergestellt.

Im Bereich der zentralen Photovoltaik ist ggf. langfristig eine mechanisch flexible Solarzelle (z.B. auf Folienbasis) denkbar. Somit hätten die Industrie und viele andere landwirtschaftliche Betriebe die Möglichkeit, Strom im Winter durch Feldabdeckungen mit PV-Folien einfach und vielleicht kostengünstig zu gewinnen.

5.2.3
Windkraftanlagen

Die Nutzung der Windenergie zur Bereitstellung von Strom hat im letzten Jahrzehnt erheblich an Bedeutung gewonnen. Während Anfang der achtziger Jahre vorwiegend kleine Windkraftanlagen bis zu ca. 80 kW gebaut und installiert wurden, beträgt die Nennleistung moderner in Serie produzierter Windkraftkonverter heute ca. 600–800 kW, wobei derzeit eine weitere Leistungssteigerung in den Megawattbereich stattfindet. Gestützt wurde diese Entwicklung durch flankierende staatliche Maßnahmen, die maßgeblich zur Entstehung eines neuen mittelständischen Industriezweigs beigetragen haben, so daß der Markt für Windkraftanlagen heute eine Vielzahl von Anbietern und Produkten aufweisen kann.

Theoretische und technische Grundlagen

Unter der Vielzahl möglicher Bauformen stellen Windkraftanlagen mit horizontaler Drehachse und 2 bis 3 Rotorblättern derzeit das dominierende Konstruktionsprinzip dar. Die Ursache der weitverbreiteten Anwendung dieses Anlagentyps liegt einerseits in der Möglichkeit der Drehzahl- und Leistungsregulierung, bspw. durch Verstellen der Rotorblätter um ihre Längsachse, und andererseits in der Erzielung der höchsten Wirkungsgrade bei maximaler Nutzung des Auftriebsprinzips durch aerodynamische Optimierung der Rotorblätter [170].

Da für den Einsatz von Windkraftkonvertern in der Industrie aufgrund des derzeitigen Marktangebots praktisch nur Horizontalachsenkonverter in Frage kommen, wird im weiteren auf eine Darstellung sonstiger Windkraftanlagen (Darrieus-, Savonius-, Wagnerrotor etc.) verzichtet und auf Literatur verwiesen [170–174]. Im Anhang sind einige Beispiele ausgeführter Horizontalachsenkonverter dargestellt.

Abbildung 5.20 zeigt eine schematische Darstellung des Aufbaus einer üblichen Horizontalachsenanlage.

Die kinetische Energie des Windes wird über die Rotorblätter durch das Auftriebsprinzip in eine rotatorische Bewegung umgewandelt. Der Auftrieb entsteht durch die Luftströmung am Rotorflügel, wobei an der Flügelunterseite ein Überdruck und an der Oberseite ein Unterdruck (Sog) entsteht. Aufgrund der relativ niedrigen Rotordrehzahlen bei 2- und 3-blättrigen Rotoren erfolgt i.d.R. eine Erhöhung der Drehzahlen auf die Netzfrequenz durch ein entsprechendes Getriebe, bevor die rotatorische Energie im Generator in elektrische Energie umgewandelt wird. Da die Spannung des erzeugten Stroms nicht notwendigerweise der des angeschlossenen Netzes entspricht, findet eine weitere Umsetzung in einem elektrischen Wandler statt, welcher in der einfachsten Konzeption als Transformator ausgeführt sein kann.

Getriebe und Generator sind mit der Rotorbremse und dem elektrischen Schalt- und Regelsystem in der Gondel, die sich drehbar gelagert auf der Spitze eines Turmes befindet, zusammengefaßt. Eine Windrichtungsnachführung sorgt vollautomatisch für die optimale Stellung der Rotorblätter zur Windrichtung. Die gesamte Anlage läuft im Normalbetrieb ohne Personaleinsatz.

Rotor

Für die Rotorblätter wird üblicherweise Faserverbundmaterial (Glas-, Kohle-, Aramidfasern) in Kombination mit Stahl oder Holz eingesetzt [96]. Die Anzahl der Rotorblätter hängt von den spezifischen Anforderungen an die Anlage ab. Eine Verringerung der Anzahl der Rotorblätter von 3 auf 2, bzw. auch 1 hat im wesentlichen die folgenden Auswirkungen:

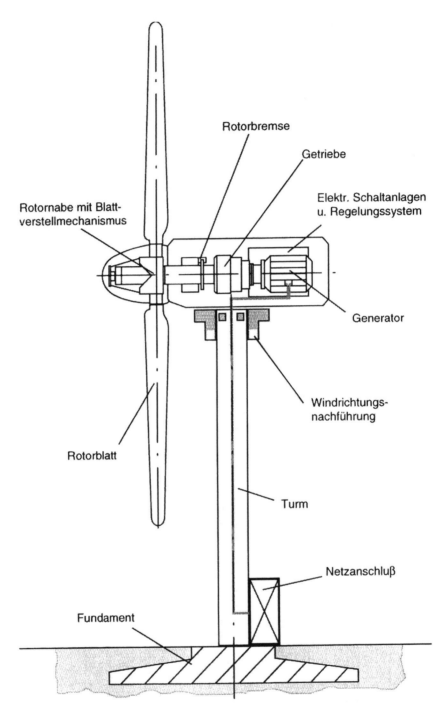

Abb. 5.20. Schematische Darstellung (Längsschnitt) einer Horizontalachsenanlage, nach [170]

1. Höhere Drehzahlen, die den kostenintensiven Aufwand für Getriebe und Generator verringern.
2. Verringerung der Materialkosten durch geringeren Materialeinsatz,
3. Festigkeitsprobleme, in Form von Dreh- und Biegebewegungen, die an Rotor und Turm übertragen werden.
4. Erhöhte Geräuschemissionen durch höhere Blattspitzengeschwindigkeiten.

Die derzeit in der Bundesrepublik Deutschland installierten Windkraftanlagen sind zu ca. 90 % mit 3 und zu ca. 10 % mit 2 Rotorblättern ausgerüstet. Einblättrige Anlagen werden nur vereinzelt aufgestellt.

Leistungsregelung

Zur Vermeidung von Überlastzuständen muß die Leistungsaufnahme der Windkraftanlage durch geeignete Maßnahmen begrenzt werden. Hierzu werden in der Praxis 2 verschiedene Verfahren angewendet. Bei der sog. „Stallregelung" werden die Profile der Rotorblätter aerodynamisch so ausgelegt, daß ab der Nennwindgeschwindigkeit[19] ein Strömungsabriß erfolgt. Im Teillastbereich wird das Rotorblatt, das in einem festen Winkel zur Strömungsrichtung steht, optimal umströmt. Bei Erreichen der Nennwindgeschwindigkeit erhöht sich der Blattwiderstand durch den passiven Strömungsabriß und infolge dessen sinkt die Leistungsaufnahme. Da keine zusätzlichen Regeleinrichtungen notwendig sind, handelt es sich hierbei um eine preisgünstige Möglichkeit der Leistungsbegrenzung. Von den im Jahr 1993 in Deutschland neu installierten Windkraftanlagen werden ca. 60 % durch einen Strömungsabriß geregelt [175].

Eine weitere Möglichkeit zur Leistungsregelung besteht in der Änderung des Blattanstellwinkels durch einen aktiven Blattverstellmechanismus. Die Leistungsaufnahme des Rotors wird dabei von dem unterschiedlich stark ausgeprägten Auftrieb bestimmt. Diese sogenannte „Pitch-Regelung" ermöglicht ein leichtes Anfahren des Rotors ohne Fremdenergie und regelt außerdem die Leistungsaufnahme oberhalb der Nenn- bis zur Abschaltwindgeschwindigkeit auf die Nennleistung aus. Im Vergleich zu stallgeregelten Anlagen sind die am Rotor wirkenden Kräfte kleiner, demgegenüber steht der größere mechanische Aufwand und die etwas höheren Investitionskosten. Ca. 40 % der im Jahr 1993 installierten Anlagen sind mit einer Pitch-Regelung ausgerüstet.

Getriebe

Die zur Übersetzung der niedrigen Rotordrehzahlen notwendigen Zahnradgetriebe werden in 2 unterschiedlichen Bauarten verwendet. Kleine Windkraftanlagen bis etwa 100 kW sind i.d.R. mit zweistufigen Stirnradgetrieben ausgerüstet. Die technisch aufwendigeren Planetengetriebe werden wegen der Kostendegression mit zunehmender Größe bzw. Stufenzahl vorrangig in Windkraftanlagen im Megawattbereich eingesetzt. Ihre Vorteile liegen in der kompakten Bauweise und ei-

---

[19] Die zum Erreichen der Nennleistung notwendige Windgeschwindigkeit.

nem höheren Wirkungsgrad (pro Getriebestufe ca. 98 %) bei gleicher Übersetzung.

Seit einiger Zeit werden auch Windkraftanlagen mit getriebelosen Triebstrang-
anordnungen angeboten, wobei diese über drehzahlvariable, direkt angetriebene
Synchronmotoren verfügen [185].

Generator

Die beiden wichtigsten zur Stromerzeugung verwendeten Generatorarten gehören
zu den wechselstromerzeugenden Drehstromgeneratoren. Das beim Asynchrongenerator induzierte elektrische Feld wird durch eine Relativbewegung (Schlupf)
zwischen Läufer und umlaufendem Statorfeld erzeugt und baut so eine Spannung
in der Läuferwicklung auf. Die Wechselwirkung des dadurch entstandenen ma-
gnetischen Feldes verursacht die Kraftwirkung auf den Läufer. Die Asynchron-
maschinen sind robust, wartungsarm und kostengünstig.

Demgegenüber besitzt der Synchrongenerator einen Läufer, der über Schleif-
ringe mit Gleichstrom versorgt wird. In der Ständerwicklung wird eine Wechsel-
spannung erzeugt (Generatorbetrieb) oder angelegt (Motorbetrieb), wobei die darin
fließenden Ströme das Ankerfeld erzeugen. Das mit synchroner Drehzahl umlau-
fende Erregerfeld entsteht durch die gleichstromdurchflossene Läuferwicklung.
Vorteile der Synchronmaschine sind der geringfügig höhere Wirkungsgrad und
der, im Gegensatz zum Asynchrongenerator, nicht benötigte Blindstrom [170].

Netzanschluß

Die Anbindung einer Windkraftanlage an das öffentliche Netz (sog. „Netzparallelbetrieb") oder ein Inselnetz kann grundsätzlich auf 2 verschiedene Arten realisiert
werden, wobei prinzipiell beide Generatortypen eingesetzt werden können.

Die direkte Netzankopplung, die vorwiegend mit einem Asynchrongenerator realisiert wird, stellt die gebräuchlichste elektrische Konzeption für kleine Windkraftanlagen dar. Hierbei wird der Generator mit seiner Statorwicklung direkt mit dem
Netz gekoppelt, so daß die Drehzahl des Generators und damit auch des Rotors
im Lastbetrieb von der unveränderlichen Netzfrequenz geführt wird. Die öffentlichen Verbundnetze sind hinsichtlich des Betriebs von Windkraftanlagen als
frequenzstarr anzusehen. Nachteilig zu bewerten sind die Netzrückwirkungen
(bspw. Spannungsschwankungen) infolge der starken Leistungsschwankungen
durch den Betrieb mit konstanter Drehzahl.

Bei der indirekten Netzanbindung erlaubt der Einsatz eines Frequenzumrichters
auch den drehzahlvariablen Betrieb von Windkraftanlagen. Hierbei wird der vom
Generator erzeugte Strom variabler Frequenz und Spannung zunächst gleichge-
richtet und anschließend auf die geforderte Netzfrequenz und -spannung transfor-
miert. Die höhere Energieausbeute und die geringere Belastung der Anlage durch
kurzzeitige Fluktuationen sind als Vorteile zu nennen. Nachteilig wirken sich die
in das Netz eingebrachten Oberschwingungen ebenso wie zusätzliche Investitionskosten durch das Wechselrichtersystem aus.

Kennzahlen und -felder von Windkraftanlagen

Die in einem Windstrom enthaltene physikalische Leistung steigt mit der dritten
Potenz der Windgeschwindigkeit. Der Leistungsanteil, der theoretisch der Luftströmung entzogen werden kann, wird durch den idealen Leistungsbeiwert definiert. Dieser ist abhängig von dem Verhältnis der Windgeschwindigkeiten der Luftströmung hinter und vor dem Rotor einer Windkraftanlage. Bei einem Verhältnis
von 1/3 wird ein theoretisch maximaler Leistungsbeiwert von 0,593 erreicht (sog.
„Betz'scher Faktor"). Es können folglich maximal rd. 60 % der Windenergie in
mechanische Arbeit umgewandelt werden.

Im Gegensatz zu dieser Modellvorstellung vermindert sich in der Realität die
nutzbare Leistung der strömenden Luft um den erzeugten Strömungsdrall. Dadurch wird der Leistungsbeiwert abhängig von dem Verhältnis der Drehbewegung
des Rotors und der translatorischen Bewegung des Luftstroms. Die maßgebliche
Einflußgröße wird mit „Schnellaufzahl" bezeichnet und ist als Quotient zwischen
der Umfangsgeschwindigkeit an der Blattspitze des Rotorblattes und der Windgeschwindigkeit der ungestörten Luftströmung vor dem Rotor definiert. Windkraftanlagen mit 4 oder mehr Rotorblättern erreichen das Maximum des Leistungsbei-
wertes bei Schnellaufzahlen zwischen 1 und 3. Sie werden deshalb auch als Lang-
samläufer bezeichnet. Bei Anlagen mit bis zu 3 Rotorblättern wird das Maximum
bei Schnellaufzahlen von 5 bis 15 erreicht. Der reale Leistungsbeiwert liegt dabei
zwischen 0,4 und 0,5 [176].

Bedingt durch weitere mechanische und elektromechanische Verluste innerhalb der Energieumwandlungskette bewegt sich der gesamte Wirkungsgrad von
dreiblättrigen Windkraftanlagen etwa zwischen 30 und 35 % [170].

Zur Darstellung der Leistungscharakteristik wird üblicherweise ein Leistungs-
diagramm der Windkraftanlage erstellt. Abbildung 5.21 zeigt exemplarisch die

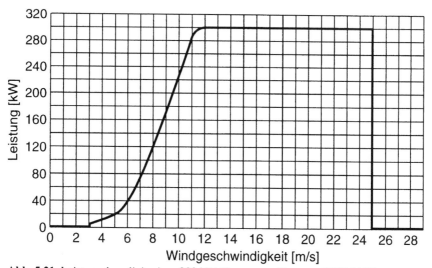

Abb. 5.21. Leistungskennlinie eines 300 kW-Konverters (Enercon-30/300 kW)

Leistungskennlinie eines typischen 300-kW-Konverters.

Ab der Einschaltwindgeschwindigkeit von 3 m/s wird der Rotor in Bewegung versetzt. Die Leistung steigt anschließend bei steigender Windgeschwindigkeit überproportional bis zum Erreichen der Nennleistung bei einer Nennwindgeschwindigkeit von 12 m/s an. Zur Vermeidung von Schäden erfolgt bei höheren Windgeschwindigkeiten keine weitere Leistungssteigerung, wozu bei der in Abbildung 5.21 dargestellten Anlage eine Pitch-Regelung eingesetzt wird. Bei der Abschaltwindgeschwindigkeit von ca. 25 m/s erfolgt die Abschaltung der Anlage.

Die jährliche Stromerzeugung von Windkraftanlagen ist von der jahresmittleren Windgeschwindigkeit und -verteilung am betreffenden Standort abhängig. Durch Wartungs- und Instandhaltungsmaßnahmen bedingte Stillstandszeiten verringern den jährlichen Energieertrag. Tabelle 5.31 zeigt für 4 verschiedene Windgeschwindigkeitsklassen (jeweils in 10 m Höhe über Grund) die mittleren jährlichen Energieerträge von Windkraftanlagen sowie die daraus resultierenden Vollaststunden aufgrund einer Literaturauswertung [158, 159, 177].

Tabelle 5.31. Jährliche Stromerträge und Vollaststunden von Windkraftanlagen bei verschiedenen Windgeschwindigkeiten

Nennleistung [kW]	Jährliche Stromerträge [10^3 kWh/a]				Vollaststunden [h/a]			
	3-4 m/s	4-5 m/s	5-6 m/s	6-7 m/s	3-4 m/s	4-5 m/s	5-6 m/s	6-7 m/s
20	18	32	48	62	900	1.600	2.400	3.100
33	33	65	96	119[1]	1.000	1.970	2.909	3.606[1]
50	48	86	130	170	960	1.720	2.600	3.400
50	29	65	96	145[1]	580	1.300	1.920	2.900[1]
51	48	86	128	167	941	1.688	2.510	3.275
60	64	120	174	218[1]	1.067	2.000	2.900	3.633[1]
80	57	110	181	290[1]	713	1.375	2.263	3.625[1]
100	95	185	276	369[1]	950	1.850	2.760	3.690[1]
175	160	300	440	570	914	1.714	2.514	3.257
176	163	296	440	573	926	1.682	2.500	3.256
225	203	390	594	800[1]	902	1.733	2.640	3.556[1]
250	173	314	497	750[1]	692	1.256	1.988	3.000[1]
270	167	349	569	804[1]	619	1.293	2.107	2.978[1]
300	225	466	715	950[1]	750	1.553	2.383	3.167[1]
550	500	920	1.300	1.700	909	1.673	2.364	3.091
556	505	918	1.363	1.775	908	1.651	2.451	3.192
800	648[1]	1.200[1]	1.920[1]	2.400[1]	810[1]	1.500[1]	2.400[1]	3.000[1]
1.000	810[1]	1.500[1]	2.400[1]	3.000[1]	810[1]	1.500[1]	2.400[1]	3.000[1]

[1] Eigene Berechnungen.

Die jährlichen Stromerträge variieren nach Tabelle 5.30 zwischen 18.000 kWh/a (20 kW-Konverter) und rd. 3.000.000 kWh/a (1.000 kW-Konverter). Bei der Anzahl der Vollaststunden ist keine signifikante Abhängigkeit von der Nennleistung zu beobachten, da i.d.R. mit steigender Nennleistung die Turmhöhen größer werden und somit in Nabenhöhe höhere Windgeschwindigkeiten ausgenutzt werden.

Einsatzgebiete und -möglichkeiten in der Industrie

Prinzipiell können Windkraftanlagen in jedem Industriezweig eingesetzt werden, da der Stromverbrauch eines Betriebes immer teilweise durch eine Windkraftanlage gedeckt werden kann. Abbildung 5.22 zeigt die Aufteilung von 1.059 ausgewerteten Windkraftanlagen nach Betreibergruppen in der Bundesrepublik Deutschland [175].

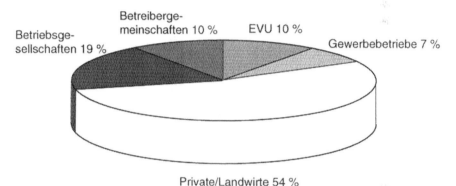

Abb. 5.22. Prozentuale Aufteilung der Betreibergruppen von Windkraftanlagen

Der Anteil gewerblicher Betriebe liegt demnach bei ca. 7 %, wobei zu berücksichtigen ist, daß in dieser Gruppe neben industriellen Unternehmen auch bspw. Hotelbetriebe erfaßt werden.

Für den Betreiber einer Anlage bieten sich grundsätzlich 3 Anbindungsarten an das Stromnetz an:

1. Netzparallelbetrieb mit Energieeigennutzung:
   Sofern der aktuelle Strombedarf des Unternehmens die momentane Leistung des Windkraftkonverters unterschreitet, wird der erzeugte Strom in das öffentliche Verbundnetz eingespeist und nach dem Stromeinspeisegesetz entsprechend vergütet. Übersteigt der Strombedarf das Stromangebot der Windkraftanlage, kann der erzeugte Strom vollständig in das betriebseigene Netz eingespeist werden. Zusätzlich benötiger Strom wird aus dem öffentlichen Netz bezogen. Diese Art der Netzanbindung kann für den Betreiber dann lohnend sein, wenn die spezifischen Stromgestehungskosten der Windkraftanlage niedriger als die Strombezugskosten aus dem öffentlichen Netz sind.
2. Netzparallelbetrieb ohne Energieeigennutzung:
   Bei dieser Betriebsweise wird der erzeugte Strom der Windkraftanlage immer in das öffentliche Verbundnetz eingespeist. Eine Verbindung zum Betriebsnetz existiert nicht. Diese Anbindungsart ist nur dann lohnenswert, wenn die

spezifischen Stromgestehungskosten der Windkraftanlage höher als der Strom-bezugspreis aus dem öffentlichen Netz und niedriger als die Stromein-speisungsvergütung liegen.

3. Inselbetrieb:
   Der Betrieb ist nicht an das öffentliche Stromnetz angeschlossen. Die Windkraftanlage deckt alleine oder im Verbund mit weiteren dezentralen Energieanlagen (z.B. Diesel-BHKW) den Strombedarf. Diese Betriebsweise kann aufgrund der durch das Back-up-System bedingten hohen Investitions-kosten nicht empfohlen werden. Beispiele im industriellen Bereich sind nicht bekannt.

Die Errichtung einer Windkraftanlage im industriellen Bereich erfolgt i.d.R. auf dem Betriebsgelände oder innerhalb eines Gewerbeparks. Hierbei sind eine Vielzahl baugenehmigungsrechtlicher Bedingungen zu erfüllen. Insbesondere Si-cherheitsabstände zu Siedlungen, Hochspannungsfreileitungen, Waldgebieten, Flugplätzen etc. sind hierbei erwähnenswert. Die Planung und Errichtung von Windkraftanlagen ist daher einem hierfür spezialisierten Ingenieurbüro zu über-tragen.

Schadstoffemissionen

Während des Betriebs von Windkraftanlagen werden keine nennenswerten Schad-stoffe emittiert. Windkraftanlagen substituieren Strom, der in konventionellen Kraftwerken erzeugt wird. Der spezifische CO_2-Emissionsfaktor für den bundes-deutschen Kraftwerkspark beträgt 0,634 kg/kWh (vgl. Kapitel 4.1.4). Durch Mul-tiplikation dieses Faktors mit den jahresmittleren Energieerträgen nach Tabelle 5.31 können die durch den Einsatz von Windkraftanlagen verminderten CO_2-Emis-sionen abgeschätzt werden.

Der beim Bau einer Windkraftanlage benötigte kumulierte Endenergieaufwand führt jedoch auch bei der Nutzung der Windenergie zu Schadstoffemissionen. Eine Analyse von 37 Windkraftanlagen im Leistungsbereich von 10 bis 3.000 kW zeigt, daß der kumulierte Energieaufwand für die Herstellung je zur Hälfte vom Turm-kopf (Rotor, Triebstrang, elektrisches System, Maschinenhaus) auf der einen und vom Turm, Fundament als auch Netzanschluß auf der anderen Seite bestimmt wird [179]. Ca. 73 % des kumulierten Energieaufwands werden dabei durch Brenn-stoffe, 19 % durch Stromeinsatz und 7,5 % durch einen nichtenergetischen Ver-brauch (bspw. Rohöleinsatz zur Herstellung von Kunststoffen) verursacht. Insge-samt liegt der auf die durchschnittlich erzielbare Leistung bezogene kumulierte Ener-gieaufwand von Windkraftanlagen im Bereich zwischen 5.000 bis 45.000 kWh/kW. Die große Spannbreite wird im wesentlichen durch die standortspezifischen Gegebenheiten und durch die Anlagengröße bestimmt. Hieraus resultieren ener-getische Amortisationszeiten von rd. 3 bis maximal 23 Monaten [179]. Im Laufe der Nutzungsdauer einer Windkraftanlage wird ein Vielfaches der zur Herstellung der Anlage benötigten Energie produziert. Entsprechend kann der Einsatz von Windkraftanlagen zur Minderung von Schadstoffemissionen beitragen.

Ökonomie

Im folgenden werden die Investitions- und Betriebskosten von Windkraftanlagen als Grundlage zur Ermittlung spezifischer Stromgestehungskosten dargestellt und diskutiert.

Für rd. 40 Windkraftanlagen im Leistungsbereich von 30 bis 1.000 kW wurden die Investitionskosten ermittelt und ausgewertet. Die Investitionskosten umfassen dabei im wesentlichen:

1. Anlagenkosten (Listenpreise),
2. Kosten für den Netzanschluß,
3. Montage- und Inbetriebnahmekosten,
4. Kosten zur Erstellung des Fundaments,
5. Kosten für die Geländeerschließung,
6. Transportkosten und
7. Planungskosten.

Die mittleren prozentualen Anteile dieser Kosten an den Gesamtkosten zeigt Abbildung 5.23 [170]. Neben der Anlage (71 %) verursachen die Montage und Inbetriebnahme (8 %), die Netzanbindung (8 %) und die Erstellung des Fundaments (6 %) die anteilig höchsten Kosten. Insgesamt entfallen auf diese 4 Kostenanteile im Durchschnitt ca. 93 % der gesamten Investitionskosten.

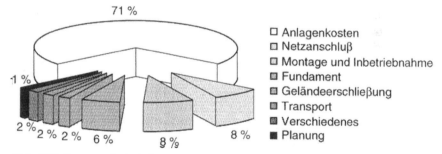

Abb. 5.23. Prozentuale Aufteilung der Investitionskosten von Windkraftkonvertern

Dabei ist jedoch zu beachten, daß hiervon durch unterschiedliche örtliche Voraussetzungen in Einzelfällen beträchtliche Abweichungen auftreten können. Abbildung 5.24 zeigt die spezifischen Investitionskosten in Abhängigkeit von der Nennleistung der Windkraftanlagen [64, 159, 180, 181].

Die spezifischen Investitionskosten derzeit marktgängiger Anlagen liegen nach Abbildung 5.24 im Bereich zwischen ca. 5.000 DM/kW bei Anlagen bis 50 kW und rd. 2.200 DM/kW bei Anlagen mit einer Nennleistung von 1.000 kW. Deutlich zu erkennen ist der Degressionseffekt der spezifischen Investitionskosten. In den Investitionskosten nicht enthalten sind eventuelle Fördermittel aus Bund- oder Länderprogrammen, wie bspw. das 250-MW-Wind-Programm der Bundesrepublik Deutschland oder die Förderung von Windkraftanlagen nach dem nordrheinwestfälischen REN-Programm [183].

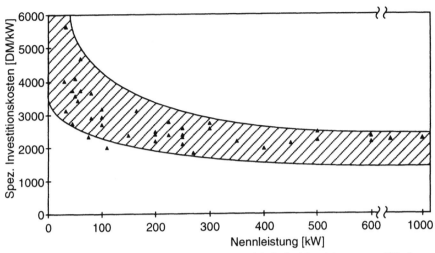

Abb. 5.24. Spezifische Investitionskosten in Abhängigkeit der Nennleistung von Windkraftanlagen

Die Betriebskosten setzen sich im wesentlichen aus den Wartungs- und Instandsetzungskosten, Versicherungskosten und eventuellen Pachtkosten für das Aufstellungsgelände zusammen. Insgesamt liegen die Betriebskosten von Windkraftanlagen mit ca. 2–3 % der Investitionskosten auf einem niedrigen Niveau.

Die Berechnung der realen spezifischen Stromgestehungskosten nach einer dynamischen Investitionsmethode erfolgt exemplarisch anhand der Energieerträge in 4 Windgeschwindigkeitsklassen (vgl. Tabelle 5.31) und 7 typischen Nennleistungen. Tabelle 5.32 zeigt die Ergebnisse der Berechnungen.

Tabelle 5.32. Mittlere Stromgestehungskosten (1. Betriebsjahr) von Windkraftanlagen

Nennleistung [kW]	Mittlere spezifische Stromgestehungskosten [Pf/kWh] für vier Windgeschwindigkeitsklassen			
	3-4 m/s	4-5 m/s	5-6 m/s	6-7 m/s
50	63,9	32,6	21,8	16,1
100	38,0	19,5	13,1	9,2
200	34,6	18,5	12,3	9,2
300	30,5	16,3	10,9	9,1
600	27,3	15,0	10,1	8,5
800	28,3	15,3	9,5	7,5
1.000	28,3	15,3	9,3	7,0

Kalkulationszinssatz i = 8 %, Preissteigerungsrate r = 3 %, Nutzungsdauer n = 20 a.

Die spezifischen Stromgestehungskosten bewegen sich nach Tabelle 5.32 im Bereich zwischen 7 Pf/kWh und 64 Pf/kWh je nach Nennleistung und mittlerer Windgeschwindigkeit. Grundsätzlich sinken die spezifischen Kosten mit steigender Anlagengröße und steigender Windgeschwindigkeit. Ein wirtschaftlicher Einsatz von Windkraftanlagen in der bundesdeutschen Industrie ist in hohem Maße standort-abhängig. Gegenüber der derzeitigen Einspeisevergütung von 17,28 Pf/kWh ist der Betrieb eines Windkraftkonverters bei einer mittleren Windgeschwindigkeit von 4–5 m/s und unter den hier gewählten Parametern der dynamischen Investitions-rechnung lohnend, wenn die Nennleistung 200 kW übersteigt. Bei mittleren Wind-geschwindigkeiten von 5–6 m/s, bzw. 6–7 m/s reduziert sich die zum Erreichen der Wirtschaftlichkeitsgrenze notwendige Leistung auf ca. 80 kW bzw. 50 kW. Bei mittleren Windgeschwindigeiten zwischen 3 und 4 m/s ist ein wirtschaftlicher Betrieb aus dieser Perspektive nur durch staatliche Fördermaßnahmen möglich.

Optimierungspotentiale

In den letzten 10 Jahren ist ein hoher Anstieg der Installation von Windkraftanla-gen zu beobachten. Derzeit (Stand vom 30.06.1996) sind in der Bundesrepublik Deutschland 3.848 Windkraftanlagen mit einer Nennleistung von insgesamt 1.284 MW in Betrieb. Abbildung 5.25 zeigt die Entwicklung der durchschnittlich installier-ten Leistung in Abhängigkeit des Jahres der Inbetriebnahme [184].

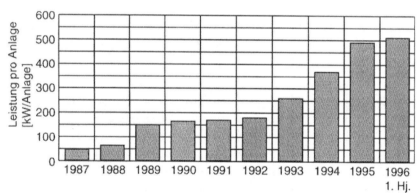

Abb. 5.25. Entwicklung der durchschnittlich installierten Leistung pro Windkraftanlage von 1987 bis 1996, nach [184]

Während 1987 die durchschnittlich installierte Leistung noch bei rd. 50 kW lag, beträgt diese im ersten Halbjahr 1996 rd. 500 kW. Für das Jahr 1997 wird eine weitere Steigerung erwartet [185], da Anlagen im Leistungsbereich von 800 kW bis 1.000 kW bereits in Kleinserien produziert werden. Da mit steigender An-lagengröße die spezifischen Stromgestehungskosten reduziert werden können, liegt das derzeitige Optimierungspotential in einer weiteren Leistungssteigerung im Bereich zwischen 1 MW und 3 MW, wobei auch hier bereits einzelne Anlagen in Betrieb genommen werden[20].

---

[20] Die in der Bundesrepublik Deutschland größte installierte Anlagen (Aeolus II) hat eine Nenn-leistung von 3 MW.

Weitere Optimierungspotentiale liegen in technischen Verbesserungen. Die Verwendung neuer Materialien, aerodynamische Optimierung oder die Entwicklung speziell für den Einsatz in Windkraftanlagen ausgelegter Generatoren (bspw. getriebelose Konzeption), können den Energieertrag weiter steigern, bzw. Umweltauswirkungen wie bspw. die Schallemissionen reduzieren.

5.2.4
Wasserkraftwerke

Die Nutzung der Wasserkraft weist unter den erneuerbaren Energieträgern in der Bundesrepublik Deutschland den höchsten Anteil an der Stromerzeugung auf. Nach den Angaben der jüngsten VDEW-Erhebung [188] unter Wasserkraftwerksbetreibern in der Bundesrepublik Deutschland speisten 1994 insgesamt 4.982 Wasserkraftanlagen 17.499 Mio. kWh Strom in das öffentliche Verbundnetz ein. Dies entspricht einem Anteil von 3,9 % des gesamten Stromverbrauchs (1994: rd. 447.000 Mio.kWh) aus dem Netz der öffentlichen Stromversorgung. Die Unternehmen der öffentlichen Stromversorgung erzeugten mit 16.228 Mio. kWh (652 Anlagen) einen weitaus höheren Anteil gegenüber den privaten Betreibern, welche 1.271 Mio. kWh (aus 4.330 Anlagen) in das Netz einspeisten. Anhand dieser Zahlen wird deutlich, daß private Betreiber i.d.R. kleine Anlagen betreiben. Von den 4.330 privaten Anlagen werden lediglich 49 im Leistungsbereich von 1–50 MW betrieben, während 4.281 Anlagen eine Leistung unter 1 MW aufweisen [189].

Aus der Vielzahl möglicher technischer Konzepte zur Wasserkraftnutzung werden im folgenden nur diejenigen betrachtet, welche in der bundesdeutschen Industrie realisierbar sind. Die Klassifikation von Wasserkraftanlagen erfolgt üblicherweise anhand des Funktionsprinzips (Laufwasser-, Speicher-, Pumpspeicher-, Wellen- oder Gezeitenkraftwerke), der ausnutzbaren Fallhöhe (Nieder-, Mittel- oder Hochdruckanlagen), der Leistungsklasse (Kleinstwasserkraftwerke: <100 kW, Kleinwasserkraftwerke: 100–1.000 kW und Großwasserkraftwerke: >1.000 kW) oder des Einsatzes im Netzverbund (Grund-, Mittel- und Spitzenlastkraftwerke). Für den hier betrachteten Einsatzbereich werden ausschließlich Kleinst- und Kleinwasserkraftanlagen in der Ausführung als Laufwasserkraftwerke mit geringen Fallhöhen (<30 m) betrachtet.

Theoretische und technische Grundlagen

Grundsätzlich können 2 verschiedene Konzepte von Kleinwasserkraftanlagen realisiert werden. Ist der zur Verfügung stehende Volumenstrom und das Sohlengefälle des Fließgewässers gering, werden i.d.R. sog. „Ausleitungskraftwerke" errichtet. Hierbei befindet sich das Kraftwerk in einem künstlich angelegten Seitenarm („Triebwerksgraben") des betreffenden Fließgewässers. Flußkraftwerke ohne Triebwerksgraben sind hingegen direkt im Flußverlauf integriert und werden bei Fließgewässern mit hohem Volumenstrom eingesetzt. Eine mögliche Wasserkraft-

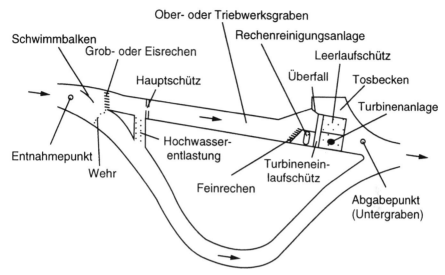

Abb. 5.26. Schematische Darstellung der Anlagenteile und der Wasserführung eines typischen Ausleitungskraftwerks

nutzung durch die mittelständische Industrie wird sich aufgrund der vorhandenen Randbedingungen auf kleinere Fließgewässer beschränken. Ausleitungskraftwerke stellen daher das dominierende Konzept dar [190] (vgl. auch Abbildung 5.26 sowie Anhang A3).

Ein Teil des Wasserstroms wird durch den Triebwerksgraben oder auch Obergraben dem natürlichen Fließgewässer entzogen und dem Kraftwerk zugeführt. Um das Triebwasser günstig in den Obergraben lenken zu können, befindet sich am Entnahmepunkt ein Wehr. In der Regel ist dieses steuerbar, so daß der Wasserzulauf in den Obergraben geregelt werden kann. Oberflächlich schwimmendes Treibgut wird durch einen Schwimmbalken blockiert. Zusätzlich verhindert ein Grobrechen, daß größere Gegenstände in den Obergraben gelangen. Einige Meter hinter dem Entnahmepunkt befindet sich das Hauptschütz, dessen Funktion die Entlastung des Obergrabens bei Hochwasser ist. Hierzu kann ein Tor abgesenkt werden, so daß ein Teil der Wasserströmung des Obergrabens über die Tosschwelle zum Fließgewässer zurückgeführt werden kann.

Der Triebwerksgraben verläuft ab dem Entnahmepunkt ohne nennenswerten Gefälleverlust bis zum Turbinenhaus. Die Auskleidung des Triebwerksgrabens erfolgt üblicherweise mit Beton- oder Asphaltbeton bzw. bei kleinen Strömungsquerschnitten mit bodenständigen Materialien (bspw. in Mörtel verlegten Natursteinplatten). Die früher im Mühlenbau verwendete Holzauskleidung des Obergrabens wird heute noch teilweise bei geringer Länge des Obergrabens angewendet [191]. Um eine ausreichende Höhendifferenz zwischen Ober- und Untergraben zu erreichen, kann der Triebwerksgraben mehrere 100 m lang sein. Beispielsweise beträgt die Länge des Obergrabens der Wasserkraftanlage der Fa. Degussa in Bruchhausen (Nordrhein–Westfalen) 1.460 m. Bei kleineren Bächen befindet sich am Ende des Obergrabens ein Stauteich, da der geringe Volumenstrom einen kontinuierlichen Turbinenbetrieb verhindert. Der Stauspiegel wird dann durch die Turbinenanlage periodisch abgearbeitet, wobei die maximale und minimale Stauhöhe im Wasserrecht festgelegt sind. Die im Untergraben durch diese Betriebsweise auftretenden periodischen Schwankungen des Wasserspiegels stellen einen verhältnismäßig schwerwiegenden ökologischen Eingriff dar.

Vor dem Eintritt der Wasserströmung in die Turbinenanlage befindet sich ein Feinrechen, der mit einer automatischen Rechenreinigungsanlage ausgerüstet ist und so einen kontinuierlichen Betrieb der Turbinen ermöglicht. Mit dem Einlaufschütz wird die zur Turbine strömende Wassermenge geregelt, das Leerlaufschütz sorgt bei geschlossenem Einlaufschütz für den ungehinderten Abfluß des Wassers. Das überschüssige Wasser am Überfall, das Triebwasser oder das Leerlaufwasser werden anschließend vom Untergraben aufgenommen und am Abgabepunkt, der gleichzeitig das räumliche Ende des im Wasserbuch eingetragenen Wasserrechts darstellt, dem Fließgewässer zugeleitet.

Die Entnahme des Triebwassers und die Anlegung des Ober- und Untergrabens sowie die weiteren baulichen Maßnahmen stellen einen nicht unbedeutenden Eingriff in den ökologischen Haushalt dar. Zum Bau einer Wasserkraftanlage muß daher vom zukünftigen Betreiber das sog. „Wasserrecht" beantragt werden, soweit dieses nicht im Zuge der Reaktivierung alter Wasserkraftanlagen bereits vorliegt. Durch das Wasserrecht kann eine Vielzahl von Randbedingungen und Auflagen festgelegt werden. Hierzu zählt unter anderem die sog. „Restwasser-menge", d.h. derjenige Volumenstrom, der im natürlichen Flußbett verbleibt, oder die Pflicht, Fischtreppen anzulegen.

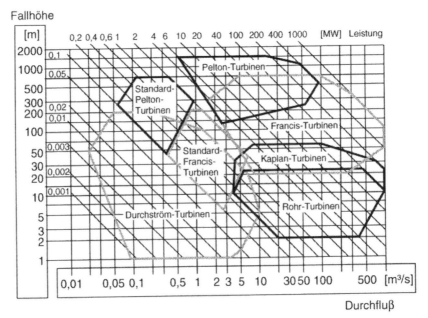

Abb. 5.27. Einsatzbereiche verschiedener Turbinenbauarten

Entsprechend der nutzbaren Fallhöhe und dem Volumenstrom des Triebwassers gelangen bei Kleinwasserkraftwerken Überdruck- oder in Ausnahmefällen auch Freistrahlturbinen zur Anwendung [191]. Hauptsächlich aufgrund niedrigerer Wirkungsgrade und der Notwendigkeit eines aufwendigen dreistufigen Getriebes sind ober- bzw. unterschlächtige Wasserräder nur bis zu einer Leistung von ca. 20 kW eine Alternative zum Turbinenbetrieb. Im Zuge der Renaissance der Wasserkraftnutzung werden aber auch diese auf dem Markt angeboten (bspw. TURAS-Wasserrad mit integriertem Getriebe[21].

In kleinen Wasserkraftanlagen können grundsätzlich die klassischen Turbinenbauarten „Francis-" und „Kaplanturbine" eingesetzt werden, wobei schwerpunktmäßig für die vorherrschenden geringen Fallhöhen Rohrturbinen (eine Sonderform der Kaplanturbine) zur Anwendung gelangen [191]. Ergänzt wird das Angebot zusätzlich durch sog. „Durchströmturbinen", deren robuste und einfache Betriebsweise wesentlich zu ihrer Verbreitung beigetragen hat.

Abbildung 5.27 zeigt in Abhängigkeit der Fallhöhe und des nutzbaren Volumenstroms die Einsatzgebiete der verschiedenen Turbinen.

Sie können wie folgt klassifiziert werden:

1. Freistrahl- oder Peltonturbine: Das Einsatzgebiet von Peltonturbinen liegt i.d.R. bei Hochdruckanlagen mit relativ kleinen Wassermengen und großen Höhenunterschieden (ca. 50–1.800m). In Kleinwasserkraftanlagen wird die Peltonturbine nur in Ausnahmefällen eingesetzt.
2. Francisturbine: Die Francisturbine wird in verschiedenen Bauformen hergestellt. Für Kleinwasserkraftwerke sind die Francis-Schacht-, die Francis-Stirnkessel- oder die Francis-Spiralturbine geeignet. Die Turbinen weisen insgesamt einen weiten Einsatzbereich auf.
3. Kaplanturbine: Kaplanturbinen sind für kleine Fallhöhen und große Volumenströme geeignet. Damit liegt der Einsatzbereich vorwiegend bei Flußkraftwerken im Mitteldruckbereich.
4. Rohrturbine: Die Rohrturbine stellt eine moderne Weiterentwicklung der Kaplanturbine dar. Sie wird ebenfalls bei kleinen Fallhöhen und hohen Volumenströmen eingesetzt.
5. Durchströmturbine („Ossbergerturbine"): Ossbergerturbinen sind radial- und teilbeaufschlagte Freistrahlturbinen. Sie nutzen Fallhöhen von 1–200 m und kleine Wassermengen im Bereich von 0.02–9m^3/s.

Zur Erhöhung der Drehzahl wird üblicherweise zwischen Generator und Turbine ein Getriebe eingebaut. Bei kleineren und insbesondere bei älteren Anlagen kommen Riemengetriebe zum Einsatz, während bei höheren Leistungen durchweg ein- oder mehrstufige Zahnradgetriebe verwendet werden.

Die direkte Nutzung der mechanischen Leistung innerhalb eines betrieblichen Produktionsprozesses stellt heutzutage die Ausnahme dar. Die Rotationsenergie der Welle wird daher in einem Generator zur Erzeugung von elektrischem Strom genutzt. Hierbei kann zwischen Gleichstrom- und Wechselstromgeneratoren unterschieden werden. Gleichstromgeneratoren können nur im Inselbetrieb einer

---

[21] Produktinformation der Bega Wasserkraftanlagen GmbH, Bochum.

Wasserkraftanlage eingesetzt werden. Hierbei werden sie bspw. zum Laden von Akkumulatoren verwendet. In den meisten Fällen werden Dreiphasenwechselstromgeneratoren in der Ausführung als Synchron- bzw. Asynchrongeneratoren genutzt (vgl. hierzu Kapitel 5.2.3). Die Wasserkraftanlagen werden dann im Netzparallelbetrieb gefahren, wobei ein Teil der erzeugten elektrischen Energie in das öffentliche Verbundnetz eingespeist und entsprechend dem Stromeinspeisegesetz vergütet wird.

Kennzahlen

Die gesamte momentane Leistungsabgabe einer Wasserkraftanlage kann durch das Produkt aus Wichte des Wassers, nutzbarem Durchfluß, Höhendifferenz zwischen Ober- und Unterwasser sowie dem Gesamtwirkungsgrad der Anlage ermittelt werden. Der Gesamtwirkungsgrad ist dabei multiplikativ durch die Wirkungsgrade der einzelnen Energieumwandlungsstufen zu ermitteln. Diese betragen für [191]:
1. Turbinen: 0,8 bis 0,9,
2. Getriebe: 0,95 bis 0,98,
3. Generatoren: 0,9 bis 0,95,
4. Transformatoren: 0,98 bis 0,99.
Es ergibt sich somit ein Gesamtwirkungsgrad zwischen 0,67 und 0,83 je nach Typ und Größe der Anlage. Bei Teillastzuständen der Anlage kann der Gesamtwirkungsgrad jedoch auch erheblich von diesen Werten nach unten abweichen.

Eine weitere wichtige Kennzahl zur Beurteilung von Wasserkraftanlagen ist die Angabe der Vollaststundenzahl. Diese beträgt bei größeren Laufwasserkraftanlagen i.d.R. zwischen 4.000 und 6.000 h/a [96]. Bei Klein- und Kleinstwasserkraftwerken werden diese Auslastungen nicht erreicht, die Vollaststundenzahl liegt im Intervall zwischen 3.000 und 5.000 h/a.

Einsatzmöglichkeiten in der Industrie

Der Einsatz von Wasserkraftanlagen ist eng mit der historischen Entwicklung der Industrie verzahnt. Ursprünglich diente die Wasserkraft hauptsächlich zur Bewässerung bzw. zum Kornmahlen. In der Phase der Industrialisierung wurde die Nutzung der Wasserkraft auf die verschiedenen Produktionszweige der Ver- und Bearbeitung ausgeweitet. Insbesondere die eisenschaffende Industrie verdankt ihre Expansion der Wasserkraft. Besonders in den Mittelgebirgen mit entsprechenden Eisenerzvorkommen entstanden an Bächen und Flüssen zahlreiche Schmieden und Hammerwerke. 1862 waren bspw. allein an der Ennepe (Nebenfluß der Volme) auf zweieinhalb Wegstunden 150 Wasserhämmer gezählt worden. Der Rückgang der Wasserkraftnutzung wurde mit der Erfindung der Dampfmaschine und der Elektrifizierung eingeleitet. Im Zuge der allgemeinen Klimadiskussion und der Ressourcenschonung fossiler Energieträger erlebt die Wasserkraftnutzung seit Beginn der achtziger Jahre einen neuen Aufschwung.

Da bei Wasserkraftanlagen im Gegensatz zu Windkraft- und Photovoltaikanlagen ein kontinuierlicher Betrieb mit vergleichsweise geringen Fluktuationen möglich ist, empfiehlt sich der Einsatz von Wasserkraftanlagen besonders in Mehrschichtbetrieben. Der hiermit verbundene hohe Eigennutzungsanteil des erzeugten Stroms trägt positiv zu einem wirtschaftlichen Betrieb bei.

In diesem Zusammenhang kann insbesondere die Reaktivierung stillgelegter Wasserkraftanlagen für industrielle Unternehmen eine attraktive Möglichkeit zur Strombedarfsdeckung darstellen. Hierbei ist jedoch zu erwähnen, das bei einer geplanten Renovierung der Wasserkraftanlage das Wasserrecht nicht abgelaufen sein sollte. Eine eventuelle Neubeantragung des Wasserrechts ist aufgrund der Vielzahl gesetzlicher Vorschriften und Auflagen stets mit einem hohen Zeit- und Kostenaufwand verbunden.

Wegen der hohen Bedeutung des Besitzes von Wasserrechten sei an dieser Stelle eine kurze Erläuterung angeführt. Das Wasserrecht war lange Zeit das unabhängig voneinander in verschiedenen Gesetzen geregelte Recht der Wassergenossenschaften, der Privatflüsse, der Strombauverwaltung und vieler anderer Einzelfragen. Am 27. Juli 1959 wurden vom Bund die Gesetze zusammenfassend in Form des Wasserhaushaltsgesetzes (WHG) erlassen. Die hier dargelegten Rahmenregelungen wurden in der Folge durch entsprechende Landeswassergesetze ausgefüllt. Die nachfolgenden Überlegungen werden exemplarisch anhand des bevölkerungsreichsten Bundeslandes Nordrhein-Westfalen angestellt. Die erste Formulierung des Landeswassergesetzes erfolgte in Nordrhein-Westfalen am 22. Mai 1962. Die jüngste Neufassung dieses Gesetzes wurde am 9. Juni 1989 erlassen [192].

Die Erlangung der Rechte zur energiewirtschaftlichen Nutzung von Fließgewäs-

Tabelle 5.33. Vergleich verschiedener wasserrechtlicher Genehmigungen, nach [193]

	Altes Wasserrecht	Wasserrecht nach dem Wassergesetz für das Land NRW (LWG)		
		Bewilligung	gehobene Erlaubnis	Erlaubnis
Genehmigungsverfahren	vor 1959 möglich	förmlich unter öffentlicher Beteiligung	begrenzt öffentlich	ohne Öffentlichkeit
Geltungsdauer	unbegrenzt	i.d.R. unter 30 Jahren, in Ausnahmefällen über 30 Jahre	i.d.R. 10 bis 20 Jahre	i.d.R. 10 bis 20 Jahre
Rechtssicherheit für den Betreiber	unbegrenzt, solange der Behörde keine Veränderungen bekannt gemacht werden	während der Bewilligungszeit unbegrenzt	ja, gegenüber Betroffenen, nicht gegenüber Wasserbehörde	kann jederzeit ohne Entschädigung widerrufen werden
Kreditsicherheit innerhalb der Anlagenlaufzeit	ja	ja, wenn Bewilligungszeitraum angemessen ist	teilweise	nein

sern kann nach dem Landeswassergesetz dreifach ausgeprägt sein. Es wird unterschieden in „Bewilligung", „Erlaubnis" und „gehobene Erlaubnis". Tabelle 5.33 faßt die wesentlichen Unterschiede zwischen den Rechtstatbeständen zusammen und vergleicht diese mit der Erlangung des Wasserrechts vor Inkrafttreten des Wasserhaushaltsgesetzes [193].

Während die Erlangung des Wasserrechts vor 1959 eine unbegrenzte Geltungsdauer zur Folge hatte, betragen die Geltungsdauern heute zwischen 10 und 30 Jahren. Für die Besitzer alter Wasserrechte weiterhin vorteilhaft ist die bestehende Rechts- und Kreditsicherheit innerhalb der Anlagenlaufzeit. Voraussetzung für die Inanspruchnahme alter Wasserrechte ist jedoch, daß diese binnen einer Frist von 3 Jahren nach der öffentlichen Aufforderung zur Eintragung in das Wasserbuch angemeldet worden sind (vgl. [192]).

Das Ergebnis einer 1984 durchgeführten Erhebung unter den Wasserrechtsbehörden der Bundesländer zeigt, daß ca. 3.134 Wasserrechte im Zusammenhang mit der energiewirtschaftlichen Nutzung durch Wasserkraftanlagen vergeben wurden [194].

Schadstoffemissionen

Während des Betriebs von Wasserkraftanlagen werden keine nennenswerten Schadstoffe emittiert. Wasserkraftanlagen substituieren Strom, der in konventionellen Kraftwerken erzeugt wird. Der spezifische CO_2-Emissionsfaktor für den nordrhein-westfälischen Kraftwerkspark beträgt 0,825 kg/kWh (vgl. Kapitel 4.1.4). Durch Multiplikation dieses Faktors mit den jahresmittleren Energieerträgen können die durch den Einsatz von Wasserkraftanlagen verminderten CO_2-Emissionen abgeschätzt werden.

Der beim Bau einer Wasserkraftanlage benötigte kumulierte Endenergieaufwand führt jedoch auch bei der Nutzung der Wasserenergie zu Schadstoffemissionen. Detaillierte Studien über diesen Sachverhalt sind speziell in bezug auf Wasserkraftanlagen bisher nicht durchgeführt worden. Eine überschlägige Abschätzung des Erntefaktors[22] von Wasserkraftanlagen führt zu Werten zwischen 13 und 18 [195]. Für große Wasserkraftanlagen werden vereinzelt im Rahmen der Planung Analysen der indirekt induzierten CO_2-Emissionen durchgeführt (vgl. bspw. [196]).

Ökonomie

Im folgenden werden die Investitions- und Betriebskosten von Kleinwasserkraftanlagen, die in der bundesdeutschen Industrie eingesetzt werden können, dargestellt. Erfaßt werden dabei Anlagen im Leistungsbereich zwischen 30 und 1.000 kW. Die Überlegungen münden in die Ermittlung der Stromgestehungskosten von Kleinwasserkraftanlagen.

---

[22] Der Erntefaktor ist als Quotient zwischen dem Energieertrag während der Nutzungsdauer einer Anlage und dem thermodynamisch gleichwertigen Energieaufwand zum Bau, Betrieb und Entsorgung der Anlage definiert.

Die Investitionskosten von Kleinwasserkraftanlagen sind nur schwer erfaßbar, da ortsabhängige Randbedingungen (z.b. Umfang der notwendigen baulichen Maßnahmen zur Stromführung, Länge des Ober- und Untergrabens etc.) eine hohe Variationsbreite ermöglichen. In der Praxis werden zudem viele stillgelegte Wasserkraftwerke [197] reaktiviert, so daß bereits bauliche Substanz vorhanden ist und ggf. lediglich neue Maschinensätze integriert werden müssen. Aus diesem Grund erfolgt eine differenzierte Betrachtung der Investitionskosten nach folgender Aufteilung:

1. Neubau einer Kleinwasserkraftanlage,
2. Renovierung stillgelegter Anlagen und
3. Ersatz der hydro- und elektromechanischen Komponenten.

Der Neubau einer Anlage setzt sich aus den Aufwendungen für die baulichen Anlagen, den Grundstückskosten, den Maschinenkosten, den Kosten für die elektrischen und elektronischen Komponenten sowie den sonstigen Kosten zusammen. Tabelle 5.34 zeigt die Aufteilung dieser Kosten in einzelne Posten[23].

Tabelle 5.34. Gliederung der Investitionskosten beim Neubau von Wasserkraftanlagen

Grundstückskosten		
Baukosten		
Wasserfassung	Sand-Kiesschleuse	Kraftwerk-Tiefbau
Wehr	Rechenbauwerk	Kraftwerk-Hochbau
Fischpaß	Oberwasserkanal	Unterwasserkanal
Gewässeranpassung	Wasserschloß	Wegebauten
Einlaufbauwerk	Druckrohrleitung	Sonstige Baukosten
Maschinenkosten		
Bewegl. Wehrverschlüsse	Rechenreiniger	Verschlüsse/Schieber
Einlaufschützen	Turbinen	Krananlage
Rechenanlage	Getriebe	Sonstige Maschinen
Elektronische Ausstattung		
el. Regeleinrichtung	Generatoren	Freileitungen
Schaltanlagen	Synchronisationsanlagen	Transformatoren
Schutzeinrichtungen	Verkabelung	sonstige el. Komponenten
Sonstige Kosten		
Projekterhebung/Vorentwurf	Verfahrenskosten/Gebühren	Kosten der Bauleitung
Planungskosten	Gutachten	Sonstiges

Der Anteil der Bau- und Maschinenkosten beträgt ca. 35–60 %, der Anteil der Elektrotechnik ca. 10–15 % und der Anteil der Grundstückskosten incl. der sonstigen Kosten ca. 25–40 % der gesamten Kosten beim Neubau einer Wasserkraftanlage [198].

---

[23] Die Angaben entsprechen einem Schema zur Investitionskostenschätzung, welches die Energieagentur des Landes Nordrhein-Westfalen zwecks Beratung von Unternehmen ausgearbeitet hat.

Bei der Reaktivierung einer stillgelegten Anlage kann je nach baulichem Zustand ein erheblicher Teil der in Tabelle 5.34 aufgeführten Posten (insbesondere der Baukosten) entfallen.

Abbildung 5.28 zeigt die Abhängigkeit der spezifischen Investitionskosten von der Nennleistung einer Wasserkraftanlage nach [194, 199] für die 3 oben genannten Investitionsvarianten.

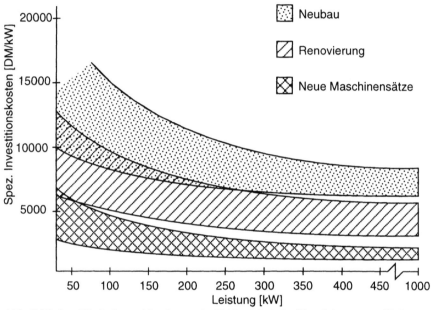

Abb. 5.28. Spezifische Investitionskosten in Abhängigkeit der Nennleistung von Kleinwasserkraftanlagen

Die spezifischen Gesamtinvestitionen von Kleinwasserkraftanlagen variieren demnach beim Neubau zwischen ca. 7.000 DM/kW$_{el}$ bei 1.000 kW-Anlagen und ca. 17.000 DM/kW$_{el}$ bei Anlagen mit einer Nennleistung unter 100 kW. Das Investitionsband der Reaktivierung stillgelegter Wasserkraftanlagen überschneidet sich mit demjenigen des Neubaus bis zu einer Nennleistung von rd. 300 kW. Die spezifischen Gesamtinvestitionen liegen hierbei je nach Anlagengröße im Bereich zwischen 3.000 und rd. 8.000 DM/kW$_{el}$. Die günstigste Ausgangssituation ergibt sich beim Austausch der Maschinensätze, wodurch spezifische Investitionskosten zwischen 1.500 und rd. 7.000 DM/kW$_{el}$ entstehen können.

Die Aufteilung der Betriebskosten erfolgt in Personal-, Sach-, und Dienstleistungskosten. Der Betrieb von Neuanlagen bzw. reaktivierten Anlagen erfolgt i.d.R. weitgehend automatisiert. Der Personaleinsatz bleibt daher auf Aufsicht und Wartung bzw. Instandhaltung des Maschinensatzes und der baulichen Anlagen beschränkt. Dabei umfassen die Arbeiten am Maschinensatz die Lagerschmierung, Temperatur- und Ölstandskontrollen, ggf. Kontrolle der Riemengetriebe sowie

Inspektion und Reparatur. Bei den baulichen Anlagen ergeben sich Arbeiten im Zusammenhang mit der Hochwasseraufsicht, der Rechengutbeseitigung (das im Obergraben abgefangene Rechengut darf dem Fließgewässer im Untergraben nicht wieder zugeführt werden, vgl. [200]), der Reinigung der Sandfänge und Betriebsgräben, der Kontrolle der Verschlüsse und dem Korrosionsschutz für alle Metallteile [199]. Bei den hier untersuchten Kleinwasserkraftanlagen kann das Stammpersonal des Unternehmens alle erforderlichen Arbeiten mit Ausnahme der Hersteller-Wartung durchführen. Die Personalkosten bleiben deshalb gering.

Bei den Sachkosten sind insbesondere Hilfs- und Betriebsstoffe wie Öle, Fette, Sicherungen etc. zu nennen, die Dienstleistungskosten umfassen im wesentlichen Versicherungsprämien und Mitgliedsbeiträge für Verbände.

Die spezifischen Stromgestehungskosten (1. Betriebsjahr) von Kleinwasserkraftwerken werden nach einer dynamischen Investitionsmethode für alle 3 Varianten berechnet. Die Nutzungsdauer der baulichen Anlagen wird üblicherweise mit 60 Jahren angegeben, die der Maschinensätze und elektrotechnischen Komponenten mit 30 Jahren [96, 198, 199]. Da aber eine Aufteilung der Investitionskosten auf die verschiedenen Sektoren aufgrund der hohen Variationsbreite (insbesondere bei der Reaktivierung stillgelegter Kraftwerke) mit hohen Unsicherheiten behaftet ist, wird im Rahmen dieser Untersuchung von einer mittleren Nutzungsdauer der gesamten Anlage von 40 Jahren ausgegangen. Werden nur die Maschinensätze erneuert, so wird mit einer Nutzungsdauer von 30 Jahren gerechnet. Die jährlichen Betriebskosten werden mit 5 %, die Anzahl der Vollaststunden mit 4.000 h/a angenommen. Die Berechnung erfolgt mit einem Kalkulationszinssatz von 8 % und einer Preissteigerungsrate von 3 %. Tabelle 5.35 zeigt die Ergebnisse der Berechnungen für unterschiedliche Nennleistungen von Wasserkraftwerken.

Tabelle 5.35. Mittlere Stromgestehungskosten (1. Betriebsjahr) von Kleinwasserkraftanlagen

Neubau					
Nennleistung [kW]	50	100	200	400	1.000
Spez. Investitionskosten [DM/kW]	14.000	11.500	9.300	7.200	7.000
Stromgestehungskosten [Pf/kWh]	33,3	27,4	22,1	17,1	16,7
Renovierung					
Nennleistung [kW]	50	100	200	400	1.000
Spez. Investitionskosten [DM/kW]	8.400	7.300	6.000	4.600	4.500
Stromgestehungskosten [Pf/kWh]	20,0	17,4	14,3	11,0	10,7
Neue Maschinensätze					
Nennleistung [kW]	50	100	200	400	1.000
Spez. Investitionskosten [DM/kW]	4.300	3.500	2.600	2.050	2.000
Stromgestehungskosten [Pf/kWh]	10,9	8,9	6,6	5,2	5,1

Kalkulationszinssatz i = 8 %, Preissteigerungsrate r = 3 %, Nutzungsdauer bei Neubau oder Renovierung n = 40 a, Nutzungsdauer bei neuen Maschinensätzen n = 30 a.

Die mittleren Stromgestehungskosten variieren beim Neubau einer Wasserkraftanlage zwischen rd. 17 Pf/kWh (1.000 kW) und 33 Pf/kWh (50 kW), während die
Renovierung bereits gebauter Anlagen Stromgestehungskosten zwischen 11 Pf/
kWh und 20 Pf/kWh verursacht. Die günstigste Möglichkeit ergibt sich beim ausschließlichen Ersatz der Maschinen. Je nach Anlagengröße ergeben sich spezifische Stromgestehungskosten im Bereich von 5 Pf/kWh und 11 Pf/kWh. Generell
fallen die spezifischen Stromgestehungskosten aufgrund des Degressionseffektes
der Investitionskosten mit zunehmender Anlagengröße überproportional.

Optimierungspotentiale

Die Technik der Wasserkraftanlagen ist seit langem bekannt. Anders als bspw. bei
Windkraftanlagen ist die Realisierung von hohen Leistungseinheiten[24] Stand der
Technik. Zukünftig sind daher keine wesentlichen substantiellen Verbesserungen
zu erwarten.

Die Kosten der Wasserkraftanlagen werden zukünftig tendenziell eher ansteigen. Dies begründet sich in den hohen Anforderungen im ökologischen Bereich.
So können bspw. die in der letzten Zeit geforderten ökologischen Ausgleichs-
maßnahmen erheblich zu einer Verteuerung beitragen. Auch die Diskussion um
die zum Erhalt des ökologischen Gleichgewichts erforderliche Restwassermenge
(vgl. bspw. [201]) oder die Durchführung von Umweltverträglichkeitsuntersuchun-
gen (UVU) nach dem im August 1990 in Kraft getretenen „Gesetz über die Um-
weltverträglichkeitsprüfung (UVP) bei bestimmten öffentlichen und privaten Ob-
jekten" [202] können als Hinweise hierfür angeführt werden.

Der Neubau von Kleinwasserkraftanlagen unterliegt somit einer Vielzahl von
Restriktionen. Die Reaktivierung stillgelegter Wasserkraftwerke oder die Modernisierung in Betrieb befindlicher Anlagen bei gleichzeitiger Leistungssteigerung
stellt daher derzeit die vergleichsweise günstigste Möglichkeit des Ausbaus der
Wasserkraftnutzung dar.

---

[24] Das weltweit größte Wasserkraftwerk steht in Itaipu (Brasilien). Es besitzt eine Nennleistung
von 12.600 MW.

6 Marktchancen, Hemmnisse und Verfügbarkeiten

Nachdem im letzten Kapitel verschiedene Techniken zur Strom- und Prozeßwärme-gestehung vorgestellt und deren Anwendungsmöglichkeiten in der Industrie auf-gezeigt worden sind, werden nun die jeweilig zukünftigen Chancen der einzelnen Anlagen beschrieben, sich zu etablieren bzw. verstärkt Anwendung in der Indu-strie zu finden. Dabei werden die Techniken insbesondere hinsichtlich ihres Ent-wicklungsstandes, ihrer Stromgestehungspreise und Einsatzpotentiale, aber auch hinsichtlich evtl. restriktiver Faktoren wie bspw. zu geringe Fertigungskapazitä-ten und somit mangelnde Verfügbarkeiten diskutiert.

Sinnvoll für die Vergrößerung der Marktchancen aller vorgestellten Techniken sind in jedem Fall flankierende politische und organisatorische Maßnahmen wie bspw. eine direkte staatliche Förderung durch gesetzliche und steuerliche Maß-nahmen, welche die externen Kosten der Wärmeversorgung bewerten, oder er-höhte Fördermittel für Forschung und Entwicklung.

Verbote bzw. grundsätzliche rechtliche Hemmnisse gibt es für den Bau von konventionellen Energieerzeugungsanlagen und den Einsatz erneuerbarer Energie-systeme nicht. Beim Betrieb konventioneller Energiesysteme müssen dabei je-doch die betreffenden Umweltschutzauflagen (TA Luft, BImSchG etc.) beachtet werden (s. Kapitel 3). Weiterhin müssen Demarkations- und Konzessionsverträge im einzelnen berücksichtigt werden; es ist zu prüfen, ob und in welchem Rahmen Industrieunternehmen als Energieerzeuger auftreten dürfen. Ordnungspolitische Restriktionen können regional stark differieren. Bei solarthermischer Nutzung und photovoltaischer Stromeinspeisung sollte z.B. auf ein einheitliches Stadtbild ge-achtet werden, wobei gemeindespezifische Auflagen zu beachten sind. Generell ist von Umweltverträglichkeitsprüfungen auszugehen; Reinhaltung der Luft, Land-schafts- und Gewässerschutz sind dabei ebenfalls zu beachten.

Primärenergiesparende Energiesysteme

Im folgenden werden die Marktchancen der zumeist in Bereichen der Kraft-Wär-me-Kopplung eingesetzten primärenergiesparenden Techniken diskutiert. Aufgrund der – auch beim verstärkten Einsatz derartiger Technologien – ausreichenden Fer-tigungskapazitäten im Bereich der verschiedenen Techniken besteht hinsichtlich der Verfügbarkeit keine Minderung der Marktchancen.

Generell läßt sich sagen, daß viele konventionelle Techniken heutzutage wirt-schaftlich angewendet werden können und sich vor allem im industriellen Be-reich bereits durchgesetzt haben. Dennoch besteht gerade für KWK-Anlagen in

Zukunft noch ein großes Einsatzpotential, vor allem wenn neue Fertigungstechniken entwickelt, Produktionsstrukturen im industriellen Bereich geändert oder noch häufig genutzte AltAnlagen modernisiert werden.

Motorblockheizkraftwerke

Die Anwendung von BHKW in einem Leistungsbereich von ca. 5 kW_{el} – 10 MW_{el} für die Kraft-Wärme-Kopplung ist eine heute schon häufig angewendete Technik, welche für Industriebetriebe schon ab ca. 2.000 Vollaststunden pro Jahr wirtschaftlich sein kann. Motorblockheizkraftwerke werden aufgrund der hohen Investitionskosten heute zwar vor allem in großen Industriebetrieben eingesetzt, durch die angesprochene Wirtschaftlichkeit sind sie jedoch auch für kleine und mittelständische Unternehmen interessant.

Bei Wärmegestehungskosten zwischen 1,3 und 3,0 Pf/kWh_{th} bestehen für einen Einsatz von Motorheizkraftwerken in allen Bereichen der Industrie zukünftig gute Marktchancen, da davon ausgegangen werden kann, daß neben notwendigen Ersatzinvestitionen weiteres Ausbaupotential im industriellen Bereich besteht [6]. Das bedeutet, daß der Ausbau des Marktanteiles von Motorblockheizkraftwerken problemlos möglich und u.U. auch wirtschaftlich ist. Es bestehen also keinerlei Restriktionen. Die Wirtschaftlichkeit dieser Anlagen verbesserte sich weiter, wenn Einspeisevergütungen nach dem Stromeinspeisungsgesetz und nicht, wie heute üblich, nach der Verbändevereinbarung gezahlt würden. Nicht ganz unproblematisch sind allerdings in vielen Fällen Aspekte wie Lärmbelästigung und Emissionsbelastungen vor Ort, welche u.U. zu unerwünscht hohen kleinräumigen Immissionskonzentrationen führen können. Aber auch in dieser Hinsicht ist von einer sukzessiven Realisierung der angestrebten technischen Verbesserungen (Schalldämmung, Abgasreinigung etc.) auszugehen.

Gasturbinenanlagen

Im betrachteten Leistungsbereich von 1 – 100 MW liegen die Wärmegestehungskosten von Gasturbinenanlagen unter Berücksichtigung der Stromgutschrift bei 1,9 – 4,0 Pf/kWh_{th}. Damit sind sie genauso wie BHKWs in der Industrie wirtschaftlich einsetzbar, wobei der Einsatz von Gasturbinenanlagen in vielen Branchen der Industrie, wie bspw. der Nahrungsmittel-, Textil-, Zellstoff- und der chemischen Industrie, bei einem ohne Zusatzfeuerung erreichbaren Temperaturniveau von max. 400 °C möglich ist.

Aufgrund der hohen Leistungen und Investitionskosten bieten sich gute Marktchancen der Gasturbinenanlagen vor allem im Bereich größerer Industrieunternehmen, wobei Kombinationen mit bereits bestehenden Anlagen häufig eine günstige Möglichkeit für ihren Einsatz sind. Besonders gute Marktchancen eröffnen sich aus wirtschaftlichen Gesichtspunkten immer dann, wenn der eingesetzte Brennstoff ganz oder teilweise im Industriebetrieb anfällt. Auch hier sind, wie bei den Motorblockheizkraftwerken, keine Restriktionen zu erwarten.

Dampfheizkraftwerke

Bei Dampfheizkraftwerken handelt es sich im Prinzip um eine schon lange erprobte und eingesetzte Technologie. Angewendet werden Dampfheizkraftwerke aufgrund der hohen spezifischen Investitionskosten vor allem in Industriebereichen mit hohem Strom- und Prozeßdampfbedarf, wobei sie besonders dort wirtschaftlich eingesetzt werden können, wo Brennstoffe direkt anfallen.

Marktchanchen bieten sich bei steigenden Umweltschutzauflagen vor allem für die bislang noch kaum eingesetzte Technik der Wirbelschichtfeuerung, da sich diese durch vergleichsweise geringe Emissionen auszeichnet. Für Industriebetriebe wird die Nutzung von Dampfheizkraftwerken mit Wirbelschichtfeuerung auch für den Einsatz von anfallenden Biomassen, wie bspw. Restholz, sinnvoll; besonders dann wenn die Preise für fossile Brennstoffe und die Entsorgungskosten für Reststoffe künftig steigen.

Werden schließlich noch die rechtlichen und wirtschaftlichen Rahmenbedingungen für die Nutzung von Dampfheizkraftwerken verbessert, d.h. Einspeisevergütungen erhöht und die noch bestehenden Konzessionsverträge zwischen den EVUs und den einzelnen Kommunen, welche bislang eine Eigenproduktion von Strom behindert haben, geändert, so bieten sich weitere Chanchen für den Einsatz von Dampfheizkraftwerken.

Gas- und Dampfkraftwerke

GuD-Kraftwerke eignen sich vor allem zum Einsatz in Industriebetrieben mit mittlerem bis hohem Strombedarf. Wirtschaftlich können sie vor allem dann betrieben werden, wenn der eingesetzte Brennstoff, z.B. Raffineriegas, im Industriebetrieb anfällt oder aus Reststoffen gewonnen werden kann (z.B. durch Vergasung von Resthölzern mit Hilfe einer zirkulierenden Wirbelschichtvergasung). Da reine GuD-Kraftwerke auch mit zusatzgefeuertem Abhitzekessel und Wärmeauskopplung betrieben werden können, bestehen Marktchancen vor allem bei Industriebetrieben mit gekoppeltem Strom- und Prozeßwärmebedarf, welche anfallende Reststoffe als Brennstoffe verwenden können.

Hemmnisse bestehen in den geltenden Konzessionsverträgen und bei zu geringen Einspeisevergütungen. Zukünftig können diese beseitigt werden, und wenn sich fossile Brennstoffe und die Entsorgungskosten verteuern, ergeben sich weitere Marktchancen für den Einsatz von GuD-Kraftwerken.

Biomasseheizwerke

Biomasseheizwerke können in Industriebetrieben mit hohem kontinuierlichem Prozeßwärmebedarf eingesetzt werden, wobei sie besonders wirtschaftlich sind, wenn die biogenen Brennstoffe im Industriebetrieb als Reststoff anfallen, z.B. Restholz.

Aufgrund der Tatsache, daß gerade beim eingesetzten Brennstoff Biomasse Versorgungsengpässe – für Stroh bspw. im Frühjahr oder bei kurzfristig erhöhter

Nachfrage – erwartet werden können, bestehen Einsatzchancen für Biomasseheizwerke vor allem, falls anfallende Reststoffe verwendet werden können und die Entsorgungskosten für Reststoffe in Zukunft weiter steigen. Dabei ist allerdings zu beachten, daß gerade für die biogene Brennstoffzulieferung ein logistischer Aufwand zu erwarten ist, der aber u.U. aus anderen Gründen (z.B. Landschaftspflege) sowieso – mindestens teilweise – entsteht.

Wärmepumpen

Wärmepumpen sind aufgrund der Möglichkeit, bisher ungenutzte Umweltwärme und andere Wärmequellen mit hohem Wirkungsgrad zu erschließen und nutzbar zu machen, geeignet, in Zukunft eine breitere Anwendung in privaten Haushalten, gewerblichen Bereichen, aber auch zur Prozeßwärmegestehung im industriellen Bereich zu finden. Hierzu ist es allerdings notwendig, eine Reihe von Hemmnissen abzubauen, die einer konsequenten Markterschließung bisher im Wege standen (z.Zt. sind bei stagnierendem Einsatz bundesweit nur etwa 50.000 elektrisch betriebene Wärmepumpen im Einsatz[25]).

Als Hauptgrund hierfür ist insbesondere die in Europa bisher erreichte geringe Rentabilität der vor allem für Raumwärmegestehung genutzten Wärmepumpenanlagen zu nennen. Infolge sinkender Energiepreise wurde die Amortisation der aufgrund kleiner Fertigungsserien bedingten hohen Kapitalkosten durch später zutage tretende mangelhafte Betriebssicherheit, hohe Wartungskosten und somit geringe Energiekosteneinsparungen erschwert.

Die hohen Kapitalkosten lassen sich dabei in Zukunft vor allem durch den Übergang zu einer Massenfertigung verringern. Hierzu wäre die Beteiligung der Energieversorgungsunternehmen und großer Anlagenhersteller, die auch international am Markt sind, vorteilhaft. Neuerungen in der Bauweise und bei den verwendeten Werkstoffen sowie Verbesserungen des thermodynamischen Kreisprozesses können auch hier zu beachtlichen zusätzlichen Kosteneinsparungen führen [132].

Sollten durch o.g. Maßnahmen die Kapitalkosten gesenkt werden können, ist in naher Zukunft mit einem erheblichen Wachstum des Wärmepumpenmarktes zu rechnen. Vor allem für industrielle Bereiche, bei denen Abwärme auf einem Temperaturniveau anfällt, welches mit konventionellen Wärmetauschern nicht wirtschaftlich nutzbar ist, und gleichzeitigem Prozeßwärmebedarf auf einem Temperaturniveau zwischen ca. 110 und 140 °C (vgl. Kapitel 5.1.6) werden derartige Wärmepumpenanlagen bei geringeren Kapitalkosten interessant. Hier sind vor allem die Betriebe der chemischen sowie der Nahrungsmittel-, Investitionsgüter-, Zellstoff- und Textilindustrie und der Mineralölverarbeitung zu nennen, welche – wie im Kapitel 5.1.6 dargestellt – einen großen Bedarf an Prozeßwärme im angesprochenen Temperaturbereich aufweisen.

Unter den verschiedenen Typen von Wärmepumpenanlagen wird für diese Industriebetriebe vor allem auch der Einsatz der Absorptionswärmepumpen interes-

---

[25] Persönliche Auskunft vom IZW Karlsruhe, Dezember 1995.

sant, da es im Gegensatz zu Kompressionswärmepumen mit ihnen möglich ist, bisher nicht genutzte Abwärme ohne Einsatz von Brennstoffen bzw. Antriebsenergie für den notwendigen Verdichter – mit allerdings reduzierten Wirkungsgraden – zu nutzen. Die größten Einsatzmöglichkeiten werden dabei vor allem bei den Industriebetrieben bestehen, die ohne großen Aufwand als Wärmequelle entweder Abluft oder Abwasser nutzen können, da diese Betriebsarten aufgrund des geringen investiven Aufwandes zu den geringsten Wärmegestehungskosten führen.

Brennstoffzellen

Aufgrund der hohen erreichbaren Gesamtwirkungsgrade wird die Brennstoffzellentechnik auch in Zukunft weiterentwickelt und erprobt werden, wobei die z.Zt. noch hohen Kosten einer schnellen Weiterentwicklung und Markteinführung entgegenstehen. Sollten die heute laufenden Anstrengungen hinsichtlich der Entwicklung serienreifer Brennstoffzellen mit einer akzeptablen Lebensdauer zu kostengünstigen Anlagen führen, ist ein zukünftig wirtschaftlicher Betrieb auch im industriellen Bereich durchaus denkbar.

Dabei erscheint der Einsatz von Brennstoffzellen zunächst im Bereich der gewerblichen Kraft-Wärme-Nutzung in Hotels, Krankenhäusern und Bürogebäuden und aufgrund der hohen elektrischen Wirkungsgrade im Bereich der dezentralen Stromversorgung attraktiv, wenn in Zukunft eine deutliche Kostenreduzierung gelingt. Die Markteinführung stationärer Anlagen wird entscheidend davon abhängen, ob sich die bisher am weitesten entwickelte PAFC-Brennstoffzelle in den nächsten Jahren technisch und wirtschaftlich gegenüber Konkurrenztechnologien durchsetzen kann. Wird es ihr gelingen, in einem Verdrängungswettbewerb Marktnischen zu belegen und so den Nachweis der Funktionsfähigkeit, der Verfügbarkeit und Wirtschaftlichkeit zu erbringen, würde weiteres Entwicklungspotential für die fortschrittliche Hochtemperatur-Brennstoffzelle bestehen, welche aufgrund des höheren Temperaturniveaus ein weitaus größeres Anwendungspotential in der Industrie haben könnte.

Sämtliche Industriebereiche, welche Prozeßwärme in einem Temperaturbereich bis ca. 900 °C benötigen, könnten Hochtemperatur-Brennstoffzellen zur gekoppelten Kraft-Prozeßwärmegestehung einsetzen, wobei die Einsatzmöglichkeiten der Brennstoffzellentechnolgie neben der Zellstoff-/Papierindustrie, der Nahrungs- und Genußmittelindustrie und der Investitionsgüterbranche vor allem in der chemischen Industrie mit Prozeßwärmebedarf in einem weiten Temperaturbereich zu finden sind.

Angesichts der nach heutigen Schätzungen notwendigen Entwicklungszeiten von ca. 20 Jahren für die oxidkeramische Brennstoffzelle ist nur eine abgestufte, über mehrere Jahrzehnte angelegte Einführungsstrategie denkbar und praktikabel. Nach Versuchen mit verfügbaren BHKW-Anlagen mit PAFC-Brennstoffzellen bestehen schon während der nächsten 5 Jahre Aussichten für den erweiterten Betrieb verbesserter, billigerer und größerer Anlagen. Dabei erleichtert der modulare Aufbau von Brennstoffzellenanlagen diese Strategie. In etwa 10 Jahren könnten die ersten Pilotanlagen der Karbonatschmelztechnik im BHKW-Bereich folgen, von denen nach 15–20 Jahren die ersten Großanlagen in Betrieb gehen könnten. Mit dem Bau der ersten Pilotanlage auf Basis der oxidkeramischen Technik kann jedoch frühestens in 10 Jahren gerechnet werden [203].

Problematisch erweist sich bei der Entwicklung der Brennstoffzellentechnik, daß sich – vom Staat vergleichsweise nur wenig gefördert – bisher nur wenige Firmen bemühen, diese Technologie praktisch zu erproben und somit weiterzuentwickeln. Sollten von diesen Firmen jedoch in Zukunft positive Zeichen in Hinsicht auf eine mögliche wirtschaftliche Markteinführung ausgehen, wird das Fertigungspotential für Brennstoffzellen sicher rasch steigen.

Alternative Energiesysteme

Im folgenden werden die Marktchancen der alternativen Energiesysteme beschrieben und diskutiert. Dabei wird auf die Chancen von solarthermischen und photovoltaischen Anlagen genauso eingegangen wie auf zukünftige Einsatzmöglichkeiten von Wind- und Wasserkraftanlagen.

Solarthermische Anlagen

Die kombinierte Brauchwarmwasser-, Raum- und Prozeßwärmegestehung mit Hilfe von dezentral betriebenen solarthermischen Anlagen erscheint für Industriebetriebe zunächst interessant. Aufgrund der im Vergleich zu konventionellen Anlagen auch in günstigen Fällen hohen Wärmegestehungskosten von ca. 33 Pf/kWh (s. Kapitel 5.2.1) lassen sich jedoch auch bei niedrigen Deckungsgraden die zukünftigen Marktchancen eher als klein einschätzen, zumal die Optimierungspotentiale bei dezentralen solarthermischen Anlagen als nicht sehr groß zu bewerten sind.

Grundsätzlich ergeben sich die besten Marktchancen für solarthermische Anlagen bei neuen Industriebetrieben, bei denen die Einbringung eines ausreichend großen Speichers zur Erhöhung des Deckungsgrades keine größeren zusätzlichen Kosten mit sich bringt. Da aber auch in diesem Fall die hohen Wärmegestehungskosten für Raum- und Brauchwarmwasser- bzw. Prozeßwärmegewinnung auf niedrigem Temperaturniveau einen Betrieb ohne staatliche Förderung unwirtschaftlich machen, bestehen – von Ausnahmefällen, wie z.B. Trocknung von Biomasse, Holz und anderen Gütern abgesehen – zukünftig keine besonders großen Marktchancen in der Industrie, es sei denn, es wird von der öffentlichen Hand verstärkt gefördert.

So lag z.B. die in der Bundesrepublik Deutschland 1994 neu installierte Kollektorfläche bei ca. 0,26 km², wobei Schwimmbadabsorber einen Anteil von nur rund 40 % einnahmen [204]. Unter Berücksichtigung des gegenwärtigen Wachstumstrends, vor allem aufgrund der Nachfrage von Privatpersonen für die öffentlich stark geförderte solare Brauchwarmwassergestehung im Wohnbereich, erscheint eine Schätzung der Fertigungskapazitäten im Bereich von Vakuum- und Flachkollektoren für das Jahr 1995 auf 0,6 km² realistisch. Bei einer verstärkten Nachfrage nach Kollektoren seitens der Industrie würden diese Kapazitäten zwar nicht ausreichen, um einen angenommenen erhöhten Bedarf zu decken. Da die Nachfrage aufgrund der hohen Wärmegestehungskosten jedoch auch in näherer Zukunft gering bleiben dürfte, kann von einer mangelnden Verfügbarkeit an solarthermischen Anlagenkomponenten nicht ausgegangen werden.

Sollten sich in Zukunft keine durchgreifenden Kostenminderungen bspw. aufgrund einer effizienteren Serienfertigung von Kollektoren bzw. technologischer Fortschritte bspw. in der Speichertechnologie ergeben oder seitens der Bundesregierung keine massive Förderung solarthermischer Anlagen erfolgen, ist auch zukünftig nur mit einem unbedeutenden Einsatz der Solarthermie im industriellen Bereich zu rechnen.

Photovoltaische Anlagen

Werden die aktuellen Stromgestehungspreise in Höhe von mindestens 1,63 DM/kWh bei Photovoltaik-Anlagen (vgl. Tabelle 5.30) bzw. 1,81 – 3,11 DM/kWh abhängig von der Aufstellungsart bei dezentralen Photovoltaik-Anlagen (vgl. Tabelle 5.28) für eine Einschätzung der Marktchancen der Photovoltaik im industriellen Bereich zugrundegelegt, können diese bei einer z.Zt. gültigen Stromeinspeisungsvergütung von 17,28 Pf/kWh nur als außerordentlich schlecht eingestuft werden.

Selbst angenommen, die Investitionskosten sinken aufgrund von Wirkungsgradsteigerungen, die durch weitere technologische Verbesserungen und stark vereinfachte Produktionsprozesse mit Übergang zu einer automatisierten Serienfertigung erzielt würden, werden zentrale und dezentrale Photovoltaik-Anlagen auch künftig mittel- bis langfristig so unwirtschaftlich sein, daß eine industrielle Nutzung nicht oder nur in sehr begrenztem Umfang erwartet werden kann. Einsatzmöglichkeiten bestehen durch die emissionslose Erzeugung von hochwertiger elektrischer Energie zwar in allen Industriebereichen, doch ohne massive, kostendeckende Einspeisevergütung (ca. 2 DM/kWh) und Verteuerungen anderer Energiequellen, bspw. durch eine CO_2- oder Energiesteuer, kann die Photovoltaik lediglich bei Inselbetrieben oder mobilen Anwendungen in ganz beschränktem Umfang Einsatzmöglichkeiten finden.

Derartige Einsätze bieten sich bspw. bei Kühlprozessen während des Transports verderblicher Waren oder bei stationären Kleinstanwendungen an, bei denen eine Anbindung an das öffentliche Versorgungsnetz unwirtschaftlich wäre. Einsatzmöglichkeiten in der Industrie ergeben sich demzufolge nur aufgrund von Prestigebestrebungen einzelner Unternehmen vor allem für die (noch unwirtschaftlicheren) Gebäudefassaden-Anlagen, welche dazu geeignet sind, der Öffentlichkeit den Eindruck einer zukunftsorientierten und umweltfreundlichen Einstellung des Unternehmens zu vermitteln.

Windkraftanlagen

Die Nutzung der Windenergie hat sich in den vergangenen Jahren zu einer der größten Wachstumsbranchen innerhalb der Bundesrepublik Deutschland entwikkelt. Dabei stieg die installierte Anlagenleistung seit Anfang der 90er Jahre u.a. aufgrund des Stromeinspeisegesetzes (StrEG vom 07.12.1990) um ca. 100 % pro Jahr. Dadurch ergab sich zum Jahresende 1994 ein Anlagenbestand von insgesamt 2616 Windenergiekonvertern mit einer Gesamtnennleistung von 643 MW [205]. Während die durchschnittliche Größe der neu installierten Anlagen 1993 noch bei rund 250 kW lag, ist dieser Wert 1994 auf über 370 kW angestiegen, wobei sich der Trend zu größeren Anlagen mit einer Nennleistung um 600 kW auch 1995 weiter fortsetzte.

Trotz dieser überaus positiven Ausgangslage sind die Marktchancen für Windkraftanlagen in näherer Zukunft jedoch vorsichtig einzuschätzen. Aufgrund der beiden Unsicherheitsfaktoren Stromeinspeisegesetz und Baurechtsproblematik wird der deutsche Markt durch fehlende Anschlußgeschäfte und somit gedämpfte Marktaussichten der Hersteller z.t. erheblich belastet. Die im Stromeinspeisegesetz festgelegte Vergütung von ins öffentliche Netz eingespeistem Strom aus Windkraftanlagen in Höhe von 17,28 Pf/kWh (1995), welche einen wirtschaftlichen Betrieb derartiger Anlagen zum großen Teil erst ermöglicht, steht z.Zt. im Brennpunkt der aktuellen Diskussionen, denn mit dem Hinweis auf die Verfassungs-widrigkeit des sogenannten „Kohlepfennigs" wird von dem VDEW die Verfassungs-mäßigkeit des StrEG bezweifelt. Bezüglich der Baurechtsproblematik gibt es z.Zt. Hoffnung, daß schon bald eine Baurechtsänderung beschlossen und so die WKA-Planungssicherheit erhöht wird. Prinzipiell sieht der Gesetzentwurf eine Privilegierung von WKA-Errichtungsvorhaben, verbunden mit der räumlichen Steuerungsoption für Gemeinden zur planerischen Festlegung von Vorrang- bzw. Ausschlußgebieten, vor.

Sollten diese Hemmnisse für die Errichtung weiterer Windkraftanlagen in nächster Zeit zur Zufriedenheit von Gesetzgeber, Hersteller und Anlagennutzer beseitigt und z.B. auch die Netzeinbindungskosten von den Energieversorgungsunternehmen transparenter gestaltet werden, ist eine weitere verstärkte Nutzung von Windkraftanlagen gerade auch im industriellen Bereich möglich.

Bei Stromgestehungskosten im Bereich von 7,0 – 63,9 Pf/kWh, abhängig von der mittleren spezifischen Windgeschwindigkeit und der Nennleistung der WKA (vgl. Tabelle 5.32) und anzunehmenden weiter sinkenden Investitionskosten aufgrund technischer Verbesserungen bzw. weiterer Optimierung der Serienfertigung, könnte der Einsatz von Windkraftanlagen auch für gewerbliche Betriebe interessant sein.

Aufgrund der starken Abhängigkeit des erzielbaren Stromgestehungspreises von der mittleren spezifischen Windgeschwindigkeit werden die Marktchancen insbesondere bei denjenigen Industriebetrieben bestehen, welche sich in Gebieten mit mehr als 4 m/s Jahresmittelwert der Windgeschwindigkeit angesiedelt haben, d.h. Gebiete an der Nordseeküste mit den vorgelagerten Inseln, einige Kuppen der Mittelgebirge sowie sämtliche Gebiete, welche durch geländespezifische Besonderheiten eine erhöhte mittlere Windgeschwindigkeit aufweisen.

Der weitere Ausbau der WKA-Technologie wird aber auch davon abhängen, inwieweit die spezifischen Stromgestehungskosten durch verstärkte Serienfertigung und technologische Weiterentwicklungen weiter gesenkt werden können. Hier sind vor allem die Bemühungen zu nennen, die Wirkungsgrade mit technologischen Neuerungen zu erhöhen und die Leistung mit neuen Anlagentypen zu steigern. Interessant sind aber auch Bemühungen, durch konsequente Ausnutzung von Leichtbauweise und Materialeinsparung das Gewicht zu reduzieren, die Lebensdauer zu steigern und somit die Investitionskosten zu reduzieren.

Wasserkraftanlagen

Mit über 18 Mrd. kWh jährlicher Stromerzeugung ist in der Bundesrepublik Deutschland die Wasserkraft mit Abstand die meist genutzte regenerative Energiequelle, wobei über 90 % der Energie durch Großkraftwerke mit einer Leistung von mehr als 1 MW erzeugt werden. Da diese bereits heute ca. 75 % des technisch nutzbaren Wasserkraftpotentials für die Stromgewinnung ausschöpfen und Umweltaspekte einen weiteren Ausbau von Großkraftwerken einschränken, kann mit einem Zubau neuer Großwasserkraftwerke kaum noch gerechnet werden [197]. Demgegenüber gibt es heute aber ein großes Potential stillgelegter Kleinwasserkraftwerke, die von privaten Betreibern nach einer Wieder-Inbetriebnahme mit z.T. nur geringem Aufwand erneut genutzt werden können, was auch für Industriebetriebe durchaus interessant werden könnte.

In Tabelle 6.1 ist dargestellt, wie sich im Zeitraum von 1990 – 1994 die Anzahl der öffentlich und privat betriebenen Wasserkraftwerke verändert hat.

Tabelle 6.1. Zahl der privat und öffentlich betriebenen Wasserkraftwerke

Betreiber	Zahl der Anlagen 1990	1992	1994
öffentlich	649	660	667
privat	3.720	4.031	4.330

Aus Tabelle 6.1 wird deutlich, daß die Zahl der öffentlichen Stromeinspeiser aus Großwasserkraftwerken nahezu unverändert blieb, während die der privaten Betreiber im Zeitraum von 2 Jahren jeweils um 7 – 8 % anstieg. Werden diese Zuwachsraten als Anhaltspunkt für die Rentabilität von Wasserkraftwerken gedeutet, sind deren Marktchancen auch in Zukunft als gut einzuschätzen. Das damit erschlossene – und künftig erschließbare – Stromerzeugungspotential ist allerdings vergleichsweise gering.

Der Grund dafür, daß für diese „Renaissance" der Kleinwasserkraftwerke fast ausschließlich die Reaktivierung von alten Wasserkraftanlagen in Betracht kommt, liegt darin, daß einerseits die Investitionskosten eines vollständigen Neubaus sehr hoch sind und andererseits aufgrund der gegenwärtigen Genehmigungspraxis, bei der die Erteilung einer Genehmigung z.Zt. durchschnittlich 3–5 Jahre dauert, ein Neubau kaum durchsetzbar ist [96]. Wenn keine alten Wasserrechte bestehen, stellt die begrenzte Geltungsdauer neuer Wasserrechte ein Hemmnis dar.

Der Betrieb eines Kleinwasserkraftwerks ist für Industriebetriebe insofern interessant, als die Stromgestehungskosten für Kraftwerke mit einer Nennleistung von mehr als 200 kW bei nur 14,3 Pf/kWh liegen (vgl. Tabelle 5.34), während die Einspeisevergütung bis Nennleistungen von 500 kW 15,36 Pf/kWh (1995) beträgt. Während der Betriebszeiten kann demzufolge der Strom – abhängig vom gültigen Stromtarif – relativ günstig selbst erzeugt werden, und außerhalb der Betriebszeiten wird dieser nach dem Stromeinspeisegesetz vergütet.

Sollten neben dem Stromeinspeisungsgesetz und der Bereitstellung öffentlicher Fördermittel für die Reaktivierung von stillgelegten Wasserkraftwerken weitere politische Entscheidungen getroffen werden, welche die Inbetriebnahme alter Kraftwerke fördern, können die zukünftigen Marktchancen für die industrielle Nutzung der Wasserkraft durchaus als gut bezeichnet werden, wobei dafür lediglich Industriebetriebe in der Nähe von Flußläufen in Frage kommen. Hemmnisse sind vor allem in den rechtlichen Rahmenbedingungen, insbesondere den hohen Umweltschutzauflagen (Restwassernutzung) und den wasserrechtlichen Genehmigungsverfahren nach dem Wasserhaushaltsgesetz zu sehen.

7 Vergleichende Zusammenfassung der Energieumwandlungssysteme

Bei der vergleichenden Zusammenfassung der in Kapitel 5 betrachteten Energieumwandlungssysteme steht ihr möglicher Einsatz in der Industrie im Vordergrund. Konkret betrachtet werden Gas-, Diesel- und Gas-Dieselmotorblockheizkraftwerke, Erd- und Biogasturbinenheizkraftwerke mit Abwärmenutzung, Dampfheizkraftwerke, differenziert nach Feuerungsarten, GuD-Kraftwerke, einerseits zur reinen Stromerzeugung, andererseits mit zusatzgefeuertem Abhitzekessel und Wärmeauskopplung bzw. zirkulierender Wirbelschichtfeuerung beim Einsatz fester biogener Industriereststoffe. Ferner werden Biomasseheizwerke mit Rost- und Unterschubfeuerung sowie Zigarrenbrenner, Kompressions- und Absorptionswärmepumpen, verschiedene Brennstoffzellentypen (AFC, PEMFC, PAFC, MCFC, SOFC), photovoltaische mono- und polykristalline Anlagen sowie Anlagen mit amorphen Modulen und Dünnschichttechnologie sowie solarthermische dezentrale Flach-, Vakuumflach- und Röhrenkollektoren und die zentrale Wärmegewinnung mit saisonalen Wärmespeichern gegenübergestellt, Horizontalachsenkonverter und verschiedene neu zu bauende oder zu reaktivierende Wasserkraftanlagen werden ebenfalls betrachtet.

Für die genannten Technologien werden die Einsatzmöglichkeiten in der Industrie – zur besseren Übersicht in Form von Tabelle 7.1 – klassifiziert und bewertet, wobei die Industrie nach Kapitel 2 in 11 verschiedene Sektoren aufgeteilt wird. Die technischen Grunddaten und Merkmale der Energieumwandlungssysteme werden einerseits durch ein Blockschaltbild sowie deren Leistungsbereich, andererseits durch den einzusetzenden Energieträger, die Qualität der erzeugten Energie und die wichtigsten Kennzahlen dargestellt.

Weiterhin werden auch relevante Schadstoffemissionen, d.h. Luftschadstoffe, Abwasser und Reststoffe, ausgewiesen. In diesem Zusammenhang erfolgt eine Diskussion der möglichen Schadstoffminderungsmaßnahmen, die für eine ökologischere Betriebsweise der Energieumwandlungsysteme sinnvoll vorzusehen wären.

Die Ökonomie der Systeme wird in Investitions- und Betriebskosten aufgeschlüsselt. Als wesentliche Parameter zur wirtschaftlichen Bewertung der Anlage sind darüber hinaus auch die spezifischen Energiegestehungskosten, d.h. Pf/kWh$_{el}$ oder Pf/kWh$_{th}$, angegeben.

In wieweit die Energieumwandlungssysteme optimierbar sind, wird anhand einer Diskussion sowohl technischer und ökologischer als auch ökonomischer Aspekte aufgezeigt. In diesem Zusammenhang erfolgt auch die Bewertung der Zukunftsperspektiven der betrachteten Technologien. Dabei werden die Marktchancen und die Hemmnisse eingeschätzt und beurteilt.

Den Abschluß der Übersicht bildet eine Einschätzung der Prioritäten. Diese ist über die genannten Parameter integriert, wobei die Hauptgewichtungspunkte durchaus variieren. So werden beispielsweise bei der Stromgestehung aus photovoltaischen Anlagen die spezifischen Energiepreise stärker gewichtet als z.B. bei Wind- und Wasserkraftanlagen, bei denen die technische Machbarkeit dieser Technologien im Vordergrund steht.

Tabelle 7.1 zeigt, daß die neuen und bereits am Markt etablierten Systeme prinzipiell zu empfehlen sind. So ist insbesondere im Bereich der neueren konventionellen Energietechnologie der Einsatz von Motorblock- und Dampfheizkraftwerken vor allem auch der Nahrungs- und Genußmittel- sowie der Textilindustrie nahezulegen, sowie im Bereich der Nutzung erneuerbarer Energiequellen die Reaktivierung von Wasserkraftwerken und der Ausbau von Windkraftkonvertern (Standortbestimmung aber unbedingt notwendig) für alle Industriezweige zu empfehlen. Gerade bei den letztgenannten Energiesystemen boomt der Markt, so daß hier mit einem kontinuierlichen Ausbau gerechnet werden kann. Dennoch darf nicht vergessen werden, daß viele kleinere und mittlere Industriebetriebe aufgrund fehlenden Kenntnisstandes trotz ggf. vorhandener Wirtschaftlichkeit die Investitionsbereitschaft zum Betrieb solcher Anlage nicht mitbringen.

Auf der anderen Seite stehen die unter heutigen Bedingungen nur eingeschränkt zu befürwortenden Energiesysteme. So ist z.Zt. die viel umworbene photovoltaische Stromgestehung für die industrielle Anwendungen – in erster Linie aus wirtschaftlichen Gründen – für jeden Einzelfall genau abzuwägen und auszuloten. Denn hier besteht noch – wie bei den Brennstoffzellen – sehr viel Forschungsbedarf, wobei ein Durchbruch dieser Technologie aber langfristig nicht ausgeschlossen werden kann.

8 Abschließende Beurteilung

Im Rahmen der Selbstverpflichtung der deutschen Wirtschaft zur Klimavorsorge ist eine Darstellung und Beurteilung der verschiedenen Energieumwandlungssysteme vorgenommen worden. Dabei sind für die primärenergiesparenden Systeme wie Blockheizkraftwerke, Gasturbinenanlagen, Heizkraftwerke, GuD-Anlagen als auch Biomasseheizwerke sowie Wärmepumpen- (Kompressions- und Absorptionswärmepumpe) und Brennstoffzellenanlagen die wesentlichen Kennzahlen und Daten (v.a. Wirkungsgrade, Leistungsbereich, Qualität der erzeugten Energie, Schadstoffemissionen und deren Minderung, Wirtschaftlichkeitsbetrachtungen und Optimierungsaspekte) herausgearbeitet und der Einsatzbereich unter verschiedenen Randbedingungen klassifiziert worden. Es zeigte sich, daß von diesen Techniken nahezu jede ihre Existenzberechtigung hat, wobei jedoch bei den sehr kleinen Industrieunternehmen Motorblockheizkraftwerken Vorrang einzuräumen ist. Die Energieumwandlungssysteme auf Basis erneuerbarer Energiequellen (Sonne, Wind und Wasser), die in der gleichen inhaltlichen Tiefe wie die primärenergiesparenden Energietechniken behandelt wurden, sind prinzipiell für jede Branche interessant, da hier vorwiegend elektrische Energie „produziert" wird. Dabei ist aber anzumerken, daß – abgesehen von einigen Wasser- und Windkraftwerken – die Nutzung der solaren Energie eher das Prestige und das Image einer Industrie fördern, denn diese Technologien sind vergleichsweise noch kostenintensiv.

Grundsätzliche Hemmnisse für den Einsatz fortschrittlicher Energieumwandlungssysteme bestehen praktisch nicht, abgesehen von Rechtsauflagen, z.T. sehr verschiedenen Genehmigungsauffassungen (z.B. auch für erneuerbare Energiesysteme) und dem Widerstand einiger Bürgerinitiativen. Das heißt, nicht Verfügbarkeiten der Energieumwandlungssysteme beschränken den Markt, sondern vielmehr die Unkenntnis vieler Unternehmen bezüglich der Möglichkeiten zur Ausnutzung der vorhandenen Energiepotentiale.

Neuentwicklungen werden v.a. für die neuen primärenergiesparenden Energieumwandlungssysteme und für photovoltaische Anlagen erwartet. So könnte beispielsweise die Brennstoffzellentechnologie in der chemischen Industrie trotz des Rückgangs der energieintensiven Herstellung von Grundchemikalien ein großes Einsatzgebiet finden. Kurzfristig werden aber von Seiten der Industrie i.d.R. zunächst die Energieoptimierungspotentiale – wie z.B. die verbesserte Leitschaufelregelung bei gasbetriebenen Turbinen oder im Bereich der Werkstoffkunde hochtemperaturfeste Kunststoffe für die Solarenergienutzung – ausgeschöpft. Des weiteren wird auch die bekannte rationelle Energieverwendung in der Industrie, wie z.B. die bereits großtechnisch realisierte Dünnbrammtechnologie, eingesetzt werden. Die energetische Nutzung von Abfällen und Abwässern ließe sich in einigen Bereichen, so z.B. im holzbe- und -verarbeitenden Gewerbe – hier sind gerade auch Verfahren zur Kraft-Wärme-Kopplung mit Sägemehl als Brennstoff in der Entwicklung – auch wirtschaftlich realisieren. Besonders hohe Energieeinsparpotentiale ergeben sich durch das Verschmelzen mehrerer zusammengeschalteter Techniken und Verbraucher. So soll beispielsweise eine Druckerei ca. 35 % Primärenergie und 50 % Kohlendioxid einsparen können. Als Energietechniken dienen dabei 3 Gasturbinen mit Abhitzekessel und Dampfturbine, Abwärmenutzung zur Heizwasserbereitung für das Heizungsnetz sowie Kälteerzeugung in Absorptionsanlagen. Daneben versprechen Energieanlagen mit Komponenten zur Kälteerzeugung (Absorptionsanlagen) zur Klimatisierung und Kühlung eine hohe Energieeffizienz (z.B. im Nahrungs- und Genußmittelgewerbe, in der Pharmaindustrie oder in Krankenhäusern).

Anhang

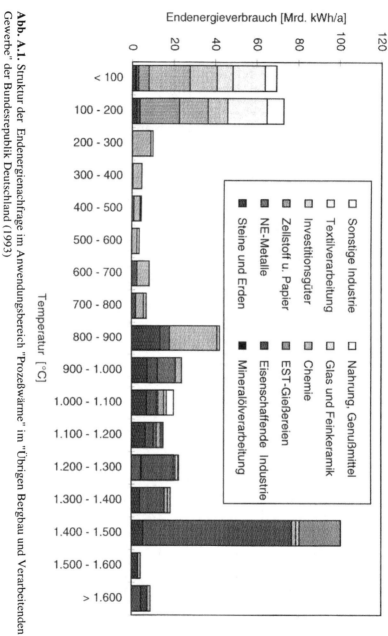

Abb. A.1. Struktur der Endenergienachfrage im Anwendungsbereich "Prozeßwärme" im "Übrigen Bergbau und Verarbeitenden Gewerbe" der Bundesrepublik Deutschland (1993)

Blockheizkraftwerk in Kamen

Ort   : Kamen
Betreiber : Gemeinschafts-
             stadtwerke
             Kamen-Bönen-
             Bergkamen
Hersteller : Siemens KWU

Abb. 1. Blockheizkraftwerk Kamen (Siemens KWU)

Blockheizkraftwerk:

Brennstoff	: Erdgas
Wirkungsgrad	: 89,2 %
Anzahl der Motoren	: 4
Wärmeleistung aus dem Kühlwasser	: 892 kW
Wärmeleistung aus dem Abgas	: 504 kW
el. Leistung	: 840 kW
Vorlauftemperatur des Heizwassers	: 90 °C
Rücklauftemperatur des Heizwassers	: 72 °C

Synchron-Generator:
Leistung : 250 kVA
Drehzahl : 1.500 U/min

Antriebsmotor:
4-Takt-Ottomotor
12 Zylinder V-Motor
Drehzahl: 1.500 U/min

Investitionskosten: ca. 4,5 Mio. DM

Bemerkung: Das BHKW versorgt das Hallenbad und die Gesamtschule in Kamen mit Strom und Wärme.

Blockheizkraftwerk
Uni Bayreuth

Ort   : Bayreuth
Betreiber : Energieversorgung
            Oberfranken AG
Hersteller : Siemens KWU

Abb. 2. Blockheizkraftwerk Bayreuth (Siemens KWU)

Blockheizkraftwerk: Synchron-Generator:
Brennstoff   : Erdgas   Hersteller   : Piller
Heizleistung   : 2 x 794 kW   Leistung   : 580 kVA
el. Gesamtleistung : 2 x 460 kW   Nennspannung   : 400 V
Wirkungsgrad   : 90,7 %

Heizleistung je Modul: Antriebsmotor:
Kühlwasserwärmetauscher : 504 kW   Gas-Ottomotor : 12 Zylinder V-Motor
Abgaswärmetauscher   : 290 kW   Hersteller   : Deutz-MWM
Volumenstrom Heizwasser :   Drehzahl   : 1.500 U/min
19 bis 54 m³/h

Investitionskosten: ca. 3,3 Mio DM

Bemerkung: Das BHKW dient der Wärme- und Stromversorgung der Universität
Bayreuth.

Kombikraftwerk Utrecht

Ort   : Utrecht
Hersteller : ABB Kraftwerke AG

Bemerkung: Die verwendete Gasturbine vom Typ 13 E 2 ist die neueste Entwicklung der Baureihe 13, die seit über 20 Jahren von ABB kontinuierlich entwickelt wird. Zu Anfang stand die Gasturbine 13 B mit einer Leistung von 55 MW.

Abb. 3. Gasturbine GT 13 E 2 (ABB)

		Kombi-Betrieb	Kraftwerksbetrieb
Brennstoff		Erdgas	
Gasturbinenleistung	MW	153,1	141,1
Dampfturbinenleistung	MW	57,6	84,4
Gesamtleistung	MW	210,7	225,5
el. Nettoleistung	MW	208,6	223,1
Heizleistung	MW	188,0	0
Klemmenwirkungsgrad	%	45,2	51,7
Nutzungsgrad	%	85,8	51,7

Kombikraftwerk

Hersteller: ABB Kraftwerke AG

Verbrennung:
Die Verbrennung erfolgt in zwei
Ringbrennkammern, wodurch
ein sehr niedriges Emissions-
niveau erreichbar ist.

Abb. 4. Gasturbine GT 26 (ABB)

Kombikraftwerksbetrieb:

Brennstoff	: Gas
Brutto-Leistung	: 365 MW
el. Wirkungsgrad	: 58,5 %
Frequenz	: 50 Hz

Gasturbine GT 26:

Drehzahl	: 3.000 U/min
Verdichterdruckverhältnis	: 30
Abgastemperatur	: 608 °C
Abgasmassenstrom	: 542 kg/s
NO_X-Emissionen für Gas	: < 25 vppm

Bemerkung: Die Gasturbine ist auch seperat in Gasturbinenkraftwerken verwendbar oder in vom beschriebenen Kombikraftwerk abweichenden Anlagen. Von ABB
werden z.B. Kombikraftwerke im 2-Druck-, 3-Druck- und 3-Druck-System mit
Zwischenüberhitzung angeboten. Die obigen Angaben gelten für 3-Druck-Betrieb
mit Zwischenüberhitzung.

Holzheizwerk

Ort	: Hauzenberg
Betreiber	: Landwirt schaftliche Gesellschaft
Inbetriebnahme	: Februar 1995

Abb. 5. Holzheizwerk in Hauzenberg (C.A.R.M.E.N)

Biomassekessel:

Technik: Stufen-Treppenrostkessel mit zwei Nachbrennkammern und drei Primärzonen. Über eine Schub-stangenaustragung gelangen die Hackschnitzel auf eine Förder-schnecke, von dort übernehmen eine Steilförder- und eine regulierbare Stokerschnecke den Transport zum Ofen.	Brennstoff therm. Leistung max. Holzbedarf	: Holzhackschnitzel : 1 MW : 270 kg/h

Investitionskosten: Die Gesamtkosten für das Blockheizwerk einschließlich eines Nahwärmenetzes, der Bautechnik und der Anschlußkosten der Abnehmer betrugen rd. 2,7 Mio DM.

Bemerkung: Zur Versorgung des Spitzen- und Notbedarfs stehen zwei Heizölkessel zur Verfügung.

Biomasseheizwerk

Ort   : Freihung
Betreiber   : Heizgesell-
               schaft
Inbetriebnahme : Frühjahr 1994

Abb. 6. Biomasseheizwerk in Freihung (C.A.R.M.E.N)

Biomassekessel:

Technik	: Vorofen mit wasserge- kühlter Nach- brennkammer	therm. Leistung	: 500 kW
		Holzbedarf	: 1.800 m³/a
Brennstoff	: Holzhackschnitzel oder spezielle Energiepflan-	Vorlauftemperatur	: 90 °C
		Rücklauftemperatur	: 70 °C

Investitionskosten: Die Gesamtkosten für das Blockheizwerk einschließlich eines Nahwärmenetzes, der Bautechnik und der Anschlußkosten der Abnehmer betrugen rd. 1,2 Mio DM.

Bemerkung: Zum Abdecken der Spitzen- und Notversorgung steht ein Heizölkessel zur Verfügung. Sowohl Wartung und Betrieb der Anlage, als auch die Versorgung mit Biomasse, werden nach Möglichkeit von den Mitgliedern der Gesellschaft übernommen. Zur Zeit werden hauptsächlich Holzhackschnitzel verwendet.

Raps-BHKW

Ort   : Unna-Hemmerde
Betreiber : R. Linden

Abb. 7. Blockheizkraftwerk in Unna (Denaro)

Motor: Festbrennstoffkessel:
Typ   : 6 Zylinder   Brennstoff : Mischung aus Brennstoff-
                   Dieselmotor   pellets und Rapsschrot
Brennstoff   : Rapsöl   Leistung   : 600 kW
therm. Leistung : 440.000 kWh/a   Energieerzeugung pro Jahr:
el. Leistung   : 320.000 kWh/a   1,44 Mio. kWh_{th}

Investitionskosten: rd. 600.000 DM

Bemerkung: Im BHKW wird kaltgepreßtes Rapsöl zur Energieerzeugung verwendet. Der beim Pressen entstehende Rapsschrot wird im Festbrennstoffkessel verfeuert und erzeugt weitere thermische Energie. Der erzeugte Stromüberschuß wird in das öffentliche Netz eingespeist. Nach einer Anlaufphase von vier Jahren soll die Anlage kostendeckend laufen.

Rapsöl-BHKW

Ort   : Hilpoltstein
Betreiber : Stadt Hilpoltstein

Abb. 8. Rapsöl-Blockheizkraftwerk (C.A.R.M.E.N)

Rapsölmodul:

Ty	: 8-Zylinder-Viel-stoffmodul
therm. Leistung	: 210 kW
el. Leistung	: 180 kW
Wärmeerzeugung	: 1.500 MWh/a
Stromerzeugung	: 1.250 MWh/a
Rapsölverbrauch	: 330.000 l/a

Nahwärmenetz:

Länge	: 1,15 km
Anzahl der Wärmeverbraucher	: 8
Anschlußleistung	: 7 - 800 kW
Vorlauftemperatur max.	: 90 - 95 °C
Rücklauftemperatur	: 65 °C

Investitionskosten: Die Gesamtkosten für das Blockheizkraftwerk einschließlich eines Nahwärmenetzes, der Bautechnik und der Anschlußkosten der Abnehmer betrugen 3,6 Mio DM netto.

Bemerkung: Zur Abdeckung der Grundlast wurde noch ein zweites Vielstoffmodul benötigt, das aber aus wirtschaftlichen Gründen durch ein Erdgasmodul ersetzt wurde. Zum Abdecken der Spitzenlast steht ein mit Heizöl betriebener Kessel zur Verfügung.

Zweistufige Gärsiloanlage

Ort   : Teugn
Betreiber : Blümel
Hersteller : TBW GmbH

Abb. 9. Gärsiloanlage (TBW GmbH)

Technische Daten:

Gärvolumen	: 2 x 900 m^3
Betriebstemperatur	: 35 und 55 °C
Schwachgas-Dieselaggregat	: 2 x 150 kW$_{el}$
Leistung	: 4.000 m^3/d

Gärstoffe: getrennt gesammelte organische Siedlungsabfälle, Gras- und Strauchschnitt, Speise- und Fettabfälle

Investitionskosten: ca. 6,5 Mio. DM

Bemerkung: Bei diesem Verfahren handelt es sich um eine kombinierte anaerobe-aerobe Bioabfallbehandlung nach dem TBW-biocomp Verfahren. Während des Betriebs wird der Wärmebedarf vollständig und der elektrische Bedarf zu 40 % gedeckt.

Co-Fermentationsanlage

Ort   : Kürrenberg
Betreiber : Kraft
Hersteller : TBW GmbH

Abb. 10. Co-Fermentationsanlage (TBW GmbH)

Technische Daten:

Fermenter	: 950 m^3
Güllelager	: 5.000 m^3
Betriebstemperatur	: 28 °C
Verweilzeit	: 38 Tage

Leistung : 750 m^3/d
Gärstoffe : Bullengülle, Flotatfette
Gasmotor : 65 kW$_{el}$

Investitionskosten: ca. 350.000 DM

Bemerkung: Der elektrische Eigenbedarf wird mit dieser Co-Fermentationsanlage zu 100 % gedeckt. Es wird geplant, die Energie in einer Brennerei zu nutzen.

Co-Fermentationsanlage

Ort   : Finsterwalde
Hersteller : Schwarting-
Uhde GmbH

Abb. 11. Co-Fermentationsanlage (Schwarting-Uhde GmbH)

Technische Daten:
el. Energie   : 6.800 MWh/a
therm. Energie   : 11.000 MWh/a
Endprodukte:
Biogas   : 3.400.000 m³/a
Kristallines Ammonium-
hydrogencarbonat   : 1.100 t/a
Kompost, Trübwasser

Substratdurchsatz:
Rindergülle   : 40.150 t/a
Abfälle aus Gaststätten und
Großküchen und andere organische
Abfälle   : 13.505 t/a
Schlachthofabfälle : 14.235 t/a
Schweinegülle   : 19.710 t/a

Investitionskosten: ca. 13 Mio. DM

Bemerkung: Die aus dem Biogas gewonnene elektrische und thermische Energie
wird in benachbarten Betrieben genutzt bzw. in das öffentliche Netz eingespeist.

Gas-Absorptionswärmepumpe

Ort   : Iserlohn
Hersteller : AWT Absorptions-
            und Wärmetechnik

Abb. 12. Gas-Absorptionswärmepumpe (AWT)

Technische Daten:

Kältemittel	: Ammoniak
Absorbent	: Wasser
Nennwärmeleistung	: 41,5 kW
Nennwärmebelastung	: 28,6 kW
Heizzahl	: 1,45
Gasart	: Erdgas/
	Flüssiggas

Warme Seite:

Wasserdurchsatz:	: 3,3 m^3/h
Druckverlust:	: 0,2 bar
max. Vorlauftemperatur	: 53 °C

Kalte Seite:

Wasserdurchsatz:	: 3,3 m^3/h
Druckverlust:	: 0,2 bar
min. Eintrittstemperatur:	-5 °C

Investitionskosten: ca. 26.650 DM

Bemerkung: In Verbindung mit verschiedenen Heizungssystemen, wie Fußbodenheizung, NT-Radiatorenheizung, HT-Radiatorenheizung und Luftheizung, ist monovalenter, bivalent-alternativer oder bivalent-paralleler Betrieb möglich.

Elektro-Wärmepumpe

Abb. 13. Wärmepumpe (Stiebel Eltron)

Ort   : Buch a. Erlbach
Betreiber : Privat
Hersteller : Stiebel-Eltron

Betriebsdaten:
Heizleistung   : 2 x 35 kW
Leistungsaufnahme : 2 x 9,9 kW
Typ   : Wasser/Wasser
Betriebsart   : monovalent
Wärmequelle   : Grundwasser

Investitionskosten: ca. 2 x 25.000 DM

Bemerkung: Die Wärmepumpe speist die Fußbodenheizung, mit der eine Fläche von 1.150 m^2 beheizt wird.

Hochtemperatur Brennstoffzelle (SOFC)

Ort   : Erlangen
Betreiber : Siemens KWU
Hersteller : Siemens KWU

Betriebsdaten
Leistung: : 1,8 kW (Zell-
                         stapel)
Betriebstemperatur : ca. 950 °C
Stromdichte: : 100 mA/cm^2
Leistung: : 700 mW/cm^2

Abb. 14. Brennstoffzelle (Siemens KWU)

Material für die Einzelzelle:

Elektrolytmembran :- mit Yttrium stabilisiertes Zirkonoxid (YSZ)
                  - Ionenleitfähigkeit bei 950 °C ca. 0,1 bis 0,16 S/cm
                  - thermischer Ausdehnungskoeffizient 11 x 10^{-6}/K

Elektroden   :- Ionenleitfähigkeit > 10 S/cm
                  - Porösität 40 %
                  - thermischer Ausdehnungskoeffizient 11 x 10^{-6}/K

Kathode   :- Sr-dotiertes LaMnO$_3$

Anode   :- Ni-YSZ-Cermet (40 % Nickel, 60 % YSZ)

Bemerkung: Die Abkürzung SOFC steht für Solid Oxid Fuelcell. Das erste Einsatzgebiet dieses Hochtemperaturbrennstoffzellentyps wird in der dezentralen Energieversorgung im Bereich von etwa 1 MW Leistung gesehen. Es könnte dabei ein
Brennstoff-Nutzungsgrad von 85 % erreicht werden.

Phosphorsaure Brennstoffzelle
(PAFC)

Ort   :Bochum
Betreiber   : EVU
Inbetriebnahme : September
                1992

Abb. 15. Phosphorsaure Brennstoffzelle (Stadtwerke Bochum)

Technische Daten:
Betriebstemperatur : ca. 200 °C
Einsatzstoff   : Erdgas
Maße   : (7,5 x 3,0 x 3,5) m³
Gewicht   : ca. 27 t

Leistungen:
elektrisch: 200 kW
thermisch: 220 kW

Wirkungsgrade
elektrisch: ca. 40 %
thermisch: ca. 45 %

Bemerkung: Die thermische Energie dient der Bereitstellung von Heizwärme für ein Verwaltungsgebäude. Die elektrische Energie wird in das öffentliche Netz eingespeist.
Die Abkürzung PAFC steht für Phosphoric Acid Fuelcell.

Photovoltaikanlage

Ort   : Jülich
Betreiber   : Forschungszentrum
                   Jülich (KFA)
Inbetriebnahme   : September 1993

Abb. 16. Ausschnitt aus der Solarfassade des Forschungszentrums in Jülich (KFA)

Betriebsdaten:

Zellenmaterial	: monokristal-lin	Zellenfläche	: 312 m²
Zellenwirkungsgrad	: 14 %	Ausrichtung	: Südwest/Südost
Modulleistung	: 210 W_P	Neigung	: 90° / 40°
Belegungsgrad	: 73 %	Netzeinspeisung	: nein
Zahl der Elemente	: 220	kalk. Jahresenergie	: 37.000 kWh/a
ges. Modulfläche	: 425 m²		

Bemerkung: Die Anlage dient der elektrisch-autarken Versorgung der betriebseigenen Bibliothek. Die Ausrichtung der einzelnen Elemente ist unterschiedlich, da sowohl Südwestfassaden als auch ein verglaster Übergang in Südost-Ausrichtung und die jeweiligen Dächer zur Installation von Solargeneratoren genutzt wurden. Der überschüssige Energieertrag der Sommermonate wird im Elektrolyseur zur Erzeugung von Wasserstoff als Energiezwischenspeicher genutzt und kann im Winterhalbjahr mit Hilfe von Brennstoffzellen verstromt werden.

Solarfassade

Ort: : Aachen
Betreiber: : STAWAG
Hersteller   : Flachglas Solar-
               technik GmbH,
               Metallbaufirma
               Josef Gartner & Co

Abb. 17. Ausschnitt aus der Solarfassade des
STAWAG-Verwaltungsgebäudes (STAWAG)

Technische Daten

Zellenmaterial:	: polykri-stallines Silizium	Zellengesamtfläche	: 37 m^2
		Anlagengesamtfläche	: 87 m^2
		jährliche Stromerzeugung	: 2.000 kWh
Solarzellenleistung:	: 4,8 kW$_P$		
Anzahl der Solarmodule	: 103		

Bemerkung: Durch die Kombination von Glaselementen und tiefblauen Silizium-
zellen werden sowohl außen als auch innen architektonisch völlig neue Akzente
gesetzt. Um für ausreichende Helligkeit im Treppenhaus hinter der Solarfassade zu
sorgen, mußten neue teilweise lichtdurchlässige Module entwickelt werden.

Netzgekoppelte PV-Anlage

Hülser Bruch

Ort: : Krefeld-Hüls
Betreiber: : Carstanjen GbR
Inbetriebnahme : Dezember 1994

Abb. 18. PV-Anlage Hülser Bruch (Bodo Meyer)

Solarmodul:

Typ:	: BP 585	Nennspannung	: 108 V
Wirkungsgrad:	: 16,5 %	Nennstrom	: 28,3 A
Leistung unter		Kurzschlußstrom der Verschaltung	: 30 A
Nennbedingungen:	: 3.060 Wp	Leerlaufspannung der Verschaltung	: 132,18 V
Anzahl der Module	: 36		
ges. Modulfläche	: 23 m^2		

Investitionskosten: ca. 58.000 DM

Bemerkung: Bei dem Gebäude handelt es sich um das Umweltzentrum Hülser Bruch der Betreibergesellschaft Carstanjen GbR.

Dachintegrierte Photovoltaikanlage

Ort   : Halle,
               Westfalen
Betreiber   : EVU
Inbetriebnahme : April 1994

Abb. 19. Dachintegrierte PV-Anlage

Betriebsdaten:

Zellenmaterial	: polykristallin	Ausrichtung	: Südwest
Zellenwirkungsgrad	: 13 %	Neigung	: 25°
Modulleistung	: 134 W_P	Netzeinspeisung	: ja
Belegungsgrad	: 72 %	kalk. Jahresenergie	: 2.500 kWh/a
Zahl der Module	: 28		
ges. Modulfläche	: 42,6 m^2		

Bemerkung: Beim Neubau eines Verwaltungsgebäudes wurde die Photovoltaikanlage in das Dachoberlicht mit eingebunden. Die Solarzellenflächen verhindern wirkungsvoll eine allzu starke Aufheizung des Flures.

Solar-Werkstattdach

Ort   : Aachen
Betreiber   : STAWAG
Inbetriebnahme : 1992

Abb. 20. Thermische Solaranlage (STAWAG)

Vakuumröhrenkollektordaten:

Anzahl	: 3	
Fläche je Vakuumröhre	: 0,1 m^2	
Kollektorfläche	: 3 m^2	
Gesamtfläche	: 5,3 m^2	
Absorber	: Kupfer	
Wärmeträger	: Alkohol	

jährliche
Wärmeerzeugung : bis 3.500 kWh
Speicherinhalt   : 800 l

Bemerkung: Für den Fall einer nicht ausreichenden Sonneneinstrahlung steht ein Gas-Brennwertgerät bereit, um die Warmwasserversorgung sicherzustellen. Bis zu 55 % des Energiebedarfs für die Warmwasserversorgung kann aus der Solarenergie gewonnen werden.

Thermische Haussolaranlage

<u>Ort</u>   : Wettringen
<u>Betreiber</u> : Privat
<u>Hersteller</u> : Solar Diamant

Abb. 21. Thermische Solaranlage (Solar Diamant)

<u>Kollektor:</u>
Hochleistungkollektor in senkrechter Ausführung mit Kupfer-Alu-Verbund-Absorber. Der Absorber ist mit einer selektiven Beschichtung versehen. Die äußeren Maße eines Kollektors betragen:
(2000 x 1132 x 90) mm^3.

<u>Speicher:</u>
Der Speicher ist als Thermosyphonspeicher ausgelegt und besitzt einen Rauminhalt von 350 l. Als Wärmeträger zwischen Kollektor und Speicher dient eine biologisch abbaubare Solarflüssigkeit.

<u>Investitionskosten:</u> Die Kosten für Kollektor, Speicher und Montagematerial betragen ca. 11.000 DM bei Eigenmontage. Die Kosten können sich aufgrund von Förderungsmaßnahmen von Bund, Ländern und Gemeinden deutlich verringern.

<u>Bemerkung:</u> Eine einfache Koppelung mit der bestehenden Heizungsanlage ist möglich. Die Solaranlage deckt ca. 60 % des jährlichen Energiebedarfs für die Warmwasserbereitung.

Hochleistungs-Flachkollektor

Ort   : Holzminden
Betreiber : Privat
Hersteller : Stiebel Eltron

Abb. 22. Thermische Solaranlage (Stiebel Eltron)

Kollektor (ein Modul):

Anzahl	: 3
Absorberfläche	: 1,77 m^2
Gesamtfläche	: 2 m^2
Leistung	: bis 1.430 W
Stillstandstemperatur	: 201 °C
Druckverlust	: 4 mbar

Speicher:

Inhalt	: 290 l
max. Betriebstemperatur	: 95 °C
Bereitschaftsenergieverbrauch	: 2,2 kWh/d
Wärmeträger	: Wasser-Glykol Gemisch

Investitionskosten: ca. 9.000 DM für ein Set aus drei Kollektoren und einen Speicher

Bemerkung: Der durchschnittliche tägliche Warmwasserbedarf einer vierköpfigen Familie beträgt ca. 150 l bei 45 °C. Um 60 % der dafür benötigten Energiemenge bereitzustellen, werden drei Kollektoren der oben beschriebenen Bauart benötigt.

Flachkollektor FK 100

Ort   : Nürnberg
Betreiber : Privat
Hersteller : AEG

Abb. 23. Ausschnitt einer thermische Solaranlage (AEG)

Kollektordaten (ein Modul):

Gesamtfläche	: 1,75 m^2	Länge	: 2.372 mm
Absorberfläche	: 1,62 m^2	Breite	: 739 mm
Leistung	: bis 1.200 W	Höhe	: 100 mm
Stillstandstemperatur	: 160 °C	Leergewicht	: 44 kg
Absorber	: Kupfer, selek-	Glaswandstärke	: 4 mm
	tiv beschichtet	Kollektorinhalt	: 1,35 l

Investitionskosten: ca. 1.279 DM

Bemerkung: Die Kollektoren sind als montagefertige Module ausgeführt und können entweder auf dem Dach oder im Dach montiert werden. Die Montage im Dach bietet den Vorteil einer besseren Wärmedämmung der Rückseite der Module und somit eine höhere Leistung.

Ventis Windenergiekonverter V 12

Ort   : Wilhelmshaven
Betreiber : Deutsches-Windenergie-
             Institut (DWI)
Hersteller : Ventis

Betriebsdaten:
Nennleistung   : 500 kW
Leistungsregelung : Blattwinkelver-
                     stellung (Pitch)
Turmhöhe   : 53,5 m

Abb. 24. Windkraftanlage Ventis V12 (Ventis)

Rotor:
Anzahl der Rotorblätter : 2
Durchmesser   : 40 m
Rotorfläche   : 1.257 m^2
Drehzahl   : 34 U/min

Generator:
Typ   : Asynchron 690 V, 4-polig
Drehzahl : 1.500 U/min
Leistung : 500 kW

Investitionskosten: ca. 770.000 DM (Masthöhe: 53,5 m)

Bemerkung: Die Rotorblätter bestehen aus glasfaserverstärktem Kunststoff (GFK) und besitzen eine höhere spezifische Festigkeit als geschweißter Stahl. Ein weiterer Vorteil des eingesetzten Materials besteht in der geringen Wahrscheinlichkeit eines Blitzeinschlags.

Tacke Windenergiekonverter TW 600 e

Ort   : Utgast
Hersteller: Tacke Windtechnik

Betriebsdaten:
Nennleistung   : 600 kW
Leistungsregelung : Strömungsab-
                    riß (Stall)
Einschaltgeschw. : 3 m/s
Abschaltgeschw.   : 20 m/s
Überlebensgeschw.: 55,8 m/s

Abb. 25. Windkraftanlage TW 600 e (Tacke)

Rotor:
Anzahl der Rotorblätter : 3
Durchmesser   : 46 m
Rotorfläche   : 1.662 m^2
Drehzahl   : gestuft, 18
                    oder 24 U/

Generator:
Typ   : Asynchron, 6/4 Pole,
            umschaltbar
Leistung : 200 kW oder 600 kW,
            690 V, 3 Phasen,
            50/60 Hz

Investitionskosten: Turmhöhe 60 m: ca. 1.098.000 DM

Bemerkung: Im Lieferumfang sind die Windkraftanlage, die Trafostation, die Niederspannungsverkabelung zwischen Windkraftanlage und Trafostation, die Anlieferung, die Krangestellung, die Montage und die Inbetriebnahme enthalten.

Windenergiekonverter TW 1.5

Ort   : Utgast
Hersteller: Tacke Windtechnik

Betriebsdaten:
Nennleistung   : 1.500 kW
Leistungsregelung : Blattwinkelein-
                    stellung (Pitch)
Einschaltgeschw.   : 4 m/s
Abschaltgeschw.   : 25 m/s
Überlebensgeschw.: 65 m/s

Abb. 26. Windkraftanlage TW 1,5 (Tacke)

Rotor:
Anzahl der
Rotorblätter   : 3
Durchmesser   : 65 m
Rotorfläche   : 3.318 m^2
Drehzahl   : variabel,
                   14 - 20 U/min

Generator:
Typ   -   : Drehstrom-Asynchron-
             Schleifringläufer
Leistung : 1.500 kW, 50/60 Hz

Investitionskosten: Nabenhöhe 67 m: ca. 2.888.000 DM

Bemerkung: Der Lieferumfang beinhaltet Windkraftanlage, Trafostation, Niederspannungsverkabelung zwischen Trafostation und Windkraftanlage, Anlieferung,
Krangestellung, Montage und Inbetriebnahme.

Turas-Wasserrad

Abb. 27. Turas-Wasserrad (Bega)

Kenndaten:		Ort : Warendorf
Raddurchmesser	: 4,73 m	Betreiber : Klärwerk
Radbreite	: 1,5 m	Hersteller : Bega Wasserkraftanlagen
Schaufelzahl	: 40	
Material	: Edelstahl	
Drehzahl	: 5,7 U/min	Generator:
max. Umfangsgeschwindigkeit	: 1,41 m/s	400 V Asynchron 8-polig, 14 kW
Getriebe	: Planeten-	
	getriebe	
max. Wirkungsgrad	: 77 %	

Bemerkung: Im Vergleich zur Turbine lohnt sich der Einsatz von Wasserrädern bei kleinen Leistungen und bei verschmutzten Gewässern. Gründe hierfür sind die robuste Bauart und die langsame Drehzahl. Um übliche Generatordrehzahlen zu erreichen, ist ein dreistufiges Getriebe erforderlich.

Pleußmühle in Düren

Abb. 28. Wasserrad in Düren (SWD)

<u>Kenndaten Mühlrad:</u>

Typ	: Mittelschlächtiges
	Zuppinger Wasserrad
Durchmesser	: 7,5 m
Radbreite	: 2,0 m
Drehzahl	: 3,5 U/min
Gefälle	: 2,8 m
Jahresarbeit	: 250.000 kWh
Volumenstrom	: 2 m^3/s
Generator	: Asynchron, 30 kW

<u>Ort</u>   : Düren
<u>Betreiber</u>   : Stadtwerke Düren
                 GmbH
<u>Inbetriebnahme</u>: Juli 1992

<u>Kenndaten Schaufeln:</u>
Material   : Lärchenholz
Anzahl   : 48
Gesamtfläche: 212 m^2

<u>Investitionskosten</u>: ca. 760.000 DM

<u>Bemerkung</u>: Bei der Pleußmühle handelt es sich um ein reaktiviertes Wasserkraftwerk an einem Ort, an dem schon seit vielen Jahrhunderten die Wasserkraft genutzt wird. Das Generatorhaus ist auf zwei Seiten großzügig verglast, um Einblick in die Technik zu gewähren.

Wasserkraftwerk Stütings' Mühle

Ort   : Belecke
Betreiber : Bernhard Wiethoff
Hersteller: Das Wasserrad wurde
            in Eigenarbeit
            hergestellt

Abb. 29. Wasserkraftwerk Stütings' Mühle (Wiethoff)

Kenndaten Francis-Turbine:

Volumenstrom : 0,85 m^3/s
Fallhöhe   : 3,5 m
Leistung   : max. 28 kW

Kenndaten Wasserrad:

Raddurchmesser : 4,5 m
Radbreite   : 1,5 m
Schaufelzahl   : 36
Drehzahl   : 20 U/min
Leistung   : 11 kW

Investitionskosten: Überholung von Generator und Turbine inklusive eines neuen Horizontalgatters: ca. 140.000 DM

Bemerkung: Das Wasserrad dient zum Antrieb eines Horizontalgatters, die Francis-Turbine zur Stromerzeugung, der Strom wird in das Netz der VEW eingespeist.
Die Leistungs- und Drehzahlangaben gelten für die Auslegungsdaten.
Die Wartung der Anlage wird in Eigenarbeit durchgeführt.

Wasserkraftwerk Haimhausen

Ort   : Haimhausen
Betreiber : Elektrizitätswerk
          G. Haniel v. Haim-
          hausen

Abb. 30. Wasserkraftwerk Haimhausen (Elektrizitätswerk G. Haniel von Haimhausen)

Kenndaten Turbine:

Typ	: Kaplan-A-Rohrtur-	Betriebsdrehzahl	: 500 U/min
	bine	Turbinenleistung	: 332 bzw. 287,5 kW
Anzahl	: 2	Anzahl der Flügel	: 4
Hersteller	: Kössler GmbH	Laufraddurchmesser	: 1,9 m
Nettofallhöhe	: 2,75 bzw. 2,33 m		

Wasserstrom : 14 m³/s

Investitionskosten: ca. 6 Mio. DM

Bemerkung: Seit Dezember 1987 liefert das Kraftwerk Strom für die Orte Haimhausen, Ottershausen, Inhausen und Maisteig. In Verbindung mit drei weiteren
Kraftwerken sind die genannten Orte in der Lage, ca. 45 % des jährlichen Strombedarfs aus eigenen Kraftwerken zu decken, d.h. ohne Zugriff auf das vorhandene
Verbundnetz zu nehmen.

Literatur

[1]   Arbeitsgemeinschaft Energiebilanzen e.V.: Energiebilanz der Bundes-
        republik Deutschland 1993, Vorabinformationen. Verlags- und Wirtschafts-
        gesellschaft der Elektrizitätswerke mbH (VWEW), Frankfurt, 1996

[2]   RWE Energie AG, Abteilung Anwendungstechnik: Energieflußbild der Bun-
        desrepublik Deutschland 1993 (alte Bundesländer). RWE Energie AG, Ab-
        teilung Anwendungstechnik, Essen, 1996

[3]   Lipphold, W. et al.: Mehr Zukunft für die Erde, Nachhaltige Energiepolitik
        für dauerhaften Klimaschutz, Schlußbericht der Enquete-Kommission
        "Schutz der Erdatmosphäre" des zwölften Deutschen Bundestages.
        Economica Verlag, Bonn, 1995

[4]   Geiger, B.: Struktur und Analyse des Energieverbrauchs im Kleinverbrauch
        der BRD und DDR als Ausgangsbasis für die Verbrauchsentwicklung in den
        alten und neuen Bundesländern, IKARUS-Bericht 5-03 zum Teilprojekt 5
        "Haushalte und Kleinverbraucher". Forschungszentrum Jülich GmbH, Jülich,
        1995

[5]   Bradke, H.: Potentiale und Kosten der Treibhausgasminderung im Industrie-
        und Kleinverbrauchsbereich (Studienkomplex B 3), Bericht für die Enquete-
        Kommission "Schutz der Erdatmosphäre" des Deutschen Bundestages.
        Fraunhofer-Institut für Systemtechnik und Innovationsforschung (FhG-ISI),
        Karlsruhe, 1994

[6]   Hofer, R.: Analyse der Potentiale industrieller Kraft-Wärme-Kopplung,
        1.Auflage 1994. Resch Media Mail Verlag, München, 1994

[7]   Schildhauer, J.: Energieverbrauch der Investitionsgüter- und Nahrungs- und
        Genußmittelindustrie der alten Bundesländer, IKARUS-Bericht zum Teil-
        projekt 6 "Industrie". Forschungsstelle für Energiewirtschaft München,
        München, 1993

[8]   Petrick, L.; Obst, G.: Textteil für ausgewählte Technologien und Branchen, IKARUS-Bericht zum Teilprojekt 6 "Endenergie Industrie" im Auftrag des Fraunhofer-Instituts für Systemtechnik und Innovationsforschung (ISI). GEU mbH Leipzig, Leipzig, 1993

[9]   Statistisches Bundesamt: Statistisches Jahrbuch 1995 für die Bundesrepublik Deutschland. Metzler Poeschel Verlag, Wiesbaden, 1996

[10]   Bradke, H. et al.: Rationelle Energienutzung. Brennstoff, Wärme, Kraft, Bd. 46, Nr. 4, April 1994, S. 158-166, 1994

[11]   Masuhr, K.P. et al.: Energieprognose bis 2010, Die energiewirtschaftliche Entwicklung der Bundesrepublik Deutschland bis zum Jahre 2010. mi-Poller, Stuttgart, 1990

[12]   Landesamt für Datenverarbeitung und Statistik des Landes Nordrhein-Westfalen: Abfallentsorgung im Produzierenden Gewerbe und in den Krankenhäusern in Nordrhein-Westfalen 1990. Landesamt für Datenverarbeitung und Statistik des Landes Nordrhein-Westfalen, Düsseldorf, 1993

[13]   Gernhardt, D.; Mohr, M.; Ziolek, A.; Unger, H.: Thermisch verwertbares Restholz der hozbe- und -verarbeitenden Betriebe im VEW-Versorgungsgebiet. Richard Boorberg Verlag, Stuttgart, 1995

[14]   Landesamt für Datenverarbeitung und Statistik des Landes Nordrhein-Westfalen: Bergbau und Verarbeitendes Gewerbe in Nordrhein-Westfalen, Unternehmens- und Betriebsergebnisse. Landesamt für Datenverarbeitung und Statistik des Landes Nordrhein-Westfalen, Düsseldorf, 1995

[15]   Gernhardt, D.; Mohr, M.; Skiba, M.; Unger, H.: Erstellung von Modellgemeinden sowie Darstellung elektrischer und thermischer Lastganglinien für Nordrhein-Westfalen. Sechster Technischer Fachbericht zum Forschungsvorhaben "Analyse von Möglichkeiten zur praktischen Solarenergienutzung und deren Entwicklungsperspektiven in Nordrhein-Westfalen". Lehrstuhl für Nukleare und Neue Energiesysteme (NES), Ruhr-Universität Bochum, Bochum, 1993

[16]   Verband der Industriellen Energie- und Kraftwirtschaft e.V.: Umweltrecht für Energieanlagen. Verlag Energieberatung GmbH, Essen, 1986

[17]   Büdenbender, U.: Handbuchreihe Energie, Band 15: Energierecht, eine Darstellung des gesamten öffentlichen Rechts der Energieversorgung. Verlag TÜV Rheinland, Köln, 1982

[18]   Suttor, K.-H.; Suttor, W.: Handbuch Kraft-Wärme-Kopplung. Verlag C.F. Müller, Karlsruhe, 1991

[19]   von Köller, H.: Kreislaufwirtschafts- und Abfallgesetz. Erich Schmidt Verlag GmbH & Co., Berlin, 1996

[20]   Bundesverband Junger Unternehmer (BJU): BJU-Umweltschutz-Berater: Handbuch für wirtschaftliches Umweltmanagement in Unternehmen. Deutscher Wirtschaftsdienst, Köln, 1996

[21]   Scholl, S.: Kreislaufwirtschafts- und Abfallgesetz. Energiewirtschaftliche Tagesfragen (et), Heft 11/96, S. 740-742, 1996

[22]   Ruhrkohle AG: Ruhrkohlen Handbuch. Verlag Glückauf GmbH, Essen, 1984

[23]   Fritsche, U.; Leuchtner, J.; Matthes, F.C.; Rausch, L.; Simon, K.-H.: Gesamt-Emissions-Modell Integrierter Systeme (GEMIS), Version 2.0. Hessisches Ministerium für Umwelt, Energie und Bundesangelegenheiten, Wiesbaden, 1993

[24]   Bohn, T.: Handbuchreihe Energie, Band 5: Grundlagen der Energie- und Kraftwerkstechnik. Verlag TÜV Rheinland, Köln, 1982

[25]   Schiffer, H.-W.: Deutscher Energiemarkt '95. Energiewirtschaftliche Tagesfragen, 46. Jg., Nr. 3, S. 150-163, Essen, 1996

[26]   Schiffer, H.-W.: Deutscher Energiemarkt '94. Energiewirtschaftliche Tagesfragen, 45. Jg., Nr. 3, S. 144-165, Essen, 1995

[27]   Landesamt für Datenverarbeitung und Statistik des Landes Nordrhein-Westfalen: Energiebilanz 1992. Landesamt für Datenverarbeitung und Statistik des Landes Nordrhein-Westfalen, Düsseldorf, 1992

[28]   Deutsche Kohle Marketing GmbH: Preisliste Industrie. Deutsche Kohle Marketing GmbH, Dortmund, 1993

[29]   Statistisches Bundesamt: Preise und Preisindizes für gewerbliche Produkte (Erzeugerpreise), Fachserie 17, Reihe 2. Statistisches Bundesamt, Wiesbaden, 1995

[30]   Mohr, M.; Skiba, M.; Gernhardt, D.; Ziolek, A.; Unger, H.: Empfehlungen zum Ausbau kostenminimaler Kombinationen erneuerbarer Energien - erar-

beitet für vier Typen von Modellgemeinden. Zehnter Technischer Fachbericht zum Forschungsvorhaben IV B3 258002 "Analyse von Möglichkeiten zur praktischen Solarenergienutzung und deren Entwicklungsperspektiven in Nordrhein-Westfalen". Ruhr-Universität Bochum RUB E-86, Bochum, 1994

[31]   RWE Energie AG: Allgemeiner Tarif für die Versorgung mit elektrischer Energie aus dem Niederspannungsnetz der RWE Energie Aktiengesellschaft, gültig ab 01.03.1994. RWE Energie AG, Essen, 1994

[32]   VEW AG: Strompreise für die Versorgung mit elektrischer Energie aus dem Niederspannungsnetz, gültig ab 01.10.1994. VEW AG, Dortmund, 1994

[33]   Veba Fernheizung Gelsenkirchen Buer GmbH: Preisliste. Veba Fernheizung Gelsenkirchen Buer GmbH, Gelsenkirchen, 1995

[34]   Dortmunder Energie- und Wasserversorgung GmbH: Verschiedene Musterverträge zur Bereitstellung der in Mittelspannung gemessenen elektrischen Energie. Dortmunder Energie- und Wasserversorgung GmbH, Dortmund, 1995

[35]   Frühwald, A.; Thoroe, C.: Verwertung von Holz als umweltfreundlichen Energieträger. Bundesforschungsanstalt für Forst- und Holzwirtschaft, Hamburg, 1993

[36]   Seeger, K.: Energietechnik in der Holzverarbeitung. DRW-Verlag, Tübingen, 1989

[37]   Körner, H.: Kostenkalkulation aus der Sicht eines Unternehmers. Der Wald Berlin, 43. Jg., Nr. 10, S. 349-352, Berlin, 1993

[38]   Hofmann, R.: Vorkalkulation von Unternehmermaschinen. Forst und Technik, Heft 5/94, S. 12ff., Essen, 1994

[39]   Hartmann, H.: Zukunft der biogenen Festbrennstoffe: Holz- oder Halmgut? BWK, Bd. 47, Nr. 6, S. 255-258, Tübingen, 1989

[40]   Kaltschmitt, M.; Wiese, A.: Erneuerbare Energieträger in Deutschland, Potentiale und Kosten. Springer-Verlag, Berlin, Heidelberg, New York, London, Paris, Tokio, Barcelona, 1993

[41]   Krumbeck, M.; Meschgbiz, A.: Combined Combustion of Biomass and Brown Coal in a Pulverized Fuel and Fluidized Bed Combustion Plant. RWE Energie, Zentralbereich Fossil gefeuerte Kraftwerke, Forschung und Entwicklung Sonderanlagen (KF-FS), Essen, 1995

[42]   Oster, W.; Schweiger, P.: Informationen für die Pflanzenproduktion, Ergebnisse dreijähriger Anbauversuche mit Schilfpflanzen. Landesanstalt für Pflanzenbau Forchheim, Rheinstetten, 1992

[43]   Strehler, A.: Stroh- und Holzverfeuerung zur Wärmegewinnung. BWK, Bd. 41, Nr. 3, S 113-119, März 1989

[44]   Gericke, B.; Löffler, J.C.; Perkavec, M.A.: Biomasseverstromung durch Vergasung und integrierte Gasturbinenprozesse. VGB Kraftwerkstechnik, Heft 7, 1994

[45]   Kuratorium für Technik und Bauwesen in der Landwirtschaft e.V.: KTBL-Taschenbuch Landwirtschaft. Kuratorium für Technik und Bauwesen in der Landwirtschaft e.V. (KTBL), Darmstadt, 1995

[46]   Gerstenkorn, B.: Kosten-Nutzen-Untersuchung, "Anbau und Thermische Verwertung von Biomasse". Bundesforschungsanstalt für Betriebswirtschaft, Braunschweig-Völkenrode, 1992

[47]   Kleemann, M.; Meliß, M.: Regenerative Energiequellen. Springer-Verlag, Berlin, Heidelberg, New York, London, Paris, Tokio, Hong Kong, Barcelona, Budapest, 1993

[48]   Wenner, H.-L.: Landtechnik Bauwesen Teil A, Grundlagen. Landtechnik Weihenstephan, Weihenstephan, 1980

[49]   Wenner, H.-L.: Landtechnik Bauwesen Teil B, Verfahrenstechniken. Landtechnik Weihenstephan, Weihenstephan, 1980

[50]   uve GmbH Berlin und Gladbeck; Emscher Lippe Agentur GmbH: Kooperation zum Aufbau einer Retroproduktion für Altholz, Systeme für Technik und Logistik, Vorschläge für die betriebliche Praxis. uve GmbH Berlin und Gladbeck; Emscher Lippe Agentur GmbH, Gladbeck, 1994

[51]   Meliß, M.: Regenerative Energiequellen. Brennstoff - Wärme - Kraft (BWK), Bd. 48, Nr. 4, S. 54-61, 1996

[52]   Informationszentrale der Elektrizitätswirtschaft e.V.: Die Erneuerbaren, Strom und Wärme aus regenerativen Energien. VWEW - Verlags- und Wirtschaftsgemeinschaft der Elektrizitätswerke mbH, 1994

[53]   Informationszentrale der Elektrizitätswirtschaft e.V.: Die Erneuerbaren. Informationszentrale der Elektrizitätswirtschaft e.V. IZE, Köln, 1995

[54]   Köttner, M.: Biogas - Nutzung und Potential in Europa. Deutscher Kongress Erneuerbare Energie '95, Tagungsband, WINKRA-RECOM Messe- und Verlags-GmbH, 1990

[55]   Braun, R.: Biogas - Methangärung organischer Abfälle. Springer-Verlag, Berlin, Heidelberg, London, Tokio, 1982

[56]   Osterroth, D.: Biomasse, Rückkehr zum ökologischen Gleichgewicht. Springer-Verlag, Berlin, Heidelberg, London, Tokio, 1992

[57]   Bachofen, R.; Snozzi, M.; Zürrer, H.: Biomasse. Pfriemer-Verlag, 1981

[58]   Umweltamt, Fachgebiet III 2.2: Abfallwirtschaft und Altlasten. Umweltbundesamt im Auftrag des Bundesministers für Forschung und Technologie, 1990

[59]   Meßner, H.: Düngewirkung anaerob fermentierter und unbehandelter Gülle. Dissertation am Lehrstuhl für Pflanzenernährung der Universität München, 1988

[60]   Steinmetz, W.; Mißbach, B.; Gärtner, S.: Die biologische Wärmepumpe - ein Beispiel der Kraft-Wärme-Kopplungen - mit einem Biogasmotor - ein Durchbruch zur Erhöhung des Wirkungsgrades von Biogasanlagen, in "Einbindung erneuerbarer Energien in die Energieversorgung", Symposium 1./2. Oktober 1990 in der Technischen Universität Berlin. Forum für Zukunftsenergien e.V., 1990

[61]   Weiland, P.: Erfahrungen mit der Verwertung biogener Abfälle zur Biogaserzeugung in Deutschland. Umweltbundesamt Wien, 1995

[62]   Kost, U.: Neues Leben aus dem Abfall, Chancen und Konzepte für eine ökologische Kompostierung in den Kommunen. Dreisam-Verlag, 1987

[63]   Landesamt für Datenverarbeitung und Statistik: Allgemeine Viehzählung. Landesamt für Datenverarbeitung und Statistik, 1990

[64]   Klaiß, H.; Langniß, O.; Nitsch, J.; Voigt, C.; Amann, T.; Straub, G.: Umwelt-
        verträgliches und zukunftsorientiertes Energieversorgungskonzept für die
        Stadt Güstrow. DLR Stuttgart, Abt. Systemanalyse und Technikbewertung,
        TÜV Bayern Sachsen, Sparte Energietechnik, 1993

[65]   Böhnke, M.: Handbuch der Anaerobtechnik. Arbeitsgemeinschaft Techni-
        scher Verlag Taunusstein, 1993

[66]   Kordes, B.: Berechnung der Energiebilanz von Kläranlagen unter Berück-
        sichtigung zeitlicher Schwankungen. Institut für Siedlungswasserwirtschaft,
        Universität Karlsruhe, 1987

[67]   Habeck-Tropfke, H.-H.; Habeck-Tropfke, L.: Müll- und Abfalltechnik. Wer-
        ner-Verlag, 1985

[68]   Deutsches Institut für Wirtschaftsforschung (DIW); ARENHA Ingenieur-
        gesellschaft für Energie- und Entsorgungstechnik: Internationale Konventi-
        on zum Schutz der Erdatmosphäre sowie Vermeidung und Reduktion energie-
        bedingter klimarelevanter Spurengase, Studienkomplex A.2.4. Biomasse.
        Enquete-Kommission des Deutschen Bundestages "Vorsorge zum Schutz
        der Erdatmosphäre", 1989

[69]   Fröhlich, C.: The Solar Constant: A Critical Review. in: Bolla, H.-J.: Radia-
        tion in the Atmosphere. Science Press, Princeton, S. 589-593, 1977

[70]   Iqbal, M.: An Introduction to Solar Radiation. Academic Press, 1983

[71]   Thekaekara, M.P.: Solar Energy Outside the Earth´s Atmosphere. Solar
        Energy, Vol. 22, pp. 63-68, 1979

[72]   Kasten, F.; Dehne, K.; Behr, H.D.; Bergholter, U.: Die räumliche und zeitli-
        che Verteilung der diffusen und direkten Sonneneinstrahlung in der Bundes-
        republik Deutschland. Deutscher Wetterdienst, Meteorologisches Observa-
        torium Hamburg, 1984

[73]   Foitzik, L.; Hinzpeter, H.: Sonnenstrahlung und Lufttrübung. Akademische
        Verlagsgesellschaft Geest u. Portig K.-G., Leipzig, 1958

[74]   Linke, F.: Linkes Meteorologisches Taschenbuch, Neue Ausgabe, III. Band.
        Akademische Verlagsgesellschaft Geest u. Portig K.-G., Leipzig, 1957

[75]   Schulze, R.W.: Strahlenklima der Erde. Dr. Dietrich Steinkopf Verlag, Darm-
        stadt, 1970

[76]   Löf, G.O.G.; Duffie, J.A.; Smith, C.O.: World Distribution of Solar Radiation. Engineering Experiment Station Report No. 21, The University of Wisconsin, Madison, 1965

[77]   Kasten, F.; Golchert, H.-J.; Dogniaux, R.; Lemoine, M.: Atlas über die Sonnenstrahlung Europas, Band I: Globalstrahlung auf die horizontale Empfangsebene, Zweite verbesserte und erweiterte Auflage. Hrsg.: Palz, W., Kommission der Europäischen Gemeinschaft, Verlag TÜV Rheinland, 1984

[78]   Skiba, M.; Mohr, M.; Unger, H.: Klimatische Rahmenbedingungen für die direkte Nutzung der Solarenergie zur Erzeugung elektrischer Energie. Tagungsband renergie ´94, Hamm, S. 203-219, 1994

[79]   Landesanstalt für Umweltschutz Baden-Württemberg: Solar- und Windenergieatlas Baden-Württemberg. Umweltministerium Baden-Württemberg, Dezember 1994

[80]   Bayerisches Staatsministerium für Wirtschaft und Verkehr: Bayerischer Solar- und Windenergieatlas. Bayerisches Staatsministerium für Wirtschaft und Verkehr, 1992

[81]   Skiba, M., Mohr, M., Unger, H.: A Simple Model for Estimation Monthly Mean Daily Sums of Solar Irradiation and Its Local Distribution. Preprint, International Journal of Energy Research, 1998

[82]   Deutscher Wetterdienst, Meteorologisches Observatorium Hamburg: Ergebnisse von Strahlungsmessungen in der Bundesrepbublik Deutschland sowie von speziellen Meßreihen am Meteorologischen Observatorium Hamburg, Nr. 14, 1989

[83]   Beyer, H.G.; Luther, J.; Steinberger-Willms, R.: Coupling Distributed PV Arrays to a Mains Grid - Simulation Calculations at High Penetration Rates. Proc. 9th E.C. Photovoltaic Solar Energy Conference, Freiburg, 25.-29. September 1989

[84]   Beyer, H.G.; Luther, J.; Steinberger-Willms, R.: Reduction of Fluctuations in Lumped Power Output from Distantly Spaced PV Arrays. Proc. ISES Solar World Congress, Denver, 1991

[85]   Beyer, H.G.; Luther, J.; Steinberger-Willms, R.: Zur Analyse räumlich verteilter Solar- und Windenergiesysteme. Proc. 8th Internationales Sonnenforum, Berlin, 1992

[86]   Beyer, H.G.; Reise, C.; Wald, L.: Utilization of Satellite Data for the Assessment of Large Scale PV Grid Integration. Proc. 11th European Photovoltaic Solar Energy Conference, Montreux, 1992

[87]   Diabate, L.; Moussu, G.; Wald, L.: Description of an Operational Tool for Determining Global Solar Radiation at Ground Using Geostationary Satellite Images. Solar Energy, Vol. 42, No. 3, pp. 201-207, 1989

[88]   Hay, J.E.; Davies, J.A.: Calculation of the Solar Radiation Incident on an Inclined Surface. Proc. 1st Canadian Solar Radiation Data Workshop, Toronto, 1980

[89]   Liu, B.; Jordan, R.: The Long-Term Average Performance of Flat-Plate Energy Collectors. Solar Energy, Vol. 7, p. 53, 1963

[90]   Klucher, T.M.: Evaluation of Models to Predict Insolation on Tilted Surfaces. Solar Energy, Vol. 23, pp. 111-114, 1979

[91]   Temps, R.C.; Coulson, K.L.: Solar Radiation upon Slopes of Different Orientations. Solar Energy, Vol. 19, No. 2, pp. 179-184, 1977

[92]   Perez, R.: A New Simplified Version of the Perez Diffuse Irradiation Model for Tilted Surfaces. Solar Energy, Vol. 39, No. 3, pp. 221-231, 1987

[93]   Blümel, K.; Hollan, E.; Kähler, M.; Peter, R.; Jahn, A.: Entwicklung von Testreferenzjahren (TRY) für Klimaregionen der Bundesrepublik Deutschland, Forschungsbericht T 86-051. Bundesministerium für Forschung und Technologie, Juli 1986

[94]   DIN Deutsches Institut für Normung e.V.: DIN 4710: Meteorologische Daten zur Berechnung des Energieverbrauchs von heiz- und raumlufttechnischen Anlagen. Beuth Verlag GmbH, Berlin, November 1982

[95]   Verein Deutscher Ingenieure: VDI 3789, Blatt 2, Entwurf: Umweltmeteorologie, Wechselwirkungen zwischen Atmosphäre und Oberflächen, Berechnung der kurz- und langwelligen Strahlung. Kommission Reinhaltung der Luft im VDI und DIN, Beuth Verlag GmbH, Düsseldorf, 1992

[96]   Kaltschmitt, M.; Fischedick, M.: Wind- und Solarstrom im Kraftwerksverbund: Möglichkeiten und Grenzen. Müller Verlag, Heidelberg, 1995

[97]   Christoffer, J.; Ulbricht-Eissing, M.: Die bodennahen Windverhältnisse in der Bundesrepublik Deutschland. Berichte des Deutschen Wetterdienstes, Nr. 147, 2. vollständig neu bearbeitete Auflage, Offenbach a.M., 1989

[98]   Grauthoff, M.: Windenergie in Nordwestdeutschland. Verlag Peter Lang GmbH, Frankfurt am Main, 1991

[99]   Deutscher Wetterdienst: Karte der Windgeschwindigkeitsverteilung in der Bundesrepublik Deutschland. Deutscher Wetterdienst, Offenbach a. M., 1991

[100]   Hau, E.: Windkraftanlagen - Grundlagen, Technik, Einsatz, Wirtschaftlichkeit. Springer Verlag, 1996

[101]   Christoffer, J.; Traup, S.: Großmaßstäbige Windkarten für Mittelgebirgsregionen. Tagungsband renergie ´94, S. 23-37, Hamm, 1994

[102]   Ortjohann, E.; Bendfeld, J.; Ernst, A.: Windatlas für das PESAG-Versorgungsgebiet. Universität Gesamthochschule Paderborn, Druck-Buch-Verlag, Paderborn, 1994

[103]   Bartelt, H., WISTRA GmbH: Windkraftanlagen in Nordrhein-Westfalen. Ministerium für Wirtschaft, Mittelstand und Technologie des Landes Nordrhein-Westfalen, 1994

[104]   Institut für Solare Energieversorgungstechnik e.V., Projektgruppe WMEP: Wissenschaftliches Meß- und Evaluierungsprogramm (WMEP) zum Breitentest "250 MW Wind", Jahresauswertung 1991. Institut für Solare Energieversorgungstechnik e.V. (ISET), 1991

[105]   Landesamt für Wasser und Abfall Nordrhein-Westfalen: Pegel in Nordrhein-Westfalen - Verzeichnis mit Karte -. Landesamt für Wasser und Abfall Nordrhein-Westfalen, Düsseldorf, 1990

[106]   Bund Naturschutz in Bayern e.V., Kreisgruppe Ansbach: Studie zur Wasserkraftreaktivierung in Mittelfranken. Bund Naturschutz in Bayern e.V., Februar 1993.

[107]   Goedecke, U., Energieagentur Nordrhein-Westfalen: Wasserkraftpotentiale in NRW. Vortragsunterlagen zum Wasserkraftkongreß auf der renergie ´95, Hamm, Juni 1995

[108] Landesamt für Wasser und Abfall Nordrhein-Westfalen: Deutsches Gewässerkundliches Jahrbuch, Rheingebiet Teil III, Abflußjahr 1989. Landesamt für Wasser und Abfall Nordrhein-Westfalen, Düsseldorf, 1992

[109] Verein Deutscher Ingenieure (VDI): VDI-Richtlinie 2067 "Berechnung der Kosten von Wärmeversorgungsanlagen, Blockheizkraftwerke", Blatt 7. VDI-Verlag, Düsseldorf, 1991

[110] Klien, J.: Dokumentation Blockheizkraftwerke. Verlag C.F. Müller, Karlsruhe, 1991

[111] Klien, J.: Planungshilfe Blockheizkraftwerke. Verlag C.F. Müller, Karlsruhe, 1991

[112] Suttor, K.-H.; Suttor, W.: Die KWK-Fibel. Resch Verlag, München, 1988

[113] VDI-GET-Ausschuß: Verbrennungsmotorenanlagen, BHKW-Technik, Rationelle Energieversorgung mit Verbrennungsmotorenanlagen, Teil II. VDI-GET-Informationsschrift, Düsseldorf, 1987

[114] Hartmann, H.: Energie aus Biomasse, Brennstoffbereitstellung - energetische Verwertung - Energie- und CO_2-Bilanzen - Umweltaspekte - Kosten - Rahmenbedingungen. Institut und Bayerische Landesanstalt für Landtechnik der Technischen Universität München-Weihenstephan, Weihenstephan, 1995

[115] Enquete-Kommission "Vorsorge zum Schutz der Erdatmosphäre" des Deutschen Bundestages (Hrsg.): Energie und Klima, Band 2 - Energieeinsparung sowie rationelle Energienutzung und -umwandlung. Economica Verlag, Bonn, 1990

[116] Perkavec, M.; Wolf, J.: Überblick über die NO_x-/CO-Reduktionstechnik bei Gasturbinen in schwerer Bauweise. VGB Kraftwerkstechnik, 71. Jahrgang, Heft 7, S. 644-649, Essen, 1991

[117] Kreitmeier, F.; Frutschi, H.U.: Wirtschaftliche Bewertung von Methoden zur NO_x-Reduktion bei Gasturbinen. VGB Kraftwerkstechnik, 71. Jahrgang, Heft 3, S. 192-200, Essen, 1991

[118] Mayr, F.: Handbuch der Kesselbetriebstechnik. Resch Verlag, München, 1980

[119] Lehman, H.: Dampferzeugerpraxis. Resch Verlag, München, 1988.

[120] Hein, K.; Kicherer, A.; Angerer, M.; Spliethoff, H.: Biomasseverbrennung - Stand der Technik. Tagungsband: Energetische Nutzung nachwachsender Rohstoffe 1994, Stuttgart, 1994

[121] Schilling, H.-D.: Wirbelschichtfeuerung - Bilanz, Konzepte, Perspektiven - Einführungsvortrag, in VDI-Berichte Nr. 601, 1986. VDI-Verlag, Düsseldorf, 1986

[122] Wein, W.; Höffgen, H.; Maintok, K.-H.; Daradimos, G.: Dampferzeuger mit zirkulierender, atmosphärischer Wirbelschichtfeuerung. Bundesministerium für Forschung und Technologie, Forschungsbericht T 82-134, Bonn, 1982

[123] Seeger, K.: Thermische Nutzung von Holz. Tagungsband: Deutscher Kongreß Erneuerbare Energien 1995, 1995

[124] Fritsche, U. et al.: Gesamt-Emissions-Modell Integrierter Systeme (GEMIS) Version 2.1, Aktualisierter und erweiterter Endbericht. Hessisches Ministerium für Umwelt, Energie und Bundesangelegenheiten, Wiesbaden, 1994

[125] Reichert, J.; Eichhammer,W.: Dampf- und Heißwassererzeuger. Forschungszentrum Jülich, Jülich, 1995

[126] Bohn, T.: Handbuchreihe Energie, Band 7: Gasturbinenkraftwerke, Kombikraftwerke, Heizkraftwerke und Industriekraftwerke. Verlag TÜV Rheinland, Köln, 1984

[127] VDI-GET: VDI-Berichte 1029, Fortschrittliche Energiewandlung und -anwendung. VDI-Verlag, Düsseldorf, 1993

[128] Strehler, A.: Potential und technische Möglichkeiten der energetischen Nutzung von Biomasse als Beiprodukt und Energiepflanze in Deutschland und weltweit. Tagungsband: Deutscher Kongreß Erneuerbare Energien ´95, Hannover, 1995

[129] Laue, H.-J.: Bedeutung der Wärmepumpe zur Energieeinsparung und CO_2-Emissionsminderung. Informationszentrum Wärmepumpen und Kältetechnik, Karlsruhe, 1995

[130] Randow, G.: Die neuen Dampfrösser. Bild der Wissenschaft, Bd. 12, S. 104-108, 1991

[131] Dreschmann, P.; Pöppinghaus, K.: Einsatzgrenzen bei der Nutzung der Wärme aus kommunalem Abwasser mittels Wärmepumpen. Bundesministerium

für Forschung und Technologie, Forschungsbericht T 85-074, Bonn, 1985

[132] Kommission der Europäischen Gemeinschaft: Wärmepumpen - eine Alternative für eine energiesparende und umweltfreundliche Gesellschaft. Konzertierte Aktion, 1993

[133] Fachinformationszentrum Karlsruhe: Prozeßwärme aus Abwärme - Wärmetransformator. BINE-Projekt Info-Service Nr. 10, Eggenstein-Leopoldshafen, 1991

[134] Koppelprodukt Kälte. Betrieb und Energie, Nr. 1, 1991

[135] Initiativkreis WärmePumpe: Mit gespeicherter Sonnenwärme heizen: Die Wärmepumpe. IZW, Informationszentrum Wärmepumpen und Kältetechnik, Karlsruhe, 1994

[136] Jütteman, K.: Wärmepumpen, Bd. 3, C.F. Müller Verlag, Karlsruhe, 1991

[137] VDI-Richtlinien: Wärmepumpen, VDI 2067. Verein Deutscher Ingenieure, Düsseldorf, 1989

[138] Pfitzner, G.; Schäfer, V.: Berechnung von Heizungssystemen in Wohnbauten - Wärmepumpen. Forschungszentrum Jülich GmbH, Jülich, 1994

[139] Bokelmann, H.: Industrielle Anwendung der Absorptionswärmepumpe. Brennstoff - Wärme - Kraft, BWK, Bd. 40, Nr. 6, S. 250-255, 1988

[140] Kern, W.: Economic Criteria for Application of Single Stage or Double Stage Absorption Heat Transformers. Proceedings of the 3rd International Symposium on the Large Scale Applications of Heat Pumps, Cranfield (England), 1987

[141] Drenckhahn, W.; Hassmann, K.; Lezuo, A.: Brennstoffzellen - eine attraktive Option für Anwendungen in der Industrie? Brennstoff - Wärme - Kraft, BWK, Bd. 46, S. 386-389, Düsseldorf, 1994

[142] Lang, J.: Brennstoffzellen - Kraftwerke der Zukunft? BINE-Projekt Info-Service, Nr. 2, Eggenstein-Leopoldshafen, 1992

[143] Ris, H.-R.: Kraftwerkzukunft mit Brennstoffzellen? Elektrotechnik, Nr. 9, S. 63-66, Aarau, 1994

[144] van Heek, K.H.: Erzeugung und Konditionierung von Gasen für den Einsatz

in Brennstoffzellen. VDI-Berichte 1174, Energieversorgung mit Brennstoff-zellenanlagen, VDI-Verlag, Düsseldorf, 1995

[145] Gajewski, W.: Die Brennstoffzelle - ein wiederentdecktes Prinzip der Strom-erzeugung. Spektrum der Wissenschaft, Nr. 7/1995, Heidelberg, 1995

[146] Nymoen, H.; Wackertapp, H.: Technischer und wirtschaftlicher Vergleich von Brennstoffzellen mit konventionellen KWK-Technologien. Energiever-sorgung mit Brennstoffzellen, VDI-GET-Fachtagung am 15./16.02.1995, Darmstadt

[147] Haas, O.: Brennstoffzellen. Expertengruppe Energieszenarien, Arbeits-dokument Nr. 5, Eidgenössisches Institut für Reaktorforschung, Würenlingen, 1988

[148] Bloss, L.: Power-Kraftwerk fast ohne Emissionen. Frankfurter Allgemeine Zeitung, Nr. 23, S. 18, 10.06.1994

[149] Wendt, H.; Plzak, V.: Brennstoffzellen, Stand der Technik - Entwicklungs-linien - Marktchancen. VDI-Verlag, Düsseldorf, 1990

[150] Uhrig, M.; Brammer, F.; Knappstein, H.: Stand der 200 kW-PAFC-Demonstrationsvorhaben der HEAG, Ruhrgas AG und Thyssengas GmbH. VDI-GET-Tagung "Wasserstoff Energietechnik IV", München, 1995

[151] Ewe, T.: Das Öko-Kraftwerk. Bild der Wissenschaft, Bd. 11/96, Deutsche Verlagsanstalt GmbH, Stuttgart, 1996

[152] Hoelzner, K.; Schimpf, G.; Szyszka, A.: Wichtige Erkenntnisse erwartet - Phosphorsaure Brennstoffzellenanlage in Betrieb. Energie, Jahrgang 46, Nr. 5, S.44-49, 1994

[153] Riemer, H.: Analyse der Einsatzmöglichkeiten solarthermischer Heizsysteme zur zentralen Niedertemperatur-Wärmeversorgung in der Bundesrepublik Deutschland. Spezielle Berichte der Kernforschungsanlage Jülich, Nr. 307, Kernforschungsanlage Jülich GmbH, 1985

[154] Nitsch, J.: Erneuerbare Energiequellen für Baden-Württemberg - Perspekti-ven der Energieversorgung, Möglichkeiten der Umstrukturierung der Ener-gieversorgung Baden-Württembergs unter besonderer Berücksichtigung der Stromversorgung. Materialband 5, 1991

[155] Schüle, R.; Ufheil, M.: Thermische Solaranlagen - Marktübersicht 1992. Öko-Institut e.V., Institut für angewandte Ökologie, 1994

[156] Luboschik, U.: Sonnenenergie zur Warmwasserbereitung und Raumheizung, 2. überarbeitete Auflage. Fachinformationszentrum Energie - Physik - Mathematik GmbH, Verlag TÜV Rheinland, 1991

[157] Goy, G.C.; Horn, M.; Hrubesch, P.; Ziesing, H.-J.; Lang, J.; Mannsbart, W.; Reichert, J.: Kostenaspekte erneuerbarer Energiequellen. Deutsches Institut für Wirtschaftsforschung, Fraunhofer-Institut für Systemtechnik und Innovationsforschung, R. Oldenbourg Verlag, München, Wien, 1991

[158] Enquete-Kommission "Vorsorge zum Schutz der Erdatmosphäre" des Deutschen Bundestages : Energie und Klima, Band 3: Erneuerbare Energien. Enquete-Kommission "Vorsorge zum Schutz der Erdatmosphäre" des Deutschen Bundestages, Economica Verlag GmbH, Bonn und Verlag C.F. Müller, Karlsruhe, 1990

[159] Voss, A.; Fahl, U.: Potentiale und Kosten regenerativer Energieträger in Baden-Württemberg. Universität Stuttgart, Forschungsbericht des Instituts für Energiewirtschaft und Rationelle Energieanwendung, 1992

[160] Gernhardt, D.; Mohr, M., Skiba, M.: Theoretisches und technisches Potential von Solarthermie, Photovoltaik, Biomasse und Wind in Nordrhein-Westfalen. 4. Technischer Fachbericht, 2. überarbeitete Auflage zum Forschungsvorhaben IV B3 258002 "Analyse von Möglichkeiten zur praktischen Solarenergienutzung und deren Entwicklungsperspektiven in Nordrhein-Westfalen, Ruhr-Universität Bochum RUB E-58, Bochum, 1993

[161] Hawemann, F.: Solare Nahwärme - Möglichkeiten, Aussichten und Wirkungen solar unterstützter Wärmeverbundsysteme. Energieanwendung + Energietechnik, 42. Jg., Heft 6/7, S. 304-307, 1993

[162] Kübler, R.; Fisch, N.; Hahne, E.: Solar unterstützte Nahwärmeversorgung in Deutschland - Stand der Projekte und Perspektiven. Energieanwendung + Energietechnik, 42. Jg., Heft 3, S. 161-164, 1993

[163] Stadtwerke Göttingen: Solare Nahwärme Göttingen. Stadtwerke Göttingen, 1993

[164] Leuchtner, J; Preiser, K.: Photovoltaik-Anlagen, Marktübersicht 1994/95. Öko-Institut e.V., Institut für angewandte Ökologie, 1994

[165] RWE Energie AG: Photovoltaikanlage Neurather See. RWE Energie AG, Bereich "Regenerative Stromerzeugung", 1991

[166] Kaltschmitt, M.: Möglichkeiten und Grenzen einer Stromerzeugung aus Windkraft und Solarstrahlung am Beispiel Baden-Württembergs. Dissertation, Universität Stuttgart, Forschungsbericht des Instituts für Energiewirtschaft und Rationelle Energieanwendung, 1991

[167] Stahl, D.: Anwendung der Photovoltaik - heutige und zukünftige Marktchancen. Einbindung erneuerbarer Energieträger in die Energieversorgung, Symposium 1./2. Oktober 1990 in der Technischen Universität in Berlin, Forum für Zukunftsenergien e.V., 1991

[168] Schmidt, R.; Jager, P.; Heinrich, F.: Solarhaus Saarbrücken-Ensheim: Betriebsergebnisse und Meßergebnisse. VDI-Bericht 851, Regenerative Energien, Betriebserfahrungen und Wirtschaftlichkeitsanalysen der Anlagen in Deutschland, VDI-Verlag, Düsseldorf, 1991

[169] Bayernwerk AG; RWE Energie AG; Siemens KWU; Siemens Solar GmbH: Kostenentwicklung von Photovoltaik-Kraftwerken in Mitteleuropa. Bayernwerk AG, RWE Energie AG, 1993

[170] Hau, E.: Windkraftanlagen, Grundlagen - Technik - Einsatz - Wirtschaftlichkeit. Springer-Verlag, Berlin, Heidelberg, 1988

[171] Heier, S.: Nutzung der Windenergie. Fachinformationszentrum Karlsruhe, Bürger-Information Neue Energietechniken (BINE), Bonn, 1985

[172] Heier, S.: Nutzung der Windenergie. Fachinformationszentrum Karlsruhe, Verlag TÜV Rheinland GmbH, Köln, 1989

[173] Gasch, R.: Windkraftanlagen, Grundlagen und Entwurf. B.G. Teubner, Stuttgart, 1991

[174] Handschuh, K.: Windkraft gestern und heute. Ökobuch Verlag, Staufen, 1991

[175] Institut für Solare Energieversorgungstechnik e.V., Projektgruppe WMEP: Wissenschaftliches Meß- und Evaluierungsprogramm (WMEP) zum Breitentest "250 MW Wind", Jahresauswertung 1993. Institut für Solare Energieversorgungstechnik e.V. (ISET), 1994

[176] Buhrmester, H.; Keun, F.: Handbuch Windenergie. Ministerium für Wirtschaft, Mittelstand und Technologie des Landes Nordrhein-Westfalen, Düsseldorf, 1994

[177] Räuber, A.: Erneuerbare Energien, Stand - Aussichten - Forschungsziele. Bundesministerium für Forschung und Technologie, 1992

[178] Interessenverband Windkraft Binnenland e. V.: Windkraftanlagen 1996, Marktübersicht. Interessenverband Windkraft Binnenland e. V., April 1996

[179] Hagedorn, G.; Ilmberger, F.: Kumulierter Energieverbrauch und Erntefaktoren von Windkraftanlagen. Energiewirtschaftliche Tagesfragen, 42. Jg., Heft 1/2, S. 42-51, 1992

[180] Meinzen, F.; Harz, J.: Ergebnisse einer Parameterstudie zur Wirtschaftlichkeit von kleinen und mittleren Windkraftanlagen in der Bundesrepublik Deutschland. Windkraftjournal, Nr. 4, S. 34-41, 1990

[181] WINKRA GmbH: Windkraftanlagen, Typen - Technik - Preise. Beilage der Fachzeitschrift Wind/Energie/Aktuell, 1994

[182] WINKRA GmbH: Windkraftanlagen, Typen - Technik - Preise 1996. WINKRA-RECOM Messe- und Verlags-GmbH, Hannover, 1996

[183] Borchers, S.: Windenergienutzung im "Binnenland" Nordrhein-Westfalen. DEWI Magazin, Nr. 7, S. 39-45, August 1995

[184] Rehfeldt, K.: Windenergienutzung in der Bundesrepublik Deutschland. DEWI Magazin, Nr. 7, S. 17-27, August 1995

[185] Allnoch, N.: Zur Lage der Windkraftnutzung in Deutschland, Herbstgutachten 1995/96. Energiewirtschaftliche Tagesfragen, 45. Jg., Heft 10, S. 665-668, 1995

[186] Bußmann, W.: Nachdenklichkeit im Boom, der aktuelle Stand der Windenergienutzung. Energie Spektrum, Mai 1994, S. 36-38, 1994

[187] Vereinigung Deutscher Elektrizitätswerke (VDEW): Erneuerbare Energien - Ihre Nutzung durch die Elektrizitätswirtschaft. VWEW-Verlag, 1996

[188] Grawe, J.: VDEW-Umfrage zu regenerativen Energien. Unterlagen zur VDEW-Pressekonferenz am 22.08.1995 in Bonn, 1995

[189] Mosonyi, E.: Wasserkraftwerke, Band 1: Niederdruckanlagen. VDI-Verlag, Düsseldorf, 1966

[190] Bretschneider, H.; Bernhardt, H.: Taschenbuch der Wasserwirtschaft, 7. vollst. neubearb. Auflage. Parey-Verlag, Hamburg, Berlin, 1993

[191] Palffy, S.O.: Wasserkraftanlagen - Klein- und Kleinstkraftwerke. expert Verlag, Ehningen bei Böblingen, 1991

[192] Czychowski, M.; Prümm, G.: Wasserrecht Nordrhein-Westfalen. Deutscher Gemeindeverlag GmbH, Köln, 1989

[193] Goedecke, U.: Erfahrungen aus der Beratung zur Wasser- und Windenergienutzung in Nordrhein-Westfalen. Referat anläßlich der Tagung: "Wasser und Wind: Alternative Energien für ländliche Regionen?" am 21. Oktober 1993 an der Fachhochschule Lippe, Lemgo, 1993

[194] Kunz, P.; Jäger, F.; Mannsbart, W.; Poppke, H.: Bestand und wirtschaftliche Nutzungsmöglichkeiten von Kleinwasserkraftanlagen in der Bundesrepublik Deutschland. Wasserwirtschaft, Bd. 75, S. 537-543, 1985

[195] Matare, H.F.; Faber, P.: Erneuerbare Energien, Erzeugung, Speicherung, Einsatzmöglichkeiten. VDI-Verlag, Düsseldorf, 1991

[196] Oud, E.: CO_2-Bilanz von Wasserkraftanlagen. In: VDI-Berichte 1127: Aufgaben und Chancen der Wasserkraft, Tagung München, 20./21. Oktober 1994, VDI-Verlag, Düsseldorf, 1994

[197] Goedecke, U.: Im Einzugsgebiet der Unteren Ruhr: 460 Kleinwasserkraftanlagen wiederentdeckt. Brennpunkt Energie, 1/95, S. 4-5, 1995

[198] Horlacher, H.B.; Kaltschmitt, M.: Potentiale, Kosten und Nutzungsgrenzen regenerativer Energiequellen zur Stromerzeugung in Deutschland. Wasserwirtschaft, Bd. 84, S. 80-84, 1994

[199] Rotarius, T.: Wasserkraft nutzen, Ratgeber für Technik und Praxis. Rotarius Verlag, Cölbe, 1991

[200] Grüner, J.: Rehabilitation, Erweiterung und Modernisierung von Wasserkraftanlagen. In: VDI-Berichte 1127: Aufgaben und Chancen der Wasserkraft, Tagung München, 20./21. Oktober 1994, VDI-Verlag, Düsseldorf, 1994

[201] Hailmair, T.; Maile, W.: Neue Ansätze zur Festsetzung der Mindestwasser-
führung in Ausleitungsstrecken. In: VDI-Berichte 1127: Aufgaben und Chancen der Wasserkraft, Tagung München, 20./21. Oktober 1994, VDI-Verlag,
Düsseldorf, 1994

[202] Arlt, H.: Umweltverträglichkeitsuntersuchung (UVU)/-prüfung (UVP). Wasserwirtschaft, Bd. 82, S. 284-285, 1992

[203] Wendt, H.; Plzak, V.: Brennstoffzellen - Eine Einführung. VDI-Berichte Nr.
912, VDI-Verlag, Düsseldorf, 1992

[204] Sonnige Aussichten für Solarkollektoren. VDI-Nachrichten, Nr. 25,
23.06.1995, VDI-Verlag, Düsseldorf, 1995

[205] Keuper, A.: Windenergienutzung in der Bundesrepublik Deutschland. DEWI
Magazin Nr. 6, S. 12-24, Deutsches Windenergie-Institut, Wilhelmshaven,
1995

Stichwortverzeichnis

Abbildungsverzeichnis

ABB Kraftwerke AG
Kallstadter Straße 1
68309 Mannheim

AEG Hausgeräte GmbH
Postfach 1063
90327 Nürnberg

AN Maschinenbau und Umwelt-
schutzanlagen GmbH
Waterbergstr. 11
28237 Bremen

AWT Absorptions- und Wärmetech-
nik GmbH
Gennaerstr. 76
58509 Iserlohn

Bega Wasserkraftanlagen GmbH
Herderallee 30
44791 Bochum

C.A.R.M.E.N
Technologiepark 13
97222 Rimpar

DENARO
Dipl.-Ing. Rolf-Dieter Linden
Heckenstraße 7
59472 Unna

Elektrizitätswerk
G. Haniel v. Haimhausen
Dorfstr. 36 a
85778 Haimhausen

Forschungszentrum Jülich
Wilhelm-Johnen-Strasse
52428 Jülich

Bodo Meyer
Burgstr. 13
47829 Krefeld

Schwarting-Uhde GmbH
Lise-Meitner-Strasse 2
24941 Flensburg

Siemens KWU
Freyeslebenstr. 1
91050 Erlangen

Solar Diamant
Prozessionsweg 10
48493 Wettringen

Stadtwerke Bochum
Massenbergstr. 15/17
44787 Bochum

Stadtwerke Düren GmbH
Arnoldsweilerstr. 60
52351 Düren

TBW
Baumweg 16
60316 Frankfurt/M.

STAWAG Stadtwerke Aachen AG
Lombardenstr. 12-22
52070 Aachen

Ventis
Ernst-Böhme-Str. 27
38112 Braunschweig

Stiebel Eltron
Dr.-Stiebel-Strasse
37603 Holzminden

Bernhard Wiethoff
Vogelhain 9
59581 Warstein-Belecke

Tacke
Holsterfeld 5a
48499 Salzbergen

Springer
und
Umwelt

Als internationaler wissenschaftlicher
Verlag sind wir uns unserer besonderen
Verpflichtung der Umwelt gegenüber
bewußt und beziehen umweltorientierte
Grundsätze in Unternehmens-
entscheidungen mit ein. Von unseren
Geschäftspartnern (Druckereien,
Papierfabriken, Verpackungsherstellern
usw.) verlangen wir, daß sie sowohl
beim Herstellungsprozess selbst als
auch beim Einsatz der zur Verwendung
kommenden Materialien ökologische
Gesichtspunkte berücksichtigen.
Das für dieses Buch verwendete Papier
ist aus chlorfrei bzw. chlorarm
hergestelltem Zellstoff gefertigt und im
pH-Wert neutral.

 Springer

Merkmale / Energieumwandlungssysteme	Einsatzmöglichkeiten in der Industrie										Technische Grundlagen					Schadstoffemission					Ökonomie				Zukunftsperspektiven			Prioritäten

Bewertung: -- sehr schlecht, - schlecht, 0 mittel, + gut, ++ sehr gut.

Symbole: ϑ Jahresmitteltemperatur, η Nutzungsgrad, d Deckungsgrad, r Leistungskennwert, φ Heizzahl, l Leistungszahl.

Druck: Mercedesdruck, Berlin
Verarbeitung: Buchbinderei Lüderitz & Bauer, Berlin